大場秀章著作選Ⅱ　植物分類学・植物地理生態学

大場秀章著作選

II

植物分類学・植物地理生態学

八坂書房

Selected works of Hideaki Ohba
Volume 2: Taxonomy, geobotany and ecology
Published by Yasaka Shobo Inc.
1-4-11 Sarugaku-cho, Chiyoda-ku, Tokyo 101-0064, Japan

ISBN 4-89694-789-4

目次

第1部

極限に生きる植物

極限環境での植物の適応1

高山は森林を欠いた南北の両極地方としばしばその植生が比較され、環境についても比較が行われている。はたして極地方と高山、特にヒマラヤ高山帯の植物相は類似しているのだろうか、また系統的にも近縁なのであろうか。その前にはまず極地方と高山の環境について概観してみよう。

ルンデゴルドは、極地方の環境が植物の生育を困難にしているのは、温度だけでなく水が不足することも大きいことを指摘している。彼は極地方について、低温のために土壌はほとんど凍結し続けていて、氷層の最上層が夏にわずか数センチメートル数週間融けるだけで、コケ植生でさえ雪の保護なしでは冬に乾燥しきってしまう、と記している(Lundegårdh 1957)。さらにサビルは、極地方の植物にとって重要な特殊環境として、⑴冬の低温、⑵夏の低温、⑶短い夏、⑷強風、⑸長い日長、⑹少ない日照量、⑺低い窒素供給量、⑻少ない降水量、⑼単純な群落構造と低密度をあげ、それが複合して植物に働きかけ、これに適合するかたちで現在の極地方の植生や植物相が成立したばかりでなく、現在も極地の植物にとって重要な環境要因として働いていると述べている（Savile 1972）。

ヒマラヤの高山帯

ユーラシア大陸の地図を眺めると、世界の大山脈がすべてパミール高原に連なっていることに気づく。世界最大の山脈ともいえるヒマラヤ山脈もパミール高原に連なる山脈のひとつで、その全長は三〇〇〇キロメートルに及び、西はアフガニスタンから東はアッサムにいたる。ヒマラヤ山脈はいくつかの国や州にまたがっており、一般にはこうした政治的な境界を境にして、東から、アッサム・ヒマラヤ（東経九二～九七度）、ブータン・ヒマラヤ（東経八九～九二度）、シッキム・ヒマラヤ（東経八八～八九度）、ネパール・ヒマラヤ（東経八〇～八八度）、ガルワール・ヒマラヤ（東経七八～八〇度）、パンジャブ・ヒマラヤ（東経七四～七八度）の六地域に区分けされる。ここに紹介するのは、ネパール・ヒマラヤの高山帯にみられる高等植物（以下は特に断りのない限り、植物とだけ記す）である。ネパール・ヒマラヤは世界最高峰のチョモランマ（八八四八メートル）を初め、八〇〇〇メートル級の峰々が林立するヒマラヤ山脈のなかでも、最も高く険しい地域といってよい。

ヒマラヤ高山帯の特殊環境についてはいくつかの報告があるが（Mani 1978; Ohba 1988など）、いずれも十分な考察はなされていない。これまでに指摘されている特殊な環境要因を列挙してみると、⑴短い夏、⑵乾燥、⑶低圧、⑷強い紫外線量、⑸強い反射、⑹低い熱拡散などである。

植物は温度と水分条件に大きく生存を左右される。また種のちがいを超え、温度と水の条件に適応した共通のかたちをもつ。このような植物のかたちの高い共通性が独特の景観を生み出す。森や草原などがそれだが、森にも常緑広葉樹林や針葉樹林などがあり、温度と水の分布勾配に対応して、これらの景観が帯状に分布する。これを植生帯と呼んでいる。

植生帯は、山の麓から頂にかけても存在する。大きくは高度が一〇〇メートル増すごとにおよそ〇・五度ずつ気温が低下することに起因する。特に熱帯や亜熱帯の高い山では、いくつもの異なる景観をもつ植生帯が発達し、重層する。これを植生の垂直分布というが、地理的には亜熱帯にそびえるヒマラヤ山脈とて例外ではなく、植生帯のみごとな成層状態がみられる。

これから述べる植物は、植生帯のうちのひとつである高山帯にのみ生育している。高山帯の定義に異論がないわけではないが、ここでは森林限界から雪線の間の植生帯としておく。高度が増すことにともなう温度の低下は、四〇〇〇メートルでは二〇度以上の減少となり、それに降雪から融雪までの期間が増すことにともなう生育可能期間の減少が加わる。良好な環境を要求する樹木（高木）は、ある高度を超えると生育できなくなる。この生育限界が樹木限界である。高木がその外枠をつくる森は樹木限界よりも下方で姿を消す。これが森林限界である。雪線は、一年中氷雪が溶けずに残る下限の高度をいう。植物は氷雪世界では生きていけない。雪線は植物（むろん高等植物のことである）が生育しうる限界の高さといえる。樹木限界を超えて成立する高山帯の植生には、背丈を超え明らかな幹をもつ高木はなく、低木と草だけからなる。

日本にも高山帯のある山があるが、雪線に達する山はなく、高山帯の植生は山の頂や尾根の一部に辛うじて垣間見ることができるに過ぎない。

これにたいして、ヒマラヤでは山の中腹に高山帯の植生がある。面積的にも高山帯はマイナーな存在ではなく、安成と藤井によれば、ネパール東部南側では、高山帯に含まれる海抜四〇〇〇～五〇〇〇メートルの面積は六四〇〇平方キロメートルで、三〇〇〇～四〇〇〇メートルの三二〇〇平方キロメートルをしのいでいる（安成・藤井一九八三）。

東部ネパールの高山帯は、およそ三九〇〇メートルから五五〇〇メートルに及ぶが、大きく景観を異にする三つのゾーンに区別される。下方から低木群落、高山草原、高山荒原で、高山草原はヤクやヤギなどの放牧地として積極的に人間に利用されている。高山荒原はネパール・ヒマラヤでは、おもに海抜四五〇〇メートルから雪線にいたる範囲を占めるが、岩礫《がんれき》の移動が大きい崖錘《がいすい》や氷河末端などの急斜面では、高山帯内のずっと低い高度でも荒原状の景観がみられる。砂漠にも似たこの高山荒原に点々と生える植物のなかに、後で述べる温室植物やセーター植物と呼んでいる特異なかたちをした植物がある。

高山帯植物相の特徴

ある地域に生える植物種全体をその地域の植物相あるいはフロラという。ヒマラヤ高山帯全体の植物相はまだ全貌をつかむにはいたっていない。

ネパール・ヒマラヤで判明した高山帯の植物相の特徴を記しておこう。調査の比較的よく進んだネパール・ヒマラヤでは、海抜四〇〇〇メートル以上の地域に一二二七種の植物が自生する（Ohba 1988）。

生物の分類体系では、種を基本に系統あるいはかたちなどの類似の相対的な大きさを拠り所に数多くの分類階級が設けられ、種の位置づけがなされる。その最も下位の階級が属（genus）である。各種が帰属する属の名は、種を示す学名を構成する最初の単語に示されている。同じ属に分類される種同士は系統あるいはかたちの類似が最も近いとみてよい。

ネパール・ヒマラヤ高山帯に産する一二二七種の植物は三一七属に分類される。平均すると一属当たり三・九種になる。総種数を総属数で割った値を平均属多様度指数と呼んだ[2]（Ohba 1991）。ネパール・ヒマラヤ高山帯のそれは三・九だが、ヨーロッパ・アルプスは総種数一一一七、総属数二七九で、指数は四・〇となる。周北極地域では、総種数八九二、総属数は二三〇で、指数は三・九である。ちなみに南西諸島を除く日本では、総種数三九八九、総属数一〇二一、指数は三・九である。

属数が多いことは、その地域の植物相が多様な系統によって構成されていることを示唆する。ネパール・ヒマラヤ高山帯とヨーロッパ・アルプスの総属数には大差はないが、日本と比較すると三倍以上のちがいがある。高山帯の植物相を構成する属の多様性は限定的である。

平均属多様度指数は、当該地域での種多様性を反映している。総属数では大差のあった、日本、ネパールとヨーロッパ・アルプス、それに周北極地域の指数がほぼ同じであることは興味深い。

ネパール・ヒマラヤ高山帯に出現する属のうち、一〇以上の種を含む属だけをまとめたのが表1である。表に示した二九属だけで五九五種になり、全種数の約四八%を占めている。この地域の総属数は三二七であるから、二九属というのはそのわずか九%に過ぎない。このことは、ネパール・ヒマラヤ高山帯では、小数の属での種多様性のみが著しく高いことを意味している。これはヒマラヤ高山帯植物相の大きな特徴のひとつである。

ここで高い種多様性をもつとした二九属はヒマラヤに固有な属だろうか。否である。ヒマラヤに固有な属というのはひとつもない。わずかに一属クレマントディウムだけがヒマラヤからチベット、雲南、四川にいたる中央アジア高地に固有である。ヒマラヤを代表するかのように有名な青いケシ、メコノプシス属も西ヨーロッパに一種が分布するので、中央アジア高地固有とはいえない。

多様性の特に著しいユキノシタ属、シオガマギク属、サクラソウ属、リンドウ属、トウヒレン属などは、北半球の亜寒帯から温帯にかけての広い範囲に分布する属であり、他の属もおよそそのような傾向をもつ。結論を急げば、ヒマラヤ高山帯の植物相は、北半球の温帯から亜寒帯の植物相と共通する属での多様性が著しいといってよい。これも特徴のひと

表1　ネパール・ヒマラヤの海抜4000m以上で多様化した属とその種数（Ohba 1988）

属　名		種数
ユキノシタ	*Saxifraga*	74
シオガマギク	*Pedicularis*	55
サクラソウ	*Primula*	48
リンドウ	*Gentiana*	31
トウヒレン	*Saussurea*	29
エンゴサク	*Corydalis*	27
スゲ	*Carex*	23
イワベンケイ	*Rhodiola*	19
トリカブト	*Aconitum*	18
イチゴツナギ	*Poa*	18
イグサ	*Juncus*	17
キジムシロ	*Potentilla*	17
ヤナギ	*Salix*	17
ノミノツヅリ	*Arenaria*	17
ヒゲハリスゲ	*Kobresia*	16
マンテマ	*Silene*	15
センブリ	*Swertia*	15
メギ	*Berberis*	12
イヌナズナ	*Draba*	12
レンゲ	*Astragalus*	12
オヤマノエンドウ	*Oxytropis*	12
メコノプシス	*Meconopsis*	12
ヒエンソウ	*Delphinium*	12
ノギク	*Aster*	12
クレマントディウム	*Cremanthodium*	12
ウマノアシガタ	*Ranunculus*	11
スイカズラ	*Lonicera*	11
イチリンソウ	*Anemone*	11
トチナイソウ	*Androsace*	10

つである。

表2は多様性の特に著しい八属の全種数の分布域を調べ、それがヒマラヤだけに限定される固有種（B）、ヒマラヤとその近接地に分布する準固有種（C）、さらに広範な分布域をもつ広域種（D）に区分した。スゲ属を除くと、いずれも総種数に占める固有種の割合（固有率）は五〇％を超え、サクラソウ属、シオガマギク属、エンゴサク属では八〇％を超えている。準固有種もあわせ考察すると、スゲ属以外ではほとんどの属がヒマラヤかヒマラヤとその周辺に分布する種で成り立っているといえる。この傾向は一部の例外を除いて多様性の高い他の属にもみられる。

これは、ヒマラヤ高山帯の植物相が、北半球の温帯・亜寒帯に普通な属がヒマラヤ高山帯で固有化することによって形成されたものであることを示唆している。詳細は省くが、属レベルでの固有化はみられないことから、これらの固有種の多くは新しく形成された新固有と解される。総じてヒマラヤの高山帯植物相の起源が新しいことを物語っているといえよう。

ヒマラヤ高山帯植物相の高い固有率は、この地域の環境の特異性と関連しているにちがいない。しかし、環境の特異性が淘汰圧として強く働いていることを示唆するような具体的な研究はなされていない。ここでは高山帯の植物のいくつかの分類群にまたがってみられる顕著な特質を紹介しよう。

すでに述べたように、短い夏という点で、ヒマラヤ高山帯と極地は一致するが、両地域にはその他の点で大きな環境のちがいがある。にもかかわらず両地域の植物や植生にはいくつかの類似の適応現象がみられる。その顕著なものは矮性化と小形化して密集するクッション状化である。これは両者に共通する温度や水資源の欠乏や短い夏という要因にたいする適応と考えることができる。

表2　ネパール・ヒマラヤで多様化した属の固有率 (Ohba 1988)

		A 全種数	B 固有種[1]	C ヒマラヤとその近接地に分布する種[2]	D その他	B/A×100
ユキノシタ	*Saxifraga*	74	55	18	1	74.3
シオガマギク	*Pedicularis*	55	44	9	2	80.0
サクラソウ	*Primula*	48	41	7	0	85.4
リンドウ	*Gentiana*	31	24	4	3	77.4
トウヒレン	*Saussurea*	29	18	11	0	62.1
エンゴサク	*Corydalis*	27	22	4	1	81.5
スゲ	*Carex*	23	4	8	11	17.4
イワベンケイ	*Rhodiola*	19	10	9	0	52.6

1　南チベット（チュンビ谷）とチベット南東部を含む。
2　チトラル、チベット（チュンビ谷と南東部を除く）、中国西部、及び中国南西部を含む。

矮性化

矮性化とは、伸長生長が抑えられ、背丈が極端に詰まる現象をいう。系統的に近縁な種と比較してこうした現象が生じ、しかも遺伝的に固定している場合を矮性化という。草丈の縮小にもかかわらず、植物にとっての生殖器官である花は、ほとんどサイズを変えない。そのため矮性種は不釣り合いに大きい花をもつ印象を与える。高山植物が観賞に供されるのもこの点にある。

多年草にはウメバチソウやアザミのように根生葉をもち、その中心や葉腋から花茎を伸ばし、先端部分に花を生じるというかたちをした種が多い。このような種では矮性化により花茎がほとんど伸長せず、根生葉に接して地際に花をつけるかたちになる。矮性化は幼形成熟をともなう一種の性成熟過程の縮小であるが、温度や水資源の欠乏や短い夏という生育期間の短さだけが矮性化を誘引するとは限らない。貧栄養や風衝などによっても誘発されることが考えられるが、こうした環境条件は極地方と高山帯では異なっている。

クッション状植物

植物体が小形化し密集してコケ植物のような生育形態をとった種が、ナデシコ科、ユキノシタ科、サクラソウ科など直接の系統的な関連のないいくつかの科にみられる。このような形態をした植物をクッション状植物と呼んでいる。クッション状植物も矮性化同様、広く世界の高山帯にみることができるが、さらに極地方や乾燥地にもこのかたちをした植物を見出すことができる。密集することで地熱を貯えるだけでなく、地中や植物体からの蒸発散を抑えることで、低温だけでなく乾燥にも適応していると考えられている。

特異なかたちをした高山帯の植物

図1には、ヒマラヤを中心とする中央アジア高地の高山帯にのみ生育する、代表的なセーター植物や温室植物を示した。

セーター植物

セーター植物は、植物体全体あるいはその一部に長い毛が密生し、その毛によりちょうど植物自体がセーターを着たように被われている植物をさす。その代表はワタゲトウヒレン *Saussurea gossipiphora*（図1C）である。

ワタゲトウヒレンは、日本にも二五種あるキク科トウヒレン属の一種であるが、この種はヒマラヤとチベットに固有である。多数のへら形の根生葉を叢生するが、十分に大きくなると根生葉の中心から茎を出し、それにもへら形の葉を多数つけるのだが、その葉には三センチメートルにもなる毛が密生するため、全体が白の毛糸玉のようにみえる。毛を密生する植物は、キク科に限らずシソ科など他にもかなりある。同じトウヒレン属でホソバノワタゲトウヒレン *Saussurea graminifolia* は、ワタゲトウヒレンに類似するが、葉は線形で、しかも茎の上方にのみ白色の長毛が生えているに過ぎない。

ワタゲトウヒレンでは植物体を真っ二つに裂くと、なかが空の太い茎に葉が密生し、茎の先端には多数の花が密集した頭花と呼ぶ花序があり、葉の長毛はこの花序をもすっぽりと被っているのが判る。しかし注意深く眺めると、花序と毛の間には小さな部屋のような空間があり、しかもその頂にはこれまた小さな穴が開いている（図1D）。この植物を日中観察していると、ハチの仲間が飛来してきた。ハチはこの穴からなかに入りこみ、花序の上方にできた空間に宿っていた。

高山帯の天気は激変しやすい。雲にさえぎられることがなければ日中の気温は二〇度を超えることもあるが、曇れば気温はただちに低下する。気圧が平地のおよそ半分しかないため、空気が希薄で太陽からの熱が放散しにくいため、日向と日陰の温度差が大きい。雲の動きが速い日には間断なく晴れと曇りを繰り返し、また風は気温を急速に低下させる。このような天気は飛翔性の昆虫の行動を翻弄する。低温と風は飛翔を中断させ、昆虫は葉陰や岩陰に入ってしまう。

中尾は、ワタゲトウヒレンの長毛は花序の上方にできた小部屋を保温し、昆虫の憩いの場にし、集まった昆虫により花の受粉が行われるという、一種の訪花昆虫向けのしかけとみなした（中尾一九六四）。確かにワタゲトウヒレンの観察を続けていると、上端の穴からハチの出入りがみられ、低温強風時に解剖してみると、小部屋には必ずといってよいくらい数個体のハチを見出すことができた。

ホソバノワタゲトウヒレンは、花序は露出していて小部屋はつくらない。したがってセーター植物といっても、この場合は長毛は花に昆虫を誘引するしかけとしては役立っていないかにみえる。

温室植物

古くから有名な薬用植物にダイオウ（タデ科）がある。ヒマラヤからチベットに分布するセイタカダイオウ *Rheum nobile* は、ダイオウ属の一種で地中に肥大した地下茎をもつ多年草である（図１B）。雪解けとともに、キャベツのように結球した大形の根性葉が現れる。十分に生長した個体では根性葉の中心から高さ一メートルにもなる茎が伸び、その周囲を半透明化した葉が被っている。その被いの内部には小さな花が密集した花序がある。この半透明化した葉は、温室のガラスの役割をはたし、その内側にある花序の部分は、外界に比べ温度が一定し、かつ高い。

ワタゲトウヒレンと同じトウヒレン属の一種であるボンボリトウヒレン *Saussurea obvallata* は、多年草でやはり大形の根性葉をもち、生長した個体では直立する茎を出し、その上方につく花序の部分は半透明化した葉に包まれている（図１A）。ボンボリトウヒレンの名は、この一メートルを超す巨大な植物が雪洞《ぼんぼり》を想わせることにちなむが、広大な高山帯上部の礫斜面一面に群生した景観は壮観である。

セイタカダイオウもボンボリトウヒレンもさきの中尾によれば、その半透明葉は昆虫を誘引するしかけであるという。確かにこの半透明葉は内部の保温に役立っており、その居心地のよさは昆虫を誘引するであろう。

ボンボリトウヒレンもセイタカダイオウも遠方からよく目立つ。ワタゲトウヒレンもそうである。長毛や半透明葉の白味がかった色が、礫が裸出した暗灰色の背景のなかで浮いてみえるためかもしれない。しかしそればかりではない。矮性化やクッション状化して、極端に小形化した植物のなかにあって、これらの植物はずば抜けて大きい。矮性化とは明らかに逆方向の特殊化なのである。

図1　ヒマラヤの温室植物（A、B）及びセーター植物（C、D）と崑崙のトウヒレン属（E、F）　A：茎の上部の葉だけが半透明化したボンボリトウヒレン（*Saussurea obvallata*）。高さは1mに達する。B：半透明化した葉が茎全体につくセイタカダイオウ（*Rheum nobile*）。高さは1.5mにもなる。C：ワタゲトウヒレン（*Saussurea gossipiphora*）は葉の表面に生えた長い毛が茎全体を包みこむ。直径40cmを超える。D：その縦断面。E：崑崙の高山でみたホシガタトウヒレン（*Saussurea gnaphalodes*）。小形で高さは4cmぐらい。F：クッション状のハリバノトウヒレン（*Saussurea subulata*）。

ヒマラヤ高山帯上部の七〇日あまりの生育期間で、高さ一メートルを超す草丈になるのは温室植物だけであり、セーター植物も巨大さでは温室植物に匹敵する。このことは、長毛や半透明葉が植物体自体の巨大化と関連していることを示唆している。

セーター植物の保温性

ヒマラヤの海抜五〇〇〇メートルでの実験には多大な困難がともなう。車の通れる道から二週間以上も実験機器を食料・テントなどとともに人力で運ばなければならない。電気などはもちろんない。生育場所の情報があっても、人災や天災でなくなっていることも多い。さらに五四〇ミリバールという気圧の低い状態では体力も思考力も平地と同じには発揮できない。

こうした悪条件が重なって、いまだ温室植物・セーター植物の生理・生態的特性を示すデータは皆無に近い。

図2はワタゲトウヒレンの保温効果に関係して実測された唯一のデータといってよい。これは、一九八五年、海抜五〇〇〇メートル付近のネパール中部のビグフェラ・ロ氷河が押し出したモレーンの岩礫の間に生えていた個体を採取し、海抜四一五〇メートルのキャンプ地に運んで、上端の穴や長毛の生えた葉の間に熱電対を差し入れ、定時ごとに温度を記録したものである。

測定した日（七月二九日）は、朝のうちは好天で陽が射していた。しかし、一一時から一一時三〇分の間に弱い雨があり、その後は霧がかかり、午後四時頃から夕暮れまで再び陽が射すという状況であった。夏のヒマラヤ高山帯上部では、よくある天気のパターンである。この晴れ、雨、霧という天気の経過は図中の日射によく表れている。

日射の変化にもかかわらず、外気温はほぼ一定で九〜一〇度の間を推移し、夕方に下降した。図のAは穴の下の小部

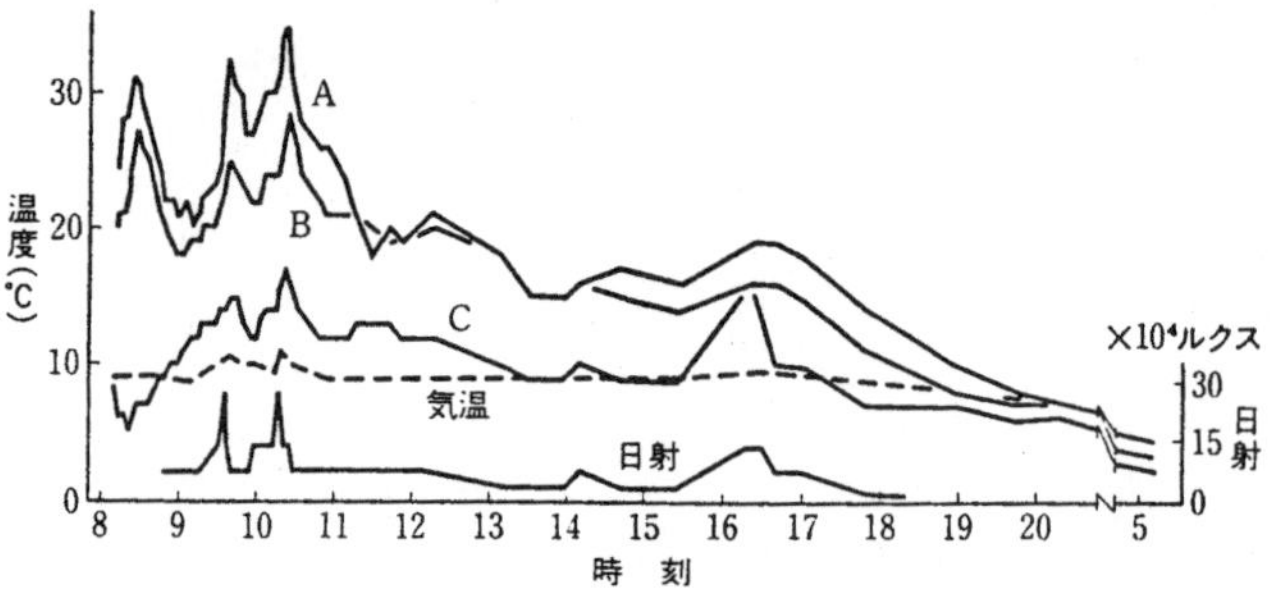

図２　ワタゲトウヒレンの温度測定　Aは毛に被われた茎の先端の温度。毛に被われた茎の周辺のうち、Bが午前中に日向側、Cは午後に日向になった側。破線は測定地点での外気温。実線は日射量である（大場1986）。

屋内の温度、BとCは葉間の温度である。Bでは午前中日向側、午後は日陰側となり、Cはその反対側である。小部屋も日向側の葉間の温度も外気温に比べ著しく高く、特に小部屋内の温度は最高三五度に達した。まさに温室効果である。A、B、Cの温度上昇は明らかに日射量の増加と同調しており、A、B、Cでのピークは日射量のピークに少し遅れて現れる。夜間における保温性は低く、日没後間もなく、A、B、Cとも外気温に近似してしまった。

実測データはないものの、温室植物でも半透明葉で囲まれた内側と外側とでは、ここにワタゲトウヒレンで示したのと類似した温度パターンを示すのではないかと予想される。

セーター植物も温室植物も、矮性化やクッション状化という高山帯植物に多い特殊化に反して巨大化する。両者に共通することのひとつが、この保温効果である。

ワタゲトウヒレンとホソバノワタゲトウヒレン、さらにトロルディイワタゲトウヒレン *Saussurea thoroldii* を比較すると、植物体のサイズは毛による植物体の被覆程度と相関している。セーター植物も温室植物も植物が細胞分裂し、さかんに伸長するのは茎の先端にある生長点とその近辺である。長毛も半透明葉もこの部分を被っているのである。ワタゲトウヒレン類三種は、生長点周辺の被い方に差がある。最も大形のワタゲトウヒレンでは、生長点は完璧に被われるのにたいして、他の二種は花序にも毛が密生する程度でとどまっている。すなわちセーター植物・温室植物の巨大化は、セーターや温室が生長点周辺を保温ないし加温することと関係しているという仮説が成り立つ。

巨大化は有利か

セーター植物や温室植物はヒマラヤや中央アジア高地に固有であると書いた。世界の他地域の高山には、なぜこのようなかたちの植物が存在しないのだろうか。アルプスやロッキー山脈に存在しない理由のひとつは、そもそもセーターや温室をもつにいたったトウヒレン属内の一群やダイオウ属が分布していないことも考えられる。しかし、セーターや温室はシソ科や他のキク科植物にもあり、系統上の資源不足のためばかりでは説明しきれない。唯一これに比較されるのは、中央アフリカ高山に生えるジャイアント・ロベリア（キキョウ科サワギキョウ属）やジャイアント・セネシオ（キク科デンドロセネキオ属）であろう。

崑崙《こんろん》山脈は、ヒマラヤ山脈をその南縁とすれば、中央アジア高地の北縁に当たる一大山脈である。モンスーンの影響で夏多雨なヒマラヤとは対照的に、その中央部分では一年中降雨はほとんどなく乾燥している。緯度的にもヒマラヤ山脈よりもはるかに高緯度側にあり、温度の低下も著しく、海抜五〇〇〇メートルでは夏でさえ地下数十センチには永久凍土が発達している。夏は表面の凍土の融解によって水分が供給され、辛うじて植物は生きている。

崑崙山脈にもトウヒレン属やダイオウ属植物はあるが、セーターや温室をもつかたちをした種は存在しない。コンロントウヒレン *Saussurea depsangensis* とその近縁種は崑崙山脈の海抜四〇〇〇～五〇〇〇メートルに生える。いずれも葉に毛が生えているが疎らで短い。ホシガタトウヒレン*Saussurea gnaphalodes*（図1E）は、星状に地面に密着して広がる根生葉の中心に花序をつくるが、その花序の部分には硬い毛が混生している。これらの毛がより密で長ければ花序を被い、その中心にある生長点をも保温することになって、巨大化が起きたかもしれない。

もしこれらの植物が巨大化したら、崑崙山脈で生きていくことができるのだろうか。ここもヒマラヤ高山帯上部と同じように、種間競争はほとんど無視してもよく、主としてそれぞれの無機的環境に適しているかどうかを考えればよいであろう。

巨大化したセーター植物や温室植物の生活には、それに見合う水や栄養塩類の供給がまず不可欠である。モンスーンの影響もあり多雨で、それがために発達した植生ならびに土壌から供給される栄養塩類の豊富なヒマラヤだからこそ、それらは生存が許容されたのではないだろうか。降水に恵まれたヒマラヤ高山帯は世界の高山帯のなかでは特異な存在といえよう。

崑崙山脈高山帯のトウヒレン属植物のなかでも普通にみられるのは、葉が小形化し、密集してクッション状となった種（図1F）、わずか数センチの大きさに矮小化した種、小形化し、さらに葉に水分を貯え多肉化した種などである。いずれもの種が、巨大化とは逆の矮小化をともなっていることは注目されよう。

天山山脈もパミールに連なる世界の大山脈だが、そこを中心に中国名で雪蓮華と呼ばれるトウヒレン属の一種*Saussurea involucrata*が自生する（図3）。そのかたちは、できそこないの温室植物を想わせる。茎の上方についた葉は半透明化するが、ボンボリトウヒレンのように花序を包むように内側に巻き込んだりはしない。そのため生長点の保温はない。草丈は三〇センチほどである。

ヒマラヤ高山帯上部には、セーター植物や温室植物の他にもチョウチン植物や雨傘《あまがさ》植物など、特殊なかたちをした植

図３　天山山脈からモンゴル、シベリアに分布する雪蓮華 *Saussurea involucrata*　茎の上方の葉は半透明化するが花序は露出している（『中国高等植物図鑑第４冊』1975）

物が存在するが、それらの紹介は別の機会に譲りたい。

ケヴァンは、夏の日照量の少ない北極圏では、花がパラボラアンテナのようになり、訪花や種子形成にかかわる雌しべに光を集める構造を発達させていることを明らかにした（Kevan 1975）。このようなかたちをした花をもつ種が、ヒマラヤ高山帯でも数多い。しかし高山帯では、有害な紫外線量は極地方よりも格段に多いはずであり、これらの影響を回避するための構造や機能の発達も予測される。たびたび繰り返す言葉だが、このような視点からはヒマラヤ高山帯の植物は研究されたことがない。

さて、ヒマラヤ高山帯には、いま述べてきたような巨大化したセーター植物・温室植物、その他の特殊形態をした植物が数多くみられるのである。その植生が比較される極地方と高山であるが、ヒマラヤと南極圏はむろん、北極圏との間にも明瞭なちがいもある。しかし、北極圏もヒマラヤ高山帯も、その植物相は過去一万年の間に形成されたものと推定される。北極圏ではトウヒ林から急激な植生変化が生じたことが、植物遺体から推定される（Savile 1972）。他方ヒマラヤでは、氷河堆積物その他から、現在の高さに達したこと自体がここ一万年ほどのできごとであるという指摘もある。これはその植物相の起源の新しいことを強く示唆している。すでに述べたように、ヒマラヤ高山帯植物では属レベルでの固有はみられず、温帯・亜寒帯に普遍的に分布する属の新固有化により多様性が生み出されている点は、北極圏と変わらない。セーター植物と温室植物という他地域に例をみない特殊形態をもつ植物の起源も、同様に新しいと考えられる。

高山帯の環境は、極地方と同様かそれ以上に植物にとって極限に近い環境である。そこでは、他種との競争が種の存在を左右するよりも、個々の種がその環境に耐えられるかどうかが生存の可否を支配している、と私はみている。種間競争が生存のための大きな要因となるような状況を社会的というなら、社会的要因の小さい極限環境は孤立的といえよう（Ohba 1992）。極限環境、すなわち孤立的状況では、社会的淘汰圧は小さいにちがいない。どのようなかたちをしても他種との競争にはさらされずに済む。このような状況下では、かたちに大きなちがいをともなう進化が生じやすいのではないだろうか。想像をたくましくすれば、地球環境の激変期も極度に社会的淘汰圧は低くなるはずである。新しいかたちの生物の誕生や種の爆発的誕生が生じやすい環境が形成されるのではないだろうか。

セーター植物・温室植物にみられる巨大化は、高山帯上部という極限環境に生きる植物にとってどのような適応性があるのか、いまだに判らない。ただそれは、高等植物のなかで最も最近登場したかたちであるといえるだろう。

分類学や植物相の研究者にとって、進化とは「種が変わること」と解されよう。植物相が地域的な特色をもつことの背景として環境の進化への働きかけを想定することは、あながち無謀とはいえない。ヒマラヤ高山帯という自然の実験室での実証的データを提出すべき時期にきているといえよう。

【註】

1　ここに述べたことについては、その後の研究結果の紹介を含めて、左記の書にまとめられた。
大場秀章（一九九九）『ヒマラヤを越えた花々』（自然史の窓8）岩波書店、東京

2　ここで平均属多様度指数とした数値は、一般には属係数（Generic coefficient）と呼ばれているものと同じである。

【引用文献】
Kevan, P. G. 1975 Sun-tracking solar furnaces in high arctic flowers : significance for pollination and insects. *Science*, **189** : 723–726
Lundegårdh, H. 1957 *Klima und Boden in ihrer Wirkung auf das Pflanzenleben* (5th ed.), Gustav Fischer Verlag, Stuttgart（門司正三・山根銀五郎・宝月欣二訳（一九六四）『植物実験生態学—気候と土壌』岩波書店、東京

Mani, M. S. 1978 *Ecology and Phytogeography of High Altitude Plants of the Northwest Himalaya*, Chapman and Hall, London

Ohba, H. 1988 The alpine flora of the Nepal Himalayas : an introductory note. In : Ohba, H. and S. B. Malla (eds.),*The Himalaya Plants, vol.1*, University of Tokyo Press, Tokyo. 19–46pp.

Ohba, H. 1992 The characteristics of the alpine flora of Nepal Himalaya, *6° Colloque Franco-Japonais de Géographie "Environnements et Amenagement Montagnards", Grenoble du 16 an 20 Septembre 1991, s. n.* Société Franco-Japonaise de Géographie, Paris

Savile, D. B. O. 1972 *Arctic Adaptations in Plants*, Canada Department of Agriculture, Ottawa

中国科学院北京植物研究所編（一九七五）『中国高等植物図鑑第四冊』科学出版社、北京

中尾佐助（一九六四）『ヒマラヤの花』毎日新聞社、東京

大場秀章（一九八六）「ヒマラヤ高山帯の植物」『科学』五六巻三号 一四六―一五三頁

安成哲三・藤井理行（一九八三）『ヒマラヤの気候と氷河――大気圏と雪氷圏の相互作用』東京堂、東京

ヒマラヤの高山植物相とその特徴

ヒマラヤの高山帯植物相は、ヒマラヤ山脈の中央部分を占めるネパール・ヒマラヤでみる限り、種レベルでは固有性が高いが、属レベルでみると北極周辺から北半球温帯にいたる地域の植物相と共通性が高い。しかし、ヒマラヤ南面の山麓地帯の植物相構成種に由来すると考えられる土着由来種は少ない。氷期・間氷期を両極とする地球規模の気候変動が、ヒマラヤを含む中央アジア高地と周北極地域の植物相の交流を可能にしたといわれている。

世界の温帯と熱帯の高い山には何層にも植生が重なり、いわゆる植生の垂直分布がみられる。高山という言葉は、漠然と高い山をさすが、高山帯はふつう森林限界から雪線の間にある垂直分布帯をいう。ここでは高山を高山帯をいう言葉として用いることにする。

雪線がない日本の山では、高山帯は山の頂上部に辛うじて存在するだけだが、ヒマラヤやヨーロッパ・アルプスでは、高山帯も山の中腹にある。そしてその規模もはるかに大きい。

高山帯は、山の高所に発達することから、そこの植物は、平地に比べ厳しい環境下に育っていると予想されてきた。短い夏に関連した生育期間の短さ、気圧の低いことによる乾燥、低温、強風などが頭に浮かぶ。

こうした厳しい環境下に生えている植物を想像すると、何らかの特殊な工夫がそこにあると思われるにちがいない。高山植物は一般に背丈が低く矮性化が著しいが、それだけでなく、さらにコンパクトになり、団集してコケのように生えているクッション状の生活形も知られている。特殊化といってよいが、このような特殊化は世界の高山帯の植物すべてに共通しているのであろうか。

高山帯植物についての知見はまだ一般化しうるほどには集積・体系化されていない。ヒマラヤの高山帯植物の生育形態には幅広い変化がみられる。多様な生育環境を反映しているといえる。近縁種と比較した矮性形態をもつ種は、北極周辺から温帯地域ならびに乾燥の著しい高山に共通にみられるが、巨大化を遂げた種の出現は中央アフリカなど少数の熱帯の高山に限られる。湿潤な熱帯の高山に特有な形態といえるだろう。

温室植物・セーター植物

ヒマラヤ高山帯での植物の生育形態には幅広い変化がみられる。多様な生育環境を反映しているといえる。近縁種と比較した矮性化は周北極地域や温帯ならびに乾燥の著しい高山に共通する。[1] 矮性化は、南北両極側に近い、中ないし高緯度の高山によく発達する。周北極地域も環境面では高緯度の高山（といっても高度は一〇〇〇メートル以下である）と類似している。低温と乾燥、さらには短い生育期間に適応した生活形といえる。

巨大化を代表するのが温室植物とセーター植物である。これらについては、これまでにもいろいろ書いてきた。[2〜4] 地上茎の上方につく葉が半透明化して、温室のガラスのように花序や茎頂を被う温室植物にセイタカダイオウ *Rheum nobile* やボンボリトウヒレン *Saussurea obvallata* がある。半透明の葉に代わって、葉や茎から生えた長い毛が植物のからだを被うセーター植物は、ワタゲトウヒレン *Saussurea gossipiphora* に代表される。

温室植物・セーター植物化は系統とは無関係に複数の科の植物に生じている。また、東ヒマラヤ高山帯にはこうした特別のしかけがみつからないメコノプシス属の *Meconopsis paniculata*（ケシ科）のような巨大化植物もある。一般に生育期間が短いとされる高山帯で、どうして巨大化できるのだろう。その適応的意義は何なのか?

実はこのような問題はこれまでまったく検討されてこなかった。『遺伝』四六巻九号（一九九二年九月）での特集中の「高山植物の光合成特性」（寺島一郎による）や「大型多年生草本植物レウム・ノビレの生育環境と群落構造」（増沢武弘による）にみるように、ようやく最近その特性に科学的なメスが入れられた。

ヒマラヤ高山帯植物相の特徴

ある地域に生えている植物の種全体をさして植物相（フロラ）という。遠く離れた地域であるにもかかわらず植物相が似ている場合、そこにはどんな意味が隠されているのだろうか。

一般に高山には背丈を超す木はなく、その景観は南北両極の周辺地域にみられるツンドラ植生に似ているといわれてきた。その植生を景観的に高山ツンドラということさえある。景観が似ていれば植物相も類似しているのだろうか。まだヒマラヤ高山帯の植物相と両極周辺地域の植物相の比較検討はなされていないので、多様化した属についてのみ行われた比較を紹介してみよう。

ネパール・ヒマラヤは、西はアフガニスタンから東はミャンマーと中国西南部にいたる、大ヒマラヤ山脈の中央部分に位置する。その高山帯（ネパール高山帯という）には、一一二七種の種子植物が自生することが判明した。[2] これらは、三一七属に分類される。[3]

その一一二七種のうち五九五種が、三一七の属のうちのわずか一九属に分類される（表1）。つまり、全体の約半数の種が、全体の約一割にも満たない属に分類される種なのである。別の見方をすれば、この二九属はネパール高山帯で著しい多様化を遂げているといえる。

表1は、このネパール高山帯で多様化した二九属について、ヨーロッパ・アルプス、チベット、内蒙古、日本の高山、北極周辺地域（これを周北極地域という）の五地域での種数を示したものである（表中のBはネパール高山帯の数値である）。

この表に示すように、この二九属のうち、周北極地域に分布しないのは、メギ、メコノプシス（ケシ科）、クレマントディウム（キク科）、スイカズラの四属に過ぎない。ヨーロッパ・アルプスに産しないのはメコノプシスとクレマントディウム属の他に、エンゴサク属とメギ属だけである。クレマントディウム属はヒマラヤとチベットに固有な属だが、「ヒマラヤの青いケシ」として有名なメコノプシス属には西ヨーロッパに産する種が一種だけあり、ヒマラヤ・チベットに固有な属ではない。メギ属もエンゴサク属も少数ながらヨーロッパに分布するが、高山帯に産する種はない。

表1　ネパール高山帯で多様化した属の各地域での種数

属		A	B	C	D	E	F
ユキノシタ	*Saxifraga*	49	74	101	1	9	24
シオガマギク	*Pedicularis*	18	55	109	18	9	21
サクラソウ	*Primula*	19	48	125	5	9	8
リンドウ	*Gentiana*	29	31	99	7	8	10
トウヒレン	*Saussurea*	4	29	83	29	8	4
エンゴサク	*Corydalis*	0	27	94	5	0	1
スゲ	*Carex*	70	23	54	80	42	67
イワベンケイ	*Rhodiola*	1	19	24	1	2	1
トリカブト	*Aconitum*	4	18	44	6	13	1
イチゴツナギ	*Poa*	15	18	31	21	5	14
イグサ	*Juncus*	13	17	33	7	4	20
キジムシロ	*Potentilla*	11	17	43	24	4	20
ヤナギ	*Salix*	25	17	75	31	6	39
ノミノツヅリ	*Arenaria*	7	17	48	2	6	17
ヒゲハリスゲ	*Kobresia*	1	16	34	5	1	3
マンテマ	*Silene*	12	15	13	5	5	4
センブリ	*Swertia*	1	15	22	4	2	0
メギ	*Berberis*	0	12	63	5	0	0
イヌナズナ	*Draba*	4	12	24	1	4	19
レンゲ	*Astragalus*	10	12	69	24	4	6
オヤマノエンドウ	*Oxytropis*	10	12	38	18	6	13
メコノプシス	*Meconopsis*	0	12	27	0	0	0
ヒエンソウ	*Delphinium*	2	12	33	3	0	4
ノギク	*Aster*	1	12	31	5	2	3
クレマントディウム	*Cremanthodium*	0	12	41	0	0	0
ウマノアシガタ	*Ranunculus*	17	11	22	10	5	21
スイカズラ	*Lonicera*	3	11	29	6	5	0
イチリンソウ	*Anemone*	16	11	11	4	3	6
トチナイソウ	*Androsace*	15	10	29	9	1	4

A：ヨーロッパ・アルプス、B：ネパール高山帯、C：チベット、D：内蒙古、E：日本の高山、F：周北極地域（それぞれおもにThomson[12]、Ohba[2]、西蔵植物名録編集組[13]、馬[14]、山崎[15]、Polunin[16]により作成）

この表から、ネパール高山帯で多様性の高い属のほとんどが、周北極地域とヨーロッパ・アルプスにも存在することが判る。また、個々には具体的に示さないが、ヨーロッパ・アルプスと周北極地域で多様化している属もほとんどが表1にあげた属であることを付け加えておく。このように、ヒマラヤ（少なくともネパール高山帯）、ヨーロッパ・アルプス、周北極地域の植物相は、地域間に共通する少数の属のみが、特に著しい多様化を遂げているのである。

日本の高山の植物相もおおむねその傾向は一致している。内蒙古の植物相も、ネパール高山帯で多様化した属のほとんどがある。しかし、そこでの種多様性の順位はネパール高山帯とは異なり、スゲ、キジムシロ、レンゲ、イグサ、さらに表にはないヨモギ属（五四種）での種多様性が高い。

なお、内蒙古だけでなく、ヨーロッパ・アルプス、日本、周北極地域に比べてネパール高山帯でのスゲ属の種が少ないのは、研究の不充分さを反映しているものと考えられる。

ヒマラヤ高山帯植物相の起源

チベットの植物相との類似

稜線を北側に越えると、ヒマラヤはチベット高原に連続している。チベット高原とヒマラヤは、稜線を境に隣り合わせの地域といえる。チベットとヒマラヤの植物相の類似性は高いのだろうか。

Wuら（1981）によれば、チベットには一一四五属五二九六種の種子植物が産するという。数でいえばネパール高山帯の属で三・五倍、種では四・三倍である。[5]

表1に示すように、ネパール高山帯で多様化した属はすべてチベットにもあり、いずれも種数が多い。五〇種以上を含む種数の多い属で前記の表にはない属に、ツツジ属（一六八）とヨモギ属（五七）がある（カッコ内は種数）。

表1の二九属と上の二属を加えた三一属のチベット高原に産する総種数は一六七四種であるが、それは全属数の二一%、全種数の三一%である。ヒマラヤと比べるとこれら三一属の植物相全体にたいする比重がずいぶんとちがうことが判る。

Wuらは、統計的手法によってチベットはヒマラヤ地域とは植物相を異にし、単独で特徴あるひとつの地域をなし、ゴンドワナ大陸と対をなす、古いローラシア大陸の植物相に起源をもつとした。

しかし、チベットには熱帯から高山砂漠、塩性湿原など多様な植生がみられる。ネパール高山帯との比較の対象としては植生が多様過ぎる。レンゲやヨモギ属の種数が多いのは、乾燥地が広大な面積を占めることと関係している。ヒマラヤ高山帯との比較では、まずチベットを植物相の均一性の高い小地域に区分けすることが必要である。チベットでも高度五〇〇〇メートル以上では、乾燥地域は西ヒマラヤと、湿潤地域は東ヒマラヤの高山帯と共通性が高いと筆者は考えている。

シオガマギク属

日本にも一五種を産するシオガマギク属は、世界の温帯から周北極地域に分布し、五〇〇以上の種が知られているが、中国雲南・四川省に現在の種分化の中心がある。ネパール・ヒマラヤでもユキノシタ属に次いで種数が多い。最近のTsoongやYamazakiの分類体系を参考に、ネパール・ヒマラヤ、チベット、内蒙古産の種を共通の祖先をもつと推定される六〇グループに分類した（表2）。グループの数は今日の種分化をもたらした核となる祖先種の数とみなすことができる。

チベットには全グループの七〇%にあたる四二グループが分布するが、ネパール高山帯には五五%にあたる三三グループがある（表2）。しかし、ネパール高山帯とチベットに共通するグループは二二に過ぎない。グループ数でみると、ネパール高山帯にある全グループの六七％がチベットと共通する。

さらに、ネパール高山帯とチベットにはこの地域で特に多様化した*Pedicularis elwesii*などを含むRobustaeグループ、*Pedicularis hoffmeisteri*などのMegalanthaeグループがあり、両地域の関連は無視できない。他方、内蒙古にはこの属の種はわずか一八種しかない。ネパールとの間には共通種はなく、チベットと共通性も低い。シオガマギク属でみる限り、ネパール高山帯と内蒙古の現在の植物相の間には大きなギャップがある。

表2　シオガマギク属の現在の種数とグループ数

地域	種数	グループ数	共通率
ネパール高山帯	55	33	0.55
チベット	81	42	0.70
内蒙古	18	12	0.20

土着種由来は少ない？

日華区系という言葉がある。日本から中国を経てヒマラヤにいたる地域が、類似した植物相をもち、植物相の類似度にもとづいて設けられる区系上の一地域として命名されたものである。

ところがネパール高山帯には日華区系由来と考えられる種はほとんどない。そこでは、亜高山帯（森林限界をつくるモミ林など）と高山帯の間に植物相の不連続性が認められる。その高さは地域で異なるが、ネパール東部では三五〇〇～四〇〇〇メートルの間にあたる。

ネパール東部ではこの高度以下には後述のイワベンケイ属はみられない。マンネングサ属（ベンケイソウ科）では、山地帯から亜高山帯の下限までマンネングサ節の*Sedum multicaule*が分布する。高山帯にはこれとは異なるOreades節の*Sedum oreades*、*Sedum trullipetalum*などが出現する。

キジムシロ属の*Potentilla lineata*群は、山地帯から亜高山帯にかけての草地に生えるが、高山帯にはみられない。高山帯では、外形が類似した同じ属の別の種群が多様化している。両群は同じ属に分類されるが、系統的にはかなり隔たっていると考えられている。[6] 系統的な隔たりと垂直分布でのちがいが一致する例は他にも知られている。

この高山帯とその下部の垂直分布帯との間の植物相のちがいは、日本にもある。そればかりか、北半球の高山帯には共通して、氷河期に南下した周北極地域の植物相の遺存種とそれに由来する種群が見出される。

ヒマラヤの高山帯でも、その植物相が周北極起源かどうかは別として、上に述べたようにこの不連続性がはっきりしている。また、ネパール高山帯に限れば、そこには、山麓に生育する土着種から由来した、と推定される種は少ないといってよい。

ここでは述べないが、乾燥という別の環境条件が加わる西ヒマラヤでは、別の複雑な現象がみられる。[7]

ヒマラヤ高山帯には周北極地域にも分布する種がある

周北極地域の植物がヒマラヤにも分布するだろうか。結論からいえば、周北極地域とヒマラヤに共通に分布する種は、ヒマラヤ以外の高山や温帯地域にも分布する。しかし、周北極地域とヒマラヤだけに分布する種はない。リシリカニツリ *Trisetum spicatum*（一〇〇）、ミヤマアワガエリ *Phleum alpinum*（八三）、ムカゴトラノオ *Bistorta vivipara*（六七）、ジンヨウスイバ *Oxyria digyna*（八三）、リュウキンカ *Caltha palustris*、キンロバイ *Potentilla fruticosa*（五八）、ヤナギラン（広義）*Epilobium latifolium*（五六）は、周北極地域やヒマラヤの他、北半球の温帯や高山にも分布する例に該当する。

上記のカッコ内の数字は Chabot[8] が北極地域と北アメリカ大陸高山地域の合計一八地域に共通に分布する割合を百分率で表したもので、数字が大きいほど広範囲に分布しているといえる。リュウキンカを除けば、これらはすべて北アメリカの高山にまで分布している。

このような種の存在は、ヒマラヤを初めとする北半球の高山と周北極地域に共通に分布を拡大する可能性、あるいはその可能性が過去にあったことを示唆している。分布の拡大は、個々の種の散布能力と生育環境への適応力にもよる。しかし、上記のようなかなりの数の広分布種の存在、さらに北半球の地理的に離れた地域間の植物相にみられる属レベルでの高い共通性は、個々の種の分散ではなく、多数の種の分散移動を引き起こした共通の要因の存在を示唆する。また、こうした高い共通性は、今日のヒマラヤの植物相が、周北極地域やヨーロッパ・アルプスの植物相とまったく独立に成立したものではないことをも示している。

まず現在の分布パターン形成に直結するとされる最終氷期における周北極地域からの南下と、その後の暖温化による北上あるいは高山帯への移動を考えてみるべきであろう。この年代の植物遺体、花粉分析のデータから、北半球各地で植物相全体にわたる大規模な移動があったことが証明されている。

巨大化植物は他の高山にも存在する

セイタカダイオウのような植物体の巨大化は中央アフリカの高山植物にも現れている。いわゆるジャイアント・ロベリアやジャイアント・セネシオがそれである。これは、赤道に近い低緯度でしかも湿潤な熱帯の高山に特有な現象といえるだろう。ヒマラヤでも乾燥する西ヒマラヤでは巨大化した高山植物はみられない。

HedbergとHedberg[9]は、中央アフリカやアンデス高山の高山植物をその生育型から五つの型に分けた。クッションや無茎ロゼット型もそのひとつだが、ジャイアント・セネシオなどの巨大化植物は、巨大ロゼット型と名づけられた。特に巨大ロゼット型はその分布が限定される点で興味深い。彼らは特殊形態が夜間の低温化にたいする適応としているものの、なぜ多型が生じるのかは議論していない。

東ヒマラヤでは湿潤環境下で、周北極地域を起源とする一部の植物群が巨大化したが、別の植物群では祖先や近縁種のような矮性形態を保持している。同様に周北極地域との交流が推定できる西ヒマラヤでは、乾燥が巨大化に不利に働くために、周北極地域と同様に矮性形態をもつ種が多い。

系統的にはまったく異なる、東ヒマラヤと中央アフリカ高山植物相であるが[10、11]、高山植物の生育型での類似は、極限に近い環境においても一定の淘汰圧がはたらくことを示している。しかしそれは社会的要因によっているのではなく、もっぱら低資源条件等の自然環境要因によっているところに特色がある。

おわりに

どのような過程を経て今日にみるヒマラヤの植物相が形成されたのだろう。周北極地域から北半球温帯地域さらには高山帯での属レベルでの高い共通性と、これらの属内での高い多様性についてはすでに述べたが、これらの諸属の種固有率もたいへん高い。ネパール高山帯では、スゲ属など数属を除けば固有率は七〇％以上に達する。この属レベルの共通性と種レベルの高い固有性は、ひとつの現象の表裏であるといえる。

高山帯は途中に低山や河川があると不連続になるので、大洋中の島と似たところがある。そのため、山塊ごとに遺伝的に隔離しやすい。分布域の大規模変化は気候変動のような環境の大規模な変化によっていると考えることができる。

第3部の「イワベンケイ属の生物地理」の図2（四〇八ページ）に示すイワベンケイ属プリムロイデス節の分布と系統関係図は、東西に長い分布域が形成された後に、地域ごとに隔離が起き、最初の広い分布域の周縁部分から別の種へと変わっていったことを暗示する。

ヒマラヤ高山帯の植物相がどのような経過を経て今日みるものになったのか。また、どのようにして今日みる温室植物のような巨大化植物やその他の特徴あるかたちをもった植物が誕生したのだろう。それらはヒマラヤで誕生したのだろうか。

残念ながらこれらを論じるにふさわしいデータはまだない。いま多くの研究者の協力をえて総合的に進めている研究結果を待って、再度検討してみたいと思う。

【引用文献】

1 大場秀章（一九九二）「極限環境での植物の適応」柴谷篤弘他編『講座 進化7』東京大学出版会、東京、二二七—二四五頁（本選集11–18頁に再録）

2 Ohba, H. 1988 The alpine flora of the Nepal Himalayas : an introductory note. In : Ohba, H. and S. B. Malla (eds.), *The Himalayan Plants., vol. 1*, University of Tokyo Press, Tokyo. 19–46pp.

3 大場秀章（一九八六）「ヒマラヤ高山帯の植物」『科学』五六巻三号一四六—一五二頁

4 大場秀章（一九九二）「ヒマラヤとアルプスの高山植物」『遺伝』四六巻三号五一—五四頁（本選集56–63頁に再録）

5 Wu, Z. Y., Tang, Y. C., Li, X. W., Wu, S. G. and H. Li 1981 Dissertations upon the origin development and regionalization of Xizang flora through the floristic analysis. *Proceedings of Symposium on Qihghai-Xizang* (*Tibet*) *Plateau* (*Beijing, China*), *vol. 2*, 1219–1244pp.

6 Ikeda, H. and H. Ohba 1993 A Systematic revision of *Potentilla lineata* and allied species (Rosaceae) in the Himalaya and adjacent region. *Botanical Journal of the Linnean Society*, **112** : 159–186

7 Mani, M. S. 1978 *Ecology and Phytogeography of High Altitude Plants of the Northwest Himalaya*, Chapman and Hall, London

8 Chabot, B. F. 1981 Biogeography and evolution of alpine plants. *Proceedings of Symposium on Qihghai-Xizang* (*Tibet*) *Plateau* (*Beijing, China*), *vol. 2*, 1905–1913pp.

9 Hedberg, I. and O. Hedberg 1979 Tropical-alpine life-forms of vascular plants. *Oikos*, **33** : 297–307

10 Hedberg, O. 1965 Afroalpine flora elements. *Webbia*, **19** : 519–529

11 Hedberg, O. 1969 Evolution and speciation in a tropical high mountain flora. *Biological Journal of the Linnean Society*, **1** : 135–148

12 Thomson, H. S. 1911 *Alpine Plants of Europe*. George Routledge and Sons, Ltd., London
13 西蔵植物名録編集組（一九八〇）『西蔵植物名録』西蔵自治区科学技術委員会、拉薩
14 馬敏泉主編（一九七七―一九八五）『内蒙古植物誌』全八巻、内蒙古人民出版社、呼和浩特
15 山崎敬編（一九八五）『日本の高山植物』平凡社、東京
16 Polunin, N. 1959 *Circumpolar Arctic Flora*. Clarendon Press, Oxford

ヒマラヤの植物相

半島的な部分を除くユーラシア大陸の南の端を連ねるヒマラヤ山脈は、その大きさや高さから、その存在自体が地球規模での植物分布に多大な影響を及ぼし続けてきたと推測される。

ヒマラヤ山脈が現在の高さになったのは、いまからおよそ一万年前と推定される。ゴンドワナ大陸の分断とその大陸の一部が、テーチス海を埋め、ローラシア大陸と接触した。中央アジアの内陸部にも広がったテーチス海は隆起し、一五〇万年前の更新世中期からヒマラヤ山脈の急上昇も始まったとされる。新生代当初から始まる、被子植物の爆発的分化と分布拡大は、こうした一連の地殻変動がもたらした環境変化と対応していると推測される。

現在に戻って、ヒマラヤでの植物相に強く影響する環境を眺めてみると、第一に高度にともなう顕著な温度差がある。これに対応する植生変化があり、植物相も大きく異なる。

さらに、山脈の南側と北側の差も大きい。南側からみるヒマラヤは海抜一〇〇～一五〇メートルのインド平原に接しており、麓は熱帯性の気候下にある。夏のモンスーンは、その南側の斜面を上昇する間に冷却され、雨としてインド洋上で吸収した水蒸気を放出する。雨水は斜面を浸食し、険しいヒマラヤの山と谷を形成する。

北側は乾燥した空気がチベット高原に向け通り抜ける。平均海抜四七〇〇メートルというチベット高原側からみるヒマラヤは、高度差三〇〇〇メートルほどの乾燥した丘陵のようにみえる。南北で植生・植物相はまったく異なる。

さらに、東西差が高度差、南北差に加わる。モンスーンが卓越する東とその影響が強くは及ばない西で、夏の降水量が異なるためである（大場一九九三）。

高度による植物相のちがい

図１はヒマラヤの森林タイプの垂直分布と高度、暖かさの指数、寒さの指数との相関を示す。植生帯や森林帯の区分には他にいくつも見解があるが、論評するだけの資料はまだない。

Shorea（サラソウジュ）タイプは熱帯、*Schima-Castanopsis*（ヒメツバキ-シイノキ）タイプは亜熱帯、evergreen oak（常緑カシ）タイプ、*Picea*（トウヒ）タイプあるいは*Quercus semecarpifolia*（セメカルプカシ）タイプが暖温帯〜冷温帯、*Abies*（モミ）タイプは亜高山帯に対応する。しかし、各タイプの上限・下限の高度は地域によってかなり異なる。森林の実際、相観や様相、種の組成などはStainton（1972）に詳しい。

ここでは東ヒマラヤの植物相を森林に焦点をあて、私自身の観察をもとに概観してみたい。

サラソウジュ林　テライあるいはドアルスなどと呼ばれるヒマラヤ山麓の森林のほとんどがこの森林あるいは熱帯常緑林であった。そこには、トラやヒョウなどの猛獣が生息していた。
サラソウジュはフタバガキ科の高木で、この科の分布の中心はマレーシアである。これらの森林には、マレーシアと東南アジアの植物相に関連を示す種が多い。チーク属*Tectona*、テリハボク属*Calophyllum*、ビワモドキ属*Dillenia*、タラウマ属*Talauma*（モクレン科）、ソテツ属*Cycas*、フトモモ属*Syzygium*などがその例である。GriersonとLong

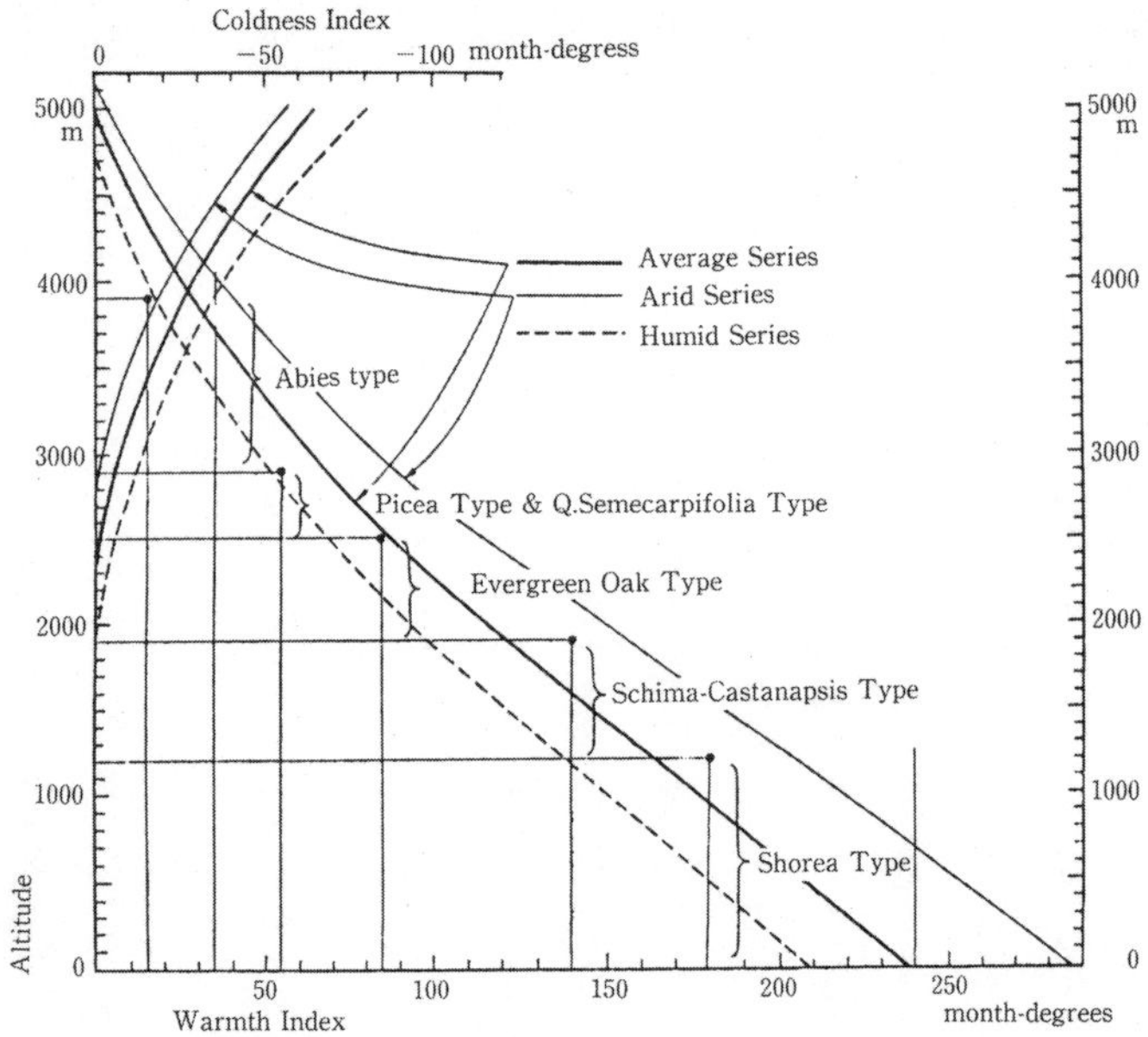

図1　ネパール・ヒマラヤでの森林型の垂直分布と暖かさの指数・寒さの指数との関係（Kawakita 1956）　縦軸は高度、横軸は暖かさの指数（下）と寒さの指数（上）。Average Seriesは平均的な乾湿条件、Arid Seriesは乾燥条件、Humid Seriesは湿潤条件での系列を示す。各森林型については本文参照。

(1983)は、ブータンだけから、東南アジアーマレーシア要素として六〇種を列挙している。彼らはあげていないが、ブータンにはラフレッシア属*Rafflesia*が産する。金井（一九六八）によれば、東ヒマラヤではサラソウジュは乾いた場所、パンヤ*Bombax malabricum*は湿った場所で主体となっている。

ヒマラヤの熱帯は地理的にはインド半島に連なる。しかし、インドの半島を分布の中心とする種群（デカン要素）は、ヒマラヤにきわめて少ない。GriersonとLongも同様な指摘をしており、二一種をこの要素とした。ネパールや乾燥する西ヒマラヤではこの要素の種数は増加すると推測されるが、具体的なデータはまだない。

かつてヒマラヤ山麓を被っていた熱帯林はインドでの人口の爆発的増加により激減した。ここは植物学的な研究が最も遅れており、いまや早急な調査が必要である。

ヒメツバキ・シイノキ林　この森林は多様性に富んでいる。古来から人間活動も活発であった。ネパールでは、三種のシイノキ属がこの森林に結びついているといわれる。いずれも東ヒマラヤに固有で、*Castanopsis indica* と *Castanopsis tribuloides* は広く分布し、*Castanopsis hystrix* は分布が限定される。いずれも果実など形態学的には日本のシイノキとは相当に異なる。*Castanopsis indica* が多いところでは、*Castanopsis tribuloides* は少なく、後者が多いところでは前者の個体数が少ない。

ヒマラヤのヒメツバキは琉球のイジュや小笠原のヒメツバキに近く、同種内の亜種とされることも多い。琉球ではイジュがオキナワスダジイと混生する林がある。

ヒマラヤでは、フジバシデ属 *Engelhardtia*（クルミ科）、フトモモ属、ネムノキ属 *Albizia* などのマメ科の木本属、オガタマノキ属 *Michelia*、多数のクスノキ科の木本が生える。

注目されるのは、ネパールでラリグラスと呼ばれるシャクナゲ *Rhododendron arboreum* がこの森林にもみられることである。このシャクナゲを片親として改良されたいわゆる「西洋シャクナゲ」が、暖地や低地でも栽培が可能なことは、その種のもともとの生育環境と関係があるかもしれない。

この森林と結びつく常緑のカシが何種かあり、アラカシもそのひとつである。日本ではアラカシは琉球には分布せず、ヒメツバキが分布しない九州以北の照葉樹林の構成種となっている。形態学上の差異と併せて、日本からヒマラヤに分布するアラカシとその近縁種の分類・生態学的な再検討が待たれる。

ヒマラヤには日本のマツカゼソウとよく似たヒマラヤマツカゼソウ *Boenninghausenia albiflora* がある。それには二型があり、分布高度が異なる。そのひとつは、この森林が分布する海抜八〇〇〜一五〇〇メートルに出現し、全体に紅味を欠き、花弁には黄色の斑点がない。他の型はセメカルプカシ林の高度に現れ、茎や葉の基部が紅紫色を帯び、花弁に黄色の斑点がある。マツカゼソウ属は日華区系要素であり、ヒマラヤでの異なる高度への分布と形態分化は注目される。

常緑カシ林　日本の照葉樹林に対応する。海抜およそ二〇〇〇～二七〇〇メートルを占め、主体をなすのはナラ属の常緑カシ*Quercus incana*と*Quercus lanuginosa*である。この森林の種多様性は他の高度の森林より著しく高い。モチノキ属*Ilex*、ハイノキ属*Symplocos*、クロモジ属*Lindera*、シロダモ属*Neolitsea*、ウルシ属*Rhus*、ヤマモモ属*Myrica*、ガマズミ属*Viburnum*など、日本の照葉樹林にも普通にある木本属が数多い。

草本性の植物でも、ウバユリ属*Cardiocrinum*、トチバニンジン属*Panax*、ウマノミツバ属*Sanicula*、キンミズヒキ属*Agrimonia*、ツルリンドウ属*Tripterospermum*など、中国から日本にかけて同じ種あるいは近縁種が分布する日華区系要素が多い。

常緑カシ林と重なる高度でも地域あるいは土地条件によってはカシ類を欠いた森林が存在する。インドトチノキ*Aesculus indica*を主体とする森林は沢筋に多い。ペルシアクルミ*Juglans regia*やカエデ属*Acer*が混生することも多い。日本のユズリハに近いヒマラヤユズリハ*Daphniphyllum himalense*が優占する森林もある。この森林にはズダヤクシュがふつうにみられる。

ヒマラヤハンノキ*Alnus nepalensis*の林は谷間のかつて土砂崩れを起こした斜面を中心に分布する。アルン谷以東の東ネパールには、テトラケントロン*Tetracentron sinense*など、かなりの落葉樹種が出現し、落葉広葉樹林を構成するが、局所的で帯状には分布しない。

セメカルプカシ林　葉の縁に歯牙状の突起をもつ、このカシは瓦重ね状に鱗片を配した殻斗をもち、ヒマラヤで唯一のウバメガシ節の種である。低いところでは海抜二〇〇〇メートルくらいから出現するが、常緑カシ林が減少する海抜二五〇〇メートルから上方、三〇〇〇メートルにかけて多い。

いまは伐採が進み、よい森林は少なく、家畜の飼料用に人家周辺に立木として残っていることが多い。

東ネパールではこの森林の高さで樹上に生育する着生植物などが目立つ。空中湿度が高いことと関連するが、ミルケダンダ山地での調査では、セメカルプカシの他、*Dodecadenia griffithii*、*Ligustrum indicum*、*Mahonia napaulensis*など、樹高一一～一八メートルの樹上に、他の一一～二〇種が生育していた（Kikuchi *at al.* 1992）。そのうち、ホコガタシダとナンカクランは日本にまで分布する。

シャクナゲ林　ツツジ属のうちシャクナゲ類は中国西南部で著しい多様性を示すが、東ヒマラヤにも数多くの種がある。ダケカンバ様の樹形と生育地に生える、*Rhododendron campanulatum*、樹形・生育地ともハイマツに比べられる矮性のツツジ類である*Rhododendron anthopogon*、*Rhododendron lepidotum*、*Rhododendron setosum*などの存在は生態学的に興味深い。

ヒマラヤモミ林は亜高山帯を代表するが、ヒマラヤモミの択伐が行われると、林内のシャクナゲが大型化して、シャクナゲ林のようになる。しかし、*Rhododendron hodgsonii*や*Rhododendron falconeri*などは、独自の高木林を形成する。日華区系要素と考えられるナナカマド属、サクラ属、カエデ属などの木本やツバメオモト属、アマドコロ属などの草本も多い。

低木性のツツジ属のつくる低木林は高山帯の植生と理解される。構成種が*Rhodiola himalensis*などのイワベンケイ属、イワヒゲ属、ヒゲハリスゲ属、イブキトラノオ属、クレマントディウム属*Cremanthodium*など高山帯で多様化した属の種に代わる。

ヒマラヤ植物相の類縁

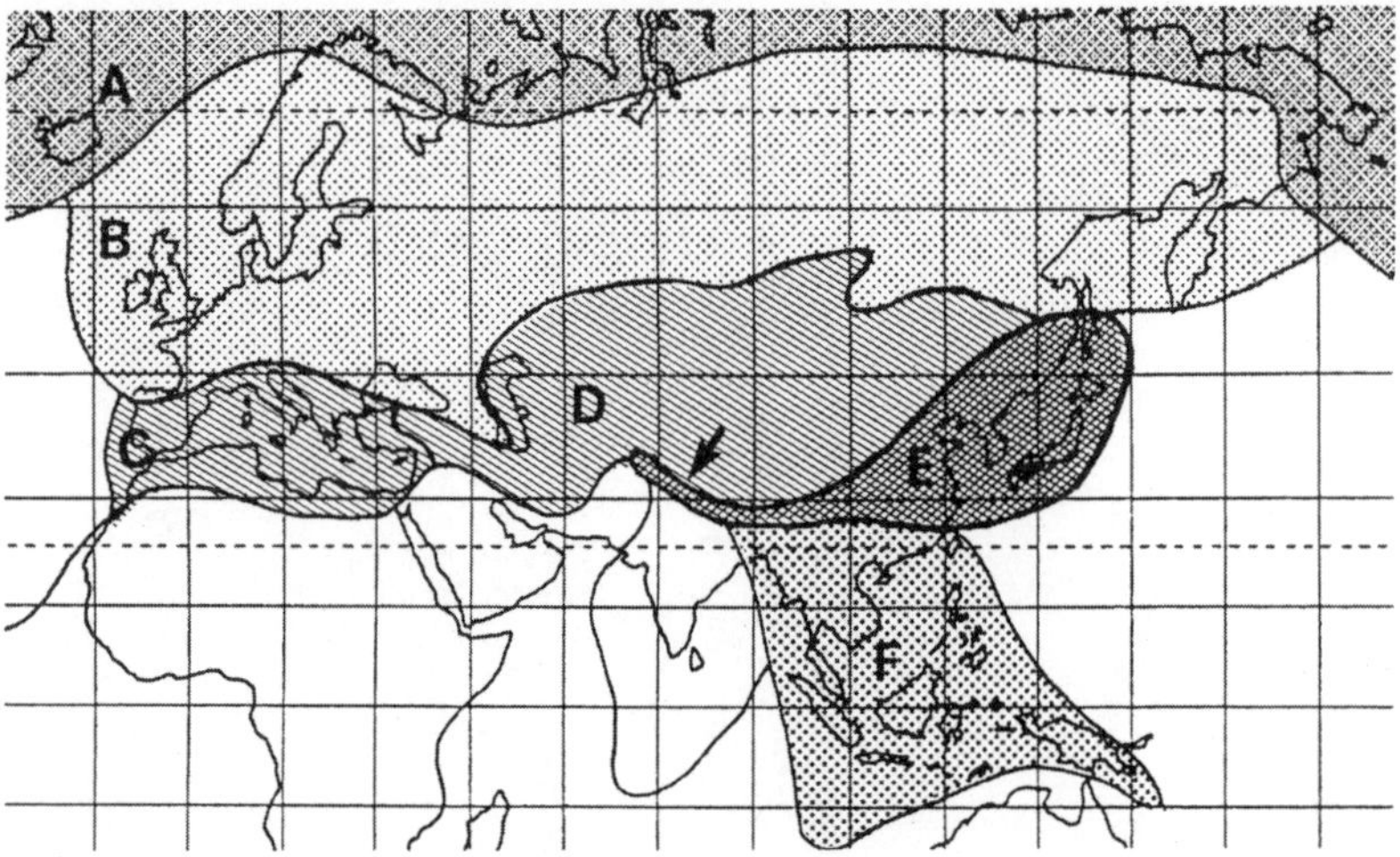

図2　ヒマラヤの植物相の類縁　ヒマラヤ（矢印）は、植物区系上、日華区系区（E）に入るが、東ヒマラヤでは異なる区系（A、B、F）に類縁をもつ植物相が重層し、西ヒマラヤには日華区系とは異なる区系区（C、D）に類縁をもつ植物相が発達する。A（周北極区系）とB（ユーラシア温帯区系）は東ヒマラヤの高山帯植物相と類縁がある。Fはヒマラヤの熱帯植物相と類縁のあるマレーシア–東南アジア区系。Cは地中海区系。Dは中央アジア区系。

植物相とは、ある地域の植生を構成する種のリストに他ならない。したがって、植物相の類縁はそれを構成する種の系統上の類縁と地理分布を基礎に考察される。ヒマラヤの全地域を包括する植物相の類縁関係についての考察は、現状の知識からは無理である。以下はそのための一種のメモ書きとしてまとめたものである。

ヒマラヤの植物相は、まず湿潤な東ヒマラヤと乾燥した西ヒマラヤでは大きく異なる（大場一九九三）。

東ヒマラヤでは、起源を異にする植物相が重層している（図2）。

すなわち、高山帯はユーラシア温帯と周北極地域、亜高山帯から常緑カシやヒメツバキ・シイノキ林が優占する山地帯は日華区系地域、サラソウジュ林を主とする熱帯林が広がる山麓帯はマレーシア–東南アジア地域の植物相と関連する。

西ヒマラヤでは東地中海地域ならびに中央アジア地域との関連が強いが、重層するかどうかまだ判らない。

ヒマラヤでの日華区系関連植物相の幅広い分布は、日華区系関連植物が亜高山帯から冷温帯を経て暖温帯までを占める日本と比べられる。

日華区系を中核に上下に重なる起源を異にする植物相が加わった構造が西日本から中国南部、インドシナ山地を経てヒマラヤに連なっているといえるのではないだろうか。各植物相は独自に研究されており、植物相相互の関係についての比較は単純ではない。

【引用文献】

大場秀章（一九九三）「ヒマラヤの植物考：その東西比較にむけて」『プランタ』二六号四―九頁（本選集49－55ページに再録）

金井弘夫（一九六八）「東部ヒマラヤの植生」東京大学インド植物調査隊編『東部ヒマラヤの植物写真集』井上書店、東京、一―一六頁

Grierson. A. J. C. and Long, D. G. 1983 Phytogeography of the Bhutan and Sikkim floras. In : *Flora of Bhutan vol. 1*, Royal Botanic Garden, Edinburgh. 23–30pp.

Kawakita, J. 1956 Vegetation. In : Kihara, H. (ed.), *Land and Crops of Nepal Himalaya*, Kyoto University. 1–66pp.

Kikuchi, T., Subedi, M. N. and H. Ohba 1992 Communities of epiphytic vascular plants on a Himalayan mountainside in far eastern Nepal. *Ecological Review*, **22** : 121–128

Stainton J. D. A. 1972 *Forests of Nepal*. John Murray, London

ヒマラヤのフロラ考―その東西比較に向けて

地球規模の植物相（フロラ）区分では、日本・中国東部を含む日華区系が、西及び中央アジア区系とインド区系の境界をヒマラヤ山脈に沿って西方に張り出している。

インド亜大陸の植物相研究の基礎を築いたHooker（1906）は、植物相の面からヒマラヤを東西二つの地域に分けた。西ヒマラヤにはチトラルからクマオン、東ヒマラヤにはシッキムからアッサムを含めた。中間に位置するネパールは除かれたが、後にChatterjee（1939）は中央ヒマラヤとして区分した。しかし、ネパール植物の研究進展などによってヒマラヤの植物相は、むしろ連続したものと理解されるようになった（Stearn 1960; 北村一九六二; Stainton 1972）。

Kitamura（1956）は日華区系関連の植物がヒンズクシーまで達しているとした。また、ヒマラヤがユーラシアにおける東西の分布拡大の通り路になっているとし、この通り路を「ヒマラヤ廻廊」と呼んだ。東の湿潤地域の植物相は湿ったヒマラヤ山脈の南面、西の乾燥地域のそれは乾燥したヒマラヤ山脈の北面をその交流の通路としたという。

東西（実際には北西から南東）に連なるヒマラヤ山脈では、北緯三五度以北のヒンズクシーやカラコルムと二八度の東ネパールでは、沖縄と東京ほどの開きがある。西側（西ヒマラヤ）では降水量が極端に少なく乾燥するが、東（東ヒマラヤ）は夏の降水量が多く湿潤である。水と温度に生育を左右される植物にとって、この気候の東西差は大きい。

湿潤な東ヒマラヤの植物相を調査している私は、かねてより乾燥植生の発達する西ヒマラヤと植物相の比較を行ってみたいと念願してきた。一九九二年夏、短期間ではあったが、パキスタン北部の植生に接する機会に恵まれた。

パキスタン北部の植生と植物相

東ヒマラヤでは森林がよく発達する。日本や中国と共通する種、類縁性の高い種の多くは森林の存在と結びついている。乾燥した西ヒマラヤでは東ヒマラヤと共通する種はどこに生えているのだろう。

図1は、パキスタン北部のギルギットとスカルドでの月ごとの気温と降水量を示したクリモグラフである。ここでは降水以外に水が供給されぬ限り森林は成立しえない。

ギルギット地方のナルタル谷では、年降水量がおよそ二五〇ミリにもかかわらず、山地帯から亜高山にかけては、ヤクタネゴヨウに近縁な*Pinus wallichiana*のほぼ純林に近いマツ林、*Picea smithiana*からなるトウヒ林、*Betula utilis*によるカンバ林、ヤナギ・ポプラからなる河畔林をみることができる。また、河床には*Hippophae*（グミ科）と*Myricaria*（ギョリュウ科）からなる河床低木林が広範囲に広がっている。

図2はOginoら（1964）による、ギルギット川の景観植生を示す図であるが、ナルタル谷も基本的にはこれと大差がない。図ではヤナギ・ポプラ河畔林と*Hippophae-Myricaria*河床低木林とをいっしょに扱っているようにみえるが、この二つは別である。それはともかく、乾燥地といえども山岳の氷河や積雪からの融水や局所的に降水に恵まれるところには自然林が存在しえるのである。

Rashid（1988）によればこの谷には一八〇属二五〇種の種子植物が分布する。平均属多様度指数は一・三九で、ネパールやアルプスの高山帯の三・九や四・〇に比べて著しく小さい。最も種数の多い科はイネ科（三六、以下カッコ内は種数）で、キク科（三〇）、マメ科（一四）、セリ科（一四）、バラ科（一三）、シソ科（一二）、ナデシコ科（一二）、アブラナ科（九）がこれに続く。

ここの植物相構成種のうち湿潤な東ネパールにまで分布している種は、ナズナのような汎世界的雑草を除くと、ヤナギラン、ジンヨウスイバ、*Stellaria monosperma*、*Ribes himalense*、*Epilobium royleanum*、*Crisium falconeri* など少数である。しかも *Pinus wallichiana*、*Betula utilis* の他は森林性の種は皆無に近い。

東ヒマラヤでは森林が発達するが、局所的には草地や裸地、さらには河畔・河床植生も存在する。パキスタン北部に分布する種の多くはこのような森林以外の立地に出現するので、ヒマラヤでの東西植物相の連続性は、こうして存在する

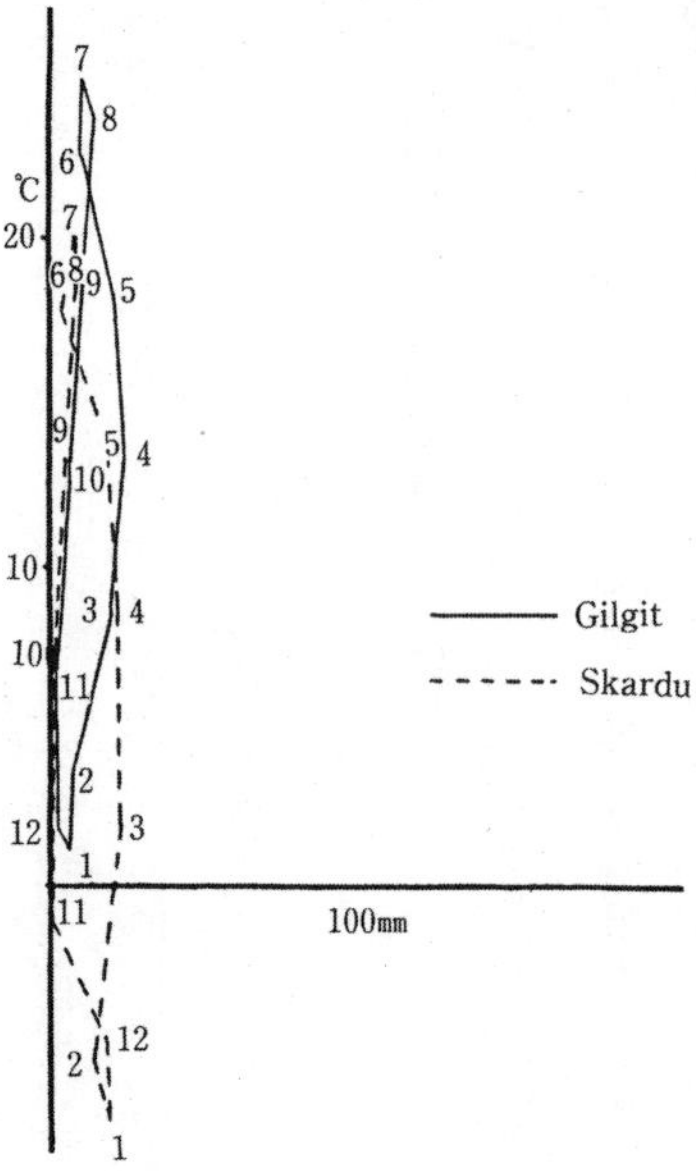

図1　西ヒマラヤ、パキスタン北部のギルギット（Gilgit）とスカルド（Skardu）の月平均気温と降水量を示すクリモグラフ（Ogino 1964による）

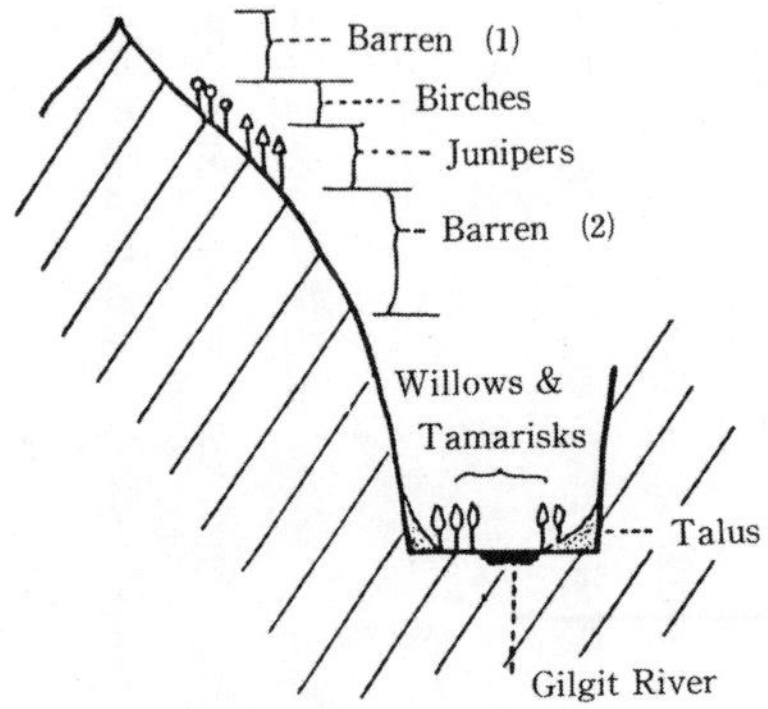

図2　ギルギット川の景観植生（Ogino 1964による）　図中のBarrenはヤナギやレンゲを構成種とする荒原、Birchesはカンバ林、Junipersはビャクシン林、Willows & Tamarisksは本文中で述べたヤナギ・ポプラ河畔林と*Hippophae-Myricaria* 河床低木林にあたる。Talusはテーラスで、砕石などが堆積した崖下の斜面をいう。

少数の同一の景観をもつ植生の存在に負うところが大きい。

Hedac（1970）は、ヒンズクシーの植物相では東ヒマラヤとの関連が示唆される種は全体のわずか五％だとし、北方地域（四四％）や中央アジア高地（三八％）の植物相との高い共通性を指摘した。Wendelbo（1952）も同様な指摘をしている。さらに、ここでは割愛するが、地中海型気候と対応する植生と群落がその植物相中に存在するとの指摘もある。

高山帯は日華区系に入らない

植物相からみると、東ヒマラヤでは亜高山帯（森林限界をつくるモミ林など）と高山帯の間に明瞭な不連続性がある（大場一九九二）。この高山帯と亜高山帯との植物相の相違は日本にもある。北半球の亜熱帯（暖温帯を含む）では、高山帯は周北極地域の植物相の張り出しであり、その下部の温帯起源の植物相とは異質である。

リシリカニツリ、ミヤマアワガエリ、ムカゴトラノオ、ジンヨウスイバ、リュウキンカ、キンロバイ、ヤナギランは、高山帯（一部は亜高山帯）に張り出した周北極地域植物相の構成種といえるだろう。これらの種は日本だけでなく、東西ヒマラヤにも広く分布する。

ネパール・ヒマラヤの高山帯の植物相は周北極地域を含む北半球温帯の植物相と共通性が高い。すなわち、山麓の植物相を起源とする土着由来種が少なく、周北極地域～温帯地域の植物相と属レベルでの共通性が高い。しかも、ネパール・ヒマラヤではこれらの属での多様性と種固有率が高い（Ohba 1988; 大場一九九一、一九九二）。

乾燥した西ヒマラヤの高山帯には、チベットなど中央アジア高原で卓越する草原や荒原植生が広範囲に出現する。この植生を構成する植物相にはレンゲ、ヨモギ、ハネガヤ属などの種が多い。このような種群は湿潤ヒマラヤの植物相には少ない。先にWendelboやHedacが指摘する北方地域や中央アジア高地との共通性はこのような植生の卓越と深く関連している。

西ヒマラヤではしばしば森林植生を欠くため、森林限界や樹木限界をもって高山帯と下位の垂直分布帯の境界を見きわめることができず、その境界は不明瞭になる。さらに、高山帯に限ってみると、その植物相は、北方・中央アジア高地さらには隣接する地中海型気候の地域の植物相との関連を無視することはできない共通性を有している。

巨大高山植物は存在しない

近縁種と比較した矮性化は世界の高山植物に共通する特徴である。

東ヒマラヤでは矮性化とは反対の巨大化が生じている。東ヒマラヤでの巨大化を代表するのが温室植物とセーター植物である（Ohba 1988; 大場一九八六、一九九一、一九九二）。地上茎上方の葉が半透明化して、温室のガラスのように花序や茎頂を被う温室植物にセイタカダイオウ *Rheum nobile* やボンボリトウヒレン *Saussurea obvallata* がある。半透明の葉に代わって、葉や茎から生えた長い毛が植物体を被うセーター植物はワタゲトウヒレン *Saussurea gossipiphora* に代表される。

温室植物・セーター植物は系統とは無関係に複数の科に生じている。高山での巨大化は中央アフリカのジャイアント・ロベリア（キキョウ科）やジャイアント・セネシオ（キク科）にみることもできるが、グローバルには局限された特殊な存在である。

ヒマラヤでは、周北極地域を起源とする植物群の一部が東部の湿潤環境下で巨大化したと推定される（大場一九九一）。西ヒマラヤではここに例としてあげたような巨大化した高山植物はみられない。

しかし、トウヒレン属 Amphilaena 亜属の温室植物、*Saussurea obvallata* と同じ亜属の *Saussurea bracteata* をパ

キスタン北部のデオサイ高原で見出した。この種では、地上茎上部の葉が半透明化している。同様な傾向を示す同亜属の種に天山山脈からモンゴルを経てシベリア東部に分布する天山雪蓮（雪蓮華）*Saussurea involucrata* がある。

また同じ属のセーター植物、*Saussurea gossipiphora* を含むトウヒレン属 Eriocoryne 亜属にも *Saussurea tridactyla* や *Saussurea gnaphalodes* など、小型のセーター植物といえる種が西ヒマラヤやその周辺地域に分布する。どうして湿潤な地域にのみ巨大化した種が生育しているのか。それは謎だが生育地の環境と無関係ではないであろう。植物相構成種の系統関係に加え、乾燥と湿潤という環境のちがいが植物に及ぼす生理生態上の影響を明らかにすることによって、東西ヒマラヤの植物相のちがいはさらに深く検討しえるようになるであろう。

【引用文献】

Chatterjee, D. 1939 Studies on the endemic flora of India and Burma. *Journal of the Asiatic Society of Bengal*, **5** : 1–67

Hedac, E. 1970 A plant collection from Hindukush. Plants collected by M. Daniel in the Vakhan region, NE Afghanistan. *Feddes Repertorium*, **81** : 457–479

Hooker, J. D. 1906 *A sketch of the flora of British India*, Clarendon Press, Oxford

Kitamura, S. 1956 New species from Afghanistan collected by the Kyoto University Scientific Expedition, 1955. I. *Acta Phytotaxonomica et Geobotanica*, **16** : 131–140

北村四郎（一九六三）「植物分布からのヒマラヤ廻廊」『植物分類・地理』一九巻一八〇―一八一頁

Ogino, K., Honda, K. and Iwatsubo, G. 1964 Vegetation of the Upper Swat and the East Hindukush. In : Kitamura, S. (ed.), *Plants of West Pakistan and Afghanistan*, Kyoto University. 247–268pp.

大場秀章（一九八六）「ヒマラヤ高山帯の植物」『科学』五六巻三号一四六―一五二頁

大場秀章（一九九一）「極限環境での植物の適応」柴谷篤弘他編『講座　進化 7』東京大学出版会、東京、二二七―二四五頁（本選集11―28ページに再録）

大場秀章（一九九二）「ヒマラヤの高山フロラとその特徴」『遺伝』四六巻九号四三―五〇頁（本選集29―40ページに「ヒマラヤの高山植物相とその特徴」として再録）

Ohba, H. 1988 The alpine flora of the Nepal Himalayas : an introductory note. In : Ohba, H. and Malla, S. B. (eds.), *The Himalayan Plants, vol. 1*, University of Tokyo Press, Tokyo. 19–46pp.

Rashid, A. 1988 *Taxonomic study of the flora of Naltar Valley, District Gilgit*, University of Peshawar, Peshawar

Stainton, J. D. A. 1972 *Forests of Nepal*. John Murray, London

Stearn, W. T. 1960 *Allium* and *Milula* in the Central and Eastern Himalaya. *Bulletin of the British Museum Natural History (Botany)*, **2** : 161–191

Wendelbo, P. 1952 Plants from Tirich Mir. A contribution to the flora of Hindukush. *Nytt Magasin for Botanikk*, **1** : 1–70

ヒマラヤとアルプスの高山植物

植物相は地域ごとに異なるので、ひと口に高山植物といっても実際には地域ごとにかなりのちがいがみられる。生えている種が異なるばかりでなく、生活形が異なることもある。高山植物について一般化を図ろうとする前に、地域的多様さの比較研究が必要であろう。

高山植物の研究はヨーロッパ・アルプスから始まった。そして、いま筆者が関心を抱いているヒマラヤの高山植物の研究もその例外ではなく、アルプスの植物と比較され研究が進められた。一八五五年に、早くもヒマラヤを含むインド植物相を最初に集大成したフッカー（Joseph Dalton Hooker, 1817-1911）とトムソン（Thomas Thomson, 1817-1878）は、ヒマラヤ山脈の東方の一部であるシッキム・ヒマラヤの高山植物相が西ヒマラヤとヨーロッパ・西アジアの高山植物相によく似ていることを指摘した。[1] この見解はその後、ヒマラヤの高山植物の見方として一般化されてきたといえる。しかし、ヒマラヤでの研究は、アルプス高山帯の植物相や植生と比較できるほどには進んでいないのが現状である。

われわれ日本のヒマラヤ研究者は、日本の植物に関する認識を基礎知識としている。高山植物についてもそうである。現在、日本人研究者によるヒマラヤの高山植物の多角的な研究が展開されている。高山植物研究の原点ともいえるアルプスの高山植物との綿密な比較研究を行うことは、一度は通らねばならない課題であろう。

こうした研究の糸口をつかむため、筆者はかねてよりアルプスの高山植物を自分自身の目でみたいと思い続けてきた。一九九一年にやっとその機会に恵まれた。短時間に過ぎなかったが、筆者なりに問題を深めることができた。そのときの印象を交え、アルプスとヒマラヤの高山植物についてその類似や相違点を述べてみたい。

高山帯の位置と植生帯

世界の大山脈であるヒマラヤやアルプスでは、高山帯は山脈の中腹に位置する。これは雪線に達する山岳がなく、高山植物が山頂と稜線に生えている日本とは大きなちがいである。しかしながら、筆者は、アルプスの植生と植物相はヒマラヤよりも日本のそれに似るという印象をもった。

ネパール・ヒマラヤでは、高山帯の植生はおよそ三五〇〇～四六〇〇メートルに現れる。[2] マニ（Mani 1978）によれば、中央ヒマラヤでは高山帯の高さは三九〇〇～四一〇〇メートルを占める。[3] これに対し、アルプスではふつう森林限界は一七〇〇～二一〇〇メートル、高山帯の上限は三〇〇〇メートル付近にあるので、高山帯の位置はヒマラヤよりもかなり低い（文献4など）。このちがいは第一に、緯度からいえば北海道に近いアルプスと沖縄に近いヒマラヤの地理的位置を反映したものといえる。

アルプスの植生は、植物社会学を創始したブラウン-ブランケ（J. Braun-Blanquet）、さらにはエルレンベルク[5]（Ellenberg）などにより深く研究された。図1にエルレンベルクにより一般化された植生帯の区分とそれぞれのゾーンの特徴を示した。

ところでアルプスは、ウィーン付近を東北端に、スイス、フランス、イタリア、ドイツ、オーストリア、(旧) ユーゴ

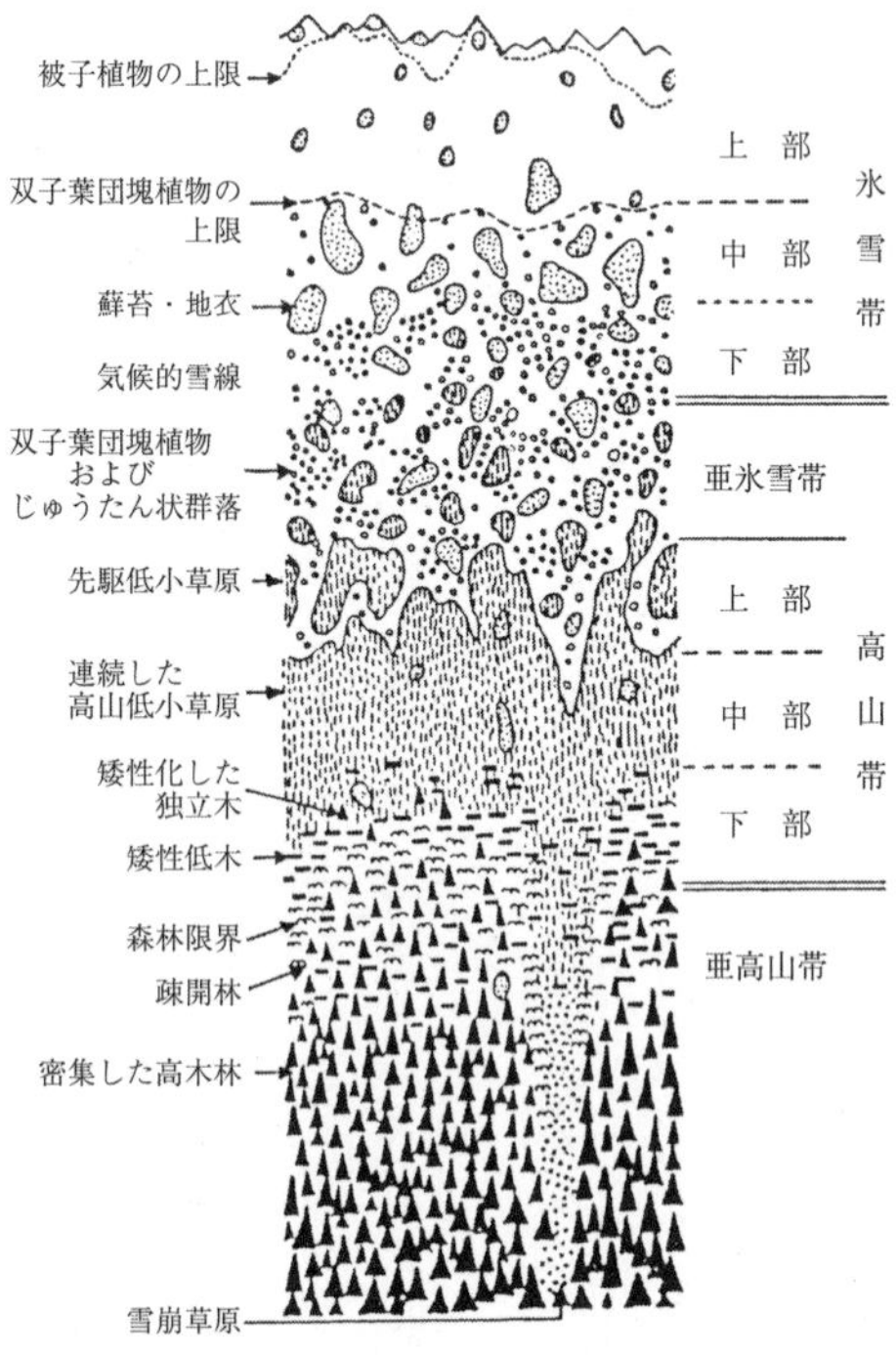

図1　アルプスの植生帯（Ellenberg[5]を改変した大場（達）[6]による）

スラビアの六カ国にまたがり、南西端はニースやモナコにいたる。その大山脈はヒマラヤ同様に、ヴァリサー・アルペン（Walliser Alpen）、ドロミテ（Dolomiti）、モンブラン山群（Massif de Mont Blanc）、ドーフィネ・アルプス（Alps du Dauphine）など多数の山群に区分される。ひと口にアルプスといっても、ヒマラヤ同様に多様であり地域差がある。この点についてはここでは深入りを避ける。アルプスについての概要、植生、植物相は、大場（達）（一九七三）により詳しい紹介があり参考になる。[6]

ヒマラヤの垂直分布帯については、これまで多くの研究があるが、基本的区分はアルプスに準じるといえる。アルプスの植物に通暁した目でヒマラヤの植生帯をみれば、植生の垂直分布帯の構造や景観での高い共通性がある一方で、それを構成する植物相の異質さが目立つにちがいない。

植物相

アルプスの高山帯植物相はおおむね三つの要素に区分される。すなわち、周北極要素、地中海要素、周北大西洋要素である。周北極要素は日本の高山帯植物相の構成要素のひとつでもあり、アルプスにはイワベンケイ、ヒゲハリスゲ、チ

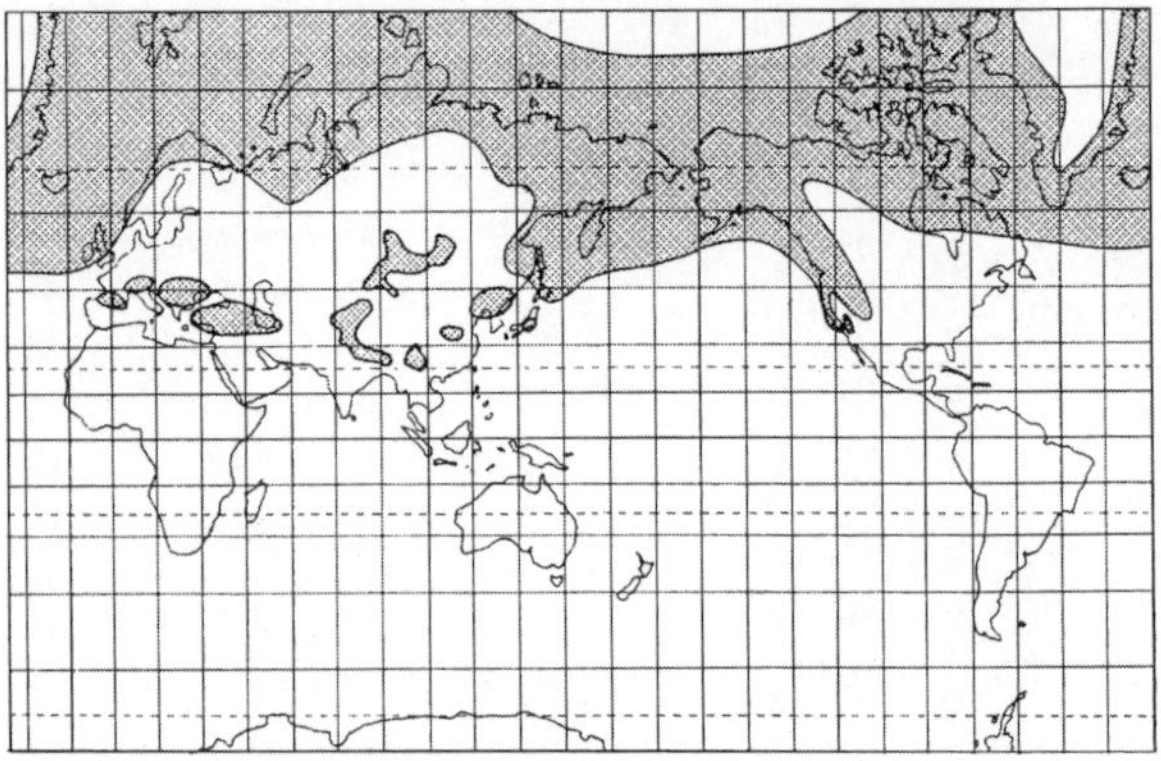

図2　ジンヨウスイバの分布[7]

ヨウノスケソウなど、日本との共通種がある。周北大西洋要素はヨーロッパと北アメリカ周北極地域と山地に分布する種である。地中海要素は地中海地域の低地の植物から生じたと推定される。前二者は移入種であり、後者は土着種由来(autochthonous)である。地中海要素にはアルプスに固有な種が多いので、これらはヒマラヤにはみられない。周北極要素には、リュウキンカやジンヨウスイバ、チシマミチヤナギ、ムカゴトラノオなどの両山脈に共通する種が若干みられる(図2)。

しかし、アルプスとヒマラヤの植物相を種のレベルで比較すると、ほとんど共通種はないといえる。これにたいして属レベルでみると共通性が高い。このことは、見かけ上よく似た種が多いにもかかわらず、系統的に最も近い関係にある姉妹種が少ないことに通じる。

表1はネパール・ヒマラヤの高山植物の属のうち一〇以上の種を含む種多様性の高い属を示したものである。この表にあげた二九属だけで五九五種あり、同地の高山帯に産する全種のおよそ半分に近い、約四八パーセントを占める。

この表の属のうち、メコノプシス*Meconopsis*とクレマントディウム*Cremanthodium*、それにメギ属とエンゴサク属を除く全属がアルプスにもあり、そこでもかなりの属が高い種多様性を示している。日本の高山帯でも同じ傾向を示していることは興味深い。

表１　ネパール・ヒマラヤ高山帯で多様化した属とその種数

属名		種数
ユキノシタ	*Saxifraga*	74
シオガマギク	*Pedicularis*	55
サクラソウ	*Primula*	48
リンドウ	*Gentiana*	31
トウヒレン	*Saussurea*	29
エンゴサク	*Corydalis*	27
スゲ	*Carex*	23
イワベンケイ	*Rhodiola*	19
トリカブト	*Aconitum*	18
イチゴツナギ	*Poa*	18
イグサ	*Juncus*	17
キジムシロ	*Potentilla*	17
ヤナギ	*Salix*	17
ノミノツヅリ	*Arenaria*	17
ヒゲハリスゲ	*Kobresia*	16
マンテマ	*Silene*	15
センブリ	*Swertia*	15
メギ	*Berberis*	12
イヌナズナ	*Draba*	12
レンゲ	*Astragalus*	12
オヤマノエンドウ	*Oxytropis*	12
メコノプシス	*Meconopsis*	12
ヒエンソウ	*Delphinium*	12
ノギク	*Aster*	12
クレマントディウム	*Cremanthodium*	12
ウマノアシガタ	*Ranunculus*	11
スイカズラ	*Lonicera*	11
イチリンソウ	*Anemone*	11
トチナイソウ	*Androsace*	10

種と属の数

ヒマラヤの高山帯全体で何種の高等植物が生えているかは、まだ判っていないが、中央に位置するネパール・ヒマラヤには、三一七属一二二七種が産する。[7] 他方、アルプスであるが、トンプソン（Thompson 1911）は二七九属一一一七種としている。[8] この報告はかなり古いものなので、属や種の一部は再検討しなければならないが、ここではそのまま用いておく。ネパール・ヒマラヤでは属あたり三・九、アルプスでは四・〇種ということになる。この数字は属係数（Generic coefficent）と呼ばれる。セントヘレナ島のような大洋島では、属係数は約七・〇で高くなる傾向が知られている。なお、高山帯とよく比較される周北極地域では、ポルニン（Polunin 1959）に従えば属係数は三・九である。[9] この数値はヒマラヤの三・九とアルプスの四・〇とほぼ同じである。

植物相の類縁関係

表１に示した種多様性の高い属のほとんどの種は、アルプスとヒマラヤで姉妹種関係にあると推定されるほど系統的に近いものではない。日本の種とでもそうである。アルプス、ヒマラヤ、日本に産するみかけの類似した種が共通の種から分化したにせよ、それらはいったん分化した別個の祖先種に由来するものと考えるのが適切である。

現在のアルプス高山帯には、周北極要素に代表されるように移入種も多いが、地中海要素と呼ぶ土着種由来の種も多い。しかし、属レベルでみると両要素とも共通性が高い。要素としたら別でも類縁のさほど遠くない種が多い。周北極要素と地中海要素の分化そのものが比較的新しいことが示唆される。

ヒマラヤの種レベルでの類縁性の研究は遅れている。解析の進んでいるグループといっても、種の分類学的な輪郭と近似種との区別点、おおまかな分布が明らかになったに過ぎないものが多い。要素に類別するような認識は完全にはできていない。

ヒマラヤで多様化している種群には周北極地域に少数の近似種が分布するケースがかなりある。イワベンケイ属やユキノシタ属ヒルキュルスユキノシタ節はその例であるが、このような例ではその周北極種が祖先種か子孫種かを明らかにすることが、ヒマラヤや周北極地域、ひいては広く北半球温帯の植物相の起源と分化を探るうえでの鍵となる。筆者はかつて周北極地域の植物相はヒマラヤを含む中央アジア高地起源ではないかという考えを述べたことがある。[7]

高山帯上部の植物

図1の高山帯のうち亜氷雪帯と高山帯上部には、低地ではみることのできない特殊形態をした植物が多い。クッション状（団塊）植物が代表的である。ヒマラヤではさらに葉緑素をもたず半透明化した葉や苞《ほう》が花序や花を被う温室植物や葉や花から生じた長毛が花序や花を被うセーター植物と筆者らが呼んでいる特異なかたちをした植物がある。[7,10~12] これらに比較される植物はアルプスにはみられない。また温室植物やセーター植物は西ヒマラヤにも存在しないので、これらの植物の存在は高山としては例外的に湿潤な東ヒマラヤの環境と関連している可能性が高い。植物の生育を左右する水と温度条件がともに限界に近く、かつ生育期間が短いのが高山帯である。降水があっても、氷河の融水があっても、気圧が低く飽

和水蒸気量が低くなることにより乾燥する。ネパール・ヒマラヤ東部のように夏の間をほとんど霧と雨に見舞われる高山帯は少ない。

この霧と雨（さらには氷河の融水も加わって）によって乾燥から護られた東ヒマラヤの高山帯は、高山としてはきわめて特殊な環境下にあるのかもしれない。この点では、東ヒマラヤ高山帯は、*Dendrosenecio keniodendron* や *Lobelia deckenii* のようなジャイアント・セネシオやジャイアント・ロベリアが生える、中央アフリカ東部のキリマンジャロやルベンソリなどの山々の高山帯と比較しえよう。

ヒマラヤでは西方に向かって降水量が減り、乾燥植生が増していく。このような地域では森林に代わってムレスズメ属 *Caragana* やスイカズラ属 *Lonicera* などからなる刺状低木林群落や草本群落が発達する。乾燥植生が発達する西ヒマラヤを初め、カラコルム山脈や崑崙《こんろん》山脈などでは、「森林限界から雪線の間」という高山帯の定義に合わないかたちで高山帯の植生が存在する。

ヒマラヤの湿潤地域とアルプスの間に打ちこまれたくさびようなこの乾燥地域の存在は、植物相の形成や発展の面で注目される。この乾燥地自体の植物相は中央アジア高地と共通性が高い。乾燥地周辺の準乾燥地には地中海地域の植物が分布を広げている。したがって、西ヒマラヤでは、地中海、中央アジア、東アジア（日華区系植物）要素とされる、起源からみると異質な植物相が相互に近接して存在している。この三つの植物相の構成種は、景観上も大きく異なる植生をそれぞれ別個につくり、混生することさえまれらしい。ここにみられる断絶は系統進化も反映したものであろうか。

広大な乾燥地・準乾燥地が続く西ヒマラヤからイラン、イラク北方の山地をさらに西方に辿《たど》るとコーカサス山脈にいたる。ここにはブナを初めとする落葉広葉樹が多数あり、ヒマラヤでは植生帯としてはその存在すら疑問視される落葉広葉樹林が発達する。コーカサス山脈には五〇〇〇メートルを超すピークがあり、高山帯植生もかなりの面積を占める。アルプスとヒマラヤの高山帯植物相との関連を考えると、この山脈の占める位置と現在そこに生える高山植物は、その関連を解く鍵のごとくに思われてならない。入手した文献は限られているが、その高山植物の研究はヒマラヤ以上に遅れている。十九世紀後半から二十世紀前半にかけては、イギリスのフッカーのように、世界中の植物相を相手に分類学的研究を展開した学者がいた。情報が増え解析手法が多岐化した今日、植物相の研究は限られた地域のみを対象とするようになり、研究は飛躍的に進展した。この成果を踏まえた地域間の比較研究やグローバル・レベルでの研究が必要な時期にきている。高山植物はこのような研究を進めるうえでひとつのターゲットになると期待される。

【引用文献】

1 Hooker, J. D. and T. Thomson 1855 *Flora Indica.* W. Pamplin, London

2 Hara, H., Stearn, W. T. and L. H. J. Williams 1978 *An Enumeration of the Flowering Plants of Nepal, vol. 1*, Trustees of British Museum（Natural History), London

3 Mani, M. S. 1978 *Ecology and Phytogeography of High Altitude Plants of the Northwest Himalaya*, Chapman and Hall, London

4 Landolt, E. and D. Aeschiman 1986 *Notre Flore Alpine*, Edition du Club Alpin Suisse, Zurich

5 Ellenberg, H. 1963 *Vegetation Mitteleuropas mit den Alpen in kausaler, dynamischer und historischer Sicht*, Ulmer, Stuttgart

6 大場達之（一九七三）『ヨーロッパの高山植物』学習研究社、東京

7 Ohba, H. 1988 The alpine flora of the Nepal Himalayas : an introductory note. In : Ohba, H. and S. B. Malla（eds.), *The Himalayan Plants, vol. 1*, University of Tokyo Press, Tokyo. 19–46pp.

8 Thompson H. S. 1911 *Alpine Plants of Europe*, George Routledge and Sons, Ltd., London

9 Polunin, N. 1959 *Circumpolar Arctic Flora,* Oxford University Press, Oxford

10 大場秀章（一九八六）「ヒマラヤ高山帯の植物」『科学』五六巻二号一四六―一五二頁

11 大場秀章（一九八九）「高山植物の宝庫 ヒマラヤ高山帯」『採集と飼育』五一巻二二八―二三二頁

12 大場秀章（一九九二）「極限環境での植物の適応」柴谷篤弘他編『講座 進化7』東京大学出版会、東京、二二七―二四五頁（本選集11―28ページに再録）

崑崙山脈の植物

中国の植物と一口に言っても地域によってその植生や種類相が大きく異なる。このことは、『中国自然地理』（上冊、一九八三）で、中国が二区系区七亜区二二地区の区系単位に区分されていることによっても明らかである。

崑崙《こんろん》山脈はパミール高原から四川省北西にかけて、ほぼ東西に連なる世界有数の山脈で、主稜線には海抜七七二三メートルのムスタークを初めとする七〇〇〇メートル級の山々が連なっている。地形的には中央アジア高地の北縁にあたり、その南はチベット高原に続き、北側の麓にはタリム盆地、すなわちタクラマカン砂漠が広がる。

さきの『中国自然地理』によれば、植物区系のうえで崑崙山脈は、汎北極植物区チベット高原植物亜区パミール・崑崙・チベット地区（1D8）に分類されている。しかし、崑崙山脈の植物相は本当のところほとんど判っていない。調査されたことがないためである。

私は中国国家計量委員会と中国科学院とによる中国青蔵高原総合科学考察のひとつとして一九八七年に開始されたカラコルム・崑崙総合科学考察隊に参加し、一九八八年六月から八月にかけて、外国人として初めて崑崙山脈の植物調査をする機会を与えられた。植物を含む生物班のリーダーは一緒にネパール・ヒマラヤの高山を調査したこともある中国科学院昆明植物研究所の武素功さんである。調査はシルクロード南道に沿う、皮山《ピーシャン》、和田《ホータン》、且末《チェイモー》、若羌《ルオチャン》のそれぞれ南方に位置する、プーチュン、ヤーメン、プーア、コンチプラク、マンナイからムズタークにいたる五地域で行われた。海抜一〇〇〇メートルから五四〇〇メートルまで、高度差でおよそ四四〇〇メートルに及ぶ。調査結果の解析はこれからであるが、興味深く思われた種を中心にその植生と植物相の一端を紹介したい。

植生・植物相の概要

崑崙山脈の年間降水量は地域差はあるものの多くは五〇〇ミリメートル以下で、ところによっては五〇ミリメートルを割っている。気温については詳しい資料がないが、平均気温〇℃の線は海抜三〇〇〇メートル付近にあると考えられる。このような気候条件下でみられる植生は全般に湿潤な日本とは著しくちがう。

植生帯としてとらえられる広い範囲にわたり帯状に分布する植生は、麓から山腹にかけての小低木林とイネ科草原、針葉樹林、高山の草原と荒原である。ただし、今回調査した中部崑崙山脈では、その最も西であるプーチュンにビャクシン林が出現した以外は、広葉樹林はもとより、最も厳しい環境下に成立するとされる針葉樹林さえもまったくみられなかった。

植生帯をつくらない、すなわち帯状には分布しない植生としては、ハコヤナギ類の河畔林、ギョリュウを主とする塩性低木林、シバナやアッケシソウなどからなる塩性草原などがある。

森林が成立しない地域での高山帯の認識は困難であるが、崑崙では推定森林限界上方から雪線間の植生は変化に富んでいる。

植物相では、ステップやその下方ではパミールからタクラマカン砂漠の植物相に、高山帯はチベット高原のそれに類縁があるとの印象を受けた。

山麓の草原

海抜二六〇〇メートルあたりまではタクラマカン砂漠の要素が優勢で、ところどころにカラガナ *Caragana* やメギ属 *Berberis* のような刺をもつ小低木が疎生するが、刺状小低木林というようなまとまりはみられない。海抜二六〇〇メートルから三二〇〇メートルまでは *Achnatherum splendens* という高茎のイネ科植物が生え、ステップと呼ぶことのできる植生が発達する。

海抜三〇〇〇メートルあたりからウシノケグサ属 *Festuca*（イネ科）の種が優占する草原も広がり、海抜三七〇〇メートル前後までに達する。季節的な状態かもしれないがやや湿った感じのする草原で、西崑崙山脈ではこの草原が成立する高さにトウヒ属の *Picea schrenkiana* からなる針葉樹林がみられる。二つの草原を比べると、両方に共通して生えている種も多い。

草原ではヒツジの放牧が行われている。斜面には縦横斜めにそれこそ無尽といえるほどに家畜の跡付けによる径ができていた。放牧では飼育できるヒツジの数を一定数以下に制限しない限り、過放牧が起きやすく草原を荒廃させてしまう。植被がなくなり表土が風に奪われると、もはや短期間では草原は回復しない。シルクロード南道は、あるときから廃道同然となっていったといわれている。シルクロード南道に沿う地域を含むこの崑崙山脈北面の荒原化は、気候の変動によるだけでなく、かつての遊牧や放牧による環境破壊にも起因するのではないかという想いにかられた。

ビャクシン林

プーチュンでは、アクナテルム*Achnatherum*のステップの上方にビャクシン（*Juniperus jarkensis*か*Juniperus centrasiatica*）の低木が出現する。さらに三〇〇〇メートルを超すと、それが小高木状となり、群生し、丈の低い森林となる。林のなかや縁には野生のバラ属*Rosa*、コマガタケスグリによく似たスグリ属*Ribes*、スイカズラ属*Lonicera*やハンショウヅル属*Clematis*などの低木やつる植物が生えている。このビャクシン林は主体となる樹種はちがっても、日本の亜高山やヒマラヤの針葉樹林や雲南のモミ林との類似が指摘できそうだ。

稜線からの眺めだと、森林がかなり広範囲にわたって斜面を優占しているところと、森林がパッチ状に分布している場所が入り交じっている。森林といっても高木状の個体だけでなく、低木状のものもある。そのため、高さがでこぼこし、また高木状の個体がつくる樹冠も直径一メートル以下と小さいため、林冠が開いている。このような景観をもつ森林は日本には皆無である。

林の間やなかは、イネ科とスゲ属を含むカヤツリグサ科の草原で、ここにハコベ（*Stellaria lineata*に似た種）、チシマアマナ（多分*Lloydia serotina*）、キジムシロ*Potentilla*、タンポポ*Taraxacum*、カノコソウ*Valeriana*などの種、ムカゴトラノオ*Bistorta vivipara*、二あるいは三種のトチナイソウ属*Androsace*（このうちの一種はクッションとなり、ヒマラヤでは普通の*Androsace tapete*に酷似している）などが生えていた。

注目されるのは、オタカラコウ属に似たクレマントディウム*Cremanthodium*の一種がみられたことである。この属は従来雲南・四川からヒマラヤ・チベットにかけてだけに分布が知られていたものである。

ビャクシンの繁みを歩くと、枝や葉のうえに五ミリメートルほども砂だけでなく微細な泥が積もっている。局地風によって、砂泥は砂漠と山の間を循環している。海に囲まれた日本の場合、雨がこの砂泥に置き換わっている。風によって運ばれた微細な泥が山の斜面一面に堆積していて、どこも泥だらけだった。岩がむき出しの斜面というのは少ないし、あってもからからに乾いていて植物は何ひとつ生えていない。

ゲンゲ属

崑崙山脈で最も多様化している属はゲンゲ属*Astragalus*であろう。ゲンゲ属は約二〇〇〇種からなる高等植物中最大の属であるが、今回の調査地だけでも、確実に二〇種以上はある。どこでも三、四種の普通種と、分布がたいへん局限された種が出現する。

その分布の局限された種はひとつの系統に由来するのではないかと考えられた。どうしてゲンゲ属だけこんなにも種が多いのか興味深い。

すべての種が、多数に分岐する地中茎をもって、地上に円形、楕円形のコロニーをつくる。ときには地上茎も伸張するので、コロニーは直径三〇センチ以上に及ぶこともある。例外もあるが、この属の多くの種は、ヒツジ、ウマ、ロバのよい飼料で、これを食べると肥えるという。なお、蛇足になるが、一九九四年に私は、一緒に崑崙山脈を調査して歩いた武素功さんらと崑崙山脈で採集したゲンゲ属の分類誌を専門学術誌に発表した。これは崑崙山脈のゲンゲ属植物についての最初の論文となったが、私たちの採集したゲンゲ属植物は二三種だった。そのうちの二種は新種であることが判り、*Astragalus nematodioides*、*Astragalus kunlunensis*と命名された。後者の種小名は「崑崙山の」という意味である。認知された種のなかには西ヒマラヤやチベットに分布するものもあったが、タクラマカン砂漠をはさんで北方に位置する天山山脈との共通種は約半数の一〇種ほどあり、共通性の高さをうかがわせたが、チベットや西ヒマラヤにも分布する種が少なくないことも判り、崑崙山脈の植物相の類縁や起源も多角的に検討する必要があることを示している。

高山の植生と植物

海抜三七〇〇メートルから五四〇〇メートルは高山帯とみることができる。面積的にも高山帯は広大であり、その植生も多様である。『中国植被』（一九八〇年）をみても多様な型が記載されている。

おおざっぱにみて、高山草甸と呼ばれる湿性の草地、ヒゲハリスゲ属*Kobresia*を主とする草地から、ムークロフトスゲ*Carex moocroftii*からなる草原、ラクダサシの一種*Ceratoides compacta*とヨモギ属*Artemisia*の種からなる荒原、クッション植物群落と「かさぶた状草地」（小泉一九八六）など、中国で高墊状稀疏植被帯に一括される植生である。

ムークロフトスゲ　この種が優占する草原はアルチン山脈南側からムズタークにかけて、アチク湖、鯨魚湖、アヤククム湖などの塩湖の周辺の広大な平坦地に広がっていた。植被のかなり高い草原で、チルー、チベットガゼル、チベットノロバなど大型哺乳類の格好の生育場所となっている。

クッション植物　海抜三九〇〇メートルから四五〇〇メートルの北向きの斜面を中心に、キジムシロ属*Potentilla*、ノミノツヅリ属*Arenaria*、ユキノシタ属*Saxifraga*などの属のクッション種が岩や岩の間にできた土の表面をコケのように被っている。

ユキノシタ属ではそれぞれ異なる節に分類される種が三種あったが、そのうちの二種が特に注意を引いた。ひとつ（*Saxifraga subsessilifolia*）はコンパクトなクッションとなり、白色の花を咲かせる。Porophyrion節の種で、葉の先端に水孔がある。他のひとつ（*Saxifraga oppositifolia*）は、ラフなクッションをつくり、花は紅紫色で、直径一センチメートルほどである。クッション植物は密生することによって熱の急激な放射を防ぎ、熱を生長に有利に利用しているといわれている。高山だけでなく、環境に類似点のある両極地方にもみられる。

そのクッションのなかとか、つなぎ目、クッション植物が枯死した跡などに、リンドウ *Gentiana*、サンプクリンドウ *Comastoma*、ウルップソウ *Lagotis*、シオガマギク *Pedicularis*、ヒダカソウ *Callianthemum* の諸属、ムカゴトラノオが生えていた。

氷河周辺の植物

ヒマラヤでは過去に発達した氷河のサイドモレーンは植物相の宝庫で、多様な植物がみられる。特にイワベンケイ *Rhodiola*、シオガマギク、ウルップソウなどの属であるが、ここではそれぞれの属に一種ずつが生えているに過ぎなかった。

氷河に直交する支谷には巨石がごろごろしたタ一ラス（崖錐《がいすい》）が発達している。タ一ラスの岩の間は植被が高い。そこにはサクラソウ属 *Primula* の一種がみられた。花の直径は五ミリメートルほど、高さは二センチメートル以下で、粉白はまったくない。*Ajuga compacta* は鮮やかな黄色の頭花を密生する。緑白色のユキヨモギに似た葉は、頭花の黄色とよい対照をなし清新な印象を与え、芳香がある。

氷河のアウトウォッシュ（流出河流堆積物）と考えられる段丘面はハネガヤ *Stipa*、ヨモギ、ゲンゲ属を主とする少数の種が疎生する草地が発達する。表土は焼成した陶土のように硬く、ざらつく。手で掘ることなどできない。しかし、ピッケルのような鋭いもので打つと、もろく、ざらざらと崩れる。なかは柔らかい、微細な砂で、五〇センチメートルくらいまでは礫はみられない。これがアジア大陸内陸部の高地植生を代表するハネガヤ草原に該当すると考えられる。

トウヒレン属

キク科のトウヒレン属 *Saussurea* は、崑崙ではゲンゲ属につぎ多様化している属と考えられる。*Saussurea wellbyi* に似た一種は多年生で、花序をもたない個体はヒトデのように倒披針形の葉を地際に叢生している。茎の中心には長毛が疎生し、生長点を保護している。

花序は浅い椀を伏せたようなかたちで、叢生した葉を押しのけるようにして植物体の中心部から抽台する。花序を有している個体は、直径五センチメートル以上に達する。

茎は中空で、花序となる茎の先端部が著しく広がっている。中空となった部分にはところどころ横に仕切のような膜がある。この縦断面のかたちはヒマラヤの *Saussurea gossipiphora* に近いが、それがもっている葉の表面から生える綿のような長い毛は有していない。

それでも、この種は崑崙山脈に産する他のトウヒレン属の種より大きいので、疎毛といえども生長にたいしてある程度の効果を有しているのかもしれない。この種は軽微とはいえ、今回みられた唯一のセーター植物であった。

高山荒原　海抜四八〇〇メートルを超えると植物はほとんど姿を消す。二種のトウヒレン、アズマギク、イチゴツナギ属、二種のアブラナ科が目についただけだ。五〇〇〇メートルになると、わずかに二種のトウヒレン属が五〇メートル四方に一回ほどの割合で姿をみせるだけだ。

塩性湿地　鴨子泉は海抜三六五〇メートルにあり、広大な泉水池を形成している。流れに沿って湿地にはヒゲハリスゲ属の種が密生し、そのなかにキンポウゲ *Ranunculus*、サクラソウ *Primula*、シバナ属 *Triglochin* などの種がところどころに生えている。シバナ属には二種がある。

キンポウゲ属の一種は水たまりのなかにも生え、葉はヒルムシロの浮水葉のように長い柄を伸ばしているものもある。泉水池の上部は乾いており、ところどころ塩分が析出して白くなって、きれいに結晶しているところもあった。

ここで小さなレンリソウ属 *Lathyrus* の種にも似てみえるマメ科植物の一種をみた。葉は白緑色をしており、ハマエンドウよりも色が白い。花も長さ五ミリメートルほどで、小さいが、レンリソウ属のものと似たつくりをしている。ハマエンドウのようにその種も塩分濃度の高いところにたいする適応力を有しているのだろうか。

ヒゲハリスゲの草地　この属の種は五種以上あり、いずれも異なる群落の優占種となっている。日本を含めた北半球の亜寒帯から寒帯や温帯の高山にはただ一種ヒゲハリスゲ *Kobresia bellardii* があるだけだが、ヒマラヤからチベットを経てパミールにいたる地域では五〇以上の種があり、実に多様である。崑崙山脈の高山帯のこの属の種の多くは、上記の地域との植物相の関連を検討するうえでのよい材料でもある。

からからに乾いた崑崙山脈であったが、八月には高山帯は雪に見舞われた。これまで慣れ親しんできたヒマラヤとはまったくちがった植物の出現に、植物の多様な様相をまざまざとみせつけられたが、わずかとはいえヒマラヤで顔馴染みの種もあった。種の同定などはこれからだが、期待していたよりは多数の種があった。最後に、これだけ広大な地域にもかかわらず、シダ植物は一種もみられなかったことを付記しておく。

【註】

このときの調査の様子などは以下の書にまとめて刊行した。
大場秀章（一九八九）『秘境崑崙を行く―極限の植物を求めて―』岩波新書（新赤版76）、岩波書店、東京

【引用文献】

呉征鎰（一九八三）『中国植物地理』上冊、科学出版社、北京
中国植被編輯委員会編著（一九八〇）『中国植被』科学出版社、北京
小泉武栄（一九八六）「黄河流域地域の植生」『科学』五六巻五五四―五六五頁

ケニア山の植物・植生

世界広しといえども植物学の常識が通用しないというところは滅多にない。中央アフリカのケニア山（標高五一九九メートル）は、その常識が通じない、世界でもまれな山といえる。植物学者の度肝を抜くこの山は、ケニアの首都ナイロビの北北東一五〇キロメートル、赤道から南にわずか一六キロメートルの位置にあり、キリマンジャロに次ぐアフリカ第二の高峰である。

ケニア山は南北およそ九〇〇キロ、東西七五〇キロメートルのおおむね円形をした広大な裾野をもつ。標高四五〇〇メートルまでは緩やかに隆起し、その斜面を山頂部から放射状に伸びた一〇あまりの深い谷が刻む。だが、標高四五〇〇メートルから山頂までは穂高岳や剣岳を想わせる険しい地形となる。この点で、富士山にも似たキリマンジャロとは山容が大きく異なる。ケニア山の誕生はキリマンジャロよりも古く、いまから三一〇万年前から二六〇万年前の間に起きた断続的な火山の噴火によって形成されたと考えられていて、かつてはいまよりもさらに一五〇〇メートルも高い六五〇〇メートルを超す高度に達したと推定する学者もいる。

ナイロビの年間降水量はおよそ七四〇ミリメートルである。これは辛うじて疎林ができる程度の降水に過ぎない。しかし、湿った赤道西風が卓越する平原の真ん中に突出したケニア山は雲をトラップし、捕らえた雲は山腹を急上昇する間に冷やされ、霧や雨となって山に注がれる。降水が多い季節は年に二回ある。それは南北に移動する熱帯西風がちょうどケニア上空を通過する三月から五月と一〇・一一月であるが、降水量は減るものの残りの月も降水がまったくないわけではない。また、熱帯西風帯では地形などの影響を強く受けるため降水に大きな局地的な変化が生じる。事実、私が訪れた一九九九年も平均で二〇ミリから五〇ミリメートル前後しか降水のない一二・一月さえ、テレキ谷に沿う標高四〇〇〇メートル付近では、午後になると定期的にかなりの降水があった。降水の他、特に標高三〇〇〇メートル付近から上方では霧などによる水の供給が相当ある。山稜を刻む深い谷は降水量がばく大なものであることを示しているし、山麓から中腹を被う緑豊かな植生もこのことを裏づけている。

植生帯

ケニア山では山麓一帯には広大な森林が発達し、特に国立公園に指定された地域内ではそれがよく残っている。ケニア山への最も一般的な登山ルートはナロモルからメット・ステーションを経てマッキンダース・キャンプにいたるものである。このルートに沿ってメット・ステーションから登山すると景観の大きく異なる六つの植生帯を通過する。ヘドベリ教授の論文（Hedberg 1951, 1957, 1964）を参考に記述してみよう。

針葉樹林帯　メット・ステーション（標高三〇五〇メートル）は、日本のイヌマキによく似た *Podocarpus latifolius* からなる針葉樹林の上限近くにある。この針葉樹林は純林といってもよいほど、ほとんどこのイヌマキに似た樹種だけからなり、樹高は五〇メートルを超し、枝からはサルオガセの仲間の地衣類がぶら下がっている。樹冠は鬱閉し、林内は昼も暗いが、そこには着生植物を含め多様な植物が生育している。植生の垂直的な区分上からは、このイヌマキ林は上部山地林にあたるものである。

ハゲニア林帯　メット・ステーションを五〇〇メートルも登ると景観は一変する。ハゲニア・アビシニカ *Hagenia abyssinica* という、樹高のやや低めの樹林が出現するためである。ハゲニアは葉が羽状に切れこみ、その様相はクルミを思わせるが、幹に目をやると薄紙のような樹皮をもち、しかもその一部が剥げ落ち、太い枝が水平に広がって、ダケカンバにそっくりである。そのこともあって、イヌマキ林とハゲニア林という、この二つの植生が、ちょうど日本の山岳での、薄暗い亜高山帯の針葉樹林と、それを抜けたあとに出現する明るいダケカンバの林を想い起こさせる。ハゲニアはバラ科に分類されるが、この科のなかでは木本性のサクラやナシなどよりも、草本性のワレモコウやハゴロモグサなどに近い。ワレモコウの仲間としては唯一木になるのがこのハゲニアである。しかも、ハゲニアはたった一種が分類されるだけの単型属で、他に類縁の近い種がまったくない。

バンブーの藪　この二つの森林が推移するあたりには竹林も多い。いわゆるバンブーで、たくさんの茎（稈《かん》）が地際から叢生して密生するため、巨大な衝立《ついたて》のような藪があちこちに点在しているようにみえる。好物のバンブーを求めてゾウが登ってくるが、ハゲニア林そのものまでには来ないらしい。バンブーの藪の存在は自然のものというより、火入れなどの人為的影響でできた二次林的なものにみえる。

ヒース帯　次第に斜面は急になり、ハゲニア林が姿を消す標高三三〇〇メートルからは土の湿り気が増す。この高さから三六〇〇メートルまでは広大な湿地帯といってよい。この湿地帯の下方はツツジ科低木林と呼ばれ、樹高が人の背丈ほどの数種のヒースの仲間（*Erica*）を中心とした低木林が発達する。それはどことなく日本の高山のハイマツ林に類似した景観をしている。

草　原　湿地帯を登るにしたがい、ヒースは姿を消し、丈の高いハネガヤなどのイネ科やカヤツリグサ科の草本が密生する湿った草原となる。緩斜面で地表面に注意すると、いたるところが水たまりになっていて、そのまわりにはミズゴケがびっしり生えている。ここに巨大な湿原ができるのは、山体の不透水性に加え、上方でほとんど毎日午後になると発生する濃霧や雨が大量の水を供給するためであろう。さらに夜間土壌中で凍結した水の融解分がこれに加わる。

草原のあちこちから塔が建ったように巨大な草が生えている。これらが中央アフリカの高地を代表する後述のジャイアント・ロベリアと呼ばれるサワギキョウ属（キキョウ科）のロベリア・テレキイ*Lobelia telekii*やロベリア・デッケニイ*Lobelia deckenii*、それにジャイアント・セネシオ（キク科）の一種デンドロセネシオ・ブラシカ*Dendrosenecio brassica*である。

高山帯　おおむね標高三六〇〇メートルから四五〇〇メートルまでが高山帯にあたる。上限の高さは山頂部分に発達する氷河の末端部分の高さで、そこが一年中雪氷に被われる下限の高さである雪線になる。高山帯とは普通は森林限界あるいは樹木限界から雪線の間の植生帯のことをさす。ここでいう樹木とは幹をもつ木、すなわち高木で、樹木限界とは高木が生える高度の上限である。森林は高木が主体となって低木や草木と一緒につくる群落のことをいう。ゆえに、高山帯は高木抜きの植生でなければならない。ところがケニア山の高山帯を代表するデンドロセネシオ・ケニオデンドロン*Dendrosenecio keniodendron*は、樹高が七メートルにもなり、しかも明らかな幹をもつ高木なのである。つまり、ケニア山では高山帯にはデンドロセネシオ・ケニオデンドロンの林ができる。このことが植物学の常識に反する、というわけである。

植物たちの適応進化

高山は大洋中の島に似る　ケニア山では高山でも氷河や巨岩、それに礫の動きがいまだ収まらないような場所を除いて、植物はいたるところの地表を被っている。植被はそう悪くないのに、私がこれまで親しんできた日本やヒマラヤの高山と比べると、植物相は貧弱である。その理由はいくつか考えられる。ひとつはケニア山などの中央アフリカの高山が世界の他の高山から距離的に隔たっているために、遺伝的な交流の機会が少ないことである。長らく中央アフリカ高山の植物を研究したウプサラ大学（スウェーデン）のヘドベリー教授は、この地域の高山植物の種数は一〇一種で、そのうちの六四％はたったひとつの山にしかないものであり、残りの二七％は中央アフリカの高山にのみ産することを明らかにした（Hedgerg 1969）。つまり、ケニア山の高山植物の九一％は中央アフリカにしかない固有種ということである。

ケニア山の高山植物は植物相が豊かになるためには他地域からの侵入と侵入先の環境に適応した進化が重要な意味をもつことをいみじくも物語っている。他から孤立したケニア山のような高山の植物は、大洋中の島に暮らす植物と似たような状況下にあるともいえる。とにかくも島に辿《たど》りついた種だけが繁殖し、幸運にもそのなかで適応したグループだけが驚くような多様化を遂げる。

ケニア山の高山もこうした不調和な植物相から成り立っているということができる。ここで多様化したのはバラ科のハゴロモグサ属*Alchemilla*で低木状になるものから、矮性の小形草本まで六種がさまざまな形態をもち、乾いた岩礫地を除く、あらゆる場所に繁茂している。ハゴロモグサ属植物がみられない乾燥した場所で同様の多様化を遂げたのがキク科のヘリクリスム属*Helichrysum*である。

高山にみるさまざまな適応　植物相は貧弱とはいえ、そこではケニア山の高山環境に適応したさまざまな植物の暮らしぶりをみることができる。気圧が平地の半分ほどと低いため、ケニアに限らず高山では体表から水分が蒸発散し、植物は常に乾燥に見舞われる。乾燥から体を護ることが高山の暮らしには欠かせない。特に植物が生長する季節に降水が少ない高山ではこのことは重大であり、そのための工夫が発達している。乾燥への適応といえばサボテンのような姿を連想してしまいがちだが、そうした体づくりだけが乾燥への適応ではない。背丈が矮性化することも乾燥に関係する。体を小さくすることは蒸発散量を減らすことになるからだ。高山植物が一般に小形なのは短い生育期間とも関係があるが、乾燥への適応という点でも有利なのである。

著しい矮性化を進めてコケのように小形化し、かつコケのように密集して暮らす植物がある。うえからその団集した植物を圧してやると座布団（クッション）のようにふわっとする。これをクッション状植物と呼ぶ所以《ゆえん》はそこにある。コケのように団集して暮らす植物の長所は何か。ひとつは地表や体表面からの水分の蒸発散を少なくすることであり、もうひとつは地熱を蓄えることである。クッション状植物は低温の極地だけでなく乾燥地にも見出すことができるのは主にこの二つの理由のためである。ケニア山にももちろんのこと、クッション状植物は多い。

水が凍る

ヘドベリー教授は標高四二〇〇メートルでの気象観測で温度がほぼ毎日夜間には氷点下五℃、日中は一〇～一五℃になることを示している。私の経験でも標高四二〇〇メートルともなれば朝方は一面霜に被われ、ときには雪や霰が降る。氷点とは水が凍る温度だ。ほとんどが水からできている細胞でなかの水が凍ってしまったら、水が凍るときの体積膨張で細胞は破壊されてしまう。体内で水が凍ることは生物にはあってはならないことであり、植物はそのためにいろいろな工夫をしている。毛を密生させるなど、防寒態勢を発達させたり、日中体内に熱を蓄え夜間にこれを放出して温度を上げたりもするが、水そのものが零度になっても凍らないように浸透圧を高くするのが、最も普通に行われている方法である。

ケニア山の高山でもそれぞれの例にあたる植物を見出すことができるが、なかでも注目に値するのが巨大化した高山植物である、デンドロセネシオ・ケニオデンドロンなどのジャイアント・セネシオ、ジャイアント・ロベリアである。これらの巨大高山植物では、巨大なパイプのような中空の茎のなかの空気が太陽からの放射熱によって昼間温められる。その熱が気温が下がる夜間に放出されることで、茎の先端にあたる生長点などが凍結から護られている。

岩を頼る植物　強い日差しを受けて岩は温められ、その表面の温度は四〇℃にもなる。むろんこんな岩のうえに生える植物はないが、温められた岩は夜間結露し、岩の周囲に水をも垂らす。また、岩の夜間の放熱は植物を寒さから護る。乾燥したアラビア半島や崑崙《こんろん》山脈では岩の間隙は植物にとって絶好の生育場所であったが、ケニア山では植物を魅了するのは多くの場合水の供給よりも放熱の方だろう。その理由は、岩の放熱により土中の水の凍結が妨げられるからだといえる。全体が刺だらけのカルドゥウス・ケニエンシス *Carduus keniensis* が生えるのもそうした岩隙であった。

マンネングサの一種 *Sedum meyeri-johannis* も岩場の植物だが、岩隙というより岩棚に生えるこの植物はケニヤ山では数少ない岩の集水力に頼って暮らしている部類に入るであろう。

高山では地中の水が凍って凍土ができる。広範囲に凍土ができるところでは、凍結と融解が繰り返され、地表面が動くため地中に根を張って生きる植物は姿を消す。植物が消え地表面が直接寒気にさらされるとさらに土中の水が凍りやすくなる。こうした凍土ができる地面は氷が地中の小石を地表に運び上げる。傾斜面では真上に持ち上げられた小石は、氷が融けるときには斜面の下方に引き下げられるので、低いところに集まって亀甲状などの模様が地表面にできる。

昆虫がいない　ケニア高山の植物相が貧弱であることはすでに述べたが、それを私たちに実感させてくれるのは花の多様さが実に乏しいことである。特にランのような目立つ花がきわめて少ない。ここで目立つ花といえば、ただ単にサイズの大きいジャイアント・ロベリアやジャイアント・セネシオそれにグラディオルス *Gladiolus watsonioides* など少数の色鮮やかで大きめの花が加わるに過ぎない。つまり、ケニア高山の花は長さも五ミリメートル以下の小さいグループと、長さ三センチ前後になる大きいグループに二分され、日本などでは普通にみられる中間の大きさの花が少ない。

植物は花粉を媒介してくれる昆虫などを誘引するために、花弁を中心にかたちも色もさまざまな花を生み出している。花の多様さに欠けるケニア山には花粉媒介に働く昆虫、特にマルハナバチなどのハチ類が少ない。ほぼ毎日氷点下に下がり、かつ年較差より大きな日較差をもつ温度が昆虫の生存を許さないためなのだろう。巨大なデンドロセネシオやロベリアの茎や柄に卵を産み羽化する小形のハエの仲間が花粉の主要な媒介者らしい。小さなサイズの花が多いのはそのためだろう。

一方、大きな花にやってくるのは昆虫ではなく、太陽鳥の仲間などの鳥類である。大きな移動力をもつ鳥なら山麓からでも高山に飛翔してくることはできる。鳥の目につきやすく、しかも吸蜜しやすいように花は背高く伸びた太い茎に一直線についている。

ケニア山の高山植物の魅力

巨大化した高山植物はその巨大な体を支えるための強度が茎に求められる。ためにたいがいの場合、茎は中空でパイプ状になっている。中身の詰まった棒状の茎よりも管状の茎の方が強い強度をもつ。その中空の部分に蓄熱の機能を担わせた、というわけだ。

私たちのフィールドであるヒマラヤの高山にも巨大高山植物はある。温室植物とかセーター植物と呼んでいる、セイタカダイオウ *Rheum nobile* やボンボリトウヒレン *Saussurea obvallata*、ワタゲトウヒレン *Saussurea gossipiphora* などである。温室植物もセーター植物も矮性化の傾向が主流の高山植物のなかにあって、巨大化の道を歩むという点でジャイアント・セネシオやジャイアント・ロベリアに似ているが、どうして巨大化したのか、その謎はまだ解けないでいる。

私がケニア山でみたデンドロセネシオ属、すなわちジャイアント・セネシオは三種中の二種、ケニオデンドロン種 *Dendrosenecio keniodendron* とブラシカ種 *Dendrosenecio brassica* である。この二種には顕著なちがいがある。

デンドロセネシオ・ケニオデンドロンは高さが七メートルにもなり、幹もある。その生長をみると、初めは分岐しない単一の幹をもつが、花が咲くと腋芽ができるため、二叉状に枝分かれする。滅多に花はつけない。一生花をもたずに単一の幹のまま枯れた個体もある。低温のためその巨大な葉は枯れても腐らず、少なくとも柄の部分は幹の周囲に残る。そのため幹は上方から六〇～七〇センチが異様にふくらんでいる。ふくらんだ部分に手を差し込んでみるとじっとりと湿っている。昆虫の幼虫らしきものも生育していることから湿り気は通年あるのだろう。幹の下方の部分は木化しているが、中心の部分は中空になっている。幹の上方のふくらんだ部分は中実で、多数の叢生する葉に護られた中央に生長点がある。

デンドロセネシオ・ブラシカではこの幹にあたる部分は地中を横走する地下茎となっている。地下茎はよく分枝するので、多数の巨大な葉を叢生するロゼットが地際に群生する。この種の葉はケニオデンドロン種と異なり裏面が分厚い白毛に被われ、しかも気温が低下する夜間や朝方には葉を閉じるため、植物体全体が純白で雪だるまのようになり遠くからでもその存在が判る。

テレキ谷にはこの二種が多い。早朝眺めると水が豊富な枝谷に沿って雪だるま状のブラシカ種が直線上に広がり、ケニオデンドロン種が枝谷間の礫の多い斜面に点在し、二種がきれいにすみ分けているのが判る。ジャイアント・ロベリアは四種報告があり、いずれも高さ一メートルを超える中空の茎をもつが、種による生育環境のちがいはよく判らない。

デンドロセネシオ属もジャイアント・ロベリアも種子から芽ばえたばかりの若い株はほとんど岩の間隙に生えている。生長すれば中空の茎に蓄えた熱が利用できたり、水が流れて凍ることのない環境に進出し、凍ることから護る術を発達させているが、岩隙にこぼれた種子だけが生長できるのは、幼時にはこのような術が利用できないためだろう。

植物たちの適応は実にさまざまであり、生長の過程でも異なるなど変化にも富んでいる。こうした適応の姿こそ、植物を野外でみる楽しみであり、魅力でもある。

【引用文献】

Hedberg, O. 1951 Vegetation belts of the East African mountains. *Svensk Botanisk Tidskrift,* **45** : 140–202
Hedberg, O. 1957 Afroalpine vascular plants A taxonomic revision. *Symbolae Botanicae Upsalienses,* 15 : 1–411
Hedberg, O. 1964 Features of Afroalpine plant ecology. *Acta Phytogeographica Suecica,* **49** : 1–144
Hedberg, O. 1969 Evolution and speciation in a tropical high mountain flora. *Biological Journal of the Linnean Society,* 1 : 137–148

中央アフリカの巨大高山植物の知恵

ヒマラヤと中央アフリカの高山を比べると、温度環境に大きなちがいがある。ヒマラヤの気温は、年較差が日較差より明らかに大きい。特に植物が生長できる夏季の日較差は小さく、標高五〇〇〇メートルでも〇℃以下にはならない。一方、赤道直下の中央アフリカ高山では年較差は小さいが、日較差は著しく大きい。ケニア山の標高四二〇〇メートルでは、最高気温は三〇℃を超え、最低気温は零下一〇℃以下になる（大場、未発表）。つまり、中央アフリカ高山では、日中は通年植物が生長するのに充分以上の高温になるが、夜間は細胞の凍結を防ぐ何らかの手段がないと枯死してしまう温度環境にある。しかも低温化は多くの植物にとって生長期から休眠期への転換をともなうので、日較差が大きい地域の植物では、耐寒性にたいする巧妙な戦略が必要になる。

細胞を凍結から護る手段には、浸透圧を高めるなどいくつかあるが、中央アフリカ高山で特に目立つのは、日中の太陽熱を効果的に利用する方法である。ジャイアント・セネシオの一種 *Dendrosenecio keniodendron* は、日中、幹の空洞部分に蓄えた熱を夜間に放出して凍結を防いでいる。この種における巨大化は、熱を貯めるパイプを大きくすることに関係がある。

パイプが必要なのは、生長点や葉を保護するためだが、その葉にも凍結耐性や過冷却による凍結回避などの特殊な機能が備わっている。詳細は省略するが、Coe（1967）、Beckら（1982）、Beck（1994）などの研究をもとにそのあらましを紹介しよう。

まず低温化にともない、葉では細胞内から細胞間隙に無機イオンが放出され、水は海綿状組織や柵状組織にある大きな細胞間隙に排出され蓄えられる。そのため葉は膨圧を失い、縁が内側に巻き込まれる。さらに温度が低下すると、細胞間隙の水が凍結するだけでなく、細胞内での原形質分離が起き、細胞の脱水がさらに進み、葉は著しく内側に巻く。しかし温度が上昇すれば、可逆的にイオンが細胞内に吸収され、水も戻り、葉ももとに戻る。叢生する葉の中心にある生長点の部分は、多数の葉に取り囲まれ保温される。幹のパイプ上部の髄に蓄えられた水やパイプ中の空気は、夜間の温度低下を緩和する役割をはたす。一方、幹中の水や空気は日中幹の温度を低く保つことに役立ち、葉への水の供給や蒸散の抑圧に効果を発揮する。

ジャイアント・セネシオとならび巨大ロゼット植物を代表するジャイアント・ロベリア（サワギキョウ属*Lobelia*）でも、それぞれが独自の防御方法を身につけている。ロゼットを地際に展開するこの仲間は、開花期になると高さ一メートルを超える花茎を伸ばす。その花茎の内部下半分は、粘性の高い液体に満たされている。この液は０℃でも凍結せず、潜熱を放出する。この粘液は、夜間いっぱい熱を放出しても凍らないだけの量が必要であり、それが結果として植物体の大形化につながっていると考えられる。花茎上方の空気は潜熱で温められ、対流によって液で満たされていない部分の保温に役立っている。

ジャイアント・ロベリアの一種であるロベリア・デッケニイ*Lobelia deckenii*では花茎が伸長する前の個体は多数の葉を叢生するロゼットをつくる。夜間気温が下がると葉の基部などから粘性の高い物質が分泌され水も漏れぬように葉同士をつなぎ合わせてしまう。その根生葉でできたプールに露結などでたまった水を貯えるのである。水はたとえ表面は凍ってもプールの底は密度が最大になる四℃前後に保たれるため、生長点は凍結から護られるのである。そのしかけの巧妙さには驚くばかりである。

アンデスのエスペレチア属*Espletia*（キク科）も、外形の類似だけでなく、中央アフリカ高山の巨大ロゼット植物に似た生活を営んでいる。

こうしたことから、巨大ロゼット植物では、凍結耐性の獲得（成葉）、水や粘液物質などの液体あるいは空気自体の熱容量や凍結潜熱（幹・花茎）、過冷却による凍結回避（葉・茎）、断熱効果による冷却緩和（茎・生長点）などを組み合わせて、極限の環境に適応したものといってよい。巨大なロゼット形成は、こうした生理活性を円滑かつ効果的に支える必然のかたちといえるだろう。ヒマラヤの温室・セーター植物も巨大ロゼット植物に比較しえるが、夜間でも氷点下にはならない温度環境で暮らすこれらの植物には凍結耐性や凍結回避の手段はまったくみられない。特異的にはちがいないがセーター植物や温室植物のかたちはいったいどんな環境にたいする適応と解したらよいのか、依然謎のままであり、興味は尽きない。

【引用文献】

Coe, J. 1967 *The ecology of the alpine zone of Mount Kenya*, Junk, The Hague

Beck, E. 1994 Turnover and conservation of nutrients in the pachycaul *Senecio keniodendron*. In : Rundel P. W., Smithe, A. P. and P. C. Meinzer（eds.）, *Tropical Alpine Environments*, Cambridge University Press, Camnbridge. 215–221pp.

Beck, E., Senser, M., Scheibe, R., Steiger, H. M. and P. Pongratz 1982 Frost avoidance and freezing tolerance in afroalpine giant rosette plants. *Plant Cell and Environment*, **5** : 215–222

第2部

生態系の保全と植物学

温暖化の影響と対策——生物多様性への影響

生物多様性に及ぼす地球温暖化の影響が一様でないことは、そもそも生物が多様であることの証しでもある。植物の多様性への温暖化の影響は、多岐にわたり考察されねばならないが、極言すれば、いずれの場合でも生理学的な欠乏が生じて、結果として競争力が弱まるためといえる。温暖化を生き抜くには、自然選択を可能にする遺伝子プールと、新たな遺伝的組み合わせをもつ適応的個体の生産が可能な繁殖システムの双方が維持されることが重要である。これが困難視される植物の種として、地理的に分布が極限されている種、遺存的とされ、かつ生存力の低下した種、一年生の草本種、などがある。

地域生態系は多様性を統合する言葉であるが、複雑に関係し合う環境要素にたいして動的な平衡を保つ状態で維持されている。これに新たなインパクトが加わると、生態系はバランスを崩し、崩壊が始まる。温暖化もインパクトとして作用する。生態系の維持でも、多様な遺伝子型の生産を可能とする遺伝子プールの大きさが重要である。南西諸島・屋久島などの隔絶された温帯地域、伊豆諸島・小笠原諸島、特殊な環境下にある立地など、山岳や高山、島嶼、市街地内の樹林などは面積が限られ孤立的で、温暖化の影響を特に受けやすい。

日本産の野生植物種では、遺伝子プールの大きさやその繁殖システムについての研究は重要な課題である。植物多様性への影響は、最終的には五〇〇〇の全野生種について個別に検討されねばならないが、現状は全種についての詳細な分布地図もない状況である。分類学の専門研究者の少ない日本では、パラタクソノミスト（parataxonomist）の協力が今後の調査と研究には欠かせない。

はじめに

生物は地球の複雑な環境に形態や機能を適応させ、誕生の時点から今日にいたるまで絶えることなく生存し続けている。それどころか、生物の存在自体が地球の環境を変えてきただけでなく、環境の一部とさえなっている。誕生時から今日に続く生命の維持を、かたちや仕組みの変貌に着目してみたのが、生物の多様性である。生物の多様性は、環境の変化に生物はかたちや仕組みを変化させながら適応して絶滅を免れてきたことを示している。

生物の進化を辿《たど》れば、地球上の気候変化が生物の多様性に大きな影響を及ぼしてきたことを理解することができる。気候の重要な要素は温度環境であるが、温度変化が及ぼす影響は、その及ぶ範囲、規模、性質などによって異なる。このことは現に直面している地球温暖化についても当てはまる。

温暖化の影響が一様ではないことこそが生物が多様である証しでもあるが、大雑把にいえば、植物では温暖化の影響は直接的であり、動物と菌類などでは間接的である。その理由は、動物や菌類などは植物が生産する有機物の消費者や分解者であることや、動物は環境の変化を移動によって最小化することができ、植物に比べ動物への温暖化の影響は、こうした生態的・社会的側面からの影響が大きいことによる。温暖化の影響が植物で直接的なのは、植物が大地に根を張って暮らすため、長距離の移動が簡単ではないことが大きく効いている。

日本では、温暖化が多様性に及ぼす影響についての研究はあまり進んではいない。温暖化をめぐる日本での最初の報告では、多様性を直接扱った部分は含まれておらず、生態系の一部として記述されたに過ぎなかった。[1~4] ようやく、二〇〇〇年になり、日本の生物多様性に温暖化が及ぼす影響が検討されることになった。[5] 本稿では触れることのできなかった動物、微生物などについての温暖化の影響については、同報告[5]を参照されたい。

植生での影響研究の限界

南北に細長い日本は北方と南方での温度差が大きい。南北差による顕著なちがいとして、通年、水が凍結することのない地域から、年に数カ月以上が凍結する地域まである。こうした生物に大きく影響する南北での温度差が、日本の植生とそれを構成する植物相（フロラ）の顕著な地域差を生み出している。立地の側からみると、日本ではおおむね複数の植物種が一定の規則性のもとに立地を被っているということができる。その立地を被う一群の植物をひとまとめにして植生という。

植生は、相観、植物相という構成種、群落などにより類別することができる。相観は植生の外形に着目した類別法で、森林や草原、さらに森林でいえば構成樹種の性状に着目して、常緑広葉樹林、常緑針葉樹林、落葉広葉樹林、落葉針葉樹林などに区分する。植生の相観による区分は、マクロな気候のちがいをとらえるのに適している。

温度と湿度による環境傾度分析法を提唱したワイタッカー（Whittaker）は、蒸発量の多い夏に十分な降水のある地域での植生の分布は、主として温度によって決まることを明らかにした。夏に植物の生長にとってほぼ十分な降水がある日本にも、これが当てはまる。相観で区分された植生が、温度環境のちがいを示す各種の等温線に沿って帯状の配列をしているのはそのためであろう。このことは、相観植生を用いれば温度環境のちがいを反映した植生帯が区分できることを意味している。

吉良（一九四五）は、温度環境を示す指数として、画期的な「暖かさの指数」と「寒さの指数」を提唱した。[6] さらに、野上・大場（一九九一）は、暖かさの指数はソーンスウェイト法による可能蒸発散量とよい相関を示すことを指摘した。[7] これは、エネルギー収支から暖かさの指数をみると、正味放射と近似の値をとることを意味している。内嶋・清野(Uchijima & Seino 1985)は、正味放射は植物の生産力を支配する重要な気候要素であることを明らかにした。[8]

当初の温暖化研究では、植生への影響が注目されてきた。それは、各種の気候モデルに対応した植生帯の予想移動図を描くことで、起こりうる状況が視覚化できたからである。しかし、相観による植生区分では、温暖化による多様性への影響はみえてこない。相観による植生の類別では、植生自体の多様性を問題としていないからである。

遺伝子プールと繁殖システムの重要さ

温暖化では、多数の植物種の絶滅が起こり、これが生態系全体に波及することで地球規模での生物多様性の著しい減少が起きることが予想されている。植物にたいする温暖化の影響は、いずれの場合でも、植物にとって生理的な欠乏が生じて、結果として競争力が弱まるためといえる。仮に気温が三℃上昇すると、植物では呼吸によって年間三〇％もの炭素量の損失が増える。これは、種によっては茎や枝の生長に配分する年間の炭素量を上まわる。こうした種では、生存力は低下して他種との競争で不利となり、生育の場を失い消滅を余儀なくされるだろう。地理的分布での南限集団や島などに隔離された遺存種などは、特にそれが起きる可能性が高い。

しかし、ある種では、温度上昇に高い適応力をもつ個体が弱い個体に取って代わり、他種との競争に敗れることなく、その場を維持していくかもしれない。それが可能となるためには、自然選択を可能にする遺伝子プールと、新たな遺伝的組み合わせをもつ個体の生産が可能な繁殖システムの双方が維持されることが重要である。植物の多様性への温暖化の影響は多岐にわたり考察されねばならないが、自然選択を可能にする遺伝子プールと新たな遺伝的組み合わせが可能な繁殖システムについて、①植物側の潜在能力、②それが十分に行われる立地側の状況、の双方を検討する意義は大きい。ところが、日本産の野生植物種では、遺伝子プールの大きさやその繁殖システムは、ごく一部の種で研究されているに過ぎない。このような現状では、温暖化の影響は的確に判断しようがない。これは温暖化研究における将来の重要課題である。

そこで、自然選択を可能にする遺伝子プールが小さいか、あるいは繁殖システムが新しい組み合わせをもつ遺伝子型の生産に制約となるような種を探索し、なかでも影響が大きく及ぶことが危惧される種を特定することを試みた。[2] ①地理的に分布が極限されている種、②遺存的（かつて広い分布域をもっていた種が、現在はさまざまな理由で限られた範囲に分布すること）とされ、かつ生存力の低下した種、③特殊な生育地にのみ適応して特殊化した種、④わずかしか散布体をつくらない種、⑤寿命が長いか、繁殖が極端に遅い種、⑥一年生の草本種、などがこれに該当しよう。

温暖化の影響が及びやすい種

日本には約五〇〇〇種の野生植物があるが、そのうち約一二〇〇種（亜種・変種を含む）は、その産地が一県に限られた狭い範囲にのみ分布する。すなわち、日本産植物種の約二四％が、地理的に分布が極限されている種に該当する。これは日本の野生植物の四種に一種が該当するという高い数値であり、日本の植物相は温暖化の影響を強く受けることが大いに懸念されるのである。

分布の限定される種の大半は、生存力の低い種でもある。これには、屋久島・種子島にのみ分布する針葉樹のヤクタネゴヨウ *Pinus armandii* var. *amamiana*、宮崎県にのみ産するナガバサンショウソウ *Pellionia yosiei*（イラクサ科）、ヒュウガホシクサ *Eriocaulon seticuspe*（ホシクサ科）、オナガカンアオイ *Heterotropa minamitaniana*（ウマノスズクサ科）、さらには、マツモトLychnis sieboldii（ナデシコ科、熊本県）、ナナツガママンネングサSedum drymarioides（ベンケイソウ科、長崎県）、ミセバヤSedum sieboldii（ベンケイソウ科、香川県）、モミジバショウマAstilbe platyphylla（ユキノシタ科、北海道）などが含まれる。また、レッドデータ・ブック中に「絶滅したと考えられる種（Ex）」として登載されたタンバヤブレガサSyneilesis aconitifolia var. longilepis（キク科）などの二〇種は、いずれも分布が極限された種である。絶滅にいたった要因は必ずしも温暖化ではないにしても、遺伝子プールや繁殖システムの弱小さが多様性の消失に直結することを示している。

遺存的とされ、かつ生存力の低下した種にも影響は強く及ぶ。たとえば、トガクシショウマRanzania japonica（メギ科）は遺存的とされ、分布も限られている。生産力も低く、積雪の多い河畔の緩斜面などに辛うじて生き残っている。[9] 温暖化は、短期的には冬季積雪量を減少させ、残雪期を短くさせるので、多雪地域の河畔の環境の特殊性が減ってしまう。他種がこの立地に侵入するチャンスは多くなり、トガクシショウマがこれらの種との競争に勝てず消滅する可能性が高い。

特殊な生育地にのみ適応して特殊化した種では、環境の変化が種の存亡を決める場合が多い。平地の湿地や池沼に生える水生植物のほとんど[10]やアマモ場の海草[11]が絶滅の危機に直面していることはよく知られている。ただし、これには水質汚染のような環境変化の影響も含まれる。オゼソウJaponolirion osense、ヒダカソウCallianthemum miyabeanum、クロガネシダAsplenium coenobialeなどの好蛇紋岩性や好石灰岩性の種もあげることができる。日本では特殊な立地が連続的に広がることはまれで、これらの種の多くは、同一立地内で生き抜くしか生存の道はなく、遺伝子プールと繁殖システムが十分なサイズにないと消滅に直結する。

わずかしか果実や種子などの散布体をつくらない種も遺伝子プールが小さく、温暖化の影響を受けやすいとみることができる。カンアオイ属は、日本で著しい種分化をしており、五〇種以上が区別されているが、そのほとんどがひとつの山塊などに産地が限定される狭分布種である。この属では、種子の生産数は少なく、しかも、地際に果実がつくられるため、種子が散布される距離も限られている。

一年生の草本種が甚大な影響を受けることは、ある年での繁殖の失敗が一瞬にして種の絶滅を招きかねないことからも容易に推察されるところである。しかし、一年草でも多くの種は、こうした生存の危機にたいして埋土種子を貯えるなどの対策を取っている。また十分な遺伝子プールをもっていれば、新しい遺伝子型の生産も容易であり、温暖化にともなう環境変化にたいして迅速に対応しうるのも一年草である。

最近、北半球や日本で、従来の分布域の北限を超えた地点での新たな分布確認の報告が多い[12]。そのすべてを温暖化の影響に帰すのは早計であるが、一年単位で暮らす一年草は、植物種への温暖化の影響をはかるバロメーターの役割を担っているともいえよう。

立地の側からみた植物多様性

生物の多様性の大小は、立地（地域）のもつ環境の複雑さの大小と密接な関係がある。多様性を立地と統合する言葉として「地域生態系」がある。地域生態系は複雑に関係し合う環境要素にたいして動的な平衡を保つ状態で維持されている。環境要素のなかでも温度と水資源が重要であるが、地理的・地形的・地史的・生物的環境などがこれに加わる。類似の温度・水資源下でも、地形、地理的位置、地史、競合する他種との競争などのちがいが地域生態系を異なるものにしていることは容易に想像されよう。

地域ごとに動的平衡状態を保って成立している生態系にあるインパクトが加わると、生態系はバランスを崩して崩壊が始まり、長い時間を経て新たな平衡状態に向かうと考えられる。温暖化がインパクトとして作用する場合も、そのプロセスは同じといえるだろう。生態系の再編でもものをいうのはどれだけ有利な遺伝子型を生み出しているか否かで、これも結局は先に述べた多様な遺伝子型の生産を可能とする遺伝子プールの大きさに帰することができる。

前項で、温暖化の影響が及びやすい種について述べたが、同様に温暖化の影響を受けやすい立地というものを特定することができる。山岳や高山、島嶼や分断された磯海岸や砂浜、市街地内の樹林地などがそうで、いずれも面積が限られるうえ、相互に隔離していて、多様な遺伝子型を生み出す遺伝子プールを保持しにくい。大場（一九九一）は、小さな島嶼に固有な植物群落など、温暖化で危機に直面する可能性の大きい地域・立地を指摘している。[2] いくつか例をあげてみよう。

（1）南西諸島・屋久島などの隔絶された温帯地域

トカラ海峡以西の南西諸島には一四〇〇種の植物があり、そのうち七〇〇種は、九州以北には分布が及ばない。また、四二九種は狭分布種であり、十数種の固有種がある。南西諸島には六〇〇メートルを超す標高の山がある島（口之永良部島、口之島、中之島、諏訪之瀬島、奄美大島、徳之島）があり、中腹から山頂にかけて、最終氷期に南下し残存したと考えられる温帯性植物がみられる。これらのなかには、アマミカタバミやアマミスミレのような固有種、ハナイカダ、アオキ、ホウチャクソウなどのように本州の集団とは変異を若干異にする固有亜種・変種もある。[13]

亜熱帯・暖温帯中の温帯起源の種は、もともと温暖化にたいして脆弱であり、これ以上の急激な温暖化は、こうした植物種の消滅を招く恐れがたいへん大きい。特に、近年になって急速に進んだ伐採や林道・ダムなどの建設による環境の改変がこれに加わり、生態系への大きなインパクトとなっている。日本における温暖化の影響を最も受けやすい地域として、十分な警戒が必要である。温暖地域の面積が限られ、かつその分布が断続的な屋久島やその他、九州、四国の温帯地域の温帯性の植物にもこのことは当てはまる。

（2）伊豆諸島・小笠原諸島　伊豆諸島では、山頂に温帯性の種や温帯性の種から分化したと推定される固有種・変種がかなりみられる。一方、小笠原諸島は他島嶼から距離的に離れており、しかも小規模な立地に限って生存する植物種は、環境の変化にたいして逃げ場もないことから、温暖化の影響が深刻である。

（3）特殊な環境下にある立地　尾瀬ヶ原や尾瀬沼その他、点々と分布する池沼[10]、伊勢湾周辺の低湿地[14]、岩礁地の藻場[11]などには固有種を含む特殊な植物が生え、それらは特殊な群落を形成する。天然記念物のような文化財や特定の生物種などの保護地に点在する遺存的な種もこれに該当する。こうした他から隔離された特殊な立地の植物種や群落は、環境の変化にたいして逃げ場がなく、遺伝子プールも小さいことが多い。

おわりに

温暖化は、個々の種の地域集団に何らかのインパクトを及ぼす。その結果が個体の減少、消失、異常発生などを引き起こす。しかし、このような変化の進行を認知するのは容易ではない。温暖化の影響を掌握するためには、地域集団のモニタリングが欠かせない。これを実施するためには、野生植物の分布の現状が掌握されていなくてはならない。すでに記したように、日本には約五〇〇〇種の野生植物がある。したがって、温暖化の植物の多様性への影響は、最終的には五〇〇〇の種ごとに検討されねばならないといえよう。

地域ごとの植物相の構成種をまとめた一覧が、インヴェントリーあるいは種リストであるが、伝統的には植物誌という。日本では多くの県で、県単位あるいは地方別、山域・流域ごとのインヴェントリー調査が、分類学の専門家だけでなく、分類学を職業としない多くのパラタクソノミスト（parataxonomist）によって編纂・出版されている。環境省によるメッシュ単位でのデータ収集も進んでいるが、全種についての分布の詳細が俯瞰できる分布地図は、残念ながら完成していない。一刻も早くその完成が望まれるところである。こうしたデータをもつことで分布の実態が初めて明らかとなり、きめ細かい温暖化対策の立案が可能となるであろう。

最後に、このような調査では類似種から正確に識別できる分類学的知識は欠かせない。しかし、日本での分類学の専門研究者数は限られている。ここでも分類学的素養を身につけたパラタクソノミストの協力が今後の調査と研究の要となっていくにちがいない。

【引用文献】

1　大場秀章（一九九〇）「陸上生態系への影響」環境庁地球温暖化問題研究会編『地球温暖化を防ぐ』ＮＨＫ出版、東京、九〇―九八頁

2　大場秀章（一九九一）「ＩＰＣＣ第2作業部会（影響評価作業部会）報告書の要点―重要事項並びに日本及びアジアにおける検討課題―」計量計画研究所、東京、六二―七六頁

3　大場秀章（一九九一）「ＩＰＣＣ第3作業部会（対応戦略作業部会）報告書の要点―重要事項並びに日本及びアジアにおける検討課題―」エックス都市計画研究所、一三一―一四一頁

4　大場秀章（一九九一）「地球温暖化と植生・種多様性：ＩＰＣＣ（気候変動に関する政府間パネル）報告の検討」『植生史研究』八号一三―二四頁（本選集100-116ページに一部再録）

5　Domoto, A., Iwatsuki, K., Kawamichi, T. and J. McNeely（eds.）2000 *A Threat to Life. The Impact of Climatic Change on Japan's Biodiversity*, Biodiversity Network Japan and IUCN

6　吉良竜夫（一九四五）『農業地理学の基礎としての東亜の新気候区分』京都大学農園芸学研究室

7　野上道男・大場秀章（一九九一）「暖かさの指数からみた日本の植生」『科学』六一巻一号三六―四九頁

8　Uchijima, Z. and Seino, H. 1985 Agroclimatological evaluation of net primary productivity of natural vegetation (1) Chikugo model. *Journal of Agricultural Meteorology*, **40**：343–352

9　村田源（一九七八）「積雪によるフロラの遺存機構についての一考察」『日本植物分類学会会報』四巻一号三一―五頁

10　Kadono, Y. 2000 Aquatic plants at risk. In：Domoto, A., Iwatsuki, K., Kawamichi, T. and J. McNeely（eds.）, *A Threat to Life*, Biodiversity Network Japan and IUCN. 52–56 pp.

11　Aioi, K. and Ohmori, Y. 2000 Warming and Japanese seagrasses. In：Domoto, A., Iwatsuki, K., Kawamichi, T. and J. McNeely（eds.）,

A Threat to Life, Biodiversity Network Japan and IUCN. 57–60pp.

12 Iwatsuki, K. 2000 Global warming and the dynamic of biodiversity. In : Domoto, A., Iwatsuki, K., Kawamichi, T. and J. McNeely (eds.), *A Threat to Life*, Biodiversity Network Japan and IUCN. 147–151pp.

13 Ohba, H. 1996 The temperate elements of the flora of the Nansei-shoto (The Ryukyu Islands) and the global climatic change. In : Omasa, K. *et al*. (eds.), *Climate Change and Plants in East Asia,* Springer-Verlag, Tokyo. 185–204pp.

14 植田邦彦（一九八九）「東海丘陵要素の植物地理」『植物分類地理』四〇巻一九〇—二〇二頁

地球温暖化と植生、種多様性
——気候変動に関する政府間パネル報告の検討

分類・生態分野のいかなる研究者も、直接・間接を問わず環境問題には深い関心を抱いているにちがいない。環境にかかわる問題は多様であるが、最近では地域、国家のレベルでの問題だけでなく、地球規模の環境問題が俎上にあげられるようになってきた。最近の大きな問題として、地球規模での植生・種の多様性の保護・保全（Eckholm1982；Wilson1988；石一九八八）、オゾン層破壊（環境庁オゾン層保護検討会一九八九）と、ここで述べる地球温暖化などがある。

ある見方によれば、人類活動の結果による大気中の温室効果ガスの全地球的増加と、それに関連した気候変化は、陸上自然生態系とこれに関連する社会経済にたいして危険をはらんだ重大な脅威を提起している。しかも気候の予測される変化のシナリオでは、少なくとも過去一〇万年に起きたどれよりも大きな気候の温暖化が自然生態系に向けられる、という。さらに予測される四℃という気温の上昇は、地球を四〇〇〇万年前の始新世以来の最高の高温にさらすことになる。その値は近年の気候変動より異常に大きいだけでなく、その温暖化のペースは、過去一〇万年のどの気候変化よりも、一五倍から四〇倍も速い、と予想されている。この見方が及ぼした衝撃がＩＰＰＣ設置の契機となったといえる。

ＩＰＣＣとは

ＩＰＣＣはIntergovernmental Panel on Climate Change（気候変動に関する政府間パネル）の略称で、地球温暖化問題に関する初めての政府間レベルの検討の場として、世界気象機関（ＷＭＯ）と国連環境計画（ＵＮＥＰ）の共催により、一九八八年一一月に設置された。Climate changeは温暖化だけでなく、気候変動または気候変化の意味であるが、日本ではしばしば当面問題としている温暖化に的を絞った表現である「温暖化」という言葉を訳語に用いている。

ＩＰＣＣには三つのワーキング・グループ（作業部会、略称ＷＧ）がおかれた。ＷＧ1は地球温暖化の科学的評価（Houghton *et al.* 1990）、ＷＧ2は地球温暖化の環境的社会経済的影響（IPCC 1990b）、ＷＧ3は対応戦略を対象とし（IPCC 1990a）、さらにこれとは別に途上国問題を扱う特別委員会が設けられた。ＩＰＣＣの検討事項やこれまでの経緯は、環境庁地球温暖化問題研究会（一九九〇）に、また各部会の報告書の内容については霞ヶ関地球温暖化問題研究会（一九九一）に詳しくまとめられている。日本語はＩＰＣＣの公用語ではないが、最後の文献はＷＭＯとＵＮＥＰの承認の下に、日本国政府でこれに深く関わった外務省、通産省、環境庁、気象庁（いずれも当時）の担当官をメンバーとする同研究会によってまとめられたもので、公的性格の強いものといえる。

地球温暖化はこのＩＰＣＣが設置されて以後にわかにクローズアップされ、テレビ、一般大衆誌などでこれを取り上げないものはないほどである。アメリカでは、Scientific American誌が熱心に関連記事を掲載し（たとえば、Scientific American 1990a）、それらをまとめた*Managing Planet Earth*（Scientific American 1990b）は温暖化問題の基礎を知る読みものとして広く読まれているという。日本でも同様である（たとえば、ＮＨＫ取材班一九九〇; 中村一九九〇）。地球温暖化を最初に指摘したのは誰なのか、私は定かにしえなかったが、一九八〇年代初頭に問題となった地球の異常気象の原因探求から大気中の二酸化炭素ガス増加にともなう温室効果による温暖化が着目されるようになった。ケンブリッジ大学出身のサイエンス・ライター、グリビン夫妻により一九八二年に出版された啓蒙書（Gribbin & Gribbin 1982）は、その先駆けのひとつであった。同書は一九八四年には平沼洋司により日本語に訳され出版（平沼訳一九八四）されたが、「明日を襲う気象激変と温室効果」という副題があるものの、書名の『夏がなくなる日』は、当時の日本が異常気象にのみ関心を寄せ温暖化は問題外であったことを示している。

温室効果ガス（ＧＨＧ）の上昇が陸上自然生態系に及ぼす影響

二酸化炭素（CO_2）を初めとする温室効果ガス（ＧＨＧ）の上昇が陸上自然生態系に及ぼす影響は、(1)気候変化を通しての間接的影響と、(2)温室効果ガス自体の直接的影響、の二つの側面がある。さらに、陸上自然生態系は気候変化の影響を単に受動的に受けるだけでなく、生態系自体が、光合成、呼吸、分解などを通してのガス交換やアルベドや水文へ影響を及ぼし、それが気候変化にフィードバックするというメカニズムを有し、気候変化自体にたいして働きかけをしていることに注意を払う必要がある。そこで温室効果ガスとその陸上自然生態系との関係は少なくとも、①気候変化の陸上自然生態系への影響、②温室効果ガスの陸上自然生態系への影響、③温室効果ガスの増加下にある陸上自然生態系の気候変化への影響（フィードバック効果）という三つの観点からの検討が必要である。このうち①についてはＷＧ２で、②、③の問題はおもにＷＧ１第10セクションで検討されている。

大気中の温室効果ガスの大気中での増加とそれに関連する全球的な気候の変化について、ＷＧ２ではおもにＧＣＭ手法（Global general circulation models、三次元大気大循環モデルともいう大気の物理過程ならびに地表と海洋表層の相互作用についての数値モデル）及び、古気象学的手法（paleoclimate analogue techniques、類似古気候疑似法。過去の地質時代の温暖化が、起こりうる未来の気象条件にたいしても洞察力をもたらすという考えにもとづく）の二つの手法にもとづいている。ＷＧ2は気候変化の影響評価にたいして、既存の気候変動シナリオのどれを適用するか、調整をはかる委員会（メンバーはM. Budyko、Bo Dees、A. Hecht）を設けて検討した。その結果用いるシナリオは、CO_2濃度の倍増は二〇二五―二〇五〇年、海水面、温度上昇、降水量の変化、土壌湿度、地表及び半地中水の流出については、二〇〇〇―二〇五〇年を想定している。

ＩＰＣＣと植生・種の多様性 ―ＷＧ2の報告内容―

ＩＰＣＣでは植生と種の多様性は陸上自然生態系（natural terrestrial ecosystem）という枠のなかで扱われている。これはＷＧ2のPolicymakers' summary（IPPC 1990b）のなかのExecutive summary、「Natural terrestrial ecosystem」にほぼもとづいている（この部分の日本語訳は霞ヶ関地球温暖化問題研究会一九九一を参照）。ＩＰＣＣでいうecosystemは広義のもので、そのなかには種の多様性のような問題が主要な側面として含まれている。

ＷＧ2の陸上自然生態系についての報告書は、おもに大面積に及ぶ影響に焦点を当てており、小規模な特殊な生態系への影響は必要に応じて取り上げている。報告書は陸上自然生態系への影響の検討結果が、(1)序章、(2)バイオーム（生物群集）の分布の境界における変化、(3)気候変化にたいする生態系内での変化、(4)CO_2やその他の温室効果ガス（ＧＨＧ）の直接の影響による植物群落の生産量の変化、(5)社会・経済への影響、(6)将来計画、の六章にまとめられている。なお、温室効果ガスの直接の影響による植物群落の生産量の変化についてはＷＧ1第10セクションに詳しく記述されている。報告書の記述内容を、(1)気候変化による環境要因の変化とその生態系への影響、(2)植生への影響、(3)多様性への影響、(4)予想される生態系の大きな混乱、(5)今後の活動にたいする勧告、(6)陸上自然生態系への影響とフィードバック効果、に再編成し検討結果を紹介する。

(1) 気候変化による環境要因の変化とその生態系への影響

ＧＨＧによる気候変化の結果として、陸上自然生態系が依存する環境要因の変化が、生態系を構成する植物相や動物相に強烈な影響を与えることはまちがいない。こうした要因には、土壌、水収支、さまざまな障害要因、病害虫、病害あるいは生物種間での競争がある。陸上自然生態系である場合は、気候変化よりも、気候変化がもたらす要因変化にたいして敏感に応答すると考えられる。

種間競争：大気中のＧＨＧ増加による気候変化は、陸上自然生態系内部での種間関係などが変わることによって、その構造や構成にも影響が及ぶことはまちがいない。ある種にたいして、気候変化による新しい種間連携が与えられると、多くの種はそこで初めて競争相手となる外来の種と出会うことになる。こうしたことが、たぶんに生物の新しい種の出現を導く可能性があることを否定できないであろう。

水分収支：大気中のＧＨＧの増加により予測される気候変化は全球的な降水パターンを変えると予測される。その結果は直接的には、降水量、（地中に吸収されずに流れる雨水の）流出、土壌水分、積雪、融雪、上発散などの入量が変化し、間接的には海水面や湖水面などの変化を招き、このような水分にかかわる変化は植物相の構成種や植物群落の構造に影響を及ぼし、場合によっては種の絶滅さえ危惧されるなど、陸上自然生態系に深刻な影響を与える。

降雨の季節性も生態系に強い衝撃を与える。乾期が長くなると、あるいは地下水面レベルの上昇は、ともに塩水化を著しく促進する。地中海や半乾燥気候下では、蒸発散は長期間にわたって降水量を上まわるので、森林を切り開いた開拓地では、大量の水を浸出させたり、過度の灌漑を行うことは、地下水面レベルの上昇を引き起こしかねず、また、地表の塩水化が大問題になるかもしれない。このような塩水化は、耐塩性をもつ塩生植物以外のすべての植物を死滅させ、ひいては土壌の浸食を増加させ、水質を低下させる。塩水化はすでに地中海地域や半乾燥地の多くで問題となっており（たとえば、西オーストラリア海岸部、地中海地域、アフリカの亜熱帯）、これは砂漠の拡大の主要な原因のひとつでもある。

海面上昇は、沿海の陸上自然生態系に広範囲かつ深刻な影響をもたらす。二一〇〇年での海水面の予測される最高値である一・六メートルの上昇があった場合、アメリカ合衆国の四八五〇平方キロメートルの沿岸低湿地のうち四五％が失われると算出されている。

その他：気候変化が、干ばつや火事の多発を招く原因となるため、地域的な生物の種の絶滅が起きる可能性がある。干ばつや火事は、外来種を進出させる。オーストラリア産の*Melaleuca quinquenervia*（フトモモ科）は、熱帯圏の竹類に似た非常に強い分散能力をもつ種である。現実に起きた干ばつや火事による外来種の進出のよい例は、この種が、排水や頻発した火事によって乾燥化を招いた自然の沼沢地である、フロリダのエバーグレイズに侵入して、ただ一種からなる密生群落を形成していることである。また、ニューカレドニアでも、自然植生が破壊されたあとに本種が侵入して、単独の密生群落をつくることが報告されている。

(2) 植生への影響

ＧＨＧと気候変動が生物群集に与える影響のひとつは、植物相、動物相の分布を変化させることである。このことは、最終氷期の気候変動で周極地方の生物が温帯や亜熱帯の山地に移住し、現在もそこに遺存的に生き続けていることによっても、容易に想像できる。また、気温の低減率から、三℃の減少が高度で五〇〇～六〇〇メートル、また水平距離で約二五〇キロメートルの移動を引き起こすことが算定されていることから、地球の温度が今後五〇年に一・五～三・五℃上昇すれば、植生の境界は一二〇～三〇〇キロメートルも極側に移動することが予想される。植生の移動は、植生を構成する植物群落、植物相の組成、植物相に依存する動物種に大きな影響を与える。単純に考えても、動物は敏速に変化に対応して移動していくが、植物群落の移動はゆっくりしているので、移住のテンポが合わず、動物にとって生息場所や餌を失うという深刻な問題が生じる。

植物は種によって散布する能力が大きく異なるし、自然界には高い山など、植物の移動を妨げる障害も数多くある。こうした散布能力、ならびに散布にたいする障壁の存在によって、制約される植物の種の移動能力からみて、植物の種の移動能力は年あたり平均一〇～一〇〇メートルであると推定される。したがって、多くの種から構成されている植生は、今後の五〇年間で数百キロメートルも移動しなければならない気候変動に、現状のままのかたちではついていけず、それがために一部では生態系の崩壊がもたらされる可能性がある。

(a)　高緯度地域の植生への影響

植生帯の損失は高緯度で最大となる。高緯度では、極砂漠、ツンドラ、北方森林に分類される土地全体の約二〇パーセントが減少すると予測される。また、予測される気候変化の結果、現在森林として存在する五七〇〇万平方キロメートルのうち約三五％については、その気候が不適当となるかもしれないと予測されている。

北半球では、温度依存性の高い針葉樹や広葉樹種は、現在の分布限界よりも北側にも生存に都合のよい環境が生じるかもしれない。北アメリカの西経一〇〇度と旧ソ連ヨーロッパ地域の東経五〇度に沿うライントランセクトでは、二℃の気温上昇による北方への植生の推定移動距離は、針葉樹林と落葉広葉樹林との境界が五五〇キロメートル、針葉樹林では二二〇キロメートルである。この推定では、針葉樹林はほとんど北極海に達するだろう。しかし、木本種では移動に要する年数が大きく二〇二〇年では現在ツンドラになっている地域には一〇キロメートル以上は北上しえないと考えられる。先駆樹種のカバノキ属でさえ、年一キロメートルしか分布域を広げられないだろうと考えられる。

北方針葉樹林では、植物相の大きな変化は起きえないと考えられる。それは、冬の気候はトウヒ属の優勢に有利に働くためと考えられる。しかし、コナラ属、その他の落葉樹種は個体数が増えるであろう。同時に、耐寒性の強い北方系の樹種は、温暖環境には耐性が低いため、害虫や病害による枯死が増えると考えられるため、カバノキ属のような先駆樹種が増加すると推定される。

旧ソ連アジア地域北部ではエネルギーバランスモデル（Equilibrium model）にもとづいて二℃の気温上昇を仮定すると、北方針葉樹林は、北方へ緯度にして四～五度（距離にして五〇〇～六〇〇キロメートル）動くという推測がなされた。そのとき、ツンドラは、ユーラシア大陸北方から消滅すると予想される。しかし、予測される降水量の変化は種の分布限界の南側への分布を可能にするかもしれない。その結果、北方へ広がった広葉樹林の植物相には沿海性の種が増えると考えられる。

旧ソ連ヨーロッパ地域での森林とステップの推移帯は五〇〇～六〇〇キロメートルも西シベリア南部へと移動し、現在ステップとなっている地域を占拠してしまうと考えられる。西シベリア南部では、この境界の移動距離は二〇〇キロメートルと推定される。なお、エネルギーバランスモデルにもとづく一℃の気温上昇でも類似の現象が予測されるが、移動距離は小さくなる。

(b) 乾燥地域の植生への影響

地中海地域の半乾燥から過度の乾燥を含む乾燥地帯では、GHGが引き金となる気候変化が、植物の生産量を低下させる可能性が高い。温暖化の結果、蒸発散が増えるために、北アフリカと中近東のステップは砂漠化が著しく進むと考えられる。どこまで砂漠になるかは気候変化の程度で変わるが、半乾燥地帯の現在の下限に一致する地域（たとえば、北アフリカのHigh Atlas山脈、Middle Atlas山脈、Tell Atlas山脈の山麓、中近東の大部分の山地で、Taurus、Lebanon、Alaoui、Kurdistan、Zagros、Albozを含む）にまで、砂漠が広がることが可能性として示されている。

(c) 熱帯・温帯多雨林への影響

気候変動が現在の熱帯や温帯の多雨林に及ぼす影響は、はっきりしない。たとえば、タスマニアは、気候シナリオによって示される冬の温度の上昇を考慮すると、気候的には、温帯多雨林はその分布可能な範囲の周縁部に辛うじて残るだけであると推測される。そこでは、温度上昇が森林の構成に直接的な影響を及ぼすとは考えにくいが、耐凍性の低い種の森林への侵入を容易にするかもしれない。

(3)　多様性への影響

陸上自然生態系が生き残るために最も重要なことは、生物学的な多様性が維持されることであるのは論を待たない。気候変化のような外圧に適応するためには、自然選択を可能にする遺伝的変異のプール、及び新たな遺伝的組み合わせが引き続き維持できるような繁殖体系、の両方の存在とその能力が重要であり、その低下は生物学的多様性の減少につながりかねない。予測される気候変化、特に温暖化では、生物の種の絶滅が起こり、全球的な生物の多様性は減少すると予想される。

気候変化の影響を特に受けやすい種には次のようなものがある。すなわち、①実際の生育場所が、本来その種が示す生態的な最適分布域の周縁（あるいはその域外）にある種、②地理的に分布が極限されている種、③遺存的で生存力の低下した種、④特殊な生育地にのみ適応した特殊化した種、⑤わずかしか散布体をつくらない種、⑥寿命が長いか、からだが大きいか、あるいは繁殖が非常に遅い種、⑦一年生の草本種（ある年の繁殖の失敗は一瞬にして種の絶滅を招きかねない）、である。また、気候変化の影響を特に受けやすい群落や群集として山岳や高山、極地、島嶼や沿海の群落、群集があげられる。

さらに、天然記念物のような文化財や特定の生物種などの保護地に点在する遺存的な群落や群集では、それを構成する種が、気候変化にたいして対処できる空間が限られているため、生き残ることはできず、特に死滅の危険性がきわめて高いことが示唆される。

(4) 予想される生態系の大きな混乱

気候変化によって、害虫などの発生や火事による生態系の混乱が増加すると予想される。気候変化の結果、多くの場合、虫害や病害が生育範囲を拡大すると想定される。害虫の場合、その群集密度が高くなる。害虫や病菌は健全状態の生態系を危険にさらすことになるかもしれない。それゆえ、害虫や病菌の発生は、将来の植生や動物の分布を予測するうえで重要な意味を担っている。害虫の発生は、ストレスの増加、あるいは気候変化に由来するストレスを引き起こすさまざまな圧迫要因の組み合わせによって生じる。また、気候変化が現存の生態系に及ぼす影響の結果からもそれらの増加が予測されうる。

気候変化の結果引き起こされた生理学的な欠乏が、害虫や病菌の増加をもたらすことを予測される、よい例は、葉枯れを起こさせる昆虫に屈して死んだニュージーランドの *Nothofagus truncata*（英名hard beechブナ科ナンキョクブナ属）に関するものである。予測される大気温度の三℃上昇では、呼吸によって年間三〇%もの炭素量の損失を増大させる。この種では、このような損失が、茎や枝の生長へ配分される年間の炭素量を上まわってしまう。組織を現有のものから新しいものへ置き換えるために必要な炭素の保有が不十分だと、木は弱くなってしまう。そのため、病菌や害虫の影響をいっそう受けやすくなるのである。

乾燥状態が卓越している地域では、可燃物の増加が推測される結果として、山火事の頻発とはげしさが予測される。さらに、明瞭な乾期と雨期をもつ地域（熱帯の一部とか、地中海性気候の卓越する全域）では、雨期の降水量が変わる。これが雨期の植物の生長を促進し、乾期に燃えやすい枯れ枝や枯れ葉の量の増加が起こる可能性が高い。降水量の変化にともなうこうした森林内の可燃物の量的変化は、乾期の火事のはげしさを増長するであろう。夏の雨期の気候のいっそうの湿潤化は、メキシコの亜熱帯と温帯の森林地帯の大部分での植物の生産量を高めるため、可燃物の増加が見込まれており、そこでは火事がはげしくなることが示唆されている。山火事は、このような場所に移住でき、繁殖できる外来種の侵入、あるいは新しい種の出現を生じる確率を高めるにちがいない。

気候変化の結果、全球的な生物学的な多様性は減少する。しかし、長期的にみれば、地方的な生物学的な多様性の高まりはあるかもしれない。多様性は、種の交互作用と移住による適応の変化との間のバランスに依存しているので、その影響を受ける。

温暖化は、草食動物あるいは生態系のなかで機能的に草食動物としての役割を担う動物が死滅することによって、一連の動物種の絶滅が起き始めるかもしれない。たとえば、今後数百年で、ナタールのHluhluwa Game保護地のゾウの消滅、数種のアンテロープ（カモシカ類）が一掃されると予想される。また、草原の草食動物であるヌー（wildebeest）やミズカモシカ（water buck）の個体数は著しく減少すると考えられている。

(5)　今後の活動にたいする勧告

全球的な温暖化が地球や種の個々について及ぼす影響は、単なる憶測に過ぎないかもしれないが、はっきりとそうなることが結論づけられるものもある。陸上自然生態系は、その構造や構成が変化するだろうし、存在する場所が移動するかもしれない。その場合は、適応や移住ができる種だけが生き残ることができるだろう。適応や移住の能力が限られた環境変化に敏感な種は、徐々に減っていくか消滅するであろう。

気候変化の環境への影響が陸上自然生態系に及ぼす影響と、それに関連した社会経済への影響の考察は始められたばかりで未熟である。まだ一部の地域と分野での少数の研究例があるに過ぎない。また、従来の研究は、総合的な展望から問題をとらえるのではなく、狭い見方でしか問題をとらえていない。それに加えて、これまでの研究は現在の社会、経済、環境体系への気候変化の効果を考察しているだけで、社会・経済活動の調整や生態系の推移期間の社会・経済に及ぼす影響やその成り行きについては考察されていない。こうした状況を踏まえて、以下の諸問題についての研究の推移を強調することができる。それは、①関連のある種や生態系の調査・研究を集めること、②包括的なモニタリングのプログラムを生み出し、整備すること、③気候変化にたいして敏感な種や生態系についての情報を明らかにすること、④地域的な国家的あるいは国際的研究や効果的なプログラムを生み出し、援助すること、⑤さまざまな資源の管理者や公衆にたいして、陸上自然生態系にたいする気候変化の潜在的影響についての教育を行うこと、である。

(6) 陸上自然生態系へのフィードバック効果

GHGの直接の影響による植物群落の生産量の変化についてはWG1第10セクションに記述されている。ここでは詳細は略すが、二酸化炭素濃度と陸上生態系については及川(一九八九)、内嶋(一九九〇)が参考となる。

地球上のすべての生物は、光合成を行う植物が生産する炭水化物によって生存が支えられている。大気中のGHGの増加の生態系へのさまざまな影響のうち、最も重要なのは気候変化と光合成を中心とする炭素循環への影響であろう。単純に考えれば、二酸化炭素濃度の増加は、光合成作用を増大(CO_2の肥料効果)させるだけでなく、温度上昇は有機物の分解プロセスを促進するため栄養分が増加し、このことでも光合成活動は高まり、短期的には植物の純生産の増加がもたらされると考えられる。

生物の呼吸作用は、温度上昇にたいして光合成作用により敏感に反応する。微生物による呼吸作用が増大すれば二酸化炭素の排出量も増加する。植物に固定される二酸化炭素と生態系のすべての構成要素(特に土壌中の微生物)の呼吸作用によって放出される二酸化炭素との地球全体での収支(生態系の純生産)はほとんど一定に保たれている。これまでツンドラや湿地のような高緯度地域の生態系は、土壌や泥炭の形成を通じて大気中からの炭素の吸収源となってきた。しかし、温度が上昇することによってツンドラが炭素の吸収源として貢献してきた度合いも変わる。湿地では土壌微生物の呼吸により二酸化炭素の代わりにメタンが生産される。メタンの増加は陸上生態系が蓄える炭素の純減をもたらし、気候システムに正のフィードバックとなる。

しかし一〇〇年以上の長期間でみると、森林では更新が途絶え生態系自体の崩壊が懸念される。また、高い光合成活性は、植物の水と窒素の消費を高め、このことは、特に乾燥地に生きる植物にとっては、生死に関わる重大な問題になる。このように産業化以前に比べた大気中の二酸化炭素濃度の増加は、短期的には植物の生長速度を速めることになるかもしれないが、人間活動による大気の科学的組成の変化（たとえば、オゾン）や生態系自体のフィードバックは、時間が経つにつれ、この正の効果そのものを減じてしまうだろう。

これまでのところ、生態系の純生産が増えているという明白な証拠はえられていない。もしそのような証拠がえられたとしても、純生産量を大気汚染物質による肥沃化などの土地利用の影響と気候変動に配分することはほとんど不可能であろう。気候は、さまざまなかたちで生態系の一連のプロセスの進み具合をコントロールしており、大気中の二酸化炭素も光合成や呼吸の進み具合を調整しているといえよう。

追記

温室効果ガスの増加による大規模かつ急速な変化は、明らかに生態系の混乱の原因になる。生物の種のあるものは、気候変化に対応してその分布域を拡大しうるかもしれないが、他の種は生活力を失い、ある場合には消滅さえしてしまうだろうし、これは多くの植物や動物を絶滅へと追いやるにちがいない。生態的ストレスは温度変化だけによるのではない。温度変化は地球の降水パターンにも影響する。多くの種では降水量は温度よりも生存の重要な決定要因となっている。

これまでに引用した以外に重要な基礎的資料としてBundyko（1984）、Moulton & Richards（1990）、USEPA

(1990) をここにあげておく。このような資料があるとはいえ、現在の知見だけからは、気候変化が陸上自然生態系に及ぼす影響のあらゆる側面について、包括的かつ詳細な分析は不可能である。しかし、過去において気候や大気中の二酸化炭素は、古生物学的証拠が示すように、生物の種の進化に働きかけ、生態系の構造そのものをもコントロールしたのは確かである。IPCCの陸上自然生態系の報告を読むと、限られた範囲で信頼できる影響を引き出すことは不可能ではないという信念にもとづいてまとめられたという印象をもつ。このような信念は自然保護の大切さへの認識の大きさにもよるものだろう(岡島一九九〇)。実際、短期間で膨大な地域的に異なるデータを消化して、報告書を作成するのは離れ業に近かったであろう。かなりの偏りと緻密さと粗雑さが入り混ざっているのは否めない。

ここでIPPCの経過を振り返ってみよう。WG2の第一回会合は一九八九年二月モスクワで開かれた。ここで方針が決まり、第二回は同年一〇月から一一月にジュネーブで、三回は一九九〇年五月再びモスクワで開かれた。WG2の議長は旧ソ連国家水理気象委員会議長のY. A. Israelで、日本とオーストラリアが副議長を務めた。WG2には七つのアド・ホック・グループが置かれ、陸上自然生態系もそのひとつで、カナダのR. B. Streetと旧ソ連のS. M. Semenovが共同議長を務めた。

一九八九年には、R. L. Peters、M. J. Bardecki、H. Boyd、さらにアメリカのEPAやカナダのCanadian Parks Serviceの協力で、関連文献を網羅したPreliminary Input from Contributing Sub-component Authorsがつくられ、これが後に報告書の素案となった。一九九〇年六月にWG2の報告書案として、Chapter 3 Natural terrestrial ecosystemが作成された。これにはCo-chairmen R. B. StreetとS. M. Semenov、Lead authorsとして、W. Westman(アメリカ)(Unmanaged forests and vegetation)、R. PetersとA. Janetos(アメリカ)(Biological diversity and endangered species)、H. BoydとJ. Pagnan(カナダ)(Wildlife)、M. Bardecki(カナダ)(Wetland)、R. WeinとN. Lopoukhine(カナダ)

(Heritage sites and Reserves)。さらに、Expert contributorsとして、R. S. DeGroot（オランダ）、L. Menchaca（メキシコ）、J. J. Owonubi（ナイジェリア）、D. C. MacIver（カナダ）、B. F. Findlay（カナダ）、B. Frenzel（西ドイツ）、P. R. Jutro（アメリカ）、A. A. Velitchko（旧ソ連）、A. M. Solomon（NASA）、R. Holesgrove（オーストラリア）、T. V. Callaghan（イギリス）、C. Griffiths（オーストラリア）、J. I. Holten（ノルウェー）、C. Mosley（ニュージーランド）、A. Scott（イギリス）、L. Mortsch（カナダ）、O. J. Olaniran（ナイジェリア）の名前が明記されている。これをみて判るように、日本人研究者はこの時期まで一人も表立って協力していない。多数の文献が網羅されているが、日本人による研究や日本に関係したものはほとんどない。

温暖化が臨界点を超えれば現在の植生分布や種の分布に影響を及ぼすことは誰もが認める。しかし、どのように影響するのか、日本の植生や種の分布について具体的な検討はほとんどなされていない（大場一九九一a、b）。内嶋・清野（一九九〇）は数少ないひとつだが、現在の植生がそのままのかたちであることを前提としている。杉田（一九九〇）の研究は、本州の亜高山帯のオオシラビソ林の発達史については梶（一九八二）が推察したような気候変動にともなう単なる植生の上下動だけでは説明できないことを証ししている。南木（一九八七）は最終氷期から現在にいたる植生変遷の過程で種そのものが変わっていることも示している。このことは気候変動にたいして、相観にもとづくマクロのレベルの植生では移動だけでとらえることができるかもしれないが、群集レベルでみた場合は、種の組成や種自体の変化をも考察することが必要であることを示唆している。この点はすでにＩＰＣＣ報告でも指摘されている。

相観では同じ類型に属する群集の数は、亜寒帯から冷温帯、暖温帯、亜熱帯の順に多くなる。おもにカナダ、アメリカ、旧ソ連の植生にもとづく推測は、より熱帯的な日本やアジアの植生にはそのままでは当てはまらないであろう。日本では宮脇らにより植生の群集レベルでの区分と分布が集大成されている。また、環境庁（当時）による五万分の一スケールの現存植生調査も発表されている。今後は、これらを参照しつつ群集の実体や温度その他の環境因子との相関などの解析的研究の推進をはかる必要がある。温暖化の植生にたいする影響もこのような取り組みのなかで検討されることが望まれる。

なお、ＩＰＣＣ報告書は世界気候会議閣僚宣言に骨子が盛り込まれ（Anonymous 1990）、現在新たな段階へといたっている。

【引用文献】

Anonymous, 1990 Ministerial Declaration of the Second World Climate Conference. 11pp.

Bundyko, M. I. 1984（内嶋善兵衛訳一九八七）『生物圏の進化―地球上の生物と気候の歴史と未来』農水省農林水産技術会議事務局研究開発課

Eckholm, E. P. 1982（石　弘之・水野憲一訳一九八四）『地球レポート緑と人間の危機』朝日選書、東京

Gribbin, J. & Gribbin, M. 1982（平沼洋司訳一九八四）『夏がなくなる日―明日を襲う気象激変と「温室効果」』光文社（カッパ・サイエンス）、東京

Houghton, J. T., Jenkins, G. J. & Ephraums, J. J. 1990 *Climate Change*. The IPCC Scientific Assessment. Report prepared for IPCC by Working Group 1. Cambridge University Press, Cambridge

IPCC（Intergovernmental Panel on Climate Change） 1990a *Policymekers' Summary of the Formulation of Response Strategies*. Report from Working Group III to IPCC. WMO and UNEP.

IPCC（Intergovernmental Panel on Climate Change） 1990b *Polycymakers' Summary of the Potential Impacts of Climate Change*. Report from Working Group II to IPCC. WMO and UNEP.

IPCC（Intergovernmental Panel on Climate Change） 1990c *IPCC First Assessment Report. Overview*. WMO and UNEP.

石弘之（一九八八）『地球環境報告』岩波新書、東京

梶幹男（一九八二）「亜高山性針葉樹林の生態地理的研究―オオシラビソの分布パターンと温暖期気候の影響―」『東京大学演習林報告』七二号三一―一二〇頁

環境庁オゾン層保護検討会編（一九八九）『オゾン層を守る』ＮＨＫブックス、東京

環境庁地球温暖化問題に関する検討会（一九八九）『地球温暖化問題に関する検討会分科会第一回中間報告』、環境庁

環境庁地球温暖化問題研究会編（一九九〇）『地球温暖化を防ぐ』ＮＨＫブックス、東京

霞ヶ関地球温暖化問題研究会編・訳（一九九一）『ＩＰＣＣ地球温暖化レポート』中央法規、東京

Moulton, R. J. & K. R. Richards 1990 *Costs of Sequestering Carbon through Tree Planting and Forest Management in the United States.* U. S. Department of Agriculture Forest Service. General Technical Report WO-58.

南木睦彦（一九八七）「最終氷期の植物化石とその進化上の意義」『遺伝』四一巻一一号三〇―三五頁

中村政雄（一九九〇）「地球温暖化は告発する」『This is 読売』六月号二五五―二六二頁

ＮＨＫ取材班（一九九〇）『地球は救えるか　2温暖化防止へのシナリオ』日本放送協会、東京

大場秀章（一九九一a）「陸上生態系への影響」環境庁地球温暖化問題研究会編『地球温暖化を防ぐ』ＮＨＫブックス、東京、九〇―九八頁

大場秀章（一九九一b）「陸上生態系への影響」『ＩＰＣＣ第二作業部会（影響評価作業部会）報告の要点―重要事項並びに日本及びアジアにおける検討課題』計量計画研究所、東京、六二―七六頁

及川武久（一九八九）「二酸化炭素と陸上生態系」『現代化学』一一月号六一―六七頁

岡島成行（一九九〇）『アメリカの環境保護運動』岩波新書、東京

Scientific American (ed.). 1990a *Energy for Planet Earth*. Scientific American Special Issue.

Scientific American (ed.). 1990b *Managjng Planet Earth* : *Reading from Scientific American Magazine*, W. H. Freeman nad Co., New York

杉田久志（一九九〇）「後氷期のオオシラビソ林の発達史―分布特性にもとづいて―」『植生史研究』六号三一―三七頁

内嶋善兵衛（一九九〇）『大規模な人為的な気候変化のわが国の自然生態系・農業と社会システムへの影響の評価に関する研究』文部省科学研究費総合研究A研究成果（一九八九年度）

内嶋善兵衛・清野豁（一九九〇）「日本の植生分布への二酸化炭素濃度の上昇による気候温暖化の影響」『大規模な人為的な気候変化のわが国の自然生態系・農業と社会システムへの影響に関する研究』文部省科学研究費総合研究A研究成果（一九八九年度）四九―七四頁

USEPA 1990 *Proceedings of the Workshop on Greenhouse Gas Emissions from Agricultural Systems.* IPCC-RSWG (Response Strategies Work Group), Subgroup on Agriculture, Forestry, and Other Human Activities. vol.1 : Summary Report; vol.2 : Appendix. U. S. Dept. of Agriculture and U. S. Environment Protection Agency (EPA).

Wilosn, E. O. (ed.) 1988 *Biodiversity*, National Academy Press, Wasington, D. C.

森のアジアから

森との共存を模索する

探検家、向後元彦氏から、一万年前はアラビア半島にもマングローブが茂っていた、と聞いた。彼はいま、アラビアの砂漠に、そのマングローブになる木を植えている。かつて、オマーンやイエメンが、木材の輸出地だったことが、信じられるだろうか。

今日、環境破壊の様相が、毎日のように報道されている。熱帯の、ジャングルが一面切り開かれた無惨な光景に、心を痛める読者も多いだろう。

似たような写真が数十年前にも登場しなかっただろうか。しかし、それは環境破壊ではなく、開発を讃える報道としてであった。伐採で木材を売り払った後には、キャッサバなどの換金作物を植える。これで村人の暮らしは楽になる。わずか数十年前には、同じ伐採がよいことずくめであったのだ。

同じ行為が評価によってかくもちがう。このちがいを生みだしたのが、環境、特にエコシステム（生態系）という考え方の導入である。

この「新しい」考え方は、欧米先進国で市民権をえた。そして、地球全体をひとつのエコシステムとしてとらえる考えが次第に定着していった。

エコシステムの保全を怠れば、人類そのものの生存が脅かされる、と現代の科学は警鐘を発する。それはまちがいなくそうなるであろう。地球人として、誰もがどこでもエコシステムを破壊するような行為を慎まねばならない。

どこの森や川、または山でも、そこではすべての生き物が相互に関連して、有限の資源を分かち合い、生きている。これが、エコシステムという考え方の、基本にある原理だ。人類ももちろんエコシステムの一部に組み入れられている。

トラやオオカミのような肉食動物が増え過ぎると、餌になる草食動物が減り過ぎ共倒れになる。一方、肉食動物が減り過ぎると、草食動物が増えるため、草が減り地肌が露出し、草原は荒廃してしまう。肉食動物の生息数が草原の状態まで影響を及ぼしている。自然とそれを構成するすべてのものをひとつのシステムとして考える理由がここにある。

いまはエコシステムの重要さを訴える欧米先進国や日本が、これまでに行った開発が、実はとんでもないエコシステム破壊の行為だったことが明らかである。それにたいして、発展途上国の人々の方がある意味ではエコシステムの考え方に即して暮らしていた。彼らが、先進国の急激な考え方の転換にとまどうのも無理はない。保護か開発かを巡る対立にも混乱がある。

話は変わるが、春秋時代には中国の中原は大森林だった、と推定する学者がいる。砂漠のアラビア半島が、かつて木材の供給地だったそうだから、信憑性は高い。

六年前に訪ねた雲南省昆明から麗江にいたる山野の光景を思い出す。文化大革命後の急速な開放政策に人々の顔は輝いていたが、私の印象に残ったのは、はてしなく続く若い雲南松《ユンナンマツ》の林であった。

松林も森ではあるが、この松林はもとあった森林の伐採によって生じたものだ。あのジャングルの、一木一草残らない伐採が、ここでも繰り広げられたのにちがいない。

日本や中国を初めアジア人の多くは、森林そのものや伐採に無頓着である。私は、伐ってもすぐ木が生える、恵まれた環境が、多くの人々を無頓着にさせる、と思っている。

この無頓着さが、木や森が神の宿りさえする畏敬の念を覚える対象から後進性や経済的立ち後れを象徴するものにと、木のもつイメージを簡単にシフトさせてしまうのではないだろうか。

だがその一方で、文革時代でさえ、煉瓦焼きの薪のために、森林を失うことを愚かと悟った人も実際には多かった、と私は思う。

精神の憩う場でもある寺社を木で囲むアジア人の心のどこかに、自然への回帰の気持ちがまだ生き続けている。開発による国土の荒廃が著しい西日本で、かつてその地を被った自然と文化の基盤ともいえる照葉樹林をかろうじて残しているのは、寺社の境内である。

アジアの宗教にエコシステム観があるかどうか私には判らない。いまはそれはどうでもよい大袈裟ないい方を許してもらえば、まだわずかだが森林の残るアジアで、自然と共存していく生き方を模索すること、ここにアジアの未来がかかっていると思われてならない。

保護か開発かは、利害を超え、共存の哲学、エコシステムの視点から検討されるべきなのだ。ゆっくりと、しかし急がねばならない。

照葉樹林に生きる

先に述べたエコシステムの思考は、人類と自然のかかわり方を一転させた。なぜならこれは究極のところ、森林を破壊することから始めるいわゆる近代文明の終焉を意味するからだ。

人類のなかには、破壊ではなく自然との共存を選択した集団があった。自然と一体となって暮らすことを選択した人々である。照葉樹林の民もそうであった。

東南アジアやそれに連なるヒマラヤや中国南西部の山地には、照葉樹林と呼ぶ特殊な森林が発達していた。日本の西南部もこの照葉樹林に被われた地域であった。シイノキ、カシノキ、モチノキなど、常緑で油をたらしたような光沢のある葉を茂らせた木々を照葉樹といい、その照葉樹がつくる森を照葉樹林という。

中国南西部や東南アジアの山地の照葉樹林では、今日でも山間で採集生活や焼畑をして暮らす山地民をみることができる。森林で木の実を採取し、焼畑を行い作物を生産している。栽培されるイネも陸稲である。マレーシアの未開民族アスリ族は、つい最近まで森林での採取を主とした生活を営んでいた。

照葉樹林に定住した人類は、初め森林と一体となった暮らしを展開していたが、イネの栽培が彼らの暮らし方に大きな変化を与えた。採取や焼畑は、稲作以前のこの地域に住む人々の生活を伝えるものと考えられる。

ヒマラヤは世界最大の大山脈だが、かつてヒマラヤの山麓は鬱蒼とした照葉樹林に被われていた。私が初めてヒマラヤ入りした一九七二年でも、そうした森林の片鱗がところどころに残っていた。いまはそれすらない。ヒマラヤの中心に位置するネパール東部ではその麓に一面水田が広がる。頂に向かって視界の端まで、段々畑が続く。耕して天にいたるとはよくいったものだ。

照葉樹林を失わせしめた理由を問うても意味はない。その過程を要約すれば、破壊にもとづく文明化の推進→それによる人口増加→増えた人口を養うための農耕地拡大→そのための森林伐採→無理な伐採による地崩れと農地崩壊→新たな農地のための伐採、とどこにでもある図式が描ける。

ネパールでは、国連や先進山岳国を自負するスイスの援助のもとに、照葉樹林とともに育った人々を森林破壊を文明化とする価値観の世界に移入し続けている。森林破壊を文明化とする価値観でみれば、照葉樹林域の文明は未開そのものである。だから、文明化を支援することが必要であったのだ。自らの辿《たど》った文明化をモデルに、援助の手が差し伸べられ、急速に破壊が進行したといえるだろう。

話は変わるが、西日本でも照葉樹林を伐採して利用した。が、すべてを田畑としたのではない。自然林の伐採で生じる森林を二次林というが、常緑の照葉樹林の伐採でできる二次林は落葉樹林であった。

これをさらに伐採し、切り株から萌芽させた萌芽林を生活に積極的に活用した。武蔵野の雑木林はその典型例である。林の落葉（堆肥）、枯れ枝（燃料）、脇枝、老木（薪）、新葉、新芽、果実、種子、キノコ（食用）、材（建築）などを資源として利用し、生活区域の一部をなす田畑を主たる生産の場とする生活様式を確立したのである。

また、落葉や枯れ枝取りは、森林の富栄養化を防ぎ、遷移を停滞させるため、その森林を長い時間にわたって同一の形態を保ったまま維持することができ、森林の安定利用が可能であったのである。

しかし、日本でのこうした農業は石油・プロパンの普及による燃料革命、化学肥料の普及などで激変し、森林の活用は忘れ去られたのである。それとともに全国の山、特に里山が荒れだした。そのとき、日本人が自然とみていた森林が、実は半自然の人手により管理された自然であることが判明したのである。

しかし、日本では、人為の所作を自然とみまがうほどに、いたるところで森の国にふさわしい見事な自然化がなされてきたのは紛れもない事実である。こうした農業の形態は江戸時代吉宗の治世に確立する。鎖国下で、日本の自然をとらえたうえで、考え築かれた型式でありシステムであった。この大きく森地を組み入れた日本独自の農業のあり方は、森林を人類と対立するものととらえ、森林破壊をも辞さない農業のあり方とは大きく異なるものだったことには、大いに注目すべきである。

話を現在に戻そう。私はエコシステムを吹聴する側が、破壊による文明化をただ否定するだけなら、それは安易な指摘にすぎると考えている。エコシステムの哲学に沿うこれまでの暮らしの評価と新たな体系化を模索することを忘れてはなるまい。特にアジアの照葉樹林地帯では、いま森林の維持再生を前提とした新たな生活設計化が求められている。この新たな生活設計には、機械的な生産性の向上だけでなく、地域の自然史や天文や水文を含めた自然地理上の特性なども総合的に考察され組み立てられた吉宗治世の日本の農業と社会のあり方が参考になる、と私は考えている。

ローカルな思考と価値の転換

地球に緑をというスローガンがあった。緑の防衛という言葉も聞く。ここでいう緑とは植物さらには豊かな自然そのものをいっているのだろう。このスローガンや言葉のもとに進められている運動には重要な視点が欠けている、という気がする。

アジアの森では、たくさんの植物の種が森林を形づくっており、そこに多数の動物が生息し、落葉や遺骸を分解する土壌動物や菌類も豊富だ。たくさんの種があることを、種多様性が高い、というが、アジアの森の特徴のひとつはこの種多様性が高いことにある。

西日本の照葉樹林を歩けば、林内にはツバキ、ヤツデ、カクレミノ、アオキなどの低木が所狭しと生えていることだろう。さらに林床に目を移せば、カナワラビやベニシダ、ヤブコウジ、ヤブラン、ハナミョウガなど、たくさんの種の草に被われ、土肌が目に触れることなどないようである。

この照葉樹林のなかに生えていたツバキ、サザンカ、アオキなどは、花木として世界中で栽培される重要な園芸植物になっている。種多様性の高い森林はそれだけ豊富な潜在的資源を温存しているともいえるのである。緑、すなわち植物なら何でもよいのではないのだ。種多様性を発達させてきたアジアの森林では、この高い種多様性を失っては、いくら緑でもその森は、この地域本来の森とは異質なものであり、イミテーションに過ぎない。

話題を変えよう。

グローバルに物事を思考することの大切さがいろいろと指摘されて久しい。それはよいのだが、私はその一方でローカルなものを大切にする思考を忘れていることの危険さを感じる。

エコシステムの認識で最も重要な点が実はここにある。エコシステムの原理自体はグローバルであっても、環境と地史は本質的に地域的なものであり、エコシステムの認識や保全にはローカルなものを大切にする思考が欠かせない。

誰でも南極を緑化しようとは考えないだろう。それは、人類の活動で消失したものでもないし、緑化自体が無理だと考えるからだ。南極は木が育つには寒過ぎるし、氷の上では根は張れない、と理知的な思考ができる。こうした思考が必要なのは南極に限ったわけではないのは自明のことであろう。

かつて人々がよりローカルに暮らしていた時代は、グローバルにものをみ、考えることはむずかしかった。だから、世界全体を、あるいは宇宙を統一的にとらえ、体系化することが哲学のそして科学の役割たりえた。エコシステム発見はその成果といってよい。だがエコシステムの考えを定着させるためには、何にもましてローカルな思考の大切さの再認識が不可欠である、と私は考えている。

江戸時代の日本の農業書は、きわめてローカルである。グローバルな視点からは、たいした価値が与えられないかもしれない。しかし、今日でもかろうじて日本を森の国たらしめている源をなしているのは、これらの著作を著し、かつその実践に努めた先人の功績なのである。地域の特色を知ることは環境条件を知ることに他ならない。特色を活かした農業とは環境に適した農業を構築することである。これに成功したのが吉宗治世から幕末にかけての日本での農業である。

多様性の高いエコシステムが今日においてもまがりなりにも保持されている自然環境に恵まれた地域では、自然はまったくの自由財であってかつ稀少性も低く、また再現性の高いものと思われがちである。こうした意識は自然があたかも空気のような存在であり、ことさらの重要性が認知されることがないことによっていると考えられるが、いま必要とされるのは、自然はそれを構築する生物と環境を含め、自由財ではなく、稀少性の高い価値ある存在であるという、これまでとはまったく逆の認識なのである。また自然はいったん破壊してしまうと完全には再現されえないことを知ることも重要である。

いくら私的所有権が認められても、核その他の兵器の使用は個人の自由では済まされない。エコシステムの保全にはそれと同様に私的所有や国家の枠を超えた共有されるべきコンセンサスも必要としている。

生物として、われわれ人類とは親戚であり、等価なあらゆる生物が「共存する地球の庭」を失ってはならない。森のアジアは二十一世紀の人類のあり方を模索するうえで、重要な貢献をはたしえるだろう。その鍵となるのは、いうまでもなく、グローバルに認められるエコシステムの保全である。経済学の面からも、エコシステムの考えを人類の新しい規範とするという提案は、森のアジアにふさわしい。ここで述べたように、森という、恵まれたエコシステムを保ち続けるには、人間そのものの生存の規範を変革することなく根本的対策は生まれない。アジア自体の存亡も良質な状態でのエコシステムの存続に基礎をおく新しい価値観の創出とその実践にかかっている。

砂漠のなかの森林

多様性を保持する森林

広大な砂漠が広がるアラビア半島にも森林がある。紅海に沿って連なる山地には、厳しい気候条件のもとながらもビャクシンの森がある。この森林は、氷河時代にはアラビア半島に広く分布していたであろう生物種たちの避難場の役割をはたしているが、近年、気候や人間活動の変化によって立ち枯れが目立つようになっている。

アラビア半島はルブアルハリ砂漠やネブト砂漠の存在から灼熱・乾燥の砂漠ばかりの半島と思われがちである。実際、半島の大半は砂漠に被われるが、その地形は決して平坦ではなく、特に西側の紅海に沿って、一部で標高二〇〇〇メートルを超える山地が連なっている（最高峰はその最南端にも近いイエメン山地のハダール山Jebal Hadurの標高三七六〇メートル）。その紅海沿いの山地を中心に針葉樹のビャクシン属の樹種を主とした針葉樹林が広がる。そればかりかオアシスやワジ（伏流河川）に沿って、多様なアカシア種を中核とした雨緑林及びオリーブが優占する半常緑林を見出すことができる。

森林は草原よりも水・温度の両資源で恵まれた環境のもとにしか成立できない。また森林で暮らす生物のほとんどは草原で暮らすことはできない。そのため広範囲で森林がいったん失われてしまうと、森林を生活の場としていた多様な生物の種は絶滅を余儀なくされる。人間の手による地球規模の森林破壊がもたらす生物多様性の消失が地球共生を目標とする二十一世紀に向けた大問題であることは周知のとおりである。

地球上で最も多様な生物共同体である森林は、種の多様性の保全の点で特に重要な植生ということができる。実際、アラビア半島でも、九種の固有鳥、分布の限定された他の多数の動植物種（まだ未調査の生物群が多い）、多くの東アフリカとの共通種などがここで述べるビャクシン林を中心に生息しており、こうした種の保全のうえでビャクシン林の維持は欠かせない。森林の消失は地球自体の変動によっても起きる。今日の地球の生物相は変動する地球史を色濃く反映しているが、その骨格は最終氷期とそれに続くヒプシサーマル期（Climatic Optimum）を経て形成されたものである。平坦地に比べて比較的冷涼なアラビア半島の高地は氷河期にアラビア半島に広く分布していた生物種の気候的な避難場（refuge）の役割をはたしている。その遺存的な生物種の解析から、アフリカとアジアとの生物相の相互交流のなかでアラビア半島が回廊的な役割をはたしていたかどうかを明らかにすることができる。その意味でアラビア半島は地球規模での生物相の形成史を解く鍵となる地域といえる。

アラビア半島のビャクシン林に、湾岸戦争以降、急速に立ち枯れや枝枯れ現象が目立つようになった。すでにかなりの地域で広い範囲にビャクシン林の枯死がみられ、それらの地域では回復の兆しもみられぬままである。その原因についていろいろな見方が提出されているが、いずれも仮説の域を出ていない。そこに今ドイツ、イギリス、日本などの研究者の視線が向けられている。サウジアラビア政府の野生生物保護委員会（National Commission for Wildlife Conservation and Development、通称ＮＣＷＣＤ）の要請で国際協力事業団がビャクシン林の保全を目的とした調査と基礎研究のためのプロジェクトを一九九九年度から開始した。[1] 本稿では日本ではほとんど知られていない砂漠のなかのビャクシン林について、その生物学的特徴や乾燥地の森林のもつ環境上の意義を紹介したい。

アラビア半島の自然地理

アラビア半島はかつてゴンドワナ大陸の一部であり、その北方にはテーチス海が横たわっていた。半島の大部分がゴンドワナ大陸の一部で、西側のおよそ半分は先カンブリア時代の花崗岩、片麻岩からなる。[2] 新生代第三紀に紅海の部分が陥没し、アラビア半島がアフリカ大陸から分離した際、半島の地塊が緩やかに傾斜し、西側の高度が増し、さらに紅海の縁に沿っていくつもの断層を生じ急傾斜地が形成され、その一部では溶岩の噴出もあった。一方、半島の東側は沈降期に堆積した古生代以降の地層からなる。紅海は東アフリカのリフトバレーに続く大陸の裂け目で、現在でも拡大しつつあり、地溝はさらに北に伸び死海へと続く。シナイ半島の山地、レバノン山地、東レバノン（アンチレバノン）山脈も地溝の縁の崖である。アラビア半島では紅海沿いの山地はより紅海に接したティハマ（Tihamah）山地と、その内陸側に位置し標高も一部で三〇〇〇メートルを超えるヒジャーズ（Hijaz）山地、アシール（Asir）山地、イエメン（Yemen）山地が北から南へと連なる。しかし、アラビア半島の東南部オマーンにあるアフダル山脈（Jabal al Akhdar）は白亜紀のオフィオライトがみられることから大陸の衝突によって乗り上げた海洋プレートの一部と考えられ、アルプス―ヒマラヤ変動帯に属する。

アラビア半島の複雑な地形は基本的には構造的なものであるが、深い谷や崖の発達は雨による浸食によるものであり、かつてこの半島にも降水に恵まれた時期があったことを示している。

現在のアラビア半島の気候は大きくは四つの気団、すなわち、半島の東側からの大陸性寒帯気団、西北側からの海洋性寒帯気団、西側からの大陸性熱帯気団、南側からのモンスーン気団に大きく左右される。なかでも大陸性熱帯気団の影

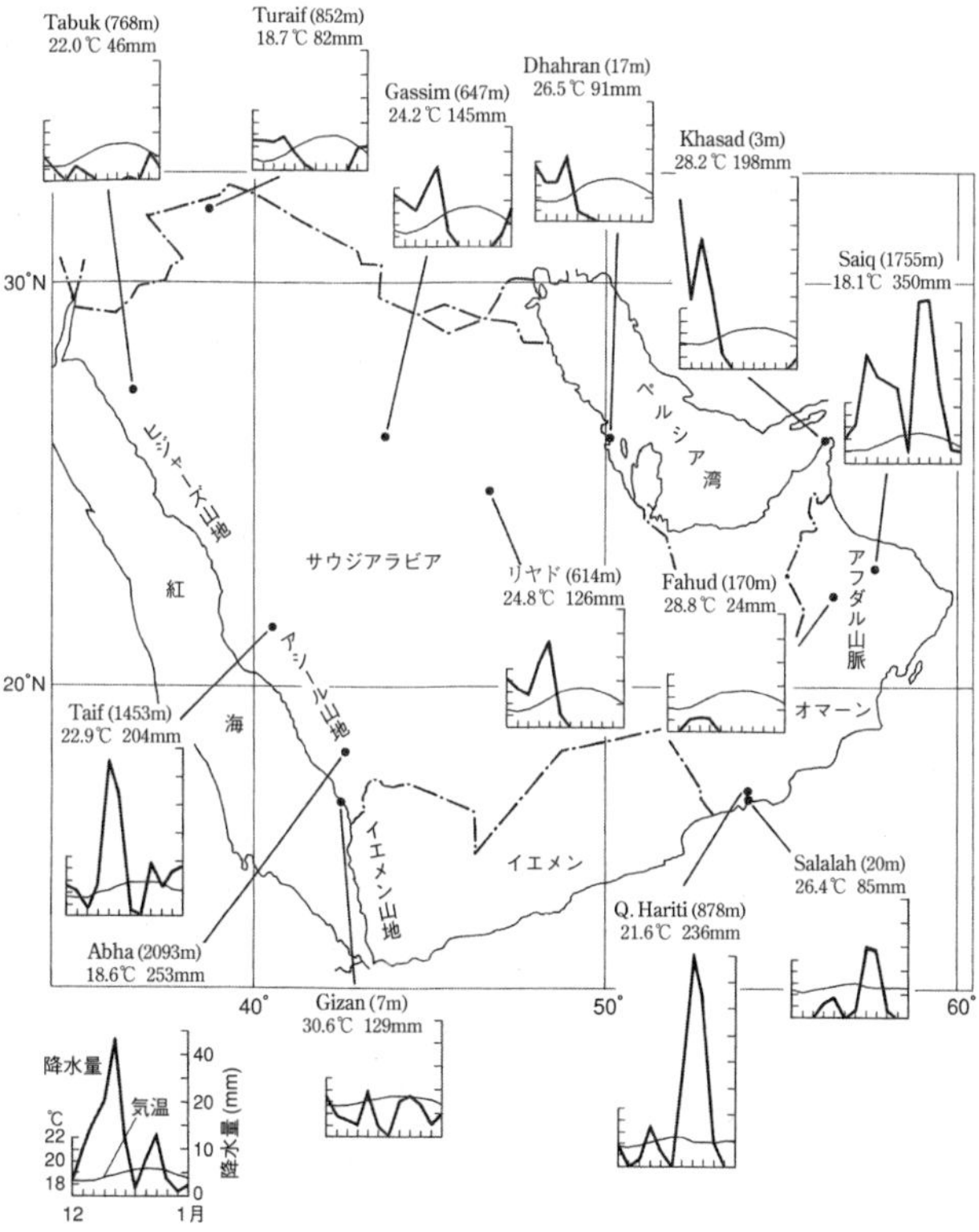

図１　アラビア半島の13地点でのクリマグラム[3]　クリマグラムは横軸に月、縦軸左に月平均気温、右に月平均降水量を示す。グラフの太線が降水量、細線が気温である。この図では横軸は12月から始まり、また気温目盛りが降水目盛りの２倍となる乾燥地型で表示してある。

響が大きい。この気団は高温で乾いた北アフリカの陸域の地表が極度に高温になる晩春から初夏に発生し、エジプト、スーダンを経由して半島にやってくる。雲がなく快晴で、湿度も低く、気温はしばしば四五℃を超え、多くの植物にとって過酷な時期をもたらす。熱帯モンスーンは夏に半島南部のイエメンばかりでなく、オマーンや紅海にも達し、アシール山地にも影響を及ぼし、ビャクシン林の存続にも関係する。

図１はアラビア半島各地の月平均降水量と月平均気温を示す。[3]クリマダイヤグラムはWalterとLieth[4]により考案された気候の記述方法であるが、乾燥地では月平均気温を降水量の〇・五倍とする目盛りでは降水期間をはっきり表出できない。そこでMcGinnies[5]は月平均気温を降水量の二倍とし、しかも一二月から始める乾燥型のクリ

マグラム（air zone climagram）を提唱した。図1はこの方法で示してある。一口にアラビア半島といってもその気候パターンは多様であることが判るが、大まかにいえば半島西部から南西部のタイフ（Taif）やアブハ（Abha）、南東部のクアルーンハリチ（Qairoon Hariti）、東部のサイク（Saiq）などでは、春と夏に二〇〇ミリメートルを超す降水量があり、降水量が少なくしかも降水が冬に集中する半島中央部とは明らかに異なっている。ここには図示できなかったがオマーンやイエメンの一部ではモンスーン気団の影響で降水量が一〇〇〇ミリメートルに達するところもある。乾燥地ではマクロスケールでみても気候の年変動が大きいが、アラビア半島のこれまでの気象データはこの問題を議論するには不十分である。

厳しい条件下にあるアラビア半島のビャクシン林

アラビア半島のビャクシン林は分布の異なる三種のビャクシン属の樹種、*Juniperus phoenicea*（フェニキアビャクシンと仮称する）、*Juniperus procera*（アフリカビャクシン）、*Juniperus excelsa* subsp. *polycarpos* が構成するものである（図2）。

このうち、フェニキアビャクシンは地中海地域を経て南下し、アラビア半島では北西側の紅海に沿うヒジャーズ山地に産し、北緯二一度付近のタイフ付近を南限とする。林内には環地中海要素の植物が多いが、ノコギリソウの一種 *Achillea santolinoides* やヨモギの一種 *Artemisia sieberi* など西アジアの乾燥地に分布するイラン・ツラニア要素も現れる。

フェニキアビャクシンは葉に微細な歯状鋸歯があることや成熟した球果中にたった一種子を含む点で半島産の他の二種とは異なるが、アフリカビャクシンとは距離にして約三〇キロメートルにわたり混生する。タイフ付近では種間雑種と

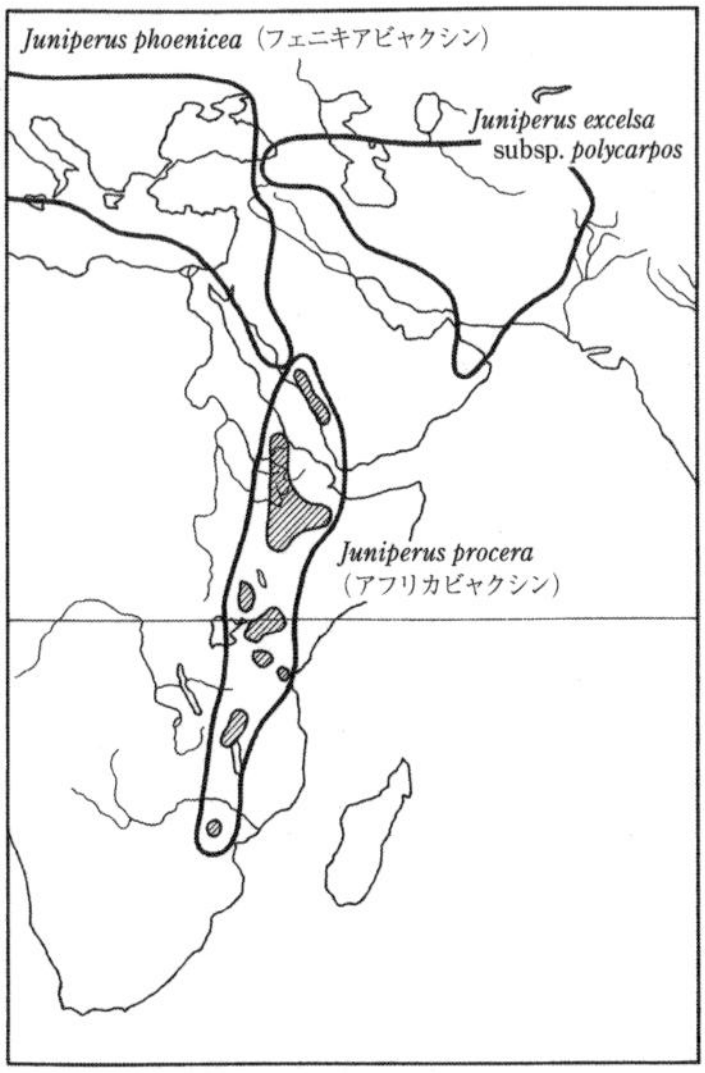

図2　アラビア半島のビャクシン属樹種の地理分布

推定される個体を見出している。

Juniperus excelsa は二つの亜種からなり、基準亜種はバルカン半島、アナトリアを経てコーカサス地方に分布する。他の亜種 subsp. *polycarpos* はコーカサスからコーペト（Kopet）山地を経てアフガニスタン、キルギスタン、天山山脈、西ヒマラヤに分布するが、イランから飛んでアラビア半島南東部のアフダル山地に隔離分布する。アラビア半島でのこの種の分布は紅海側山地だけに分布するフェニキアビャクシンやアフリカビャクシンとは大きく隔たっている。しかし、アフリカビャクシンとはたいへん類似しており、最終枝の長さと幅ならびに球果中の種子数に形態上の差異が見出せるだけである。

アフリカビャクシンは東アフリカとアラビア半島に分布する。その南限はジンバブエのインヤンガ（Inyanga）山地だが、そこではただ一個体が見出されただけらしい。[6] しかしケニアやエチオピアでは純林に近い森林が見出せる。Kerfoot[7] はアフリカビャクシンは第三紀中新世から更新世にかけて *J. excelsa* から分化したと推定している。

アラビア半島でのビャクシン林の垂直分布帯は標高一二〇〇メートルから上部であるが、二〇〇〇メートル以下での出現はまれである。また二五〇〇メートル付近から上方と下方では林相もかなり異なり、上方では純林に近くなる。アフリカビャクシンとフェニキアビャクシンは *J. excelsa* 以上に低高度での立ち枯れが目立つ。アラビア半島での *J. excelsa* は一ヘクタールあたり一〇〇株ほどの密度で生えていて、同じ亜種の西ヒマラヤでの密度に比べて低い。分布帯は日向斜面で標高二一〇〇メートルから三〇〇〇メートルに限定されるが、北向きの日陰斜面では一三七五メートルから四〇〇〇メートルに達する。[8] 密度の低さや日向・日陰斜面での分布帯のちがいはアラビア半島でのこの種にとっての厳しい乾燥と関係しているとみられている。[9]

ビャクシン林の垂直変化をみてみよう。オマーンのJ. excelsaとサウジアラビアのアブハ市にあるレイダ（Raydah）保護区でのアフリカビャクシンの標高による、生存樹の割合、一木あたりの生存部分の割合、球果と雄果の割合には種を超えた共通の傾向があり、標高二四〇〇メートル付近を境にそれが大きく変わる（図3）。図3dは、サルオガセに似た樹上着生する地衣類の出現量を示している。二四〇〇メートル以下では地衣類はほとんど姿を消す。ビャクシン林の枝枯れの程度は霧による水分供給や蒸発散量の低下と高い相関を示している。樹上着生地衣類の生存は空中の湿度と関係しており、乾燥の度合いが二四〇〇メートル付近で激変することを暗示している。

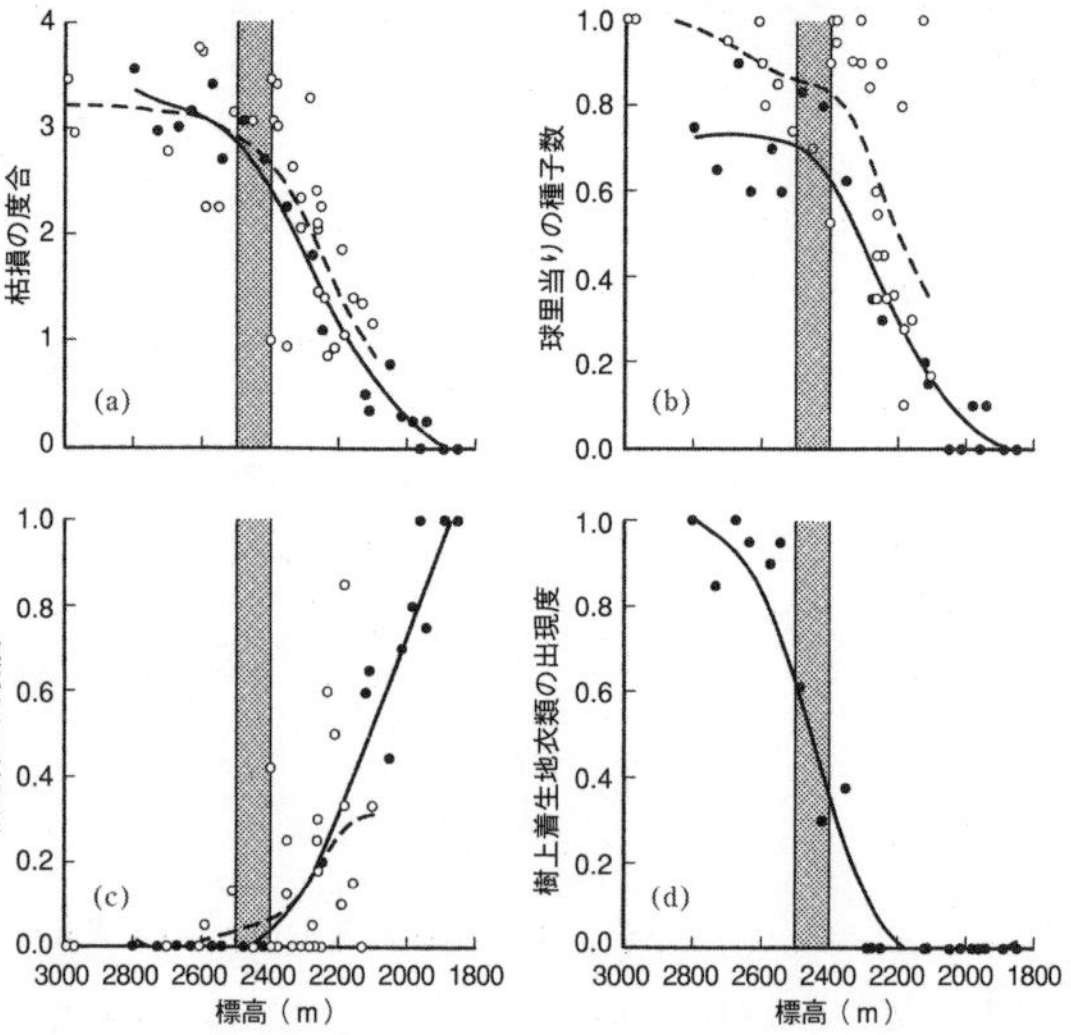

図3　アラビア半島でのアフリカビャクシン（●）と*Juniperus excelsa*（○）の標高による変異[9]　横軸は標高を示す。斜線の部分は2400～2500mに当たる。(a) は樹種の枯損部分の割合を4段階で示した値。数値が大きいほど枯損部分が少ない。0は立ち枯れに当たる。(b) は球果当たりの種子数。値が大きいほど種子の生産がよい。(c) は枯死した個体の割合。(d) はサルオガセ属などの樹上着生地衣類の着生する割合。

なお、イエメンにもかつてはアフリカビャクシン林が存在していたが、いまは完全に破壊・耕地化され、幼樹さえも見出せないという。[10]

アシール山地のビャクシン林

紅海沿岸のアシール山地の中心のアブハの年

平均気温は一八・六℃、年較差は一六℃である。これは同山地の高地に位置する他の地域でもおおむね同じ傾向を示す。ビャクシン林が発達する標高三〇〇〇メートルでは日中の気温が夏は三〇℃を超えることもあるが、夕方は低下し、実感としてしのぎやすい。また、二月、三月は五～一五℃で、夜間は二℃前後まで下がり、寒い。多くの植物は冬に開花する。昆虫の活動も冬が中心である。

降水は図1のクリマトグラムに明らかなように春と夏に集中する。春の降水は大陸性熱帯気団、夏はモンスーンによるものである。したがってアシール山地の北方ほど春、南ほど夏の降水量が増す。紅海に向いて急傾斜地や崖が多いが、そのような斜面にビャクシン林は多い。またビャクシン林は稜線付近から稜線を越えた東向きの緩傾斜面にも広がる。

紅海に面した急傾斜地ではおもに北西向き斜面にビャクシンが密生した植生が発達する一方で、谷をはさむ南東面ではビャクシンやアカシアが広い間隔を置いて点在するだけという植生の著しいちがいがしばしば現れる。斜面だからといって常に高密度のビャクシン林があるとは限らない。稜線越えの緩斜面でもその分布は一様ではない。アカシアの疎林や高木を欠いた草原も広くみられる。こうした距離にして数キロメートルのスケール（メソスケール）での植生の多様さとモザイク状配置がみられる理由として、アシール山地のビャクシン林が降水だけで涵養されているのではなく、その生存には紅海側から吹き上げてくる霧による水分供給や、逆に、地表や植物自体からの蒸発散量の低下が欠かせないことが示唆される。

霧の発生はアシール山地ではまれな現象ではない。季節によっては一日に数回かなり長時間にわたり霧に見舞われることがある。樹上着生地衣類の生存はこのことに関連している。霧による水分供給量の測定は現在試験中であるが、濃霧中にはビャクシンの枝先や樹上着生地衣類から水滴が垂れるほどである。オマーンでの観測例では、年降水量が一一〇ミリメートルという場所で地表から高さ四・二メートルのところで、霧だけから一日あたり一平方メートルにつき三四～三五リットルの水が供給されたという報告がある。[11] 標高の低下にともない、高温となり蒸発散量も増加する。標高の低い地域で立ち枯れの目立つ原因として、家畜の林内放牧による林床の攪乱による乾燥や、地球全体の温暖化（実際、中近東で春の気温が上昇していることを指摘する論文もある）[12] も重要だが、生物である地衣類を指標として示される霧の発生などでの環境の変化は見逃せない。また、アシール山地ではテラス状の耕作地がつくられ、その縁にビャクシンがみられる。これはビャクシンが霧をトラップすることを経験的に学び、意識的に木を残したものと思われる。

アシール山地のビャクシン林内には三二〜四九種の植物が生育している。[13] 岩盤が露出したり、南向きで乾いた斜面では高木層にアカシアが多くなる。反対に沢や谷沿いの場所ではオリーブなどの常緑広葉樹が目立つ。アブハ市の中心街からもそう遠くはないレイダ保護区では、標高一七〇〇メートルがビャクシンの分布の下限にあたる。この標高から一五五〇メートルではビャクシンに代わって*Teclea nobilis*（ミカン科）、*Tarchonanthus camphoratus*（キク科）が出現し、一五五〇メートルではイチジク属の種、ナツメ属の*Ziziphus spina-christi*、フジウツギ属の*Buddleja polystachya*の林分となり、岩の露出するようなところでは数種のアロエ属*Aloe*や帰化したウチワサボテンなどの多肉植物が群生する。

レイダ保護区を調査した菊池多賀夫の未発表資料によると、ここのビャクシン林は南西諸島や小笠原にも自生するハウチワノキ*Dodonaea viscosa*との結びつきが強い。

同じ保護区での吉川・山本の調査[14]によれば、一ヘクタールあたりのビャクシンの個体数は二〇・一三（六五・一三、以下カッコ内は他の樹種を加えた数値）、二〇・〇五（七一・〇五）、一〇〇・〇〇（一一二・五〇）、一四二・五〇（一五二・五〇）と、調査プロットによるばらつきが大きいが、Gardner & Fischer[8]が*Juniperus excelsa*についてオマーンで出した値に近いものといえよう。

調査プロットによるばらつきの大きいことはビャクシン林の分布の不連続かつモザイク状配置とも関連していよう。一般化していうなら、表層土をほとんど欠き、母岩が露出するような緩斜面では個体数は減少し、アカシアの個体が増す。ビャクシンの個体数の多いところは表層土が厚く、斜面の傾斜も緩やかなところである。しかし、同じような条件でも崖などの急斜面ではアカシアはみられない。沢や谷筋ではオリーブや *Nuxia oppositifolia*（フジウツギ科）やイズセンリョウ属 *Maesa lanceolata* などからなるオリーブ林に置き換わる。種としてのオリーブ *Olea europaea* はいくつかの亜種に区分されることもあるが、アラビア半島の個体は基本亜種に含まれる（栽培オリーブはこの亜種から改良されたものである）。この亜種は東アフリカから西アジアまで広い分布域をもち、*Juniperus excelsa* の分布域をもカバーする。

アシール山地の紅海に沿う急斜面にみるアフリカビャクシン林はオリーブ林にたいして表層土の薄い特殊な土地に成立する土地的な植生とみることができるかもしれない。ちなみに、日本南部のカシ林、シイ林、タブ林がひとまとめにして照葉樹林に分類されるように、アフリカビャクシン林もオリーブ林も植生分類の立場からは、東アフリカ山地を特徴づける植生であるオトギリソウ-クロウメモドキ・クラス（*Hyperico-Rhamnera*）に包含される。[10] この二つ（アフリカビャクシン林とオリーブ林）は乾燥の程度で分布域を分けていると考えられる。しかし、緩傾斜地のアフリカビャクシン林はそれとは別のものであり、植物上の分類階級であるクラスを異にするアカシア林との関係を調べることが必要であろう。このようにアフリカビャクシン林は植生単位としても一様ではない可能性がある。

アフリカビャクシン林域の植物相

アラビア半島の植物相は北方に地中海要素、中央部分にイラン・ツラニア要素、紅海沿いに東アフリカ要素が数多く出現する。その理由は、紅海沿いの地域を除いて気候がそれらの要素の分布する他地域と類似していることが大きい。紅海沿いのアシール山地のアフリカビャクシン林は東アフリカ高地の植生と同じオーダーに分類されることはすでに述べたが、アシール山地の植物相も東アフリカのそれに類似している。アシール山地の植物相の研究は一部地域に限られているが[13・15]、その構成種には東アフリカの高地を中心に分布する種が多い。

しかし、アフリカビャクシン林には北方ほど高木となる*Erica arborea*（ツツジ科）の個体が多くなる。さらに地中海要素の種数が増えることは興味深い。また、東アフリカ要素の主要な分布域であるケニア山などの中央アフリカ山地に出現するジャイアント・ロベリア（*Lobelia*）やデンドロセネシオ*Dendrosenecio*はアラビア半島には皆無であるし、東アフリカで適応放散したハゴロモグサ属*Alchemilla*やムギワラギク属*Helichrysum*の著しい多様化もここではみられない。これらの植物は紅海成立後に多様化した可能性が高い。アシール山地にだけ産する属に*Centaurothamnus*（キク科）がある。この属はただ一種*Centaurothamnus maximus*だけを含む。*Cadia purpurea*（マメ科）も分布域の狭い種のひとつである。

ビャクシンの保全のために

アフリカビャクシン林の持続には霧による水分供給が大きく関係していることは、地球科学上も生物学的にも興味深い。一般に乾燥地では植物にとっての水資源が降水により一様にもたらされるのではなく、高い山や河川などによって再配分される。それにしても霧による水分供給に依存した森林の存在はメソスケールの植生としては異例といわねばならない[16]。

これまでアシール山地のアフリカビャクシン林は人々に燃料、木材、家畜飼料などを提供するものであった。村人はその持続的利用をはかってきたふしさえある。アフリカビャクシンは、立地の環境の変化に呼応して枝枯れするような調整機能をもつ樹木であると私は予想している。村人たちはこれまで枯れた枝は燃料として利用してきたため、従来は枝枯れは目立たなかった。しかし、最近は石油・ガスの普及で燃料として森林そのものが不要なものになり、誰も枯れ枝を採取しなくなった。日本と同様にここでも燃料革命が森の姿を変化させて、ビャクシンの枝枯れを顕在化させているのだろう。ただし、標高二四〇〇メートル以下で進行しているアフリカビャクシンの立ち枯れは、地球規模での気候の周期的変化や温暖化なども関係する可能性の高い別次元のことである。

アフリカビャクシン林の持続的保全の研究はいま欧米の各国が途上国を中心に積極的に取り組んでいる。研究の重点のひとつは森林性の植物とそこに暮らす動物の種の多様性の維持にあり、それに取り組むには種の識別ができる分類学者（taxonomist）やパラタクソノミスト（parataxonomist）が欠かせない。しかるに日本での科学教育・研究ではこのような基礎的領域をおろそかにしているため、日本の研究チームは総合的な成果を上げるうえで苦労していることを付記させていただく。

【註と引用文献】

1　この日・サ研究協力プロジェクト「山地ビャクシン森林保全研究」の日本側の共同研究者として筆者の他、吉川賢（岡山大学）、菊池多賀夫（岐阜大学）、山本福寿（鳥取大学）、高山晴夫（鹿島技研）、斎藤秀生（自然環境研究センター）らが参加している。

2　Cuba, I. & K. Glennie 1998 Geology and geomorphology. In : S. A. Ghazanfar & M. Fischer（eds.）, *Vegetation of the Arabian Peninsula*, Kluwer Academic Publishers, Dordrecht, the Netherlands. 39–62pp.この論文が収載されたGhazanfar & Fischer（1998）はアラビア半島の自然・植生を理解するうえで特に重要な文献である。

3　Fischer, M. & D. A. Membery 1998 Climate. In : S. A. Ghazanfar & M. Fischer（eds.）, *Vegetation of the Arabian Peninsula*, Kluwer Academic Publishers, Dordrecht, the Netherlands. 5–38pp.

4　Walter, H. & H. Lieth 1960 *Climadiagram Weltatlas*, VEB Gusatv Fischer, Jena

5　McGinnies, W. G. 1988 Climatic and biological classifications of arid lands. A comparison. In : E. E. Whitehead, Hutchinson, C. F., Timmermain, N. and R. G. Varady（eds.）, *Arid Lands–Today and Tomorrow. Proceedings of the International Research and Development Conference, Tueson, Arizona*, Westview Press, U.S.A. 61–68pp.

6 Farjon, A. 1992 The taxonomy of multiseeded junipers (*Juniperus* sect. Sabina) in Southwest Asia and East Africa (Taxonomic notes on Cupressaceae I). *Edinburgh Jounal of Botany*, **49** : 251–283

7 Kerfoot, O. 1961 *Junipers procera* Endl. (the African pencil ceder) in Africa and Arabia I. Taxonomic affinities and geographical distribution. *East African Forestry Journal*, **26** : 170–177

8 Gardner, A. S. & M. Fischer 1996 The distribution and status of the montane juniper woodlands of Oman. *Journal of Biogeography*, 23 : 791–803

9 Deil, U. with Abdul-Nasseral Gifri 1998 Montane and wadi vegetation. In : S. A. Ghazanfar & M. Fischer (eds.), *Vegetation of the Arabian Peninsula*, Kluwer Academic Publishers, Dordrecht, the Netherlands. 125–174pp.

10 Kurschner, H. 1998 Biogeography and introduction to vegetation. In : S. A. Ghazanfar & M. Fischer (eds.), *Vegetation of the Arabian Peninsula*, Kluwer Academic Publishers, Dordrecht, the Netherlands. 63–98pp.

11 Price, M. R. S., Ahmed bin Hamoud al-Harthy and R. P. Whitcome 1988 Fog moisture and its ecological effects in Oman. In : E. E. Whitehead, Hutchinson, C. F., Timmermain, N. and R. G. Varady (eds.), *Arid Lands–Today and Tomorrow. Proceedings of the International Research and Development Conference, Tueson, Arizona,* Westview Press, U.S.A. 69–88pp.

12 Nasralla, H. A. and R. C. Balling 1993 Spatial and temporal analysis of Middle Eastern temperature changes. *Climatic Change*, **25** : 153–161

13 大場秀章他（未発表） A checklist of vascular plants in the Raydha Protection area in the Asir Mountains, Saudi Arabia

14 吉川賢・山本福寿（一九九五）湾岸地域酸性降下物森林被害実態調査報告書

15 Chaudhary, S. A., El-Sheikh, A. M., Al Farraj, M. M., Al-Farhan, A. A., Al-Wutaid, Y. and S. S. Ahmad 1998 Vegetation of some high altitude areas of Saudi Arabia. *Proceedings of the Saudi Biological Society*, **11** : 237–246

16 高い標高をもつ熱帯の海洋島では雲霧による水資源供給の重要性が古くから認識されており、その生物相の多様性や生態的意義についても議論がなされている。

野生植物保護と目にみえない自然の攪乱

宇宙空間にまで出かけていくことができるようになった今日、われわれの住む地球の有限性がいっそう強く認識され、地球自身についての認識の不十分さを痛感するようになった。従来から議論されてきた資源の枯渇と並んで野生生物の絶滅の問題にも地球の有限性への認識が反映してきている。

特に、宇宙時代の開幕以後、この限りある地球上で、われわれはどのように自然と調和を保ちながら生きていかなければならないかを真剣に考えるようになった。われわれと同様に生命を有し進化してきた、すべての野生生物の尊厳さをここで改めて述べるまでもないが、環境条件の絶妙なバランスのなかで生活を維持している野生生物は、人間が自然と調和を保ちながら生きていくことを考えるうえで特別に重要な存在なのである。

国際自然保護連合（IUCN）は、世界自然資源保全戦略を発表し、地球の自然資源の保全のあり方について提言を行った（環境庁自然保護局、一九八一）。IUCNが提唱する世界自然資源保全戦略は以下の三点である。

（1）不可欠の生態学的プロセスと生命を支えるシステムの維持

（2）遺伝子の多様性の保存

（3）種と生態系の持続的利用

ここでは（2）遺伝子の多様性の保護に関連して最近気づいたことを述べてみたい。

種のレベルでの攪乱

最近、環境庁（当時）などの働きかけもあり、それぞれの地域植生に合致した植栽が行われるようになった。植生の攪乱を受けた場所を植栽により復元するわけで、植栽される植物はその地域にみられる野生種である。この考え方そのものは失われた自然の景観を少しでも取り戻そうとするもので喜ばしいことであるが、やり方次第では手放しで喜べないこともある。その例を紹介しよう。

栃木県日光市のある道路工事の法面《のりめん》処理に際して、日光地方に多いニシキウツギの植栽が計画され業者に委託されたが、実施に植栽されようとしたのはハコネウツギであった。ニシキウツギとハコネウツギはともにスイカズラ科タニウツギ属の植物で形状はちょっと類似しているが、両者には明らかな差異があり別の種に属する。しかし、タニウツギ属植物では種の生殖的隔離が進んでおらず、容易に異種間で交雑する。しかし、各種の分布域が異なるために交雑集団や交雑個体は特定の地域を除くと実際には少ない。ハコネウツギは、関東地方南部から西の太平洋側に分布し、日光地方には分布しない。したがって、もし誤ってハコネウツギが大量に植栽されると自生のニシキウツギと交雑した個体が生まれ、日光のニシキウツギがハコネウツギの遺伝的影響を受けることは十分に予想されることである。これはたいへんな自然の攪乱といわねばならない。このケースは、計画自体は結構であっても、植栽に用いる植物の育苗が造園業者に任されている現状では、分類学的に正確なチェックをしないとまったく予期しない新たな自然の攪乱を引き起こしかねないことを示している。

伊豆大島はツバキの島としても名高く、いたるところヤブツバキが茂っている。ところが最近八重咲きのツバキが山中に散見されるようになったのである。これはおそらく植栽された八重咲きの園芸品種との交雑による実生株と考えられる。また、大島にはオオシマツツジという伊豆七島北部にのみ自生地が限定されたツツジの一種が自生する。倉本宣氏の研究によると、最近大島ではオオムラサキという強壮な園芸品種が広範囲に植栽されているが、これが自生のオオシマツツジと交雑し、さまざまな変異を示す実生個体が生じているという。この場合でも、植栽したオオムラサキが野生のオオシマツツジと交配することなど考えもしなかったにちがいない。

多様な内容をもつ種

それでは、同種の個体を植栽すればよいかというと、問題はそう簡単ではない。現代植物学では、種は形態的に明確には区別することが困難な個体からなる地域集団を包括する単位との認識がなされている。したがって、同種といっても地域集団間で交配が不可能な場合もありうる。地域集団のあるものは別の種へと進化する潜在的可能性を有しているのである。すなわち、種はそれ自体が多様な内容をもち同じ種に属する集団間であってもそこには数多くの変異がみられる。

たとえば、一口にブナといっても富士山のブナと日光のブナあるいは八甲田山《はっこうだ》のブナの間には形質の多くに異なる傾向がみられる。実は、このような種の有する地域集団間の変異は、日本海側のスギ（ウラスギという）と太平洋側のスギ（オモテスギ）というように同じスギでも形状の一部がはっきりと異なる場合では、かなり古くから一般に認識され、育種や造林などに利用されていた。

野生生物の保護の必要を急ぐあまり、他地域の集団から取られた個体を移植することは、植物学的にみるとかえって人為的に遺伝子レベルでの攪乱を進めていることになる。このような攪乱は目にみえぬだけに恐ろしく、慎重な対処が望まれるところである。

倉本氏は、この問題を伊豆大島におけるトベラの植栽を例に論じている。大島では荒廃した海浜植物群落の復元のために、一九七八年にトベラとマルバシャリンバイが植栽された。ところが、大島のトベラは、葉の縁が裏側に反り返る傾向が強いが、植栽されたトベラは反り返りが少なく、植栽後八年経ても植栽個体との間に明らかな差がある。すなわち、同種でも大島の集団は他の集団とは遺伝的に異なる変異を有しているのである。植栽個体と在来個体との間に交雑が起きるとどうなるのであろうか。せっかく獲得した地域集団としての特性を破壊してしまうことになりかねないのである。事実、大島のトベラの場合では、両者の交雑によると考えられる個体が存在している。困ったことには、このような遺伝子レベルの攪乱は、雑草を引き抜くほど簡単には除去できないのである。

農作物は植物防疫により国外の有害昆虫などの害から保護されている。ところで、前述したような野生植物にたいする攪乱はいったい誰が監視・保護するのだろうか。これこそ、今度環境庁に新設される野生生物課に期待される課題ではないだろうか。野生生物課の前身は鳥獣の保護を担当してきたと聞く。日本の環境保護は地域自然の生態系の頂点に立つ鳥獣の調査・保護から始まり、それを支える生産者である植物を植生という観点から調査・保護するにいたった。これらは、前述したIUCNの保全戦略の（1）ならびに（3）に対応するであろう。IUCNが提唱した三つの課題のうち、ただひとつ残された遺伝子の多様性の保存こそは、これから真剣に取り組むべき重要な課題である。野生生物課のこの問題への対応を期待したい。

【引用文献】

環境庁自然保護局編（一九八一）『世界自然資源保全戦略』環境庁自然保護局

緑の優先と遺伝子保存

昭和五〇年頃から都市や工場の敷地などの緑化に日本に自生する樹種が主に用いられるようになった。これは、もともとその地域にあった森を復元する試みとして高く評価されよう。最近は森の復元に限らずあらゆる植栽にこの発想が浸透しつつあるようだ（たとえば、武田一九八六）。それにともなって、おそらく予期されなかったような問題も少なからず生じてきている（大場一九八六）。ここでは、最近見聞きしたいくつかの例を中心に問題を指摘してみたい。

私たちが生物について語るときは「種」を基本にしている。ギフチョウ、カモシカ、クロマツなどは種を指す言葉である。生物学者は、外見的に区別が困難な個体を同種と呼んでいる。もちろんこれは専門家の熟練した目でみた話であるから、一般の人々には同じにみえても重要な差異があり別種である動植物も少なくないのである。自生の植物の植栽を進める場合、このような一般に種の識別が困難な植物が問題になることを初めに紹介しよう。

識別のむずかしい植物に起こりやすい交雑

スイカズラ科ニシキウツギ属に分類される、ハコネウツギ、ニシキウツギ、ヤブウツギなどは外見が類似しているため、一般には総称してニシキウツギと呼ばれることが多い。花木として庭園や公園によく植えられるのでご存じの方も多いであろう。実は栽培されるだけでなく、林縁や伐採跡地などの日当たりのよいところに普通に生えている日本固有の植物でもある。

ニシキウツギ属植物では形態的には区別が明瞭な別の種に分類される個体間にあっても容易に交雑して種間雑種ができやすいなど、種間の生殖的な隔離が進んでいない。そのため移植などすると、もともとそこにあった同じ仲間の別の種と簡単に交雑してしまい、稔性のある種間雑種をつくってしまう。雑種が稔性をもつため長い年月にわたって両親種との間の戻し交雑も可能である。そのため、何世代も経過するとその地域には両種の遺伝子がさまざまな程度に混ざり合った雑種個体群ができてしまうのである。これを浸透性交雑と呼んでいるが、生殖的な隔離が進んでいないニシキウツギ属で浸透性交雑が自然下で生じることを妨げているのは多くの場合、類似種の地理的空間的な分布のちがい（異所性）のためだと考えられている。実際、三種の分布が重なる富士山周辺では二または三種間での浸透性交雑が生じていて、この雑種個体を総称してサンシキウツギとかフジサンシキウツギとか呼んでいるほどである。

ニシキウツギとハコネウツギの区別を知らず

かつて栃木県日光地方の道路の法面《のりめん》にニシキウツギが植栽されることになった。日光地方ではニシキウツギが自生しており、日当たりのよい道路の法面はこの植物にとって格好の生育地と考えられるので、この計画自体は問題がないと思われた。ところが、問題が生じた。実際に業者が現場にもってきた植物はハコネウツギだったのである。ハコネウツギはその名前が示すように箱根、富士、伊豆を中心に分布していて日光には自生していない。自然林を貫通してつくられた道路の周辺に自生のニシキウツギが普通に生えているため、ここにハコネウツギが植栽された場合、両種の遺伝的浸透を人為的に進め、日光地方に交雑個体群を出現させる危険性が高いのである。

ちょっとしたミスで後世にまで目にみえない自然の大きな攪乱を与えかねないこのようなケースは他にもある。机上の植栽プランは適切であっても、実施の段階での誤りが現状ではチェックしにくいためである。日光での経験からみると植栽そのものは工事を請け負った土木会社やさらにその下請けの造園業者に託されてしまい、同定の正しさをチェックすることはむずかしい状況にある。

国立公園や自然公園のように自然環境が良好な地域におけるこのようなミスを防止するためには、現地で採取した種子あるいは挿し木などのクローン株からえた個体を用いること、採取段階から植物分類学の知識をもった専門家の協力をうることが必要であろう。

先に述べたように現在の生物分類学では「外見的に区別の困難な個体の集まり」を種としている。種についてのこのような定義（リンネ種という）はひとつひとつの個体を対象としており、どちらかといえば分類学上のひとつの単位といった方がよいものである。したがって、同種とされる植物であっても集団を単位としてみると、他の集団からまったく生殖的に隔離している集団が存在することさえ知られている。見た目にはほとんど差がない場合でも、種は地域や地方ごとに異なる変異を蓄積し、やがて他から隔離されるにいたると考えられるのである。

園芸品種が混じったニッコウキスゲ

ふたたび日光地方の例であるが、観光客を当てこんで戦場ヶ原や霧降高原にニッコウキスゲを移植している。同地にはもともとニッコウキスゲが自生しているので、同地方の集団からえた個体を増殖して移植するのなら遺伝子レベルでの大きな攪乱を生じることはなかったであろう。私のみたところ、野生のニッコウキスゲばかりではなく、他種との交配によってつくり出された園芸品種も移植株のなかに混じっていた。この場合もそれが最初から意図されていたことではなくても、実行の段階でのミスが生じたときには、取り返しのつかない遺伝子レベルでの撹乱を後世に残すことを関係者は心すべきである。

気づかぬうちに進む人為的撹乱

ある年、長崎県対馬のヒトツバタゴの自生地を訪ねた。日本における数少ないこの種の自生地である。驚いたことに、この種の別の自生地である本州産のヒトツバタゴが移植され、そのことを記した看板が立ててあった。植物分類学者が対馬のものも本州のものも区別せずにヒトツバタゴというのは外見上区別がつかないからで、決して遺伝子レベルでの差が認められないためではない。この両地のヒトツバタゴの間に完全に生殖的な隔離があれば一代限りの移植の問題で済む。しかし、隔離がそこまでいたっていない場合には、移植によってせっかく対馬のヒトツバタゴ集団で進んだ隔離を人為的に破壊してしまうことになるのである。翌年に再度訪ねたときには植栽された木はすでになく、看板も消えていたのは幸いなことであった。むろん、これを植えた関係者は植栽が自然の撹乱に連なることなど想像さえしなかったにちがいない。そこにこの問題の怖さが潜んでいる。

このようなことは、植物の世界ばかりでなく、イワナなど動物の世界でも問題になっている。イワナのような淡水魚でよく知られているように、同種であっても地方ごとに変異があるものでは地方ごとに人工増殖をはかる必要がある。そうでないとせっかく生み出された地方変異を人為で撹乱してしまうからである。

もともとの自然環境がまったくといってよいほど残っていない大都会では、緑のエリアの拡大が第一であり、生長の速い先駆樹種の植栽だけでなく、作出された優良品種の導入が考えられてもよいだろう。しかし、比較的良好な自然状態が保たれた国立公園や自然公園などにおける緑の回復にあたっては、これまで述べてきた例が示すように、実施段階まで含めた遺伝子レベルでの攪乱を未然に防ぐようなきめ細かな行政的対応が強く望まれるのである。

【引用文献】

大場秀章（一九八六）「野生植物保護と目に見えない自然の攪乱」『かんきょう』一一巻四号、三六―三八頁（本選集138―141ページに再録）
武田文男（一九八六）「よみがえれ雲上の花園―信大生が白馬岳緑化作戦」朝日新聞（朝刊）八月一九日号

絶滅危惧種にどんなものがあるか[註]

南北に細長く、地形が複雑で、また降水にも恵まれた日本には、世界でもまれにみる豊かな植物相がみられる。氷河期にもそれまでにできあがっていた植物相が全滅することなく温存されたことも日本が豊富な植物相をもつ大きな原因のひとつである。いまこの豊かな植物相が種の絶滅という一大危機に直面している。

山奥まで開発の対象となり、環境の改変が全国規模で進んでいることも大きい。豊かな生活を反映して多くの人々は草花に関心を寄せているが、一部の山草マニアが珍奇な種を採り、それがために市価が上がった山草を業者が乱獲することも絶滅の危惧を生む大きな原因のひとつとなっている。

絶滅危惧種とは

絶滅危惧種は、レッドデータ・ブックに掲載される、絶滅が心配される種のなかでその恐れが最も高い種である。「過去五〇年間野生状態でまったく発見されずすでに絶滅してしまったと考えられる」と定義される絶滅種とのちがいは、もしも現在の状態がもたらした要因が作用し続けるならば、近い将来絶滅すると考えられるところにある。

表１　埋め立てや水質汚染などの環境破壊によって絶滅が危惧される水生・水辺の植物

ガシャモク	*Potamogeton dentatus* Hagstr.	ヒルムシロ科
ヒメイバラモ	*Najas tenuicaulis* Miki	イバラモ科
トダスゲ*	*Carex aequialta* Kükenth.	カヤツリグサ科
チャボイ	*Eleocharis parvula* (Roem. et Schult.) Link	カヤツリグサ科
タカノホシクサ*	*Eriocaulon cauliferum* Makino	ホシクサ科
コシガヤホシクサ*	*Eriocaulon heleocharioides* Satake	ホシクサ科
ヤマトホシクサ	*Eriocaulon japonicum* Körn.	ホシクサ科
ハナタネツケバナ	*Cardamine pratensis* L.	アブラナ科
ムジナモ*	*Aldrovanda vesiculosa* L.	モウセンゴケ科
ナガバノイシモチソウ	*Drosera indica* L.	モウセンゴケ科
ムサシノタイゲキ*	*Euphorbia sendaica* Makino var. *musashinensis* (Nakai) Hurusawa	トウダイグサ科
オグラノフサモ	*Myriophyllum oguraense* Miki	フサモ科
サワトラノオ	*Lysimachia leucantha* Miq.	サクラソウ科
オオアブノメ	*Gratiola japonica* Miq.	ゴマノハグサ科
ヒシモドキ	*Trapella sinensis* Oliver	ゴマ科
フサタヌキモ	*Utricularia dimorphantha* Makino	タヌキモ科
ヤツシロソウ	*Campanula glomerata* L. var. *dahurica* Fisch.	キキョウ科
タチミゾカクシ	*Lobelia alsinoides* Lam. subsp. *hancei* (H. Hara) Lammers	キキョウ科
フジバカマ	*Eupatorium japonicum* Thunb.	キク科

*印は絶滅種と推定されるもの

しかし日本の野生植物中にどれくらい絶滅危惧種があるのか正確には判っていない。

日本での絶滅危惧種を一覧してみると、絶滅の危惧が抱かれるようになった種は、水生植物と園芸的価値の高い植物に多いことが判る。その要因は前者では低地での池沼の埋め立てが、後者では山草業者などの乱獲であることは言を俟たない。

水辺の植物が危ない

絶滅が危惧される水中や水辺の植物には馴染みの少ない種が多いが、なかにはフジバカマのようによく名前の知られた種もある。表1にその例をあげた。

日本の工業化が現在ほど著しくなかった時代に著された牧野富太郎の『牧野日本植物図鑑』（初版一九四〇年）をみると、いまでは絶滅危惧種とされるトダスゲ、ハナハタザオ、ヒシモドキ、オオアブノメ、フジバカマなどは、解説に示された生育地を訪ねればどこでも容易にみることができるように書かれている。

事実、三〇年前にはヒシモドキやフジバカマは、東京でさえ郊外に行けばみることができた。読者のなかにもこれらが絶滅危惧種かと驚かれる方が多いのではないだろうか。

保護の対策は？

フサタヌキモは、数カ所ある自生地の湿地そのものの埋め立てにより絶滅してしまった。しかも残された自生地では、マニアによる乱獲の横行によりその絶滅が危惧されている。まさにダブルパンチだが、稀少価値があるが故にマニアにねらわれるのだ。このフサタヌキモのように、園芸その他の市場価値のために乱獲され絶滅が危惧されるようになったと考えられる種も多数ある。

カワゴケソウ科の植物はおもに熱帯から亜熱帯の渓流の岩上に生える特異な植物である。日本は旧世界でこの科の植物の分布の北限にあたり、九州に六種が産する。いずれの種も生育地が極限されるため、ちょっとした河川の改修工事や水質汚染によって、その種全体の生存が脅かされてしまうのである。

話は変わるが、ある県でかつて食虫植物でもあるナガバノイシモチソウを天然記念物として保護したことがあった。天然記念物指定とともに金網柵を設けて立ち入りができぬようにした。ところが、数年後にはナガバノイシモチソウの姿をまったくみなくなってしまったのである。

原因が調べられた。その結果、ナガバノイシモチソウは、遷移途上の植生に生える種であることが判った。毎年秋に農家の人々が行うススキ刈りによって、植生の遷移は進まずに現状がずっと維持されていたのである。それが自生地を金網柵で囲ったため、金網で囲われたなかのススキを刈り払うことができなくなり、遷移が進んでしまい、保護すべき植物であったナガバノイシモチソウがあえなく姿を消してしまったのである。

表1にあげた、埋め立てや水質汚染などの環境破壊によって絶滅が危惧される水生・水辺の植物を保護するためには、まず埋め立てを制限して生育場所を確保することが第一に必要なことであるのはいうまでもない。それと同時に絶滅危惧種がどのような環境立地で生存しているかを知らねばならない。絶滅が危惧される種についての関連情報は少ない。その研究が大いに待たれるところである。

水生・水辺の植物を例に環境の改変にともなう絶滅が危惧される種をみてきたが、農地や農地改良事業による環境改変が絶滅の要因となっている種も多い。石灰岩採取による自生地の破壊が、絶滅危惧の要因となっているチチブイワザクラ *Primula reinii* Franch. et Sav. var. *rhodotricha* (Nakai et F. Maekawa) Ohwi（サクラソウ科）もこの範疇に入るだろう。

乱獲による絶滅危惧種

園芸その他の市場価値のために乱獲され、絶滅が危惧されるようになったと考えられる種には有名なものが多い。なかには特定の種というよりも、その仲間全体がマニアのために乱獲され、絶滅の危惧にさらされているものもある。ラン科やカンアオイ属（ウマノスズクサ科）、マンテマ属（ナデシコ科）がその例である。

大形で尾状に伸びた萼裂片をもつオナガカンアオイ *Heterotropa minamitaniana* (Hatusima) F. Maekawa は、愛好家のなかでも特に人気が高い。この種は宮崎県の一部にのみ自生するが、マニアとマニアにつけ込んだ園芸業者の乱獲で絶滅に近い状態にある。

園芸などの市場価値のために乱獲され、絶滅が危惧されるようになった例に、タカネマンテマ *Silene wahlbergella* Chowdh.（ナデシコ科）、テバコマンテマ *Silene yanoei* Makino（ナデシコ科）、キタダケキンポウゲ *Ranunculus kita-*

dakeanus Ohwi（キンポウゲ科）、ヒレフリカラマツ *Thalictrum toyamae* Hatusima et Ohwi（キンポウゲ科）、アマクサミツバツツジ *Rhododendron viscistylum* Nakai var. *amakusaense* Yamazaki（ツツジ科）、リュウキュウアセビ *Pieris japonica*（Thunb.）D. Don var. *koidzumiana*（Ohwi）Masamune（ツツジ科）などがある。

もともと個体数の少ない種を対象としているマニアの生け贄になった絶滅危惧種を絶滅の危機から護ることはむずかしい。考えられる方策は人工栽培による市場への供給と市価の低下をはかることであろう。

これまで例とした絶滅危惧種は、われわれ人間によって現在の状態がもたらされたものである。その要因が作用し続ける限り、その生存はおぼつかないと推定されるが、すでに述べたように改善の途がないわけではない。

おわりに

絶滅危惧種のなかには、自然に消滅してしまったと考えられる種もある。自然状態での植生の変化が危機を生む要因としか考えようがない。

ナナツガママンネングサ *Sedum drymarioides* Hance（ベンケイソウ科）、サツママンネングサ *Sedum satsumense* Hatusima（ベンケイソウ科）、コバノアマミフユイチゴ *Rubus amamianus* Hatusima et Ohwi var. *minor* Hatusima（バラ科）、ナルトオウギ *Astragalus sikokianus* Nakai（マメ科）、オオクワノテ *Clematis serratifolia* Rehder（キンポウゲ科）、オオユリワサビ *Eutrema tenuis*（Miq.）Makino var. *okinosimensis*（Takenouchi）H. Hara（アブラナ科）などはこのような例である。このなかにはナナツガママンネングサ、ナルトオウギのようにただ一カ所だけに生えていたというものが多い。

一口に絶滅危惧種といってもその内容は多様である。これらの種の保全や保護にあたる際には、要因を探り、それを取り除くためのきめ細かい対策が必要である。

【註】

この小文は、一九八九年に日本で最初の植物レッドデータブックが刊行されたが、その編纂に関連して書いたものである。その後、一九九四年には日本植物分類学会に設けられた絶滅危惧植物問題専門委員会が、環境庁（当時）から植物レッドデータブック改訂のための調査事業の委託を受け、二〇〇〇年に環境庁の新しい植物レッドデータブック（『改訂・日本の絶滅のおそれのある野生生物―レッドデータブック植物Ⅰ（維管束植物）』が出版された。この新しいレッドデータブックでは使用されている絶滅危惧の評価基準もランクもここで述べたものとは異なっていることをお断りしておく。詳しくは上記の環境庁編改訂版を参照されたい。また、その編集に尽力した九州大学矢原徹一教授が中心となって出版された『レッドデータプランツ』（山と溪谷社、二〇〇三年）もあわせて参照されたい。

第3部

日本の自然と植物の多様性

日本の森林基礎知識

森の木立の間を抜けて続く小径の散策は自然に接する絶好の機会を与えてくれる。日本は、国土の七〇%が森林という、世界でも有数の森林国である。空からみると、都市や農地と並んで視界のいたるところに森がある。だが森林の大部分は、スギ、ヒノキ、カラマツなどの針葉樹を植えた人工林である。多様な生き物が暮らす森林はほんの一部しか残っていない。森に接するときの参考となるよう、断片的ではあるが森と森の植物のことを書いてみた。

森の木

森にはたくさんの植物が生えている。木になる植物ばかりでなく、草もつるになる植物もある。その多くは、森林という環境のなかでのみ暮らすことができる。また、路傍や草原などの植物は森のなかで生きていくことはできない。都市で猛威を振るう、さしもの帰化植物も森のなかにはみられない。森林植物の種数が草原などに生える種数に比べて多いことは、日本の植物相の特徴のひとつである。まさに日本は森なのである。

森の主役となる木にも二つのタイプがある。スギやブナ、あるいはシイノキやシラカシのように幹があり、しかも高く伸びて、木の下を歩くことができるのが高木である。これにたいして、ヤツデやアオキのように、背丈も低く、幹そのものがはっきりせず、樹下を歩くことができないのが低木である。昔は高木を喬木、低木を灌木といった。文学作品にはいまでも喬木、灌木の名が散見する。

樹冠を直接太陽にさらしているのが森のなかの高木である。そしてこの高木が、遠くからみたときの森のかたちを決めている。

木のかたち

箱庭のように複雑な地形をした日本では、山と山の狭間《はざま》の瀬戸《せと》にも耕作地があった。平地で農業を営む人々にとって山は重要な存在であった。山を被う森は煮炊きに使う薪や農作業用の木材、さらに作物への肥料の供給場所でもあった。森は人々にとっていま以上に身近であり、暮らしに欠かせぬ存在であった。子供たちも森を遊び場とし、競って食べられる木の実を探した。

森は大きく二つに区分されていた。一方は日々の生活に活用される里山の森であり、他方は滅多には手をつけぬ深山の森である。

西日本の平地でみると、里山にはシイノキやタブノキの常緑の森と、それらを改造して維持をはかったコナラやクヌギ、クリなどの落葉樹からなる雑木林があった。そして山の尾根に広がるアラカシやウラジロガシなどの常緑のカシ林を間において、モミやツガの針葉樹林やミズナラやブナが生える落葉広葉樹林などの深山の森があった。

かつて西日本の平地を埋め尽くしていたシイノキ、アラカシやアカガシ、クスノキ、タブ、モチノキなどの常緑広葉樹を核とした森は、照葉樹林とも呼ばれる。照葉樹の名は、照り返しにてかてかと光る葉をもったこれらの木のイメージに結びつき、広く用いられるようになった。照葉樹は幹の上方で太い枝を多数分かち綿菓子のように、もこもことした円形の樹冠をもつ。

これにたいして、ミズナラやブナ、それにシナノキやイタヤカエデなどの落葉広葉樹の樹冠はもっと末広がりで、極端にいえば、逆円錐形《えんすいけい》になる。一方、モミ、シラビソ、トウヒ、ツガなどの針葉樹は上方ほど枝は短くなり、細長い円錐形の樹形をとる。

こうした木のかたち、樹形のちがいは森のかたちのちがいにもつながっていく。

森のかたち

森にはたくさんの高木が生えているが、みな同じような樹高をしている。北アメリカやオーストラリアには樹高が五〇メートルに達する森林が広範囲にあるが、日本の森林は高さ三〇メートルを超えることはまれである。高木の樹冠が層をなす高木層は、太陽の光を遮《さえぎ》ってしまう。林内を充たしているのは、木漏れ日や樹冠の葉を透過した光だけである。高木の樹冠の下方に低木層をつくる、低木の樹冠部がある。そしてその下方に草本層という草の領域がある。かたちから森をみたとき、この高木層、低木層、草本層がすべてそろって、初めて森ということができる。これが森林の階層性と呼ばれる、森の特徴のひとつである。

間伐をせずに放置されたスギの人工林を全国各地で広くみることができる。密植されたスギの樹冠にふさがれて、林内は昼でも暗く、低木はもとより林床にも生える草はまばらである。スギの枯枝だけがたまった林内には小鳥はおろか、昆虫の姿も少なく静まりかえっており、これでも森といえるのかと思うほどである。かたちからみると、人工林といえども高木だけでなく、低木、草本など多様な植物が存在して初めて森といえるのではないだろうか。

スギやヒノキなど、針葉樹は鳥や昆虫の餌に欠かせない花や果実をもたない。だが、花や果実を結ぶ顕花植物（花の咲く植物）からなる十分に発達した低木層や草本層があれば、針葉樹林といえども昆虫、そして鳥にとっても魅力のある森となりえるのである。

単に木が生えているのが森ではない。木がなければ森とはいわないが、森には木ばかりでなく、草もつる植物も生え、草を食べる昆虫や木の実を食べる小鳥、さらには昆虫や小鳥を餌にする動物、枯れ葉や動物の遺体を分解する小動物、それにキノコやバクテリアも生息している。しかもそれらの生き物がただ雑然と暮らしているのではなく、一定の規則性のもとに生活を維持している。植物の階層性も規則性のひとつである。それが森なのである。

森の生産活動

ひとつの森は、生き物にとってみると、ひとつの小宇宙ともいえよう、なぜ多くの植物が生え、動物がなぜ森をすみかとするのだろう。これに答える鍵が植物の営む光合成にある。

植物の葉や茎が、光を活用して、二酸化炭素と水からつくり出す炭水化物が、すべての生き物のエネルギー源になっている。私たち人類も植物のつくる炭水化物なしには生きていけない。まさに植物あっての人類なのだが、ついついこのことは忘れられてしまう。

もちろん、鳥も直接に、あるいは植物を食べて育った昆虫の幼虫を食べるなどして、間接に植物を食べて生きている、エネルギーの生産ができない消費者である。

木や草の葉は、でたらめに配置しているようだが、よく観察すると、光を有効に取り込むために、お互いに重なり合うのを避けるように配置していることが判る。木の枝でも光を受けやすい枝先に葉は集まる。重なりあう枝があると、下方の枝はやがて枯れてしまう。

独立して生える木の葉は四方八方から光を受けることができるが、森の植物はそうはいかない。直接太陽の光を受容できるのは、高木層の樹冠の葉だけである。低木と林床の草は、わずかの木漏れ日と高木層の葉が捨てた光を再利用して、光合成を営んでいる。

森は草原よりもはるかに効率よく光合成をしていて、土地あたりの生産量も大きい。それなのに、世界中が森林にならないのはどうしてなのだろう。森林の大きな生産量を支えるには、水などの環境資源も豊かでなければならない。森林は地球上で最も恵まれた環境下でのみ成立しえるのである。

湿原もやがて森になる

最近、日光の戦場ヶ原で、湿原を護るためにミズナラを伐採したことが、新聞に取り上げられ、問題となった。戦場ヶ原は、かつて尾瀬ヶ原のような一大湿地であったが、いまでは湿原そのものが周辺の乾燥化で減ってしまい、残された湿地にもズミやカラマツなどの木が生えてきている。

乾燥化を進めた一因として開拓のため湿原の水を排水したことをあげることができるが、そうしたことがなくとも長い年月を経れば早晩、湿原は消滅し、森林となると予測される。

先に述べたように森林は、温度と降水量が植物の生長に最も適した場所だけに成立する。だから、いまは草原や湿原であるところも、長い年月の後には植物を含む自然自体の営みによって環境が改善され森林になる可能性が高い。日本では一部の地域や特定の場所以外では、湿原や草原は放っておけばどこでもやがて森と化していくと予想される。事実、火山の噴火などでまったく新しい大地が誕生すると、年月の移行とともに、やがて草原が誕生し、やがて森に被われるにいたる。こうした経過を火山の島である伊豆大島や三宅島では、つぶさにみることができたこともあり、多くの日本人はどこでも放っておけばやがて森になるだろうと思っているし、実際にそうなるものと思われるのである。だが、こうした森が形成されうる潜在力は世界のどの地域にでも備わっているわけではないのだ。

陽樹と陰樹

ではいったん森林が成立した後はどうなるのだろう？　もちろん、木にも寿命があるのだから、いったんはそこに定着した木といえども未来永劫にわたって生き続けることはできないはずだ。

幼樹が、直射光のもとでのみ生長できる木を陽樹、森林内の光でも生長できる木を陰樹という。アカマツやクスノキは陽樹なので、自然には更新できず、やがてその森は陰樹林へと移り変わっていく。老成した松林のなかを歩いてみると、やがて陰樹林へと変わっていくことを暗示するかのように、林内にはいたるところに陰樹の幼木がみられるのだが、そのなかにアカマツの稚樹を見出すことはできない。

陽樹と陰樹のちがいは森林の遷移を考えるときに重要な鍵となる。なぜなら、陽樹はいったん森林ができあがってしまうと、自分の子孫を次世代のために育むことができない。森林内では陰樹だけが、次の世代を担う木として芽生えが生長を続けていくことができる。こうして、陽樹の森林から陰樹の森林への遷移は進行していく。

安定した森林

陰樹の森、すなわち陰樹林は、陽樹林と異なり、長期間にわたりその場所を占有し続けることができる。なぜなら、自らの子孫を林内で育むことができるからだ。この、それぞれの場で形成される最終的な植生を極相、特にそれが森林である場合は極相林と呼ぶ。照葉樹林もブナ林も極相林である。

森林はこうして、一連の変化を遂げ、裸地から草原を経て陰樹林という極相林へと移り変わっていくのである。とはいえ、種子がもたらされぬ限り、移行はむずかしい。餌など森から大きな恩恵を受けながら、森のなかで暮らしている多くの鳥たちは、将来の森づくりの礎となる種子の散布に重要なはたらきをしている。

極相林も台風や地震、さらに病害には勝てない。枯れていく木があると、その周囲は直射日光を受け、陽樹に都合のよい環境となる。山の斜面にパッチ状に生えるサクラはこういう空間を好む陽樹といえる。足のない植物であるが、ひとつの場所をめぐる種の消長にはかなりはげしいものがある。

照葉樹林では伐採されると、その跡にコナラやクヌギ、クリなどの落葉広葉樹からなる落葉広葉樹林ができる。伐採後に生じるような森を二次林というが、常緑から落葉性の森へと変わるので、季節変化も目立ち伐採による変化はドラスチックである。詳細は省くが、西日本では照葉樹林を伐採すると落葉広葉樹林ができる。いったん生じた落葉広葉樹林を再度伐採すると、今度はコナラ、クヌギ、クリなど特定の木だけが生き残り、しかもひこばえ（切った草木の根や株から生えでた芽）が幹となる萌芽林が誕生した。こうしてつくられた人工の林を生活に活用した。武蔵野の雑木林もそのひとつであるが、アカシデやイヌシデ（ソロまたはソロノキともいう）、ムクノキ、エノキといったカバノキ科とニレ科の樹種が数多く混ざる。東日本の落葉広葉樹林を伐採したときに生じる二次林もコナラやクリからなる。二次林からみると、照葉樹林域と落葉樹林域の区別はつけにくい。

日本の森

日本では木の生存を左右するのは温度である。北海道と沖縄の森ではまったく別の木が生えている。日本の森を、森をつくる主要な木の種類、落葉性などからみた景観で、常緑針葉樹林、落葉広葉樹林、常緑広葉樹林（照葉樹林）などに区別すると、その分布は次節「日本の森林」の図2・3のようになる。

ただし、この図は人間がまったく森に手をつけなかったときの、一種の予想図で、実際とは大きく異なる。伐採から再生した二次林や植林などは森のかたちをとどめているが、平地を中心に森林は水田や畑、そして市街地などに変貌してしまっている。日本は、かつては森の国であったという方が正しいかもしれない。

すでに述べたように、生き物にとって森はひとつの小宇宙ともいうべきものであり、森が失われることは、同時に多数の野生動物をも失うことにつながる。環境との共存を模索する現代、私たちは森というものを木材の生産場所としてのみ考えてはならない。森は植物だけでなく、植物と動物が一体となって暮らしている場であるということに、いま以上に注意を払う必要がある。

日本の森林

はじめに

どんなに植物に関心のない人でも一度は草花や植木を育てた経験はあると思う。栽培してみてよく判ることは、植物はやはり生き物で手入れを怠るとすぐに枯れてしまうことである。枯れた原因はいろいろであろうが、たいがいは水やりを忘れたとか、冬に防寒を怠ったりした場合が多い。これは植物の生育がおもに温度と水（乾燥の程度）に左右されているためである。ところで、地表を被う植物の集団のことを植生というが、植生をみればその地域の気候がおおよそ判るといわれている。ケッペンの気候区分にも象徴的に示されているように、植生は気候を可視的にとらえるためのすぐれた「物差し」の役をはたしている。グローバルに植生を眺めてみると、気候の変化に応じて植生がほぼ帯状に配列していることが判る（図1）。このグローバルな植生の分布図をみると、日本の植生には砂漠やサバンナのような乾燥植生がまったくみられないことから、日本の植生は明らかに一方にのみ、すなわち湿潤側に偏って配置していることが判る。海からの影響によって生み出された日本の湿潤な気候は、植物の生長にとって都合のよい環境をもたらしている。それが最も複雑な植物群落である森林の存在を許容し、日本の自然の基礎をつくっているのである。このように、世界の植生配置から

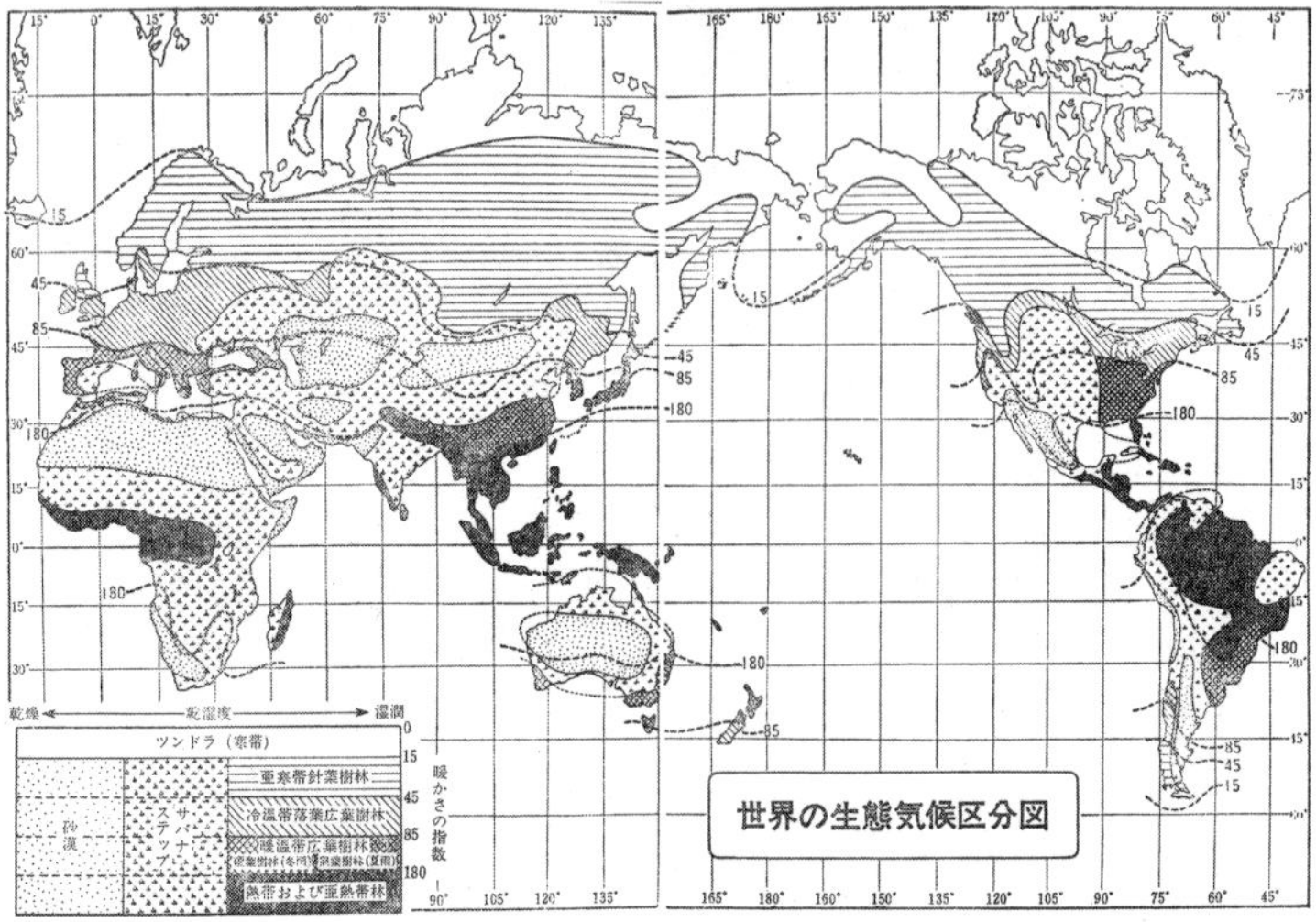

図1　世界の植生（吉良竜夫、1971による）

みると、日本はまさに森の国といえるのである。

日本の森林の特徴

日本は原始時代には国土の九割以上が森林に被われていたといわれている。森といわれたときに、そのイメージを具体的に思い描くことのできる身近な森が誰にでもあるといってもいい。日本はどこでも森林の形成が可能な森林気候に入っている。このことは、日本では森林を伐採しても、一定の時間が経過すれば再び森林が形成されることを意味している。すなわち、畑やゴルフ場、さらには道路でさえ、放置すればやがて森になる潜在性を有しているのである。木を伐っても日本人が割合平然としているのは、このような日本の良好な森林気候を反映していよう。だが、このように、伐っても伐っても木が生えるところは、世界広しといえども、きわめて例外的であることを認識する必要があるだろう。

東京の西部にある高尾山はハイキングコースとしてよく知られた高さ六〇〇メートルほどの山であるが、自然の状態が比較的よ

表1　日本と北アメリカ東北部、ニュージーランドの植物相の比較（前川文夫、1977）

地域	植物の属数／種数					
	シダ植物	裸子植物	双子葉植物	単子葉植物	合計	緯度
日本	81 / 401	17 / 39	737 / 2353	275 / 1064	1110 / 3867	北緯 30 − 45.5°
北アメリカ東北部	32 / 108	10 / 26	438 / 1727	178 / 974	658 / 2835	北緯 36.5 − 48°
ニュージーランド	47 / 164	5 / 20	233 / 1249	115 / 438	400 / 1871	南緯 34 − 47.5°

く保たれている。山の中腹から下部にはカシ林、中腹から尾根にはモミ林、海抜四五〇メートル以上の尾根付近にはイヌブナ林をみることができる。林のなかに一〇メートル四方の枠をつくって、そのなかに生えている植物の種数、被度などが調べられたが、モミ林では、一〇〇平方メートルにみられる高木は一、二種、多くても四種であった。草本の種数は調査した林によってばらつきがあるが、いずれも二〇種は超えない。カシ林では高木層に現れる種の数がモミ林よりも多い傾向にあるが、全体の種数はモミ林とほぼ同じといってよい。他方、四国で調査されたシイ林では、同じ一〇〇平方メートルに出現する種数が、多いところでは五〇種を超える結果が出ている。大雑把にいって、日本では一〇〇平方メートルの森林であれば、普通二〇種から五〇種の植物がその構成にあずかっているといえるだろう。この高尾山全域には約一二〇〇種の高等植物がみられる。同じ東京の狭山《さやま》丘陵では九九〇種、植物の宝庫といわれている日光国立公園内には約一三〇〇種、というように、日本では、面積にして一〇〇から三〇〇平方キロメートルぐらいの山や国立公園あるいは郡や村には、普通八〇〇から一三〇〇種の高等植物があるということができる。一〇〇平方メートルの森林では五〇種どまりであった種数が、どうしてその二〇倍、三〇倍になるのかといえば、地形を初めとするミクロな環境のちがいに応じて、そこには種を異にする、多様な植物が生育しているからである。南西諸島を除く日本に産する高等植物はおよそ三八六〇種（表1）であるから、上記の山や国立公園に出現する種数（八〇〇から一三〇〇）はおよそ全体の二〇%から三四%にあたる。ちなみに、日本より高緯度にある、イギリス諸島に産する高等植物は約一五〇〇

種に過ぎない。日本とほぼ同緯度にある、北アメリカ東北部およびニュージーランドの植物相と比べても、いかに日本の植物相が多様性に富むものかが明らかであろう。日本の森林の特徴のひとつとして、森林を構成する植物の種（植物相）の多様性が高いということをまず指摘することができる。国土の狭い日本ではあるが、谷ひとつ隔てればちがう種が生育していることさえある。このような多様な植物相を発達させた日本の森林は、どの地域でもその植物相の概要を掌握するだけでもたいへんな労力と時間を要する。この段階でまだまだ日本の森林には未知のことがたくさんあるといっても決して過言ではないだろう。

このような森林を初めとする日本の植物相の顕著な多様性の理由として、よく指摘されるのは、日本が南北に長いことで生じる、著しい温度差である。また、日本は狭いながらも、海抜三〇〇〇メートルを超す急峻な山岳がある。後に述べるように、日本には温度の勾配による植物相の推移が認められ、北海道東北部の北方針葉樹林から沖縄のマングローブまで、亜寒帯から亜熱帯までの森林がある。それが日本の植物相の多様さを生む原因になっていることは確かである。しかし、気候要因だけで日本の植物相の多様さをすべて説明することはできない。なかでも重要なのは日本と周辺地域の地史である。とりわけ、南日本に高い山がなく、そのうえ島づたいにアジアの熱帯につながっているため、氷河期に植物相が南方へ逃避できたことの意義は大きい。そのため、第三紀以来発展を遂げてきた植物相が、氷河によって完全には破壊されなかったのである。また、日本の地理的位置が亜寒帯・温帯・亜熱帯との接点にあって、気候変動の際に、その境が日本列島の上を南北に移動したことも、今日の日本の植物相の多様さをもたらした主要な原因とみられる。さらにまた海に囲まれた日本は、一度も乾燥気候に見舞われずに済んだのである。このことは、第三紀以来発展を遂げてきた植物相を温存するうえでは大いに幸いした。だが、これは日本の植物相に乾燥に適応した多様さを欠く最大の原因ともなったのである。一方、ヨーロッパや北アメリカでは、氷河によってそれまでに発達した植物相がほぼ完全に破壊されてしまい、現存する植物相はもっぱら現在の気候と土地条件を反映したかたちで成立しているのである。その植物相の多様性は日本と比較すると問題にならぬほど単調である。

日本の森林にみられる地方差

こと植物に関する限り、降水に恵まれた日本では、さまざまな地域差を生む環境要因として、特に温度が重要である。森林を構成する代表的な木本植物の分布と、年平均気温、年較差、積算温度のような気候値との対応を調べてみると、積算温度とよく対応していることが判る。亜熱帯のような暖かい地方に生育する植物は冬の寒さに、他方、寒い地方の植物は夏の暑さによって、分布が制約される。この点に着目して、「暖かさの指数」と「寒さの指数」と名づけた温量指数が吉良竜夫（一九四五）によって考案された。温量指数とは一種の積算温度であるが、両指数とも月の平均気温が五℃を超える月を植物が生育できる期間、逆に五℃未満の月を非生育期間と仮定して算出される。

「暖かさの指数」は、月平均気温が五℃を超す月の平均気温から五℃を引いた値を加算して求められる。また、「寒さの指数」は月平均気温が五℃未満の月について、月の平均気温と五℃との差の合計で、マイナスをつけて表される。少しややこしいが、これは、月平均気温が五℃未満の月の平均気温から五℃を引いた値を合計した数値と等しい。

主な日本の植生帯を特徴づける植物の分布域と「暖かさの指数」との関係をみると、一八〇、八五、四五、一五のところに上端（すなわち低温側の分布限界）が集中している。日本のそれぞれの植生帯における暖かさの指数の値は以下のようになる。

植生帯	暖かさの指数
亜熱帯	二四〇～一八〇
暖温帯・丘陵帯	一八〇～八五
冷温帯・山岳帯	八五～四五
亜寒帯・亜高山帯	四五～一五
高山帯	一五未満

図2には日本の植生帯（吉岡邦二 一九七三）を示した。日本は小さな国にもかかわらず亜熱帯から亜寒帯までの植生帯がそろっており、南北に長い日本の特色がよく表れている。以下には南から北にほぼこの植生帯ごとに日本の森林の特徴を概観してみよう。

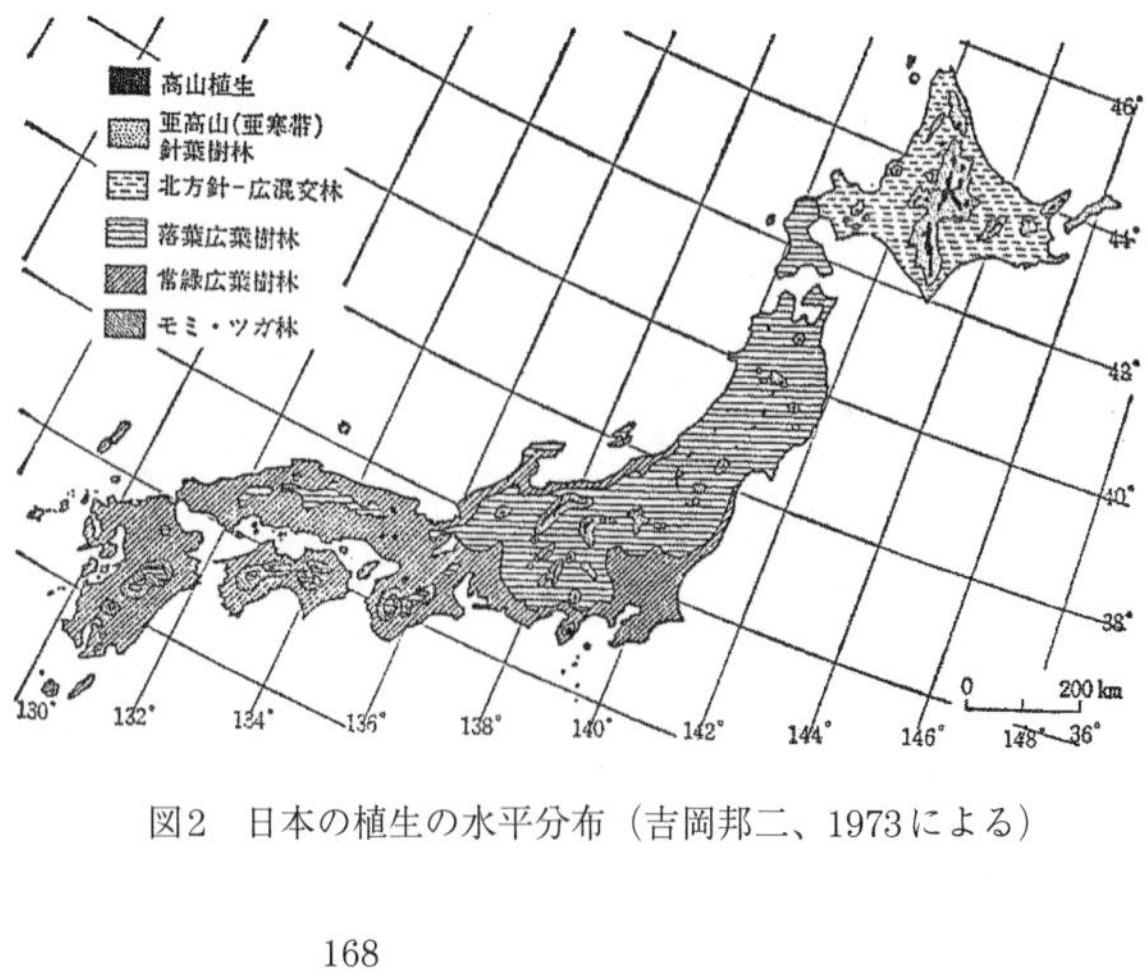

図2　日本の植生の水平分布（吉岡邦二、1973による）

日本列島の森林

沖縄といえば熱帯か熱帯的だと思うだろう。実際、気温ひとつみても沖縄は常夏に近い。植生では、マングローブやガジュマルの森というように、暖温帯にはみられない亜熱帯性の森が小規模ながらみられる。沖縄を中心に、南西諸島には九州本島以北にはいないサソリのような熱帯性の動物も生息している。

マングローブ

西表島や宮古島の遠浅な海岸や河口の潮間帯では、水につかった状態で生育しているマングローブという特殊な森林が発達している。特に、西表島の仲間川河口の、オヒルギとヤエヤマヒルギを主とするマングローブは見事で、小アマゾンと俗称されているほどである。メヒルギの小規模の群落は、かつて鹿児島湾西側の喜入《きいれ》や屋久島にもあって、ここがマングローブの世界における北限であった。マングローブは、熱帯の塩分濃度が高い潮間帯のような特殊な場所にできる森林である。温帯では潮間帯といっても森林は発達せず、アッケシソウ、ハママツナなどの草本群落がみられるだけであるから、マングローブは熱帯・亜熱帯を特徴づける植生のひとつといえる。

ところで、世界にはおよそ九〇種のマングローブ植物がある。その大部分は、インドからマレー半島を経てニューギニアにいたる熱帯に分布している。メヒルギの分布の中心も中国南部を経てマレー半島にいたる熱帯で、日本は分布の北限にあたっている。マングローブを構成する植物は、浸透圧値が高いだけでなく、支柱根や呼吸根あるいは胎生《たいせい》種子といった特殊な装置を備えていることが多い。たとえば、メヒルギでは釣りに使う浮きのような細長い種子をつくるが、その種子は胎生といって母株から離れる前に発芽を始めるが、完全に伸びきってしまうのではなく、途中でいったん生長を止めて落下し、海水や汽水に浮かんで散布される。その後着地に成功したものは地中に下半部が沈み、幼根の部分が光から遮《さえぎ》られると再び生長を始め、幼植物が完成するしくみになっている。

西表島のマングローブのなかには、樹上からたれさがる花に群がる鳥、ガやその他の昆虫、また、地上ではカニ、エビ、トビハゼなどの小動物がたくさんみられる。熱帯のマングローブになると、ヘビ、ワニ、トカゲといった大形動物のすみかでもある。いま世界のマングローブが地域開発のためや製紙原料用に伐採され絶滅の危機に瀕している。これはただマングローブという森林が消滅してしまうというだけでなく、マングローブをすみかとするおびただしい数の熱帯の動物の生存をも脅かすことにつながるのである。なぜなら、野生動物は植生に依存しながら生きているためである。このような地域生態系の維持にはたす森林の重要性も見逃してはならない。

ガジュマルの林

ガジュマルは熱帯で多様化したイチジク属（クワ科）の樹木で、そのエキゾチックな名前は沖縄の方言によっている。ガジュマルは一本の木からできた森として知られるカルカッタ植物園のバンヤン樹と近縁で、大きく生長すると枝から気根をたくさん出し、その樹形はまるで化け物のような異様なかたちをしている。特に八重山諸島の低地では、琉球石灰岩と呼ぶ石灰質に富んだ立地はほとんど、ガジュマルと同じイチジク属のアコウからなる森に被われていたといわれている。九州以北では人間活動にともない平地のタブ林が真っ先に伐採の憂き目にあったが、南西諸島ではガジュマルやアコウの林が同じ運命を辿《たど》ったと考えられる。道路の真ん中にぽつんと取り残されたヒンプーガジュマルと呼ばれている沖縄県名護市のガジュマルは、そうした歴史を象徴しているかのようである。

南西諸島の常緑広葉樹林

琉球列島の島々では、昭和三〇年以前には常緑広葉樹の原生林が普通にみられたといわれている。高木層を優占する樹種を初めとしその森林の構成種には、九州本島以北の暖温帯にみられる常緑広葉樹林の構成種と同種かごく近縁である種が多いことが特徴である。ヒメユズリハ、イスノキ、イヌガシ、クロバイ、カクレミノ、モクタチバナ、ホソバカナワラビなどは伊豆諸島南部や紀伊半島以南の常緑広葉樹林に限られるが、タブ、スダジイ、モチノキ、ヤブニッケイ、ヤブツバキ、ヒサカキ、マンリョウなどは関東や東北地方南部にまで分布している。ここで注目しておきたいのは、琉球列島の常緑広葉樹林の高木層がブナ科以外の科に属する種、たとえばイジュ（ツバキ科）、リュウキュウモチ（モチノキ科）などを含む多数の樹種からなり、単一の優占種というものがないことである。また、クスノキ科、イチジク属、ヤシ科、あるいは木生シダなど、熱帯で発達したグループに属する種が多いことである。全体の傾向として、九州以北の常緑広葉樹林では、シイ、タブ、ウラジロガシなどが単独で高木層の優占種になっていて多様性に欠ける。これは常緑広葉樹林の北限で生じる一種の特殊化現象ということができるだろう。ところで、熱帯系の植物であるが、日本では南方から北に向かって少しずつ種数が減ってゆき、年平均最低気温マイナス三・五℃の等温線のところでまったく姿を消す。この線を北限とする代表的な植物にハマオモト（ハマユウともいう）がある。

琉球列島の常緑広葉樹には、熱帯性植物の種数が確かに多いが、それでも森林のタイプとしては九州本島のそれとの間に質的な差があるとはいえない。琉球列島のガジュマルやアコウの森とマングローブこそ日本の亜熱帯を代表する森林といえるだろう。ただ、ガジュマルの森は石灰質、マングローブは海水の入りこむ泥質地という特殊な立地にできる土地的な極相林である。そうした状況を考えあわせると、琉球列島は植生上は暖温帯で、わずかに亜熱帯の片鱗がのぞける程度に過ぎないといえそうである。本当の亜熱帯植生は台湾の低地まで行かなければみられないのである。

暖温帯の森林

常緑広葉樹林は、照葉樹林と呼ばれることも多い。有名な伊勢神宮の森を初め、西日本の神社の森は、ほとんど常緑広葉樹の森である。常緑広葉樹林は、アラカシ、アカガシ、ウラジロガシなどのカシ類、シイ、マテバシイなど、ブナ科の木が多いが、タブ、クスノキ、アオガシ、ハマビワといったクスノキ科の樹木もかなり目につく。どこでも一様な森林があるというのではなく、シイ、カシ類、タブ、イスノキといった種のいずれか一種が優占する森林がみられる。常緑広葉樹林は九州から東北地方南部にいたる広範な地域に分布していたが、現在では伐採され、もはや断続的に残存しているに過ぎない。各地で行われる諸行事に用いるマンリョウ、ユズリハ、サカキ、ヒサカキ（サカキと俗称している）、シキミ、ウラジロなど、多くの植物が常緑広葉樹林に結びついている。

タブ林

常緑広葉樹林のうち、高木層にクスノキ科のタブが優占するタブ林は人間活動によって、真っ先に切り開かれた林で、人手が加わる前には、房総、三浦半島以西の本州、四国、九州各地の海沿いの平地や谷間に広がっていたと考えられている。タブ林は一般に林内の空中湿度が高く、樹上で生活するフウトウカズラやテイカカズラなどのつる植物、樹幹で生活を営むセッコク、クモラン、コウヤコケシノブなどの着生植物がたいへん多い。林床にはイノデ、コバノカナワラビ、暖地ではいっそう大形のコクモウクジャク、シロヤマシダなどのシダ類がびっしり茂り、足の踏み場もないほどである。露出した石や岩があると、マメヅタ、ヘラシダなどのシダ類やコケ類がその全面を被って生えている。特に、四国南部から九州の海岸部のタブ林ではこのような着生植物やつる植物が多く、大形のシダ類が林床に密生した景観は亜熱帯の常緑広葉樹林のそれに近い。

太平洋側でみると、シイ林やカシ林が宮城県仙台付近（シイ林は平付近）を分布の北限とするのにたいして、タブ林は海岸沿いに岩手県中部にまで達していて、ここが常緑広葉樹林としても分布の北限になっている。海岸部に成立するタブ林は、沿海地の局地的な暖かい気候の影響を受け、山の斜面のシイやカシ林よりも、いっそう北にまで生育できると考えられている。

シイ林

シイ林はやや乾いた丘陵地や山の斜面の立地を占めている。シイが優占する森林は広い範囲にわたり、沖縄の西表島から福島・新潟両県に及ぶ。それだけに仔細にみれば森林に地方差がある。シイ自体にも葉が大きく、樹枝に縦方向の割目が入るスダジイ（イタジイ）と、葉が小さく、割れ目のないコジイ（ツブラジイ）という二つの種があり、分布する範囲が異なっている。平地のタブ林が切り開かれ田畑や居住地になったところでも、斜面のシイ林は伐採されずに残される傾向があった。シイ林というよりもシイノキばやしの名の方が通りがよいが、実際シイ林はシイの実拾いを初め、枯れ枝や落葉を燃料や肥料に利用していたのである。また子供たちが自然と交わるよい教育の場にもなっていた。しかし、そのシイ林も列島改造以後、市街地を中心に斜面の造成が進み、急速に姿を消しつつある。

シイ林にはタブ林内ではあまり姿をみなかったヤブツバキが多い。シロダモ、ネズミモチ、ヒサカキも普通にみられるシイ林の一員である。タブ林と同じようにホソバカナワラビ、ベニシダ、イタチシダなどのシダ類が林床に繁茂するが、乾いたところではシダ類が減ってヤブコウジ、アリドオシ、ヤブランなどが多くなる。全体の傾向として、シイ林は、斜面の下方はタブ、上方ではカシと混生していて、林内にはタブ林、カシ林と共通する種が多くみられるということができる。

カシ林

日本にはウラジロガシ、アラカシ、アカガシ、シラカシなど九種の常緑のカシが自生する。常緑のカシはシイよりも分布範囲が広く、垂直分布でもシイよりも高いところまで分布を広げている。カシ林にはシイ林やタブ林にみられなかった、モミ、ツガ、スギ、イヌガヤ、カヤなどの針葉樹や、アセビ、シキミ、ヒイラギ、ミヤマシキミなどの低木性の種がみられる。かつてカシ林は、西日本の山の斜面から尾根まで広大な面積を占めていたと思われる。

ウラジロガシはかなり乾いたところでも生育が可能で、岩盤の露出したような保水の悪い痩せた尾根筋にまでその林が続いているところもある。平地にはカシ林は少ないが、人手の加わる前の関東平野はシラカシの林だったという説がある。西日本に多いアカガシやアラカシを主としたカシ林は、関東地方ではむしろ少ない。高い山では山腹のウラジロガシ林を通り抜けてさらに登ると、モミやツガのような、高木になる針葉樹の林が現れてくる。

主に太平洋側の地方ではこうした針葉樹がウラジロガシ林にも生えていることが多い。他方、山陰や北陸地方では高木性の針葉樹はまれで、わずかにツガやモミが限られた地域にのみ自生しているに過ぎず、カシ林のなかにはみられない。これらの地方のカシ林にはヒメアオキ、チャボガヤ、ハイイヌガヤ、ユキツバキなどの低木が生えている。おもしろいことに、上記の植物は後で述べる裏日本のブナ林を特徴づける植物でもある。

ウバメガシと常緑硬葉樹林

伊豆半島から九州にいたる海岸の母岩がなかば露出したようなところに、ウバメガシを主とした特殊なカシ林ができる。横道にそれるが、最上の炭というのは和歌山県産の備長炭だそうで、これはウバメガシからつくられた。生長に時間のかかるウバメガシの材は緻密なので、これからつくられた備長炭は火勢が強く、昔は鋳物師しか使えなかったという。

ウバメガシの葉は常緑であるが、他の常緑のカシに比べて小さく、照り返しのする光沢はなく、地中海の常緑硬葉樹を代表するゲッケイジュの葉に似ている。

北半球の温帯で常緑広葉樹林ができるのは、地中海沿岸や東アジアなど少数の地域に限られている。しかも、それぞれの地域で成立する森林にちがいがみられる。大陸の西側にある地方や地中海沿岸地方では、高温期にほとんど雨が降らない。強い日差しと雨のない夏に植物は耐えることができず、乾燥に強い少数の種が辛うじて生き残ったと考えられている。適応の過程で、ある種ではコルクガシのように、幹に厚いコルク層ができ、また、ある種では、葉がオリーブのように小型化し、厚くなった。このような植物からなる地中海地方の林は常緑硬葉樹林と呼ばれている。同じ常緑樹林といっても、東アジアの常緑広葉樹林とは景観が大きく異なっている。

常緑広葉樹林の分布

飛行機からみると、ボルネオやアマゾン川の流域にみられる常緑広葉樹林では、緑一色にびっしりとつまった高木の樹冠の間からひときわ高くそびえたつ木が生えているのが判る。このように高木層の上にさらに超出する巨大高木層をもつ森林は、熱帯だけにみることができるものである。日本の常緑広葉樹林には、このような超出木がなく、明らかにインド西部やマレーシアの熱帯の常緑広葉樹の森林とは形態を異にしている。日本の常緑広葉樹林に近縁な森林は、東アジアからヒマラヤに達する地域を占めているシイとカシを主とした森林である。全体としてきわめて共通性の高い森林で、かつては日本から中国・東ヒマラヤにいたる広大な地域に連綿と続いていたと考えられる。地域ごとにローカルな特色が認められ、日本の常緑広葉樹林はその地域型のひとつとみることができる。この地域の常緑広葉樹林に類似した森林に熱帯・亜熱帯の山地林がある。

中間温帯林

長野県での常緑広葉樹の分布は、木曾川沿いの南木曾町や天竜川に沿う伊那市南部で終わっていて、それより北にはみられない。ところが、松本平や善光寺平のような盆地の「暖かさの指数」を調べてみると、八五から九五の範囲に入る。この場合もそうだが、常緑広葉樹の低温側の分布限界を「暖かさの指数」だけではうまく説明できないことが起こる。このことは常緑広葉樹が暖かさよりも冬の寒さに弱いことと関係していると考えられるのである。「暖かさの指数」がいくら八五以上に達していても常緑広葉樹がみられない地域を調べてみると、「寒さの指数」がマイナス一〇ないし一五以下になっている。このようなところでは常緑広葉樹は生育できないらしい。他方、「暖かさの指数」が八五を超える地域には冷温帯を代表するブナは分布していない。このようにブナと常緑広葉樹の分布限界はそれぞれ別の要因によって決まっていると考えれば、ブナもカシも分布していない地域の存在が納得できる。この一種の空白地域を埋めているのがモミ、ツガ、クリ、イヌブナ、サワシバなどからなる森林で、これを中間温帯林と呼んでいる。

冷温帯の森林

日本の冷温帯を代表するのはブナやミズナラが優占する落葉広葉樹林である。落葉広葉樹にはブナ科、カバノキ科、ヤナギ科、ニレ科、クルミ科、カエデ科など被子植物の多くの科にまたがる多数の樹種が見出せる。日本の落葉広葉樹林を代表するのは何といってもブナ林である。落葉広葉樹林をつくる木は、晩秋に落葉して、葉は春になるまで冬芽という芽のなかで休眠して過ごす。雨期に葉を茂らせ、乾期に休眠する落葉樹の森林（雨緑林）と区別するため、夏緑林と呼ぶことがある。

かつては、広範囲に分布していたブナ林であるが、伐採により近年急速にその姿を消しつつある。ブナ林は、どこでも一様というわけではなく、表日本型、裏日本型、内陸型の気候域で、ブナ林を構成する種にかなりのちがいがみられる。これはブナ林がいったん成立した後の気候の地方的な特殊化に適応した種の置き換えや種そのものの分化が進んだために起こった現象とみることができる。内陸型の気候が割合顕著な長野県では、ブナそのものは少なくウラジロモミを主とした森林となる。むしろウラジロモミ林といった方がよい。

ブナの木は枝が折れやすいので、木登りにはよほど太い枝でも注意せよといわれたものである。確かに表日本のブナの枝は折れやすい。直径一〇センチくらいの枝でも人が乗ると折れることがあるくらいである。ところが、同じブナでも裏日本のブナは幹や枝がしなやかで、急な斜面では斜上して立ち上がる。雪圧にも耐え冬季は曲がって雪の下に埋もれてしまうが、それでも枝が折れることはなく、春にはもとの状態に戻る。このブナのように種としては同じでも表日本と裏日本で異なる性質を有する植物がかなり知られている。そのうちの多くの種が示す変化は、積雪にたいする耐性として理解することができるものである。

日本全土に分布し、いわゆるササ原をつくるササの仲間は、ブナ林の林床にも繁茂する。ササは地方ごとに多少とも形態上の差がある変異を生じていて、種の分化が比較的速く進行する植物と推定されている。日本各地のブナ林はチシマザサ（ネマガリダケともいう）とチマキザサに被われたブナ–チシマザサ群落、スズタケが林床に生えるブナ–スズタケ群落、ミヤコザサが生えウラジロモミの目立つウラジロモミ–ミヤコザサ群落にほぼ三分される。チシマザサとチマキザサは裏日本型、スズタケは表日本型の気候域に分布し、年最高積雪量七五センチの等深線がその境界にほぼ一致することが指摘されている。

栃木県日光地方では場所ごとの地形、気象などの微妙な環境条件のちがいを反映して、上に記したすべての群落がみられる。そこではスズタケが最も分布範囲が狭く、中禅寺湖周辺の山の南向き斜面に限られている。スズタケは地表から高さ一メートルあたりまで芽を生じ、地下部には少数の芽しかつくらない。芽やそれから展開した葉が雪のなかで保護されるチシマザサやチマキザサと比べると、スズタケでは冬の季節風は大きな障害となっているのであろう。スズタケが南斜面にのみ生えるのは冬の季節風が当たらないことに関係していると考えられる。スズタケ同様に太平洋側に分布するミヤコザサは芽の位置が一層低く、稈も伸張せず地表植物に近い生活形になっている。ミヤコザサはスズタケよりも内陸部に分布域を広げている。日光ではその分布範囲は比較的広く、竜頭ノ滝から戦場ヶ原、三岳にかけて広がっている。

冷温帯では谷側のような湿った斜面や河畔にはトチノキ、サワグルミ、シオジなどからなる落葉広葉樹の林が現れる。青森県の奥入瀬渓谷は紅葉の名所のひとつだが、トチノキとサワグルミの優占する典型的な河畔の森（河畔林）で、他にはイタヤカエデ、ブナ、カツラ、ヤマモミジ、ハルニレなど、ごく少数の樹種がみられるに過ぎない。河畔林ではまたササも姿を消し、それに代わって林床を被う、リョウメンシダ、ジュウモンジシダ、サカゲイノデなどのシダ類が目立つ。

亜寒帯の森林

日本にははてしなく続くタイガのような針葉樹林はみられない。しかし、まったくないかといえばそうではなく、小規模ながらタイガに比較できる針葉樹林が北海道道東・道北の北見山地などにある。このあたりは平地でも永久凍土がみられ、一面コケ類や地衣類で被われた林内はいつもひんやりとしているエゾマツとトドマツの森がある。伐採後にできた二次林や特殊な立地にはタイガに共通にみられるカンバ属、ヤナギ属、ヤマナラシ属の種からなる落葉広葉樹の茂みがみられる。針葉樹であるモミ、トウヒ、マツ、カラマツの四属は上記の落葉広葉樹の諸属とともに、シベリアのタイガを初めとする北半球の永久凍土地域を被う北方針葉樹林を構成する主要樹種を含む。北方針葉樹林の景観がきわめて類似するのは、種そのものは地方ごとに異なるものの、属レベルで共通しているためである。

エゾマツは北海道を代表するトウヒ属の針葉樹で、渡島半島を除く全道に広く分布している。トドマツは同じ針葉樹であるが、モミ属の種で、渡島半島を含む全道に分布する。しかし、両種とも本州以西にはまったくみられない、北海道特産種である。エゾマツ・トドマツがほぼ北海道全域に分布するのに北方針葉樹林を道東・北部に限定するのはなぜかという疑問が生じる。北海道の東・北部以外では、エゾマツ・トドマツからなる針葉樹林は山の中腹にあり、平地にはほとんどない。平地では、エゾマツ・トドマツはミズナラ、ハリギリ、シナノキ、エゾイタヤといった落葉広葉樹と混生し、ところによっては落葉樹だけの森林を形づくる。特に北海道中央部の大半の地域は、このような針葉樹と落葉広葉樹の混生した森林に被われている。グローバルにみるとこうした針葉樹と落葉広葉樹の混生林は北海道に限ることなく北半球に普遍的に存在しており、汎針・広混交林と呼ばれている。

汎針・広混交林は、温帯から亜寒帯への移行的植生の性格が強いが、ブナはない。ブナ林は黒松内低地帯付近にまで北上しているが、それ以北にはみられない。暖かさの指数からみると、北海道中央部でも低地はブナの生育が可能な気候条件にある。それにもかかわらず、ブナが北海道中央部の低地に分布していないのはなぜであろう。単に土地条件の問題とも考えられないので、これに答えるには地史をも含めた広い範囲の考察が必要である。

森林の垂直分布

高度差からみた植生の分布を植生の垂直分布と呼ぶが、地理的な水平分布との間には並行関係がある。それは森林を含む植生のかたちが主に温度と降水量という環境要因によって決まるためである。麓に常緑広葉樹林のあるような本州中部地方の太平洋側の山岳では、高度を増すにしたがって中間温帯（→低山地帯）、冷温帯（→山地帯）、亜寒帯（→亜高山帯）、寒帯（→高山帯）の植生に対応した植生が配置する（カッコ内が垂直分布帯上の名称である）。日本における植生の垂直分布の概略を図3に示した。

モミ属の垂直分布

針葉樹を代表するモミ属の分布をみてみよう。日本には五種のモミ属植物が自生する。どの種も樹形や枝ぶり、葉のかたちなどが似通っているが、種ごとに分布の範囲は異なっている。モミは本州、四国、九州に分布し、水平・垂直分布の双方で常緑広葉樹林と落葉広葉樹林の分布が接するあたりに多くみられるが、あまり純林はつくらない。ウラジロモミは関東地方から紀伊半島にかけての本州と四国に分布し、垂直分布では落葉広葉樹林の位置に出現し、本種を主体とするウラジロモミ林をつくるが、落葉広葉樹と混生することも多い。シラビソ（シラベ）は福島県から紀伊半島にかけての本州と四国に分布する。垂直分布では次のオオシラビソとともに落葉広葉樹林の上部の森林、すなわち亜高山針葉樹林を構成し森林限界まで達する。オオシラビソ（アオモリトドマツ）は中部地方以北の本州に分布するが、シラビソと分布が重なる地域では混生している（トドマツについては北方針葉樹林のところで述べた）。

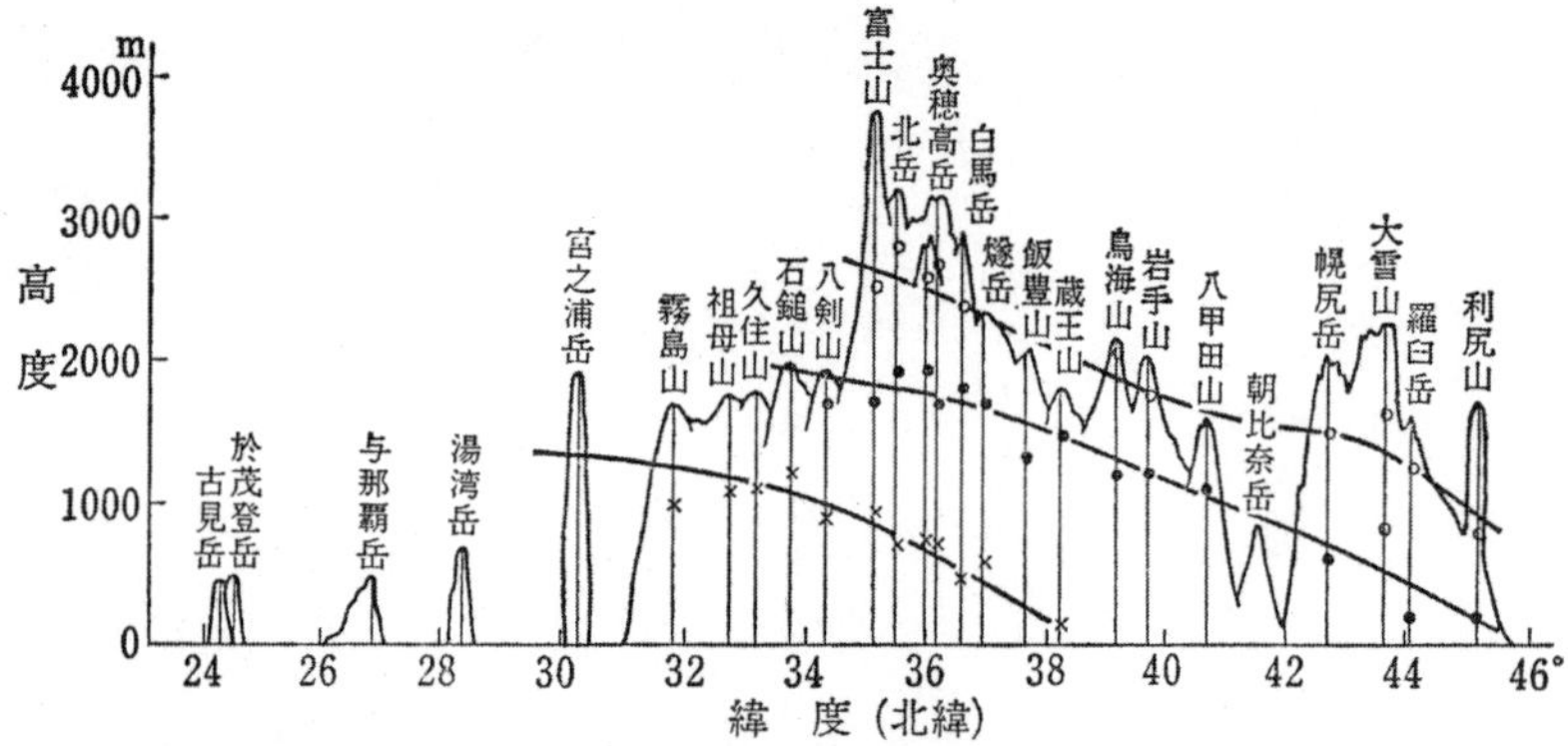

図3　日本での植生の垂直分布　個々の山における植生帯の境界を×、●、○によって示してある。×は常緑広葉樹林帯と落葉広葉樹林帯、●は落葉広葉樹林帯と亜高山あるいは北方針葉樹林帯、○は亜高山（北方）針葉樹林帯と高山帯との境界である。植生帯の境界は個々の山で異なるが、全体としては同型の植生帯が南（低緯度）では高いところに、北（高緯度）では低いところに現れる（菊池多賀夫、1985による）。

水平分布と垂直分布の関係

垂直分布帯と水平分布帯における植生の対応とは一種の相似であり、両者の植生を構成する植物相まで共通しているということではない。亜寒帯の北方針葉樹林を構成するのはエゾマツ、トドマツであるが、亜高山帯の針葉樹林（亜高山針葉樹林）を構成するのは主にシラビソ、オオシラビソ、コメツガである。大隅半島や紀伊半島のブナ林は平地性のブナ林（すなわち水平分布における冷温帯のブナ林）とは異なり、暖温帯の垂直分布上（山地帯）の森林であり、植生上からは同一視できない。ブナ林の起源や形成過程の解析にあたっては、このようなちがいに特に注意する必要がある。このことは暖温帯の常緑広葉樹林（水平分布帯）と熱帯・亜熱帯の山地林（垂直分布帯）との関係についても同じことがいえる。

再び中間温帯林

暖温帯の山で垂直分布をみると、やはりカシもブナもない森林の存在が指摘されている。ある地域では暖かさの指数が八五になる高度のところがちょうど寒さの指数でマイナス一〇だとすると、温量

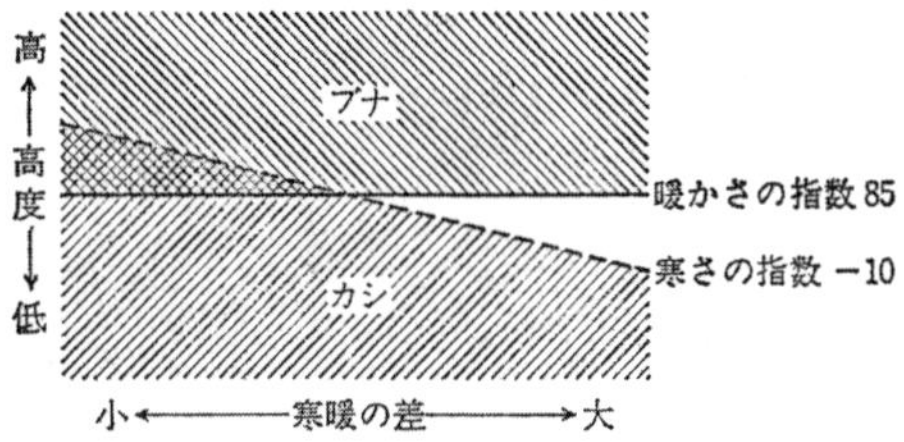

図４　中間の温帯林（図中の白抜き部分）と暖かさの指数、寒さの指数との関係を示す模式図（飯泉茂・菊池多賀夫、1980による）

指数からみて、その高さを境に、下部にカシ類を主とした常緑広葉樹林、上部にブナ・ミズナラの落葉広葉樹林が成立する条件を備えているといえる（図４）。ところが寒さの指数でマイナス一〇になる高度がもっと高いところにある地域の山だと、ブナとカシが混生できる条件にある（図４の左側）。反対にもっと低いところでマイナス一〇に達してしまえば、ブナもカシも生育できない場所が生じることになる（図４右側）。このようなブナもカシもない、いわば暖温帯と冷温帯の中間帯を中間温帯と呼んでいる。ただ中間温帯と一口にいってもこれにはかなりの地方差がある。表日本ではモミとツガという針葉樹が優占する森林ができることが多いが、裏日本ではモミもツガも直接冬の季節風の当たらない岩角地などの特殊な場所にその生育地は限られていて、カシ林から直接ブナ林へと変わってゆく。中間温帯が存在しないといってもよいかもしれない。前述したように長野県のような中部地方の内陸部では冷温帯にそもそもブナがあまりなく、目立つのはモミと同じ属のウラジロモミである。

日本の森林の起源

日本の森林の起源を森林を形成する植物相の起源・系統的な類縁から探ってみることにしよう。まずいえることは、日本の森林はこれまで概観してきたようにきわめて多様であり、その起源や形成過程を考えるうえでこれをひとまとめにして扱うことはできないことである。

常緑広葉樹林はすでに述べたように中国・ヒマラヤの常緑広葉樹林あるいは東南アジアの山地林に密接な関連がある。それにたいして落葉広葉樹林は常緑広葉樹林とは異質な植物相を基盤としている。ただし、日本海側多雪地帯のブナ林に顕著な例をみるように、ヒメアオキ（→アオキ）、ユキツバキ（→ヤブツバキ）、ハイイヌガヤ（→イヌガヤ）など常緑広葉樹林帯から侵入したと考えられる植物も数多くある。日本の落葉広葉樹林はユーラシアの湿潤温帯と北アメリカのアパラチア山系にみられる落葉広葉樹林と共通性が高い。おそらく共通の起源に由来するものであろう。北方針葉樹林とユーラシアのタイガとの構造上の類似はすでに述べたが、植物相からの解析はいまだ不十分である。見かけ上、北方針葉樹林に類似した亜高山針葉樹林は、それを構成する植物相からみると落葉広葉樹林との共通性が高い。

結論として、日本には水平・垂直分布を通して三つの植物相を異にする森林が認められるといえる。それらは、北方針葉樹林、落葉広葉樹林、常緑広葉樹林である。それに移行帯的な性格の森林として汎針・広混交林と中間温帯林がある。北方針葉樹林は気候帯としての亜寒帯、落葉広葉樹林は温帯の森林である。常緑広葉樹林は亜熱帯の森林といいたいところであるが、私はそうではなく、常緑広葉樹林を東アジアに特有な、一種のはみ出し的なゾーンであると考えている。言葉に困るのであるが、ここではこれまでに使い慣れた暖温帯という言葉を用いてきた。日本から中国・ヒマラヤをカバーするこの常緑広葉樹林はグローバルにみても謎の森林帯であり、この実体の解明こそはわれわれに課せられた大きな課題といえるであろう。

自然の多様性そのものを研究する自然史科学では現地調査と標本・資料の収集ならびに地域間の比較研究が不可欠である。これまでの蓄積のある欧米に比べると歴史の浅い日本はハンディが大きく、この分野での研究で遅れをとっている。常緑広葉樹林の起源とその形成過程を植物相の面から解析するためには、まず関連する地域での植物相の比較研究が必要となる。ところが、これまで日本にはこの広範な地域に生育する植物の標本や資料はあまりなかったため、きちんとした比較研究など不可能であった。東京大学では、中国・ヒマラヤ地域を中心に組織的に現地調査を行い標本や情報の収集に努めている。また京都大学を中心に東南アジアの調査が進められている。最近になってやっと念願の比較研究ができる体勢が整ってきたといえる。

ここでは割愛するが、日本の森林の特徴はここで述べてきた多様性以外にもあるであろう。だが、そうした可能性が高い、更新や遷移あるいは群落構造などでも、その解析はまだ不十分であるといわれている。学問的には日本の森林はまだ謎を秘めているといって過言ではない。日本の森林の研究から植物学の発展に貢献できる点は少なくない。

【引用文献】

飯泉茂・菊池多賀夫（一九八〇）『植物群落とその生活』東海大学出版会、東京

吉良竜夫（一九四五）『農業地理学の基礎としての東亜の新気候区分』京都帝国大学農学部園芸学研究室

吉良竜夫（一九七一）『生態学からみた自然』河出書房新社、東京

前川文夫（一九七七）『日本の植物区系』玉川大学出版会、東京

吉岡邦二（一九七三）『植物地理学』（生態学講座十二）共立出版、東京

日本のブナ

森の国

いまこれを書きながら、日本各地に訪ねた四季折々のブナ林の佇《たたず》まいを想い起こしている。春の芽吹き、開葉、新緑、若葉、真夏日の樹冠を埋めたいかにも重苦しそうな葉の群、紅（黄）葉、落葉、そしてすっかり葉を落とした裸の枝だけの樹冠など、ブナ林は四季の変化に富む。なかでも、林下に咲いたカタクリなどの花が一瞬のうちに終わる早春から、若葉の頃までは目まぐるしい。さらに、ブナ林に生きる他の植物にも、実に躍動に富んだ四季があるのだ。また、ブナ林に生息する小鳥その他の動物たちも、森の四季に歩調を合わせた生活を送っている。

昭和三〇年代までは、関東や中部地方でも山地に行けば、ブナ林に出会わぬ日はなかった。東北地方では平地でさえ、ブナ林は至るところにみられた。その頃、日曜日といえば私は胴乱を肩に、それこそ山野をほっつき歩いていた。林床に生い茂ったチマキザサやスズタケのなかを、まるで泳ぐようにして、ブナの林を下ったものだった。

床板など、限られた用途に利用されるに過ぎなかったブナ林は、建築用材としての価値は低かった。このことが、ブナ林を大規模な伐採から救ってきた、といってよい。ところが、昭和四〇年代になると、パルプ用材として、他の樹種同様に、ブナも急速に伐採されることになった。有用樹の拡大造林が、ブナ林の再生を拒んだ。伐採跡地の多くに、スギなどの有用樹が植林されたためである。

どこにでも普通だったブナ林の激減に気づくまもなく、ブナ林は貴重な存在となっていた、というのが私の実感である。おおまかにいえば、ブナ林は、伐採には適さぬ奥山や急傾斜地、それに国立公園内の登山道のような、観光客の目につくところにしか残らなかった。人目につかぬところで、伐採され姿を消してしまったブナ林がなつかしい。

もし石器時代くらいから、日本が人間の影響を受けることなく今日あるとすれば、北関東から北海道の南部までは、平地から山腹にかけて、ブナ林に被い尽くされていた、と推定されている。つまり、この地域は自然のまま放置されていれば、ブナ林ができる土地柄だというわけである。世界には、人間の影響を受けずに放置されたとしても、森はおろか、草も生えない、荒野や砂漠というところも決して少なくないから、このことだけでも日本は森の国である、といえる。東北日本だけではない。関東南部以西も、ブナ林ではないが、冬も青々とした常緑の木々がつくる照葉樹林に、また南部を除く北海道の大半でも落葉広葉樹と常緑の針葉樹が混生する森林になっている、と推定されるのである。

ブナの森の恵み

私事だが、五月の連休明けを山形県の瀬見温泉で過ごしたことがある。温泉場の裏山は鬱蒼とした樹林に被われ、新緑が目にしみ入るようだった。サワグルミやトチノキの巨木を眺めながら、急斜面を登りつめるとやっとブナが姿を現した。直径九〇センチメートル、高さは二三メートルはある。樹肌は白灰色で、ブナの樹肌に特有ともいえる、地衣類のつくる円形の斑紋が目立つ。その林床に目をやると、ほうぼうにブナの芽生えがみられ、更新可能なブナ林であることが判る。ブナ林のなかにはオオカメノキ、チョウジザクラ、ハウチワカエデ、ハリギリ、アオハダ、ミズナラなど、他の樹種も数多く目につく。オオカメノキの、純白の装飾花が朝の光に輝くようだった。

林床にはキバナノイカリソウの淡い黄色の錨状の花が、葉群の上方に星をちりばめたように咲いていた。オオバキスミレの濃い黄色の花が、これも濃い緑の葉によく調和していた。

オオバクロモジにも淡い黄色の花が咲いていた。枝を傷つけると、たちまち芳香がまわりに流れ出る。花の終わったオオバマンサクの葉は、気のせいかごわごわしてみえた。径にはタムシバの白色のしおれかけた花びらが落ちていた。早春に咲くタムシバは、すでに花を終えたのだろう。尾根に出るとヤマツツジがひときわ鮮やかだった。炎のような赤橙色の花冠の群れが径の両側をふさいでいた。

このようにブナ林には、ブナ以外の植物がたくさんいっしょに生育している。ひと続きのブナ林があれば、そこに出現する植物は、少なくて七〇、多くて一二〇種ほどはある。このような多種多様な植物が共存してこそ自然林なのである。別のいい方をすれば、このような種の多様さこそ、自然林の奥行きの深さの源泉となっているのである。

『ブナ帯と日本人』の著者、市川健夫教授は、縄文時代中期の日本は人口が二〇万人で、その三分の二以上が、東北日本のブナ林地帯に居住していたと推定される、と書いている。この東北日本には中部や関東地方も含まれるが、西日本の照葉樹林帯とは比較にならない人口数である。人口のこの圧倒的な差は、ブナを初めとする食料となる木々の実、野生動物の量の差だとしている。

ブナ林域は、西日本の照葉樹林域よりも多数の人口を抱えていたのに、弥生時代以降ブナ林域は、ごく最近まで日本の辺境に甘んじねばならなかった。日本においてブナ林やブナ林域の価値が見直されたのはたかだか数十年のことだといわねばならない。

昭和五二年に山形県新庄市は関屋の山の神神社のブナ林を天然記念物に指定した。地図でみると海抜一五〇メートルほどだから、これはまさしく平地のブナ林であるが、この山の神神社のブナ林の存在の意味は大きい。人手によって開拓される以前の新庄盆地、強いていえば東北地方の平坦地のいたるところに、ブナの森があった可能性を示唆しているからである。

この山の神神社はJR新庄駅から車で数分のところにいまでもある。何の変哲もない、田圃の片隅の村の鎮守で、小さな祠と秋葉山と湯殿山の名を刻んだ自然石があるだけの狭い境内にわずか九本であったが、ブナは健在であった。その幹は直径六〇センチメートルになり、高さは一五メートルに達していた。特有の地衣類の斑紋に彩られた幹はまっすぐに伸び、私が訪ねたときには、数本のブナでは最下の枝が下方に伸び、手の届くところに葉の群れがあった。葉は虫喰われたものもなく、みずみずしく通り過ぎる風にそよいでいた。

いまはほぼ全国で米が作れるが、優良な耐寒性品種がなかった時代まで遡《さかのぼ》れば、事情はちがう。東北地方は、かろうじて稲作ができても、それは凶作になりやすかった。凶作を未然に防ぐことに命懸けで取り組んだのは、もちろんであるが、人々は飢饉と隣り合わせで生きていた。流通が未発達なために、ひとたび凶作に見舞われればたちまち食べ物に事欠くことになるのである。

農民は、農作業の合間を惜しんで山野にある食べられる植物、動物を探し、貯蔵し、飢饉に備えた。山も大切な資源の供給地とみなされていたのである。村人は試行錯誤を重ね、新たな食用資源を発見していった。いま都会のグルメ嗜好の人々に供される漬け物や山菜なども、もともとは救荒時の食料だったものである。特に、日本海側の多雪地のブナ林は山菜の採取に適している。

根雪が地中の新芽の開出を遅らすが、雪が解けると、一斉に伸び出すので、採取するのに手間がかからない。しかも十分に水気を吸い強壮である。ふつうシドケとかシドキというモミジガサ、さらにフキ、ヨブスマソウ、ウドなどの新茎、タラ、ウコギ、ミツバアケビなどの新芽、シダではゼンマイ、ワラビの他、コゴミあるいはコゴメというクサソテツの新芽など、それぞれに独特の風味をもつ山菜が知られている。さらに、ブナ林を抜け亜高山帯に登れば、豊富なネマガリタケのタケノコなどにもありつける。

ブナ林は食用以外にもさまざまな資源を供給した。多様な農具は、ブナそのものやブナ林の植物を村人がいかによく知っていたかを私たちに教えてくれる。粘りの強い日本海側の多雪地帯のブナは、かんじき、雪掻き用の木鋤、櫛、杓子、トチノキは木鉢、サワグルミは家具、カエデ類やケヤキは椀や盆というように、用途に応じてさまざまな樹種が利用されたことが判る。

ところで山菜はグルメブームに乗って、都会人の間でも人気がある。季節ともなれば、大挙押しかけてきては、それこそ根こそぎにしていくという。凶作が心配された時代、村人は山菜の根こそぎの採取はしなかった。なぜならこんな採取をしていたら数年で資源は枯渇してしまうにちがいないからだ。最近よくいわれることだが、江戸時代以降近世まで、日本はリサイクル型の生物資源利用を積極的にはかってきた。資源が枯渇しないよう、村人は細心の注意を払ってきたのである。

ウドやコゴミの芽掻きでも、全部の芽は採らない。間引くのである。こうして生態系のバランスをできるだけ崩さぬように努めた。こうした背景があって、どこのブナ林でも、下草が豊かにまたバランスよく生い茂っていた、といえる。現在の根こそぎの山菜採りは、生態系のバランスを乱す、自然破壊といっても過言ではない。

ブナ林といえば、いまでも忘れられぬのが、秋のキノコである。ブナ林には多種多様なキノコが発生する。これを集めて塩漬けにして保存する。これは、いまでも欠かせぬ秋から初冬の味覚である。秋に落葉するブナ林の木々の葉は、森林の保水力を高め、また分解され栄養分に富んだ土壌の生成につながった。落葉が村人に堆肥の原料として利用されたのはいうまでもない。

いま改めてブナ林の保水力が見直されているという。夏のからからに乾いた日でも、ブナ林の林床は湿り気がある。このことを記憶している読者も多いにちがいない。日本海側では裏山のブナ林が、冬季の雪解け水を夏まで保水するため、ブナ林が夏にこの地方を襲う干ばつから田畑を救ってきた、といわれる。

ブナ林の分布

東北地方のブナ林にずいぶん紙数を割いてしまったが、ブナ林は四国や九州にも存在する。その南限は鹿児島県の大隅半島の付け根にある高隈山、北限は北海道南部の黒松内地方である。

東北地方では平地にみられるブナ林だが、四国と九州では、ブナ林の分布は山頂や尾根に限られる。これは植物は温度環境に微妙に応答するためである。広範囲に分布するブナ林といえども、それが成立する温度環境は限られている。山に登ると五〇〇メートルで気温は三℃ほど低くなる。これは、水平距離にしておよそ二五〇キロメートル北方へ移動するのと同じ気温の低下で、平地から三〇〇〇メートル級の山の山頂をきわめれば、東京から札幌あたりまで移動したのと同じ温度差に出会うことになる。この温度環境の変化に対応して山の植物や森林の分布も変わっていく。

九州の山々のように、山麓が常緑の照葉樹林であっても、途中で落葉樹林へと変わる。中部山岳地帯のアルプス登山では、ブナ林のような落葉広葉樹林から山頂の百花が咲き競うお花畑をめざすわけだが、途中で昼も暗いシラビソやコメツガなどの針葉樹林のなかを歩いた記憶をもつ方も多いであろう。これも温度環境に応じた植物や森林の分布の変化なのである。

日本の北の涯、北海道の宗谷や根室、あるいは知床に、ブナ林が存在しないのも、これらの地域の温度環境が、ブナの生育の許容外にあるからである。

ところで、ひと口にブナ林といってもその顔ともいえる林相は多様だ。それだからブナ林を訪ねて歩くのはおもしろい。またこれが写真家の注意を引かぬわけはない。写真家がその多様なブナ林の顔をとらえる一方で、植物学者は全国のブナ林をいくつかのグループにまとめることはできないかと考え、いろいろな指標を用いた分類を試みてきた。

最も簡単なのは背梁山脈を境に太平洋側と日本海側のブナ林に二分する試みである。これはなかなか魅力的な分け方と考えられている。日本海側のブナは葉が大きい。雪の重みに耐えるために枝の粘りも強く、太平洋側のブナのように、腕ほどの太さでも簡単に折れるようなことはない。林内にはオオバクロモジ、エゾユズリハ、マルバマンサクが生え、林床はチシマザサやチマキザサに被われ、ブナの実生も多く、ところどころにタチシオデやアケボノシュスランが生えている。

これにたいして太平洋側のブナ林はクロモジをともない、林床はスズタケに被われている。ブナの葉は小さく、また林床にはあまりブナの実生がみられない。

ブナ林のなかに、どんな植物がいっしょに生えているのか、これを調べていくのは容易なことではない。これは理屈の問題ではない。全国のブナ林を訪ね、克明に調査してみなければ判らないからだ。最近の空理空論を増長するような社会の風潮のせいか、全国のブナ林を訪ね歩き、この地道な調査に専心するような学究者は少なくなってしまった。それでも、最近になって、ようやくその全貌が判明してきた。

東京農工大学の福嶋司教授を中心としたグループは、ブナ林が共有する植物種の類似性から、全国のブナ林が五つに分類されるという説を唱えられた。ブナ林の地方差を知るうえで参考になるので紹介させていただこう。

北海道から東北地方の日本海側と新潟・富山県、それに青森・岩手両県の太平洋側の地域のブナ林（ブナ-チシマザサ群集）は、すでに述べた日本海側のブナ林の特徴をもつ。同じ日本海側でも、石川県から西の中国地方までのブナ林（ブナ-クロモジ群集）には、クロモジ、ナツツバキ、タンナサワフタギ、ヤマボウシなど、同じ日本海側の東北地方のブナ林にはない樹種が生えている。

九州・四国と紀伊半島、愛知県東北部のブナ林（ブナ-シラキ群集）は、先に述べた太平洋側のブナ林の特徴に加えて、林中にシロモジ、ベニドウダン、コハクウンボク、また林床にはヒナスゲが生える、という特徴をもつ。静岡県から山梨県や神奈川県の一部の富士火山帯とそれに接した地域のブナ林（ブナ-ヤマボウシ群集）は、太平洋側のブナ林の特徴に、マメザクラ、サラサドウダン、カジカエデ、ミヤマクマザサが加わる。

以上述べた地域を除く、中部地方、関東地方と東北地方の太平洋側のブナ林（ブナ-スズタケ群集）は、この地域のブナ林だけに出現する、という特徴的な樹木や草本に欠ける。だが、このブナ林には、太平洋側のブナ林を特徴づけるスズタケやオオモミジなどをともなう反面、ハウチワカエデのような、日本海側のブナ林を特徴づける種もいっしょに生えているのである。

ブナ-シラキ群集が分布する地域は植物地理学上からはソハヤキ地域と呼ばれてきた。ソハヤキとは意味不明の言葉のようにみえるかもしれないが、熊襲《くまそ》の国、速吸《はやすい》の瀬戸、紀国《きのくに》の三つから一字ずつ取って名づけられた名称である。つまり、九州南東部、四国と本州の紀伊半島が、このブナ林の分布する地域で、そこはまた、キレンゲショウマ、バイカアマチャ、コウヤマキなど、幾多の遺存種や固有種が分布する地域でもある。しかし、これらの種は、ブナ林には生えない。ブナ林とその下方に出現する照葉樹林との境目にみられる。この境目には中間温帯林と呼ぶ独特な森林ができ、そこを生育地としている。

ここにみた五つのブナ林の群集の分布が、ソハヤキ地域のように、日本の生物地理の区系を反映していることは興味深い。ブナ-ヤマボウシ群集が分布する地域は、同じく植物地理学ではフォッサ・マグナ地域という。マメザクラはこの地域だけに分布する、野生のサクラである。東京大学名誉教授であった故前川文夫先生は、この地域の固有種はフォッサ・マグナという地溝帯を埋め尽くした火山活動の影響で誕生した新種であると考えた。

それはともかく、とかく安定していて不変のように思いがちの森林も、歴史的な存在であり、環境の変化に敏感に対応している。ブナ林といえども例外ではなく、ひとたび失えば再生も困難な状況に陥ることもある。たとえ再生がされても、安定を迎えるまでには長年月を必要とする。写真集などに記録されたブナ林が、かつてあったブナ林の記録にならないことを祈らずにはいられない。

日本の植生区

一年中を氷雪に被われた極地方などでは植物は生存を許されない。大地に根を張ることができないからであるが、特殊な耐凍性をもつ植物でなければ、植物体をつくる細胞は内部の水の凍結により体積が膨張することで破壊されてしまい、生存が許されない。水は植物体をつくる重要な物質であり、生産・代謝のうえでも欠かせない。つまり植物の生存は気候（温度と水）と土壌によっているのである。

植生をつくる植物群落の外観を相観という。相観のなかでも高次の区分である、森林、草原、荒原の別は、マクロなスケールでの気候との相関がよく、それゆえに植生は気候を測る物差しであるともいわれた。

荒原、草原、森林の順に水と温度資源にめぐまれた良好な環境を必要とする。日本は森の国といわれるように、植生を高次の相観のみでみるならば高山や湖水域など一部地域・地点を除き、国中が森林によって被われている。つまり国中が森林が成立する良好な気候、さらには土壌にめぐまれているといってよい。それは一年を通じて植物が必要とする水の供給があり、かつ一定の期間、葉が枯死しないだけの温度があることを反映したものである。なお、水の供給は乾燥地にみる山岳からの貯蓄配分型ではなく、ほどんどが降水によって直接配分されるものである。

森林と草原、荒原を区別する高次の相観だけでは、北海道と沖縄というような国内での地方差はとらえることはできない。それをあぶり出すためには、相観をさらに掘り下げ分類・区分し、その分布を検討することが必要である。森林植生では森林の外形に加え、それを構成する主要樹種、主要樹種の属性の類似性や相違性などが区分を表徴する属性として利用されてきたが、なかでも日本の気候区分によく適合するのは、主要樹種を落葉性と常緑性、広葉樹と針葉樹という、二つの属性を用いて、落葉広葉樹、落葉針葉樹、常緑広葉樹、常緑針葉樹の四つに区分することである。相観に着目して区別した群落を群系というが、日本全域の植生区分にはこのレベルの群系区分がもっとも適している。ただ、グローバルにみると常緑広葉樹林では群系間の類縁性は低く、表1に示すように、日本など東アジアを中心に分布する常緑広葉樹林には、葉が光沢のあるクチクラ層に被われる常緑広葉樹をいう照葉樹の名を冠した照葉樹林の名称を用いるのがよい。

一年を通じて葉が光合成を行うだけの温度あるいは水資源が保証されている環境に常緑性は有利だが、温度あるいは水資源が一定期間欠乏する地域では落葉性が有利である。落葉樹には雨緑樹と夏緑樹が区別されるが、日本の落葉樹は低温になる冬落葉する夏緑樹である。カラマツやイチョウは落葉針葉樹を代表するが、日本にはそれらが優占する森林はみられない。したがって日本には、照葉樹林、夏緑林、常緑針葉樹林の三つの群系に区分される森林が認められ、その分布は図1に示す（垂直分帯については181ページの図3を参照）。

広葉樹は花をもつ被子植物の木本であり、針葉樹は花をもたない、すなわち胚珠（種子）を包む子房が未発達の裸子植物の木本であり、原始的な属性を多くもつ。材は導管ではなく、仮導管でできており、導管内で凍結水が溶けたときにできる気泡によって水の通導が妨げられず

表1　暖かさの指数と気候帯・群系

暖かさの指数	気候帯	群　系
15未満	亜高山帯、高山帯	低小草原
45～15	亜寒帯	常緑針葉樹林
85～45	冷温帯、山地帯	夏緑林
180～85	暖温帯、丘陵帯	照葉樹林
240～180	亜寒帯、低地帯	照葉樹林

この表では植生を群系によって区分している。植生帯と暖かさの指数は大場[5]による。

水不足となり枯死することはない。夜間に大きく氷点下を下回るような立地での生存には広葉樹よりも適しており、亜寒帯や亜高山の森林で針葉樹が優占するのはこの理由によると考えられる。

針葉樹の多くは共生菌をもち、菌からの栄養補給により土壌条件の厳しい立地でも生育ができる。ミクロなレベルでのことになるが、傾斜が急で岩肌が露出した立地や火山台地のような岩礫地などにも針葉樹林は発達する。

中部地方以北の山岳地域には樹木の生育限界を超えた高山帯がみられる。高木は生育できないが、木本性の植物としてはハイマツに代表される小低木があるものの、その上方に出現するのは背丈の低い草本や草本様に小形化した矮小低木の群落である。ここでは群系として低小草原の名称を用いる。

群系としては同じでもそれを構成する植物相には地域的なちがいがみられる。その理由は群系を構成する植物相すなわち群集は、気候と土壌だけではなく、植物種自体の適応戦略、立地ならびに植物種のたどった歴史、種間の競争といった複雑な環境要因がその決定にかかわっているからである。現在の時点でそれぞれの群集の成因を支配している環境要因相互の関係を正確にとらえることは困難であり、したがって群集のちがいがどのような環境要因のちがいと結びついているかは厳密にはとらえきれていない。類似あるいは相異の度合いに表れる大きなギャップを利用することで植生の地域区分を行うことができる。スケールに関係なく類似の度合いが高い群集が発達する地域間での環境の類似の度合いは高く、相異が大きければ相異の度合いが大きいと考えられるので、トータルとしての自然環境区分とみなすことができるだろう。

次に群系ごとに検討してみよう。

照葉樹林

太平洋側では関東地方以西、日本海側では近畿地方以西の本州と四国、九州、沖縄の広い地域を占める。平野部から山地にいたる範囲、標高ではおよそ一〇〇〇メートルまで達している。照葉樹林は気候帯としての暖温帯あるいは亜熱帯に当たる群系とされている。

樹木の落葉性・常緑性は主に温度資源とその分布によっているので、環境要因との相関のよい指数が求められているが、よく知られているのは平均気温や最寒月の平均気温の等温線、暖かさの指数である。常緑性の樹木の低温側の分布限界が最寒月の平均気温が〇℃の等温線にほぼ一致することが指摘されている。暖かさの指数ではおおむね八五を下限する（表1）。照葉樹林は優占する樹種のちがいにより、シイ林、タブ林、カシ林に区別できるが、垂直的には下方からタブ林、シイ林、カシ林の順に配置する。優占樹種が入れ替わる最大の理由は低温にたいする耐性や耐塩性などに求められている。

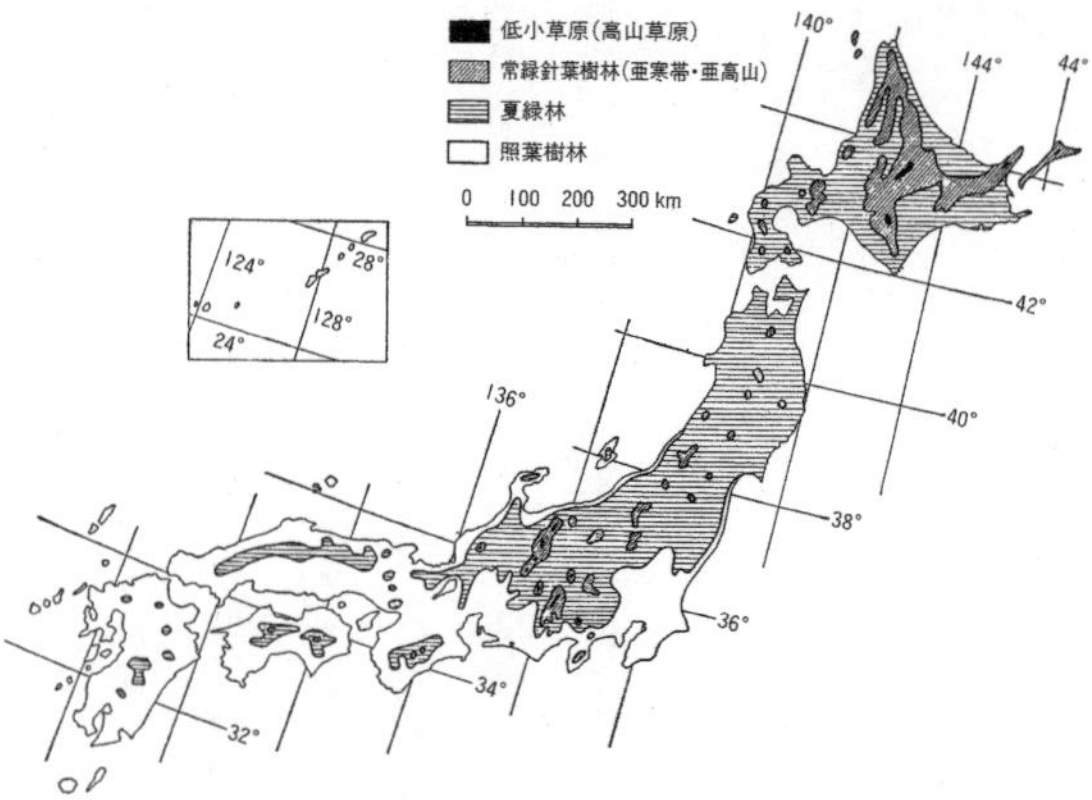

図1　日本の植生区分図（服部保1988による）。

日本の照葉樹林の中核をなすのはシイ林である。垂直分布の上限域にあるのはいずれもカシ林であるが、その値は太平洋側と日本海側、あるいは少雨域と多雨域で異なり、日本海側では上限の温度が下がる。日本海側の冬季の大量積雪がその理由とされている。垂直分布の上限がカシ林になるのにたいして水平分布での北限は太平洋側も日本海側もタブ林となっている。この理由のひとつはタブの耐塩性に求められるが、局所的な気候環境とも関係していると考えられる（飯泉・菊池一九八〇）。

日本にはカシの類として、アラカシ、アカガシ、ウラジロガシ、シラカシ、オキナワウラジロガシ、ツクバネガシ、ハナガガシなどがある。ウバメガシは、カシと同じナラ属に分類されるが、カシ類とは異なる常緑性の樹木で地中海地域に分布する硬葉樹のコルクガシと同じグループに属する。沿岸域に多いウバメガシ林の相観は冬雨型気候の地中海地方に発達する硬葉樹林に似てはいるが、夏雨型の気候下のもので、母岩が露出しているような急斜面や風衝地などの土壌の発達の悪い土地条件をもつ立地に多い。

広範囲を占めるシイ林を初め、カシ林、タブ林とも群集レベルでみると大きな地域差があり、多様である（服部・中西一九八三）。その地域差について服部（一九八五）は最終氷期のレフュージアの位置、ヒプシサマール期の分布拡大とその後の縮小・隔離などが大きく関与していることを明らかにした。日本では植生を群集にもとづいて分析する植物社会学の研究が進んでおり、群集を単位とする分布図も発表されている。

夏緑林

気候帯としての冷温帯に当たる群系である。九州から四国、本州を経て北海道まで広がり、垂直的には下限で照葉樹林、上限で亜高山帯の常緑針葉樹林に接する。日本の夏緑林はブナ林によって代表されるが、群集でみると、ブナ型（ここではブナ林と呼ぶ）とナラ型（総称としてはナラ林と呼ぶ）の森林に区分することができる。この二つの林型のすみわけは乾燥条件、つまり降水量に対応した世界的なもので、ブナ林が発達する地域は降水量が多く、ナラ林の地域は少なく、年一二〇〇ミリ以下のことが多い。

ブナ林地域では林床に生えるササの種類が太平洋側と日本海側でちがうことが指摘されてきた。すなわち、太平洋側ではスズタケ、日本海側ではチシマザサが主体となり、前者はブナ－スズタケ群集（群団）、後者をブナ－チシマザサ群集（群団）などと呼んできた。出現するササ種の相違は、冬季の積雪条件を反映したものである。

福嶋ら（一九九三）は日本のブナ林の地域的な多様さを森林の植物相である種組成にもとづいて解析し、分布地域を異にする五型（群集）に区分している（図2）。こうしたブナ林の地方差も地域環境の相違に加え、最終氷期とヒプシサーマル期を両極とする気候変動にともなう森林分布の消長、個々の種の適応戦略などが加味されもたらされたといえるであろう。

森林には成熟した段階の極相林のほか、それにいたる途上の陽樹林のほか、二次林や植林などがある。二次林は極相林とは優占種も異なるなど共通性は少ない（大場一九九一）。照葉樹林域でも夏緑林域でもコナラあるいはミズナラを優占種とする二次林が広範囲にみられる（野上・大場一九九一）。ブナが分布しない北海道黒松内低地帯以北の落葉広葉樹林にはミズナラが多く出現するが、それはナラ型ではなくブナ型の森林とみなされている。

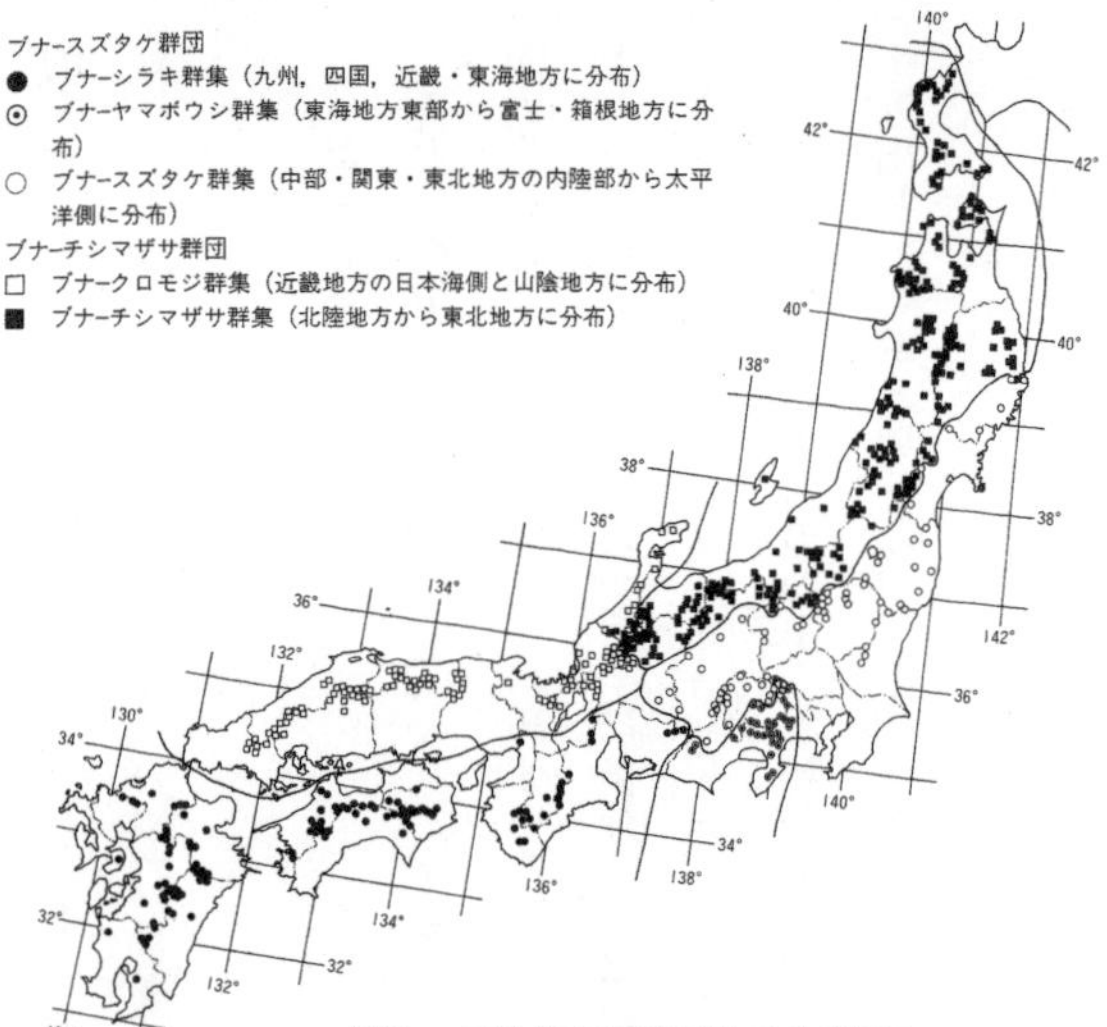

図2　ブナ林の群集ごとの分布図[4]

常緑針葉樹林

垂直的な群集としては、夏緑林の上方に出現し、垂直植生帯としては亜高山帯と呼ばれる。四国、本州から北海道の山地・山岳地帯に発達し、本州ではアオモリトドマツ（オオシラビソ）、シラビソ、コメツガ、トウヒが主な針葉樹種である。水平的な群集は夏緑林の分布北限を越えた北海道北東部にのみ出現し、エゾマツ、トドマツよりなる。この常緑針葉樹林は亜寒帯針葉樹林であり、北方針葉樹林と呼ばれる。北海道中央部での亜高山帯に対置できる森林といえる。

日本の常緑針葉樹林では、それを構成する植物相、すなわち群集が水平植生と垂直植生で大きく異なるだけでなく、地域的な差異も目立つ。現在の環境だけでなく、後氷期以後の気候変動など、歴史的変遷などが大きく関与していよう。なお北海道の低地には落葉広葉樹と常緑針葉樹の混生した森林が広範囲に分布しており、汎針・広混交林と呼ばれている。この種の森林は気候的植生帯の移行地域に広く出現することが知られている。

低小草原

日本で高山の植物・植生というとハイマツが代表的であるが、ハイマツ群落は群系としては亜高山の常緑針葉樹林に含められる。ハイマツ群落が出現する高度からさらに上方には、俗に高山のお花畑と呼ばれる背丈の低い多様な高山植物からなる草本群落が出現する。風衝地、崩壊斜面、雪田など、さまざまな立地ごとに異なる群落の発達をみる。

植生を群集レベルでみると、ここで述べたような出現範囲も広く、かつ帯状に分布する群集以外に、出現範囲が限定されるものや、石灰岩地のような特殊な土壌をもつ立地にのみ出現する群集も多い。それが日本の多様な植物相と植生を生み出しているといえるが、全国スケールの植生区の設定では捨象される。

【引用文献】
飯泉茂・菊池多賀夫（一九八〇）『植物群落とその生活』東海大学出版会、東京
大場秀章（一九八五）「南北に長い国」堀越増興・青木淳一編『日本の生物』岩波書店、東京、八九―一二三頁
大場秀章（一九九一）『森を読む』岩波書店、東京
野上道男・大場秀章（一九九一）「暖かさの指数からみた日本の植生」『科学』六一巻三六―四九頁
服部保（一九八五）「日本本土のシイ―タブ型照葉樹林の群落生態学的研究」『神戸群落生態研究会研究報告』一号一―九八頁
服部保（一九八八）「気候条件による日本の植生」矢野悟道編『日本の植生―侵略と攪乱の生態学』東海大学出版会、東京、一一―一一頁
服部保・中西哲（一九八三）「日本の照葉樹林の群落体系について」『神戸大学教育学部研究集録』第七一集一二三―一五七頁
福嶋司・高砂裕之・松井哲哉・西尾孝佳・喜屋武豊・常富豊（一九九三）「日本のブナ林群落の植物社会学的新体系」『日本生態学会誌』四五巻七九―九八頁

関東地方の植物相——その概要[註1]

研究史

江戸時代後期には、本草学者の間に自然史への関心が高まった。日光や筑波は本草家のよく訪ねる採集地となり、喜多村直『日光採品録』（一八二三）、岩崎常正『日光山草木之図』八巻（一八二四）などが著されている。エーサ・グレー（Asa Gray）は、江戸末期のペリー艦隊に加わったウイリアムス（Samuel Wells Williams）とモロー（James Morrow）の採集品などを研究した。一例をあげると、タチツボスミレ *Viola grypoceras* は横浜での採集品にもとづいて記載されたものである。

明治初期には欧米人が関東地方を訪ね、植物相（フロラ）や植生の研究・紹介に努めた。横須賀製鉄所に赴任したフランス人技師サヴァチェ（Paul Amedée Lúdovic Savatier）は横須賀とその周辺を初め、鎌倉、横浜、小田原、箱根などで採集を行い、後にはフランシェ（Adrien Réne Franchet）と共著で、*Enumeratio plantarum in japonia sponte crescentium* I, II（1875, 1879）を出版した。一八八八年にはヴァールブルグ（O. Warburg）が世界周航時に寄港した三宅島、八丈島の植物を研究している（Warburg 1900）。その他、ニーヴェルト（Nieworth 1875）やディケンスとサトー

(Dickens and Satow 1878) などの報告からその活動をうかがい知ることができる。

その後も、サージェント (Sargent 1894) やシュローター (Schröter 1936) などが日光や関東地方の植物相の報告を行っているが、植物相の解析は次第に日本人研究者や地方の愛好家によるようになり、第二次世界大戦後になって、相次いで地域別のリストが出版された。代表的なものとして、原・水島 (一九五四)、檜山 (一九六五)、生物学御研究所 (一九七二)、久保田他 (一九七八、一九八三) などがある。さらに、県単位の植物誌としては、『群馬県植物誌〔資料Ⅱ〕』(群馬県教育委員会・群馬県生物教育研究会一九六四)、『栃木県植物総覧』(関本一九四二)、『茨城県植物誌』(鈴木他一九八一)、『千葉県植物誌』(千葉県生物学会一九五八)、『埼玉県植物誌』(埼玉県教育委員会一九六二)、『神奈川県植物誌』(神奈川県博物館協会一九五八)、などが刊行されている。これらの各県植物誌や地域目録などから、各県に産する高等植物の種 (亜種・変種を含む) のおよその数は、群馬県二七五〇、栃木県二八〇〇、茨城県二三〇〇、千葉県二一〇〇、埼玉県二一五〇、東京都 (島部は除く) 一七五〇、伊豆諸島九〇〇、神奈川県二七〇〇と算定される。

関東地方の植物相

関東地方の植物相は多様であるが、その特色は以下のように要約することができる。

A　関東平野以南は暖温帯に入り、関東平野が暖温帯の北限になっている。そのため、関東地方を北限あるいは太平洋側の北限とする種がかなりある。関東平野の北部・西部の山地斜面には暖温帯と冷温帯の移行的な植生帯 (ここでは中間温帯と呼んでおく) がある。およそ一五〇〇メートルを超える山地では冷温帯、亜高山帯、高山帯の植物相が認められる。

B　太平洋に面した関東地方の気候は太平洋型の気候であるが、北部の山地 (特に背梁山脈) では日本海型の気候へ、西部の山地では内陸型の気候へと推移する。関東地方の植物相はこのような気候配置の影響を受け、気候に対応した種群（要素）や種内変異の存在、あるいは気候に対応した姉妹種のすみ分けがみられる。

C　関東地方南部の山地である房総・三浦半島と伊豆諸島には、関東地方の固有種・準固有種（固有亜種・変種を含んで、約一一〇種ある）の約半分に当たる五四種がある。この地域は暖温帯に属するにもかかわらず、それら五四種のうち約八三%に当たる四五種については、その姉妹種が冷温帯に分布する。なお、伊豆諸島の南方に位置する小笠原諸島の植物相は関東地方のそれとは明らかに異なる。

(1)　暖温帯の植物相

年最低温度の平均マイナス三・五℃の等温線は、ハマオモトの分布限界線によく一致し、ハマオモト線と呼ばれ、熱帯起源の植物の分布限界になっていると考えられてきた（Koshimizu 1938）。ハマオモト線は、年平均温度では一五℃の等温線、温量指数では一二〇℃のそれに近似しており、三浦・房総半島の南部を通っている。このあたりを分布の北限あるいは太平洋側の北限とするものに、ナチシダ、イシカグマ、カツモウイノデ、ホウビシダ、イヌガシ、ウバメガシ、オガタマノキ、バリバリノキ、マルバチシャノキ、バクチノキ、ホルトノキ、ネズミモチ、モッコク、ハマボウ、クロバイ、タイミンタチバナなどがある。

さらにハマオモト線をわずかに越え、その北側にまで分布を広げている種には、アマクサシダ、ハマホラシノブ、オリヅルシダ、キヨスミヒメワラビ、イヌマキ、ヤマモモ、ヤナギイチゴ、オオバウマノスズクサ、イチイガシ、ネコノチチ、シャシャンボ、リュウキュウマメガキなど数多くある。モクレイシは九州南部から飛んで伊豆諸島、伊豆半島から三浦・房総半島に分布する。これに似た分布を示すのがハクサンボクであるが、半島部には産せず、三宅島以南の伊豆諸島に自生する。さらに本種は小笠原諸島にまで分布を広げ、そこではトキワガマズミという固有変種になっている。

暖温帯林はハマオモト線を越え、最寒月（一月）の平均気温〇℃、寒さの指数マイナス一〇～一一℃の範囲にまで北上する。茨城県北部や栃木県中部にはスダジイ、タブノキ、シラカシなどを含んだ常緑広葉樹林が点在する。このあたりは暖温帯林の北限に近く、以下の種はここを分布の北限あるいは太平洋側の北限とする。マツバラン、カタヒバ、キヨスミコケシノブ、オオキジノオ、オオバノハチジョウシダ、イブキシダ、シシラン、ホソバカナワラビ、オオカナワラビ、ヘラシダ、エビラシダ、ヒトツバ、オオクボシダ、アキザキヤツシロラン、マメヅタラン、ムギラン、コクラン、ヤブミョウガ、ヒメドコロ、ササクサ、ムクノキ、ヒメイタビ、マルミノヤマゴボウ、カゴノキ、クスノキ、ムベ、ギンバイソウ、リンボク、コジキイチゴ、ミヤマトベラ、ヒナノカンザシ、クロガネモチ、コガンピ、オオバチドメ、ヒカゲツツジ、イズセンリョウ、ノジトラノオ、キジョラン、オカタツナミソウ、アリドオシ、ジュズネノキ、ヤブムグラ、イワツクバネウツギ、ツルギキョウ、ヌマダイコン、オオモミジガサ。

大隅・薩摩半島の南端をかすめる無霜線は、最寒月（一月）の平均温度八℃（さらには年平均気温一八℃）の等温線と近似するが、これを亜熱帯の北限とする考えもある（村田一九七七）。これと最寒月の平均温度〇℃の等温線（暖温帯の北限と考えられることもある）の間に引かれるハマオモト線を北限とする種が上記のように多数あるのは注目に値する。しかし、ハマオモト線の植物地理学上の意義についてはこれ以上の解析はまだ行われていない。

ハマオモト線以南にある伊豆諸島には、後に述べるように中間温帯・冷温帯起源の固有種があるが、最寒月平均温度が八℃に近い三宅島・御蔵島（まれに神津島）とそれ以南の八丈島・青ヶ島には南西諸島に姉妹種がある固有種・固有亜種（変種）が少数ある。それらは、サクノキ（→ナンバンアワブキ）、シマササバラン（→ユウコクラン）である。

Maekawa（1974）は、小笠原諸島の最南に位置する火山列島はフォッサ・マグナ地域（富士・箱根火山地域、伊豆半島、伊豆諸島を包含する植物区系）に入るとした。その根拠は、ガクアジサイやハチジョウススキがそこに分布することであるが、その提案の大胆さに比べ実証性に欠けている。特定の種の共存は必ずしも植物相の近似性を示すものではないからである。火山列島の植物相の成因について論じるためには、火山列島と小笠原群島との地史的な異同に注目しなければならない。地史的に二桁も古い小笠原群島は、すでに飽和状態に近い植物相をもっているが、火山列島の植物相は不飽和の状態にあると推定される。距離の近い小笠原群島は、火山列島への最も大きな植物供給源であり、両者の間の共通性はきわめて高い（火山列島の植物相の約六七％が小笠原群島と共通する）。ただ、火山列島の植物相については、距離的には近いマリアナ諸島よりも本土の植物相の方に近似度が大きいことも注目すべきである。さらに、火山列島に、①小笠原群島（火山列島を除く他の小笠原諸島の島々）の固有変種ではなく、本土と同型のヒサカキとフウトウカズラがあること、②ガクアジサイがススキ（ハチジョウススキではない）、ラセイタソウとともに群生していること、③イワガネゼンマイ、オニヒカゲワラビ、ニセコクモウクジャク、ミゾシダ、ヌマダイコンなど小笠原群島にはなく本土には産する種が分布することも、火山列島の区系上の位置を議論する際の鍵になるであろう（大場秀章一九八二）。島の植物相を論ずる際、島の歴史の他、気候や地質・地形などの環境要因の比較も重要である。

(2) 北方の植物　関東地方の冷温帯から高山帯には氷期の遺存種と考えられる北方系の種が少なからず分布している。最も顕著な例はナガバモウセンゴケである。本種は、シベリアからヨーロッパ、北アメリカの寒冷地に広く分布するが、日本では北海道の数地点と尾瀬ヶ原に隔離分布しているに過ぎない。さらに、尾瀬ヶ原には、北方系で本州での産地が限られた、ヤチスギラン、ホロムイソウ、オゼコウホネ、ヤチヤナギ、コタヌキモなどがある。

ヘビノシタ、ミズバショウ、シウリザクラ、オガラバナ、オオバスノキなどは関東地方北部の産地が太平洋側の南限となっている。オオウバユリはミズバショウの日本における分布と類似の分布パターンを示し、群馬・栃木両県の山地に産するが、両県の平地部では暖温帯系のウバユリ（両者は変種関係にある）が分布している。

(3)　温帯の植物相

西日本の太平洋側の植物相の成因を考察するうえで、注目される植物群に、いわゆるソハヤキ要素の植物がある。ソハヤキ要素というべき植物種群が実在するかどうかは議論の残るところであるが、ソハヤキ型の分布をする種については、その生育地が垂直分布の中間温帯に集中していることが指摘されている（村田・小山一九七六、村田一九七七）。関東地方にもソハヤキ型の分布をする種がかなりある。ツクバネ、レンゲショウマ、セツブンソウ、ヤマブキソウ、タマアジサイ、クサアジサイ、ギンバイソウ、ヤワタソウ、チョウジザクラ、ホソエカエデ、バイカツツジ、シオジ、イワタバコ、イワツクバネウツギ、テバコモミジガサ、オオモミジガサなどである。これらは、玖摩関東要素（小泉一九三一）とも考えられるが、同要素とソハヤキ要素との区別は困難である。ここに名前をあげた種は、関東地方でも中間温帯を主たる生育地としている。

さらに、関東地方の中間温帯には、ウメウツギ、ハンカイシオガマ、サツキヒナノウスツボ、ジゾウカンバ、ハコネコメツツジ、ハコネシロカネソウ、ハルナユキザサ、サクラガンピ、ハコネグミなどの固有あるいは準固有種がある。

(4)　日本海要素

冷温帯を代表するのはブナ・ミズナラを主とする森林であるが、那須や日光などでは、太平洋型と日本海型、さらに内陸型の群落がみられる。那須では東南側の斜面には太平洋型、西側とその西の山地にはそれらに対応する日本海型（日本海要素）の植物がみられる（表1）。日本海要素とは、その分布が近畿・中部・東北の日本海側に偏ったパターンをもつ種のことを指している。

この他、那須と日光にみられる日本海要素の種には、チシマザサ、チマキザサ、ミヤマネズミガヤ、タテヤマスゲ、ヒメタケシマラン、ハクサンチドリ、ヒロハテンナンショウ、タムシバ、シラネアオイ、オオイタドリ、クロヅル、スミレサイシン、オオバツツジ、ムラサキヤシオツツジ、タテヤマウツボグサ、ホソバコゴメグサ、ヒトツバヨモギ、オオカニコウモリ、サワアザミなどがある。

表１　那須岳の東南側斜面と西側斜面にみられる太平洋型と日本海型植物

斜面の方向　西側	――――――――――　東南側
ハイイヌガヤ *Cephalotaxus harringtonia* K. Koch var. *nana* Rehder	イヌガヤ *C. harringtonia* K. Koch var. *harringtonia*
エゾアジサイ *Hydrangea macrophylla* Ser. var. *megacarpa* Ohwi	ヤマアジサイ *H. macrophylla* Ser. var. *acuminata* Makino
トリアシショウマ *Astilbe thunbergii* Miq. var. *congesta* H. Boiss.	アカショウマ *A. thunbergii* Miq. var. *thunbergii*
ミネカデ *Acer tschonoskii* Maxim.	ナンゴクミネカエデ *A. australe* (Momotani) Ohwi et Momotani
ヒメアオキ *Aucuba japonica* Thunb. var. *borealis* Miyabe et Kudo	アオキ *A. japonica* Thunb.var.*japonica*
タニウツギ *Weigela hortensis* K. Koch	ニシキウツギ *W. decora* Nakai

群馬県の奥利根地域は日本海型気候区に入り、典型的な日本海側の植生景観がみられる。この地域には五〇八種の高等植物が見出されたが、全体の二五％に当たる一二一種はいわゆる日本海要素である（片野他一九七八）。そのうち、シロウマイタチシダ、コシノタネツケバナ、キンチャクスゲ、オオサクラソウ、タカネサギソウなどは、産地の限られた稀少種（変種）である。

植物相の構成要素が似ていてもその成因は必ずしも同じとは限らない。Maekawa（1974）は、普通日本海要素と総称される植物は、トガクシショウマ型、スミレサイシン型、チョウジギク型、ハイイヌツゲ型の四タイプに類型化ができるとしている。これは日本海要素の個々の種の系統、分布の詳細、属性などにもとづく類型化である。これらの型のうち、チョウジギク型は西日本では太平洋側にも日本海側にも分布するが本州中部以北では日本海側にのみ分布するというものである。分布パターン成立の要因は判っていないが、関東地方にはこの型のものは少ない。Maekawaが例にあげた種のうち、アスナロ、ナラガシワ、タムシバ、クロヅル、アクシバ、クルマバハグマ、チョウジギクは、日本海型気候に支配された群馬県や栃木県の山間部に分布している。区系地理学上、上記の群馬・栃木両県の山間部は、日本海側の新潟・富山県などと同じ植物区系区に含めるのが自然である。

(5) 丹沢・箱根の植物相

古い火山である箱根地域にはヒメスズタケの

ように箱根のみに産する特産種の他に、天子山地、愛鷹山など近接の山地を含むより広い地域に固有な植物が少数ある（ハコネシロカネソウ、サンショウバラ、ハコネグミ、サクラガンピ、トゲキクアザミなど）。丹沢山地にはサガミジョウロウホトトギスを特産する。前川（一九四九）は、伊豆半島から箱根火山、富士火山を経て八ヶ岳に及ぶ山地と伊豆諸島をフォッサ・マグナ地域と名づけたが、この地域を植物区系上の一地域と認めるかどうかについてはさらに検討が必要である。

(6)　伊豆諸島の固有種と房総・三浦半島の冷温帯植物

伊豆諸島には、固有・準固有と考えられる種、亜種、変種が五四ある。本諸島が本州の属島的性格を有していること、第四紀になってから形成された歴史の比較的新しい島々であることを考えあわせてみると、固有・準固有種（亜種・変種を含む）の数が驚くほど多いといえる。[2] ちなみに南西諸島・小笠原諸島を除くと、五つ以上の固有種（亜種・変種を含めてでも）がある島や諸島は伊豆諸島と屋久島だけである。

伊豆諸島の固有・準固有種のうち四五は、その姉妹種が本州の中間温帯から冷温帯にかけて生育している。伊豆諸島では最も高い御蔵島でも海抜八五一メートルに過ぎず、本諸島全体が暖温帯に入るにもかかわらず、シマタヌキランにたいするコタヌキラン、あるいはミクラザサにたいするチシマザサのように、中間温帯・冷温帯起源と考えられる固有・準固有種が多数存在するのは注目に値する。中間温帯・冷温帯起源の固有・準固有種は、オオバヤシャブシ型の植物とは、「伊豆諸島の照葉樹林帯に固有または準固有で、その対応種が本州（ときに四国、九州に及ぶ）の夏緑林帯に見出されるような植物」で、その植物（大場達一九七五、一九八三）に一致する。大場（達）（一九八三）によればオオバヤシャブシ型の植物の出現について、以下に要約する仮説を提出した。

①海面低下によりほぼ地続きになった寒冷な氷期に、本州より夏緑林帯（冷温帯）の植物が伊豆諸島に侵入・定着した。

その後の温暖化による海面上昇で伊豆諸島は本州から海で隔てられて孤立し、照葉樹林帯（暖温帯）の気候下に置かれたそれらの植物は、形質の分化を起こし、照葉樹林の気候に適した新植物へと変化していった。

②さらにその後の氷期の海面低下の時期に三浦・房総・伊豆半島にもみられるオオバヤシャブシ、ガクアジサイ、イズノシマダイモンジソウなどは本州に戻ってきた。

伊豆諸島と房総・三浦（伊豆）半島とに共通にみられる固有種のすべてが、このような形成過程によって誕生したかどうか、疑問は残る。しかし、伊豆諸島の固有・準固有種の形成に関する仮説①は検証する価値があろう。

冷温帯域の氷期における地理的拡大とその後に続く間氷期における分布域の分断は、伊豆諸島だけでなく、関東地方の北部・西部の山地から孤立した房総・三浦半島の植物相にも生じた。房総・三浦半島には固有種はないが、アワチドリ、ユキヨモギなど少数の固有変種がある。なかでもイボタ属とテンナンショウ属が注目に値する。キヨスミイボタはミヤマイボタ、オカイボタはオオバイボタの房総・三浦半島固有の変種である。なお、伊豆諸島にもオオバイボタの固有変種、ハチジョウイボタがある。ヒガンマムシグサは伊豆半島のナガバマムシグサ（ナミウチマムシグサ）、箱根のハウチワテンナンショウに酷似しているが、いずれも本州の中間温帯や四国に分布・生育するミミガタテンナンショウが間氷期における分断後、それぞれの地域で独立に分化を遂げてきたものと考えることができる。

房総・三浦半島の中央部・南部の山地には、中間温帯・冷温帯を本拠とする植物が多数ある。例をあげると、ハクモウイノデ、ミヤマイタチシダ、バッコヤナギ、アサダ、イヌブナ、ツクバネ、ミヤマハコベ、カツラ、メギ、バイカウツギ、ヒメウツギ、ヤマアジサイ、アズキナシ、オオウラジロノキ、ナンキンナナカマド、イヌエンジュ、フジキ、サワダツ、チドリノキ、ミヤマホウソ、サンカクヅル、シナノキ、サルナシ、コミヤマスミレ、バイカツツジ、ヒカゲツツジ、ハクウンボク、サワルリソウ、アオバスゲ、などである（倉田一九五八）。これらは房総・三浦半島の付け根にあたる地域にはみられないだけでなく、その多くは平野部にも産しない。バッコヤナギやヤマアジサイのように冷温帯よりは中間温帯を主たる生育場所にする種や、ヒメコマツ、サワダツのように痩せ尾根や沢筋などの特殊な場所に生育している種が多く、全体として遺存的な性格が強く表れている。これらの中間温帯・冷温帯に本拠をおく植物の存在も、氷期に南進した植物相の遺存と考えてよいであろう。

房総半島のモミの解析から、この地域のモミにウラジロモミの交雑による遺伝的影響が見出された（高杉一九六三）。高杉はこれをかつてこの地に存在したであろうウラジロモミの陰影だと考えた。この例は現存しない冷温帯のウラジロモミの近過去における存在を間接的に示唆するものであろう。

伊豆諸島と比較して房総・三浦半島の固有植物の数が少なく、分化の程度が低いのはなぜだろうか。温暖化にともなう分断後の環境変化が、房総・三浦半島よりは伊豆諸島の方が大きく、伊豆諸島でも南方の島ほど大きいことは見逃せない。分断による種の分化では、環境変動の大きさが固有化の促進に密接に関係していることが予想される。

伊豆諸島と小笠原諸島（小笠原群島と火山列島からなる）の共通固有種は、ニシムライチゴ、ガクアジサイなど数種に過ぎない。区系地理学的にみた場合、両諸島はやはり別の区系に属すると考えるのが適当である。

(7)　蛇紋岩地の植物相

特殊岩石地帯に生育する植物は、特殊岩石地域そのものが不連続に分布するため、必然的に隔離分布をする。

尾瀬ヶ原の西側にある至仏山は主に中生代の蛇紋岩とそれが変成した橄欖岩《かんらん》で被われている。一九〇〇メートル以上の岩礫地にはオゼソウ、チシマアマナ、ホソバヒナウスユキソウ、ジョウシュウアズマギク、コバノツメクサ、カトウハコベ、タカネシオガマ、イワウイキョウ、アオノツガザクラ、ホソバノコゴメグサ、シブツアサツキなど、産地が限られた種が生育している。オゼソウは、谷川岳と北海道北見ヌポロマッポロに隔離分布するが、その生育地は蛇紋岩地である。オゼソウは、系統的にはキンコウカ属に近い起源の古い種と考えられ、単型属として分類される（Hara 1982）。カトウハコベは北海道の数カ所、早池峰山、谷川岳に隔離分布している。ホソバヒナウスユキソウやジョウシュウアズマギクは母種の狭葉変種で、蛇紋岩変形と考えられている。その他、三国山地とその周辺の剣ケ倉山などの蛇紋岩地には、ジョウシュウオニアザミ、ヒメミヤマカラマツがある。蛇紋岩地では植生がまばらになることがある。疎林に生育する植物が好蛇紋岩植物と考えられることがあるが、ウサギシダやイワウサギシダなどが蛇紋岩地域にしばしばみられるのは、このような環境要因によるものだろう。

(8)　**石灰岩地の植物相**　関東平野の西縁や北縁には石灰岩が露出した傾斜地や岩壁が散在する。埼玉県下の武甲山、二子山、群馬県下の叶山や下仁田は名高い。武甲山にはシライヤナギ、チチブヤナギ、チチブミネバリ、ウメウツギ、マルバイワシモツケ、ブコウマメザクラ、モリイバラ、チョウセンナニワズ、ハシドイ、チチブイワザクラ、ハヤザキヒョウタンボク、イワツクバネウツギ、ホソバミヤマシャジン、クリヤマハハコ、コウシュウヒゴタイ、ミヤマスカシユリなどが産する。チチブイワザクラは武甲山にみられるコイワザクラの特産変種である。二子山と叶山の石灰岩地には武甲山と共通する種が多いが、後者には見出されていない固有種キバナコウリンカがある他、イワウラジロ、ミョウギシャジン、イチョウシダなども産する。茨城県真弓山（大理石採掘場として名高い）は好石灰岩性といわれるイワツクバネウツギの北限となっている。

シライヤナギは那須や日光の湿った火山岩質の岩場、チチブヤナギは群馬県赤城山や妙義山の火山岩質の岩場にも生育している。石灰岩上に生える植物には、生育場所を石灰岩地だけに限らないものも多い。

今後の課題

各地域の植物相はいうまでもなく歴史的な存在である。関東地方の植物相に限ってみると、中間温帯・冷温帯に起源を求められる房総・三浦半島の遺存的植物相と伊豆諸島の固有種は氷期における植物相の水平移動と関係している。これまで歴史的な因果関係は、地史的事実との整合性による説明に甘んじるのみであったが、房総のモミで試みられたように各種の集団についての遺伝型、さらには遺伝子レベルでの解析が可能となり、対象それ自体の解析から歴史性（時間軸を問題にした）について考察できるような解析法も可能になってきた。関東地方における種分化については、ここでは具体的に取り上げなかったが、植物相の解析にも密接に関連しており、今後の重要な研究課題のひとつである。

【註】

1　本稿は岩槻邦雄氏との共著である。

2　伊豆諸島に固有とされる維管束植物については、二〇〇二年に以下の報告を秋山忍氏と共同で行った。
Ohba, H. and S. Akiyama 2002 A synopsis of the endemic species and infraspecific taxa of vascular plants of the Izu Islands. *Memoirs of the National Science Museum*（*Tokyo*）No. 38, 119-160

【引用文献】

Dickens, F. V. and E. Satou 1878 Notes of a visit to Hachijo in 1878. *Trans. Asiat. Soc. Jap.*, **6**：435-477

Hara, H. 1982 Vascular plants of the Ozegahara Moor and its surrounding districts. In: Hara, H., Asahina, S., Sakaguchi, Y., Hogetsu, K, and N. Yamagata（eds.）, *Ozegahara: Scientific Researches of the Highmoor in Central Japan*, 1982, J. S. P. S., Tokyo. 123–133pp.

Koshimizu, T. 1938. On the "*Crinum* Line" in the flora of Japan. *Botanical Magazine, Tokyo*, **51**：135–139

Maekawa, F. 1974 Origin and characteristics of Japan's flora. In: M. Numata（ed.）, *The Flora and Vegetation of Japan*, Kodansha, Tokyo. 33–86pp.

Niewerth, A. 1875 Eine botanische Exkursion im Monat August von Yedo nach Niko. *Mitt. Deutsch. Ges. Nat. Völkerk. Ostasiens.*, **1**（7）：9–11

Sargent, C. S. 1894 *Forest Flora of Japan. Notes upon the Forest Flora of Japan*, Houghton, Mifflin and Co., Boston

Schröter, K. 1936 Eine Exkursion von Nikko（Japan）zum Chuzenji-See am. 'October 1898. *Bericht. Schweiz. Bot. Ges.*, **46**：505–516

Warburg, O. 1900 *Monsunia, Bd. 1*, Verlag von Wilhelm Engelmann, Leipzig

大場達之（一九七五）「ハチジョウイタドリ―シマタヌキラン群集―伊豆諸島のフロラの成立にふれて―」『神奈川県立博物館研究報告（自然科

学）八号九一―一〇六頁
大場達之（一九八三）「伊豆諸島に固有な植物群」『採集と飼育』四五巻三八一―三八五頁
大場秀章（一九八二）「南硫黄島の高等植物相」環境庁自然保護局（編）『南硫黄島原生自然環境保全地域調査報告書』、六一―一四三頁
片野光一・里見哲夫・須藤志成幸（一九七八）「奥利根地域の植物」『奥利根地域学術調査報告書』群馬県、五三―一三三頁
久保田秀夫・松田行雄・波田善夫（一九七八）『日光戦場ヶ原湿原の植物』栃木県
久保田秀夫・松田行雄・波田善夫・竹中則夫・高橋弘行（一九八三）『奥怒沼湿原の植物』栃木県
倉田悟（一九五八）「千葉県内における温帯性植物の分布」千葉県生物学会（編）『千葉県植物誌』、一四九―一五四頁
小泉源一（一九三一）「前言」前原勘次郎著『南肥植物誌』、東京
生物学御研究所（一九七二）『那須の植物誌』保育社、大阪
高杉欣一（一九六三）「モミ・ウラジロモミの天然交雑をめぐって（一）、（二）」『北陸の植物』一二巻四三―四七頁、七三―七七頁
原寛・水島正美（一九五四）「尾瀬地方の高等植物フロラ」『尾瀬ヶ原総合学術調査報告』、四〇一―四七九頁
檜山庫三（一九六五）『武蔵野の植物』井上書店、東京
前川文夫（一九四九）「日本植物区系としてのマキネシア」『植物研究雑誌』二四巻九一―九六頁
村田源（一九七七）「植物地理的に見た日本のフロラと植生帯」『植物分類地理』二八巻六五―八三頁
村田源・小山博滋（一九七六）「襲速紀要素について」『国立科学博物館専報』九号一一一―一二一頁

日光地方の植生

日本は世界でも有数の降水量の多い国である。豊富な流水は山地の斜面を浸食する。日本の急峻な山地では川は急で、その浸食作用は大きい。山の斜面は厚い植生に被われ浸食から護られるため、流水は浅い谷にも集中して、やがて谷底の浸食が起こる。谷は何回も枝を分岐する樹のように支谷をもち、V字谷が発達し、基岩の性質に応じた渓谷が発達する。

石楠平からみる男体山には幾条かの溶岩流はみられるものの支谷の発達した谷は刻まれていない。男体山は奥日光の地形の形成に大きな役割をはたした火山である。しかし、男体山は日光火山群のなかでは最も新しく、第四紀になってから形成された山である。男体火山の初期溶岩流が大谷川を堰き止め、中禅寺湖や華厳の滝をつくり、後期には多量の軽石流を戦場ヶ原に流出し、それまで湖であった地域を埋め湿原としたといわれている。火山地形は日本の代表的景観であり、国立公園の多くが火山を中心としている。日光の自然の魅力は、随所に鏤《ちりば》められた箱庭的な風景の味わいの深さもさることながら、火山地形のもつ雄大さにあるのではないかと思う。

多様な植物相を育む日光地域の自然

自然を要素的にみると、ある地域の地理、地形、気象といった無機的要素とその地域を生活の場としている生物的要素が考えられる。いささかこじつけであるが、生物的要素のなかでも特に植物は地域の特徴をよく表していると考えることができる。それは植物がその場の地形、気象が許容する特定の型の植生と植物相を成立させ、それに依存したかたちで動物の生活が展開されるためである。日光の自然について上記の見方を拠り所に、ここでは割合にはっきりと区分することができる植生帯を中心にその特色と思われることをあげていくことにしよう。

ところでひと口に日光といっても、市街地（海抜約五五〇メートル）と奥日光（最高は白根山頂で海抜二五七七メートル）ではおよそ二〇〇〇メートルの高度差がある。同じ日光でも両地域では開花、開葉、紅葉、落葉などの植物がみせる季節変化に一カ月くらいの差が認められる。図1は市街地（花石町）、中禅寺湖畔（中宮祠）、戦場ヶ原における一九四三年観測の月平均気温を示すが、市街地と戦場ヶ原では年平均気温で四℃ぐらいの差がある。

高度差に応じた植生帯の分布を植生の垂直分布という。日光では低いところから順に、低山地帯、山地帯、亜高山帯、高山帯の四つの成層化した垂直分布帯を認めることができる（図2）。本州の背梁山脈の太平洋側に位置し、表日本型の気候域に入る日光であるが、湯元など奥日光の一部では冬期七五センチメートルを超える積雪があり、裏日本型の気候の特徴がみられる。また、中禅寺湖周辺は内陸型の気候に近い。このような気候上の特色が植生を構成する群落と植物相に反映しており、特に山地帯では表日本型、裏日本型、内陸型気候と結びつくと考えられる、それぞれの代表的な森林群落が並存し比較観察することができる。

上記の気候上の局所的な差に加え、地形、土壌などの土地的な環境がもつ多様さが、さらにいっそう日光地域の植物相を著しく変化に富んだものにしているといえるのであろう。

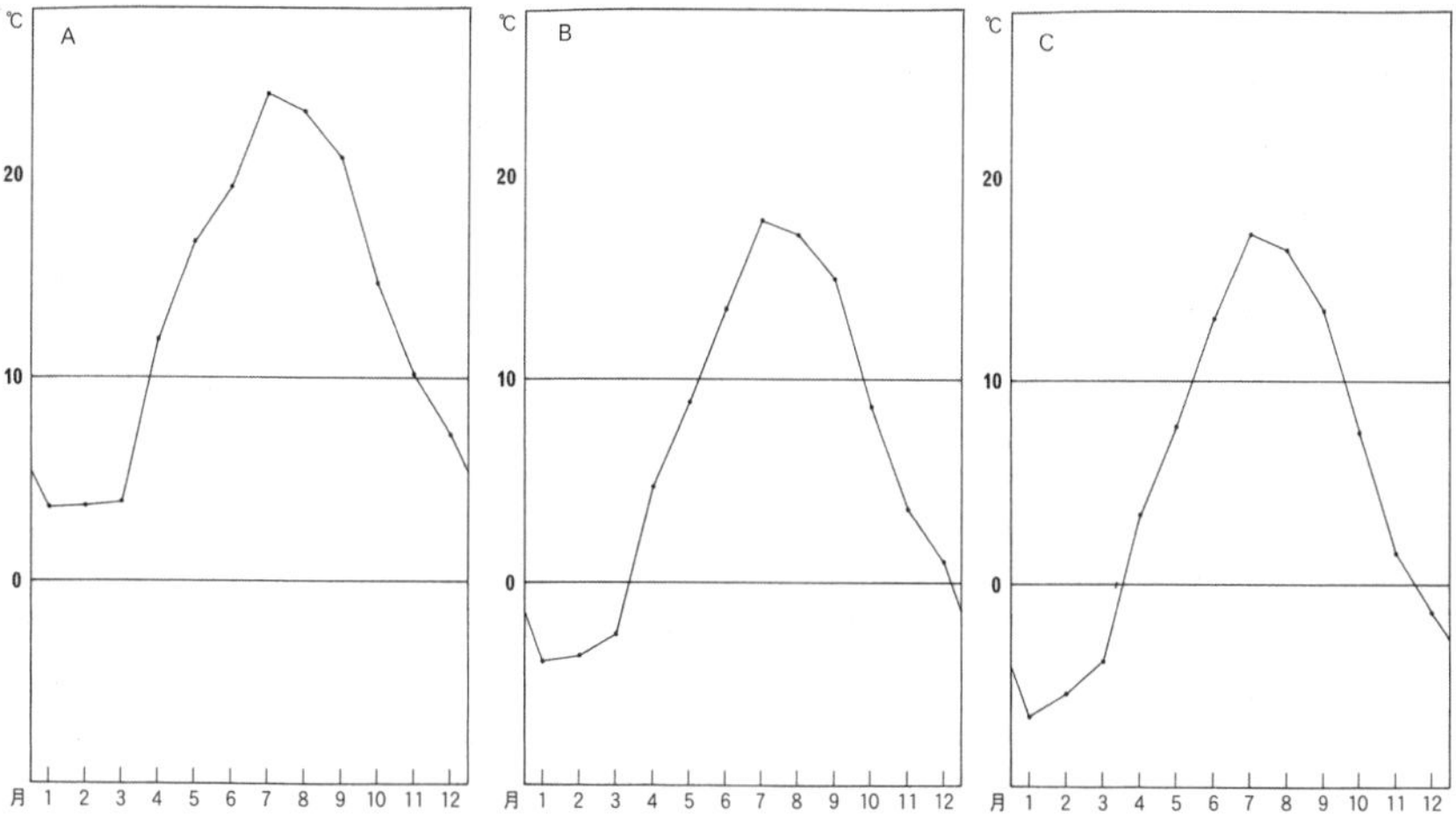

図1　日光地方の月平均気温（1948年の観測資料による）A：日光市花石町（海抜630m）、B：中宮祠（海抜1292m）、C：戦場ヶ原（海抜1390m）

これまでの研究で、一三〇〇種を超える高等植物の自生が確認されている（中井、伊藤一九三六、大場一九八六）。日光は古くから植物の宝庫と考えられ、明治になってからは多くの植物学者が日光の植物を研究したのである。日光の名を冠した和名や日光の地名による学名が多いのはこのような歴史による。

スギの植林地が広がる低山地帯

海抜五〇〇～一三〇〇メートルの範囲で、裏見、寂光、霜降、鳴虫山などがこの帯域に入る。この帯域は畑地、植林地として古来から利用され、特に日光ではスギの植林が大規模に行われている。自然に近い状態で残っている林は少ない。モミ、ツガ、ミズナラ、クリ、イヌブナ、クマシデ、サワシバが代表的な樹種といえよう。その他、イロハモミジ、コハウチワカエデ、ハウチワカエデ、ウリハダカエデ、メグスリノキ、チドリノキ、ナツハゼ、フサザクラ、ウリノキ、ハリギリなどがある。低木ではニシキウツギ、タマアジサイ、ヤマアジサイ、コアジサイ、リョウブ、アオキ、コクサギ、ヤマツツジ、トウゴクミツバツツジ、林床植物ではヤマブキショウマ、アカショウマ、クサアジサイ、オオツル

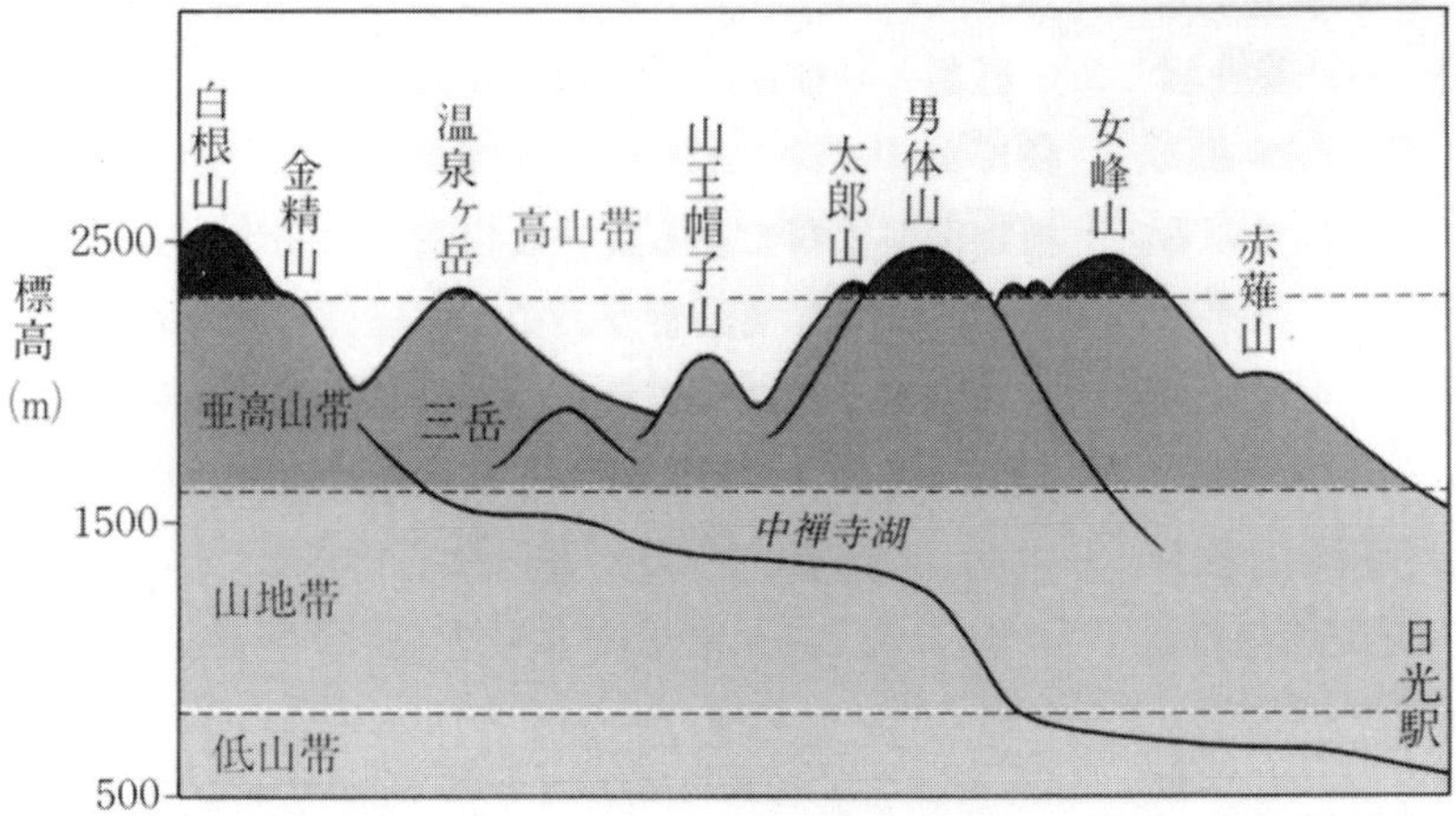

図2　日光地方における植生の垂直分布　低山帯：海抜500－1300m、山地帯：海抜1300－1600m、亜高山帯：海抜1600－2300m、高山帯：海抜2300m以上

ガシワ、イヌガンソク、ヘビノネゴザなどが目立つ自生種といえるだろう。

ハルナユキザサ *Smilacina robusta* Makino et Hondaは長野・群馬・栃木に分布が限られた多年草で、日光でもまれにみられる。伐採跡や林縁にはハギ類が多い。主体はツクシハギである。日光のツクシハギはかつてニッコウシラハギ *Lespedeza nikkoensis* Nakaiとして区別されていたが、いまではツクシハギの変異に含まれると考えられている。ヤマハギも少ないがみられる。

低山地帯は水平的な植生帯の中間温帯に対応する。冷温帯（落葉広葉樹林帯）と暖温帯（常緑広葉樹林帯）の中間域を占め、一般には暖温帯と冷温帯との推移帯とみられている。

多様な群落が共存する山地帯

海抜一三〇〇～一六〇〇メートルの帯域で中善寺湖畔から戦場ヶ原を経て、湯元、光徳にいたる地域、モッコ平などが入る。山地帯は水平分布の冷温帯に対応する。この帯域を代表するのはブナ林である。ブナ林は、ブナ、ミズナラを主体とした林で、両種は太平洋側から日本海側にかけて広く分布するが、ブナ林を構成する種には表日本型、裏日本型、内陸型の気候域でちがいがみられる。ブナ林が成立した後、気候差に適応した種の置き換えや種の分化が進んだためと推測されている。

日本全土に分布し、いわゆるササ原をなすササの仲間は、ブナ林の林床にも繁茂する。ササは比較的種の分化が速く進行するグループと考えられ、地方ごとに多少とも差がある変異を生じている。各地のブナ林はチシマザサとチマキザサの生えたブナ-チシマザサ群落、スズタケの生えたブナ-スズタケ群落、ミヤコザサが生え、ウラジロモミが目立つ、ウラジロモミ-ミヤコザサ群落にほぼ三分される。

チシマザサ、チマキザサは裏日本型、スズタケは表日本型の気候域に分布し、年最高積雪量七五センチメートルの等深線がその境界にほぼ一致する（鈴木一九七八）。日光ではチシマザサ、チマキザサだけでなくスズタケも分布する。内陸型気候の特徴が表れている竜頭ノ滝上部から戦場ヶ原、三岳にかけてはミヤコザサが群生している。

山地帯における特殊な森林のうち、日光では湖岸や川岸にハルニレ林（戦場ケ原、千手ケ原）とオオバヤナギ林（切込、刈込）が、湿地が乾いたところにカラマツ、シラカバ林（戦場ヶ原）、さらに稜線の岩角地にヒメコマツ、クロベ林、男体山崩壊地にヤシャブシ林、その南斜面と茶ノ木平にウラジロモミ林などがみられる。

すでに述べたように、日本の中心的な植生である落葉広葉樹林を代表するブナ林の表日本型、内陸型、裏日本型が日光では共存している。これらの群落とともに、その他多くの特殊な群落をも日光では一度に観察することができるのである。このような多様な群落が比較的狭い範囲に配置している地域は他に例をみないのではないだろうか。

ササは日光のいたるところにみられる。奥日光におけるササ類の分布範囲が薄井（一九七二）により詳しく調べられている。それぞれの種が異なる分布パターンを示すのは、生育地の地形、気象などの環境のちがいを反映しているためである。スズタケが最も分布範囲が狭く、中禅寺湖北岸の山の南向き斜面や西ノ湖付近の大岳、中山の南向き斜面などだけにみられる。スズタケは、地表から高さ一メートルあたりまで芽を生じ、地下部には少数の芽しかつくらない。芽や展開したばかりの若い葉が雪のなかで保護されるチシマザサやチマキザサと比較すると、冬期の強風は大きな障害となっていると考えられている。

スズタケと同様に太平洋側に分布するミヤコザサは芽の位置が低く、稈も伸張せず地表植物に近い生活形になっている。そのためスズタケに不利な場所でも生育でき、その分布範囲はスズタケよりも広く、日光でも広範囲にわたって生育している。裏日本型気候域に分布するチシマザサとチマキザサは各地で生育地が接触する。一般的には谷筋にチマキザサ、山腹にチシマザサが生育するという。日光ではチシマザサの分布は白根山周辺に限られている。

ところで中井（一九三六）は日光に一八種のササ類があるとした。薄井のいうミヤコザサには、ミヤコザサの他、コザサ *Sasa kozasa* Nakai、ミヤマスズ *Sasa nana* Makino、ビロードミヤコザサ *Sasa mollis* Nakai、ニッコウザサ *Sasa nikkoensis* Makinoが含まれているようだ。薄井がチマキザサとするものにはクマイザサ *Sasa senanensis* (Franch. et Sav.) Rehderが含まれている。クマイザサはチマキザサに似ているが、葉の裏面には常に毛が密生する。シラネザサ、フタアラザサ、ユモトクマイザサなどは同種と考えられる。チシマザサには湯元をタイプ・ローカリティーとするオクヤマザサ *Sasa cernua* Makinoが含まれているようだ。

中禅寺湖南岸、西岸から西ノ湖にかけて、比較的自然に近い林が残っている。日光のブナ林は全般にブナよりもミズナラの個体が多いが、このあたりはブナが多く、稚樹もみることができる。林床はミヤコザサであるが、部分的にスズタケが生えている。斜面下部の谷沿いにはオシダを主とするシダ類の群落が広い範囲を占めている。千手ケ原から西ノ湖にかけてはハルニレの林がある。サワグルミ、オオイタヤメイゲツ、ミズナラ、カツラ、オノエヤナギ、ヤマハンノキなどがあり、特に、ヤチダモの存在が注目される。男体山の南斜面には、ウラジロモミとダケカンバを主とする林が発達している。このあたりに多いアカヤシオは日光周辺など本州の山地に分布が限られているアケボノツツジ *Rhododendron pentaphyllum* Maxim. の変種で日光産を意味する var. *nikoense* の学名をもつ。

日光の紅葉はたいへん有名である。紅葉を代表するカエデ属は種、個体ともたいへんに多い。特に中禅寺湖の南側は、アサノハカエデ、ヒトツバカエデ、ハウチワカエデ、オオイタヤメイゲツ、コハウチワカエデ、ウリハダカエデ、イタヤカエデ、オニモミジ、チドリノキ、オオモミジ、コミネカエデなどが生え、カエデ属の多様性を実地に学ぶことのできる絶好の場所といえるだろう。

戦場ヶ原は貧栄養型の低層湿原であるが、最近人為などのため乾燥化が著しく進み、湿原から陸地に変わっていくさまざまな過程をみることができる。植生の遷移を研究し、見学できる絶好の「実験場」といった趣きがある。ここには本州では産地の限られたホザキシモツケやクロミノウグイスカグラ、めずらしいベンケイソウなどがある。

戦場ヶ原周辺、特に南側にはシラカバやカラマツの目立つ林がある。シラカバは気温の日較差が大きく、冬の積雪が少ない内陸型気候域を中心に生育していて、特に火山地に多い。シラカバ林は二次林的な性格が強く、やがてはウラジロモミやミズナラを主とする林へと変わっていくと考えられているが、日光ではかなり安定した群落となっているようにみえる。

湯滝から泉門池を経て赤沼にいたる戦場ヶ原の西北側にはウラジロモミが多い。ミヤコザサの生えるブナ林では圧倒的にウラジロモミが多くブナは少ない。このような林では、コシアブラ、シロヤシオ、ハリギリ、アズキナシ、オオカメノキ、シナノキ、イタヤカエデなどをみることができる。ウラジロモミ－ミヤコザサ群落と呼ぶこの型の林の林床は、一面ミヤコザサに被われてしまっているようにみえる。

湯ノ湖周辺は山地帯の上限に近く、また冬期かなりの積雪があることを反映して、ブナ－チシマザサ群落に区分されるブナ林がみられる。ここではアスナロ、オオカメノキ、ミズナラが目立つ。林床にはクマイザサやチシマザサが生えるが、シダ類も多く、シノブカグマ、ヤマソテツ、ミヤマイタチシダ、シシガシラ、ヘビノネゴザ、オシダなどをみることができる。キバナウツギは本州中・北部に分布する比較的まれな種である。

三ツ岳などの稜線の岩角地にはクロベ、ヒメコマツが生えた群落がみられる。シャクナゲ、ホツツジ、コヨウラクツツジ、コメツツジなどのツツジ科の低木が多くみられるのが特色である。兎島にはクロベ、アスナロ、ヒノキが生えた林があり、林床にはマイヅルソウが多い。湯ノ湖には本州ではまれなミズトクサが自生する。

湯元の温泉源や湯ノ湖の一部には、いわゆる硫黄芝がみられる。これは耐熱・耐酸性の強い硫黄細菌が繁殖しつくり出したもので、無色の *Thiothrix* や有色の温泉紅色菌 *Chromatium* などが確認されている（三好一八九七）。

針葉樹林が優占する亜高山帯

海抜一六〇〇～二三〇〇メートルの地帯で、女峰、男体、白根山などの中腹から山頂部にいたる部分がこの帯域に入る。コメツガ、シラビソ、オオシラビソ（アオモリトドマツ）、トウヒの四種の針葉樹が優占した林となるが、林床にはササ類が生えたコメツガ林と、林床をおもにコケ類が被うシラビソ・オオシラビソ林が区別される。本州の亜高山針葉樹林には日本あるいは東アジアに固有な種が多く、植生としては似ているシベリアのタイガや欧米の針葉樹林との間に隔絶がある。日光でもシラネアオイ、コマガタケスグリ、ミヤマホツツジ、アカモノなど多数の日本固有種が生育している。山地帯と亜高山帯の境は高木層では明瞭であるが、林床植物ではあまりはっきりしていない。

低木群落が広がる高山帯

二三〇〇メートル以上の地域は高山帯に入ると考えてよいであろう。針葉樹林を抜けると、急にダケカンバが疎生する明るい林になることが多い。針葉樹林の上限は、雪崩の起きやすさを含め土地的な要因で決まっていると考えられている。ダケカンバの生えるところは雪崩に見舞われる斜面で、積雪が遅くまで残るところではミヤマハンノキが多くなる。ミネヤナギも個体数が多い。マルバダケブキ、オノエノガリヤス、オオカサモチ、エンレイソウ、ハクサンフウロ、シラネアオイ、サンカヨウ、ミヤマメシダなどが林下に生えている。

白根山、男体山など二〇〇〇メートルを超す頂上部では植物の生育にとって不利となる期間が長い。男体山頂で実測された資料（薄井一九七二）によれば、月平均気温が五℃以上になるのは六月から九月までの四カ月、一〇℃以上の月は七月と八月のわずか二カ月である。こうした場所に生える植物は、平地におけるよりも短期間で開花から結実の期間を終える必要がある。繁殖に関連した特殊な適応がみられる。

さて、風当たりが強く冬に積雪の少ない尾根や小礫が風で移動するような風衝地には高山風衝低木群落と呼ぶ植生が発達する。日光ではコケモモ、ガンコウラン、ミヤマシャジン、ムカゴトラノオ、イワノガリヤス、シラネニンジン、ヒロハノコメススキ、ミネズオウ、コメバツガザクラ、ミヤマビャクシン、クロマメノキ、オオバスノキ、クロウスゴなどがこのような場所に生えている。ハイマツは高山を代表する植物とみられているが、日光では少なく、わずかに温泉岳と女峰山にみるだけである。

日光では夏期遅くまで積雪が残るところは少なく、また融けた後は乾燥する。ウサギギク、コイワカガミ、コメススキなどが雪が比較的遅くまで残るところに生える。

亜高山針葉樹林の上限から山頂にかけて生育する、普通高山植物と呼ばれている植物が日光では約一二〇種ある。その範囲の面積が小さい割合には種の数は多いといえる。

【引用文献】

三好學（一八九七）「日本鉱泉ノ生態学的研究略報」『植物学雑誌』一一巻二八五―二九〇頁
中井猛之進（一九三六）「日光のササ」東照宮編『日光の植物と動物』日光、一六九―一七五頁
中井猛之進・伊藤　洋（一九三六）「日光の高等植物目録」東照宮編『日光の植物と動物』日光、一―一五四頁
大場秀章（一九八六）「日光地区高等植物目録」日光の動植物編集委員会『日光の動植物』月刊さつき研究社、鹿沼、一六三―二四九頁
鈴木貞雄（一九七八）『日本タケ科植物総目録』学習研究社、東京、三四―四四頁
薄井宏（一九七二）「植生」栃木県の動物と植物編纂委員会編『栃木県の動物と植物』下野新聞社、宇都宮、七―二八頁

南硫黄島のフロラとその特徴

小笠原諸島の最南端に位置する南硫黄島には、青木専蔵（一九三〇年）、岡部正義ら（一九三五年）、津山尚ら（一九三六年）、日本シダの会有志（一九八一年）が渡島し、標本・資料が採集されている。特に津山らは、初めて山頂まで登り、多数の標本をえる一方、貧弱ながら蘇苔林状を呈する林が山頂部にあることなどを明らかにした（津山一九七〇、八二：Tuyama 1981など）。今回（一九八三年）の環境庁（当時）による学術調査に先立って、植物相についてはかなり具体的な様相が事前に掌握されていたといってよい。

そこで、今回の調査ではこれまでの研究成果を踏まえて、(1)植物相を構成する種の数（植物相構成種数）、(2)構成種の分類、(3)構成種の地理的分布パターン、(4)近接する島の植物相との関係について検討を行い、南硫黄島の植物相についてのこれまでの知見をさらに充実したものにさせることを目的とした。

植物相構成種数と構成種の分類

現地での調査によってえた標本・資料とこれまで津山らによって収集されてきた標本から、本島には五一科九四属一一八種一変種の高等植物が産することが判明した。その内容はシダ植物一〇科二五属三八種一変種、双子葉植物三六科五一属五八種、単子葉植物五科一八属二二種であり、裸子植物は一種もみられない（表1）。

南硫黄島固有種

南硫黄島に固有な種は、エダウチムニンヘゴ、ナガバコウラボシ、ナンカイシュスラン、ウミノサチスゲの四種で、固有率は三・四％である。

南硫黄島の固有種はみな種の分化が現在も盛んに進行していると想定される属に含まれている。近縁種との種差についても、それが少数の形質に限られ、しかも軽微であることから、南硫黄島の固有種というものが、この島に移住後の地理的隔離によって母種からの分化が促進され誕生した、歴史の比較的新しいいわゆる新固有種であると推定される。また、これらの固有種は、東アジアや東南アジアの暖帯あるいは熱帯にそれぞれの近縁種がある。分化が属のレベルにまで達しているものや、ポリネシアに近縁種があるよう

図1エダウチムニンヘゴ　林のようす（A)、上中部で分岐した幹（B)、正の地向性を示し、下方に伸びた板根様となった板（b）をもつ幹（C)

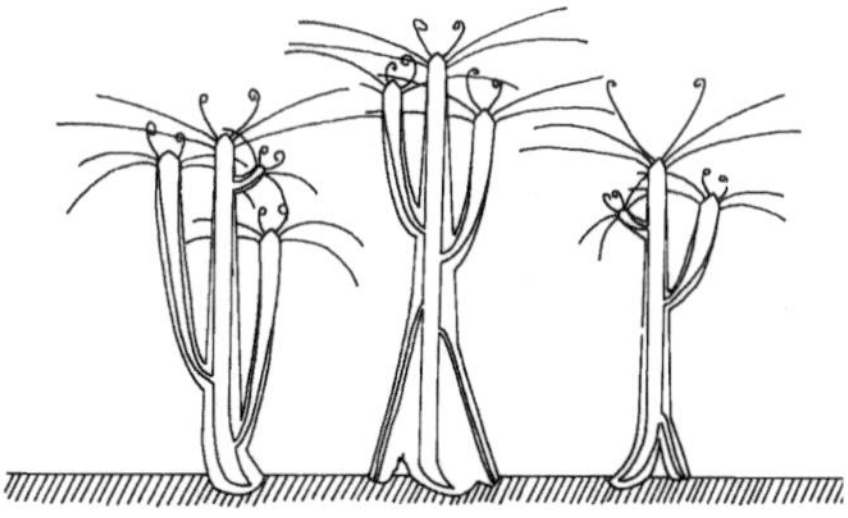

図２　エダウチムニンヘゴの幹の分枝（模式図）

な種を含む小笠原群島の固有種と比べると、分化の程度も一様であり、近縁種も距離的に近い範囲に存在しているといえる。

エダウチムニンヘゴ *Cyathea tuyamae* H.Ohba　南硫黄島の植物のうち、最も注目されたのは、この木生シダであろう。頂上付近の広い面積を占める本種が密生した林には、ほとんど他の木本植物はなく、放射状に葉を広げた樹冠が密に空間に配している様子は特異的であった（大場一九八三）（図1A）。

エダウチムニンヘゴは枝分かれしたヘゴの変わりものと考えられていた。しかし諸形質について詳しく調べてみるとかなりの点でヘゴとは異なることが判った。エダウチムニンヘゴはルソン島（フィリピン）に分布する *Cyathea callosa* にも似ているが、いくつかの形質で異なることが判明した。エダウチムニンヘゴの近縁種との間にちがいがみられた形質はヘゴ属のなかでは種として安定しており、種を区別するうえで重要であるとみなされるので、エダウチムニンヘゴを独立の種であると結論した（Ohba 1982）。

分枝する性質は、ヘゴ属の他の種でもみられるが、エダウチムニンヘゴの分枝は特殊である。本種の幹は枝を出す傾向が強い。幹の基部からと上部からは負の屈地性を示す枝を出す。前者では幹の小さな集まりができ（図1B）、後者では主幹はやや小さな葉を叢生した側樹冠をもつようになる。特徴的な点は、さらに正の屈地性を示す枝を出すことである。この場合、枝は密に不定根を出していて板根のようにみえる（図1C）。エダウチムニンヘゴの分枝の様子を模式的に示したのが図2である。

ナガバコウラボシ *Grammitis tuyamae* H.Ohba　本種は本州（関東以西）、四国、九州に分布するヒロハヒメウラボ

シ *Grammitis nipponica* Tagawa et K. Iwats. や九州南部、琉球、中国、インドネシアに分布するヒメウラボシ *G. dorsipila* (Christ) C. Chr. et Tard. Blot に類縁がある。ヒメウラボシ属は旧世界の熱帯及びオーストラリアに分布し、特にこの地域の雲霧帯を特徴づけるグループのひとつであり、約一五〇種を含む。日本付近におけるヒメウラボシ属の分布を図3に示す。いずれも雲霧が頻繁に発生するような暖帯・亜熱帯の海抜高のある島あるいは海洋に接した独立峰に分布が限定されている。この属では、現在もさかんに種の分化が進行していると考えられ、種間の差は軽微で、それが少数の形質にのみ現れており、隔離が種の分化に効果的な役割を演じていると推察される。南硫黄島のナガバコウラボシは上記のヒメウラボシ、ヒロハヒメウラボシにきわめて近縁なもので、分化の程度はたいへん軽微である。

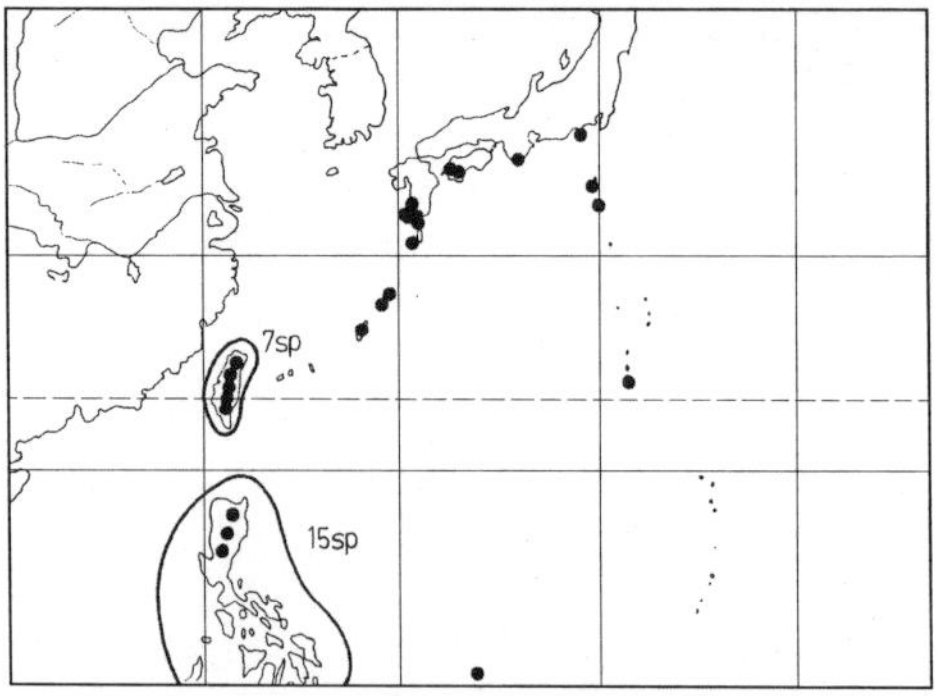

図3　日本周辺のヒメウラボシ属の分布（数字は種数を示す）

島の最高海抜高と植物相の多様性の関係

海抜高の増加に伴う環境の多様化はニッチの増加に結びつくことであり、歴史の新しい島では島の面積と種数の相関よりも、かえって高い相関を示すことが期待される。

伊豆諸島、小笠原群島、火山列島について、各島の最高海抜高と種数の相関を描いたのが図4である。この図から、鳥島、北硫黄島、南硫黄島を別にすれば、この地域でも、この相関関係は驚くほど高いと判断される。鳥島は噴火により、植生が破壊されていることが考えられ、現状の植物相はその潜在的飽和種数よりも著しく少数の種数によって構成されていることが、他の島と異なる位置にくる大きな理由として考えられよう。

南硫黄島は北硫黄島とともに、海抜による植物相の多様性が他の島に比べて、鳥島と同じように、著しく異なる位置にくる。この理由は判然としないが、地史的歴史の経過が、小笠原群島ほどの植物相の多様性を遂げるにいたっていないと考えるのが妥当ではないだろうか。図４に現れる事実は、南硫黄島の植物相が、小笠原群島ならびに硫黄島とは性格を異にする特徴のひとつとみることができる。この点では南硫黄島は北硫黄島と共通の性格を有している。

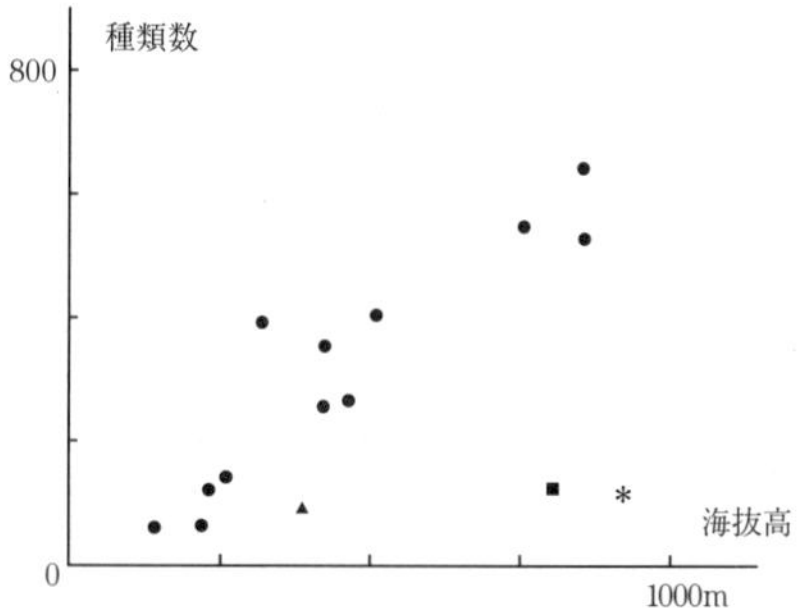

図４　伊豆諸島、小笠原群島、火山列島の各島における海抜高と種類数の関係。▲：鳥島、■：北硫黄島、＊：南硫黄島

植物相の区系地理学的考察

これまでの小笠原とその近隣地域の植物相の研究で、①火山列島と小笠原群島からなる小笠原諸島は、双方に共通する固有種がかなりあることなどにもとづいて、植物区系のうえでも、ひとつのまとまりのある単位として考えることができること、ならびに、②小笠原諸島はその北方に位置する伊豆諸島および南方のマリアナ諸島と根本的に異なる植物相を有すること、が明らかになってきた。本調査においても、南硫黄島は他の火山列島の島、すなわち、北硫黄島、硫黄島と植物相の共通性がきわめて高いだけでなく、共通種の割合では小笠原群島の六六・九％は火山列島の六九・五％のそれと大きな差はなく、これまでの研究結果と一致した結果をえている（表2）。

ところが一方では、南硫黄島の植物相には小笠原諸島の他の島にはみられない以下のような特色が見出せる。

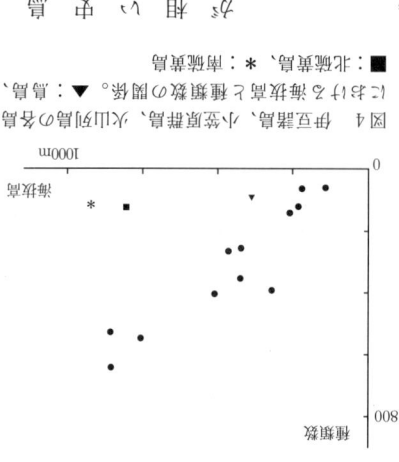

(1)　小笠原諸島の他の島にはない種が、四種の固有種の他に、イワガネゼンマイ、ホソバシケチシダ、オニヒカゲワラビ、ミゾシダ、キダチノジアオイ、ヌマダイコンなど一五種もある。それは南硫黄島の植物相構成種数の一六％に達

する。

(2) 小笠原諸島の最南端に位置するにもかかわらず、小笠原群島を飛び越え、東アジアから南硫黄島に隔離分布する種が多い。その例にイワガネゼンマイ、ホソバシケチシダ、オニヒカゲワラビ（図5）、ミゾシダ、フヨウ、モクビャクコウ（図6）をあげることができる。小笠原諸島の他の島にはない、固有種と(1)にあげた一五種のうち、シュスラン属とメヒシバ属の各一種を除く一三種のうち、八種（六一・五％）がこのような分布パターンを示し、南硫黄島がそれぞれの種の分布の南限となっている。

(3) 南硫黄島は小笠原諸島の最南端に位置するにもかかわらず、そのさらに南方に位置するマリアナ諸島とは植物相を大きく異にする。

(4) 南硫黄島の中腹以上には雲霧林の発達がみられる。ヒメウラボシ属（雲霧林に特有な種が大部分で雲霧林を特徴づける）のナガバコウラボシ、ナンカクラン、ホソバクリハラン、シマゴショウなどの着生植物がみられることなど、植物相にもその兆候が現れている。しかし、コケシノブ科、ラン科に属する着生植物が皆無であり、雲霧林の植物相は乏しい。

一般論として、地史的に小笠原群島よりも新しい火山列島の植物相形成に最も強い影響をもつのは、最も距離的に近い小笠原群島の植物相であることは、これまでの植物地理学的研究から第一に想起されることである。火山列島の形成にともない、小笠原群島やマリアナ諸島は植物の供給源として火山列島の植物相の発達に影響をもったことは想像にかたくない。南硫黄島の

表2　南硫黄島の植物相構成種のうち固有種および他地域との共通種

	種数	比率（%）
a) 南硫黄島固有種	4	3.4
b) 火山列島固有種	9	7.6
c) 小笠原諸島固有種	16(2)**	15.1***
a) ～c) の合計	29(2)	26.1
d) 硫黄島・北硫黄島との共通種	82	69.5
e) 小笠原群島との共通種	79	66.9
f) 伊豆諸島との共通種	43	36.4
g) 日本列島との共通種*	47	39.9
h) 屋久島・種子島との共通種	53	44.9
i) 琉球列島との共通種	58	49.2
j) 台湾との共通種	61	51.7
k) グアム島との共通種	47	39.9

注　*伊豆諸島、屋久島、種子島のみに分布する種は除く。
**カッコ内は固有変種の数である。　***変種も種として計算した。

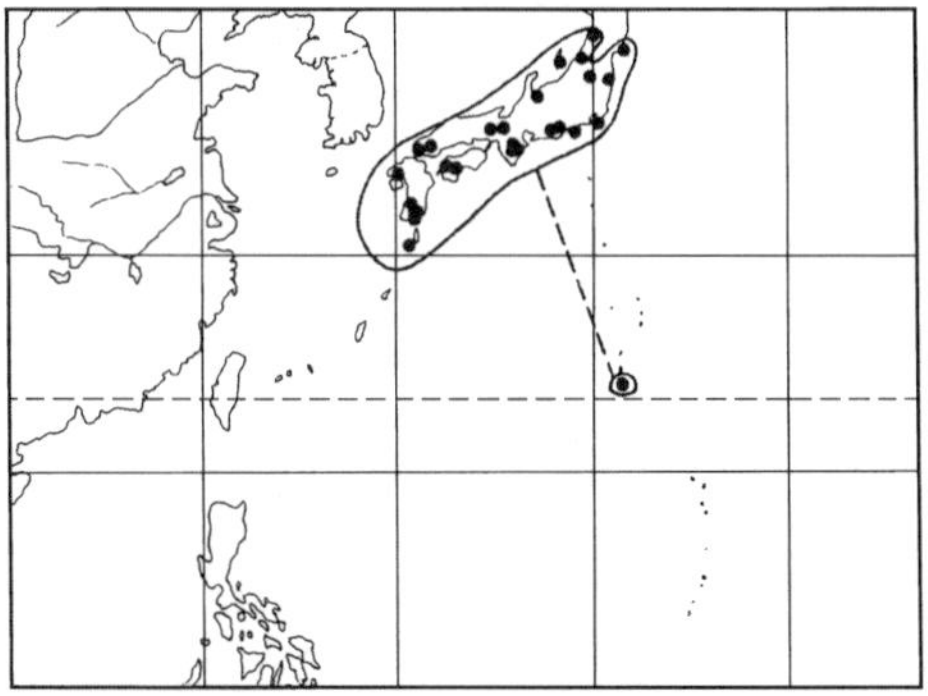

図5　オニヒカゲワラビの分布

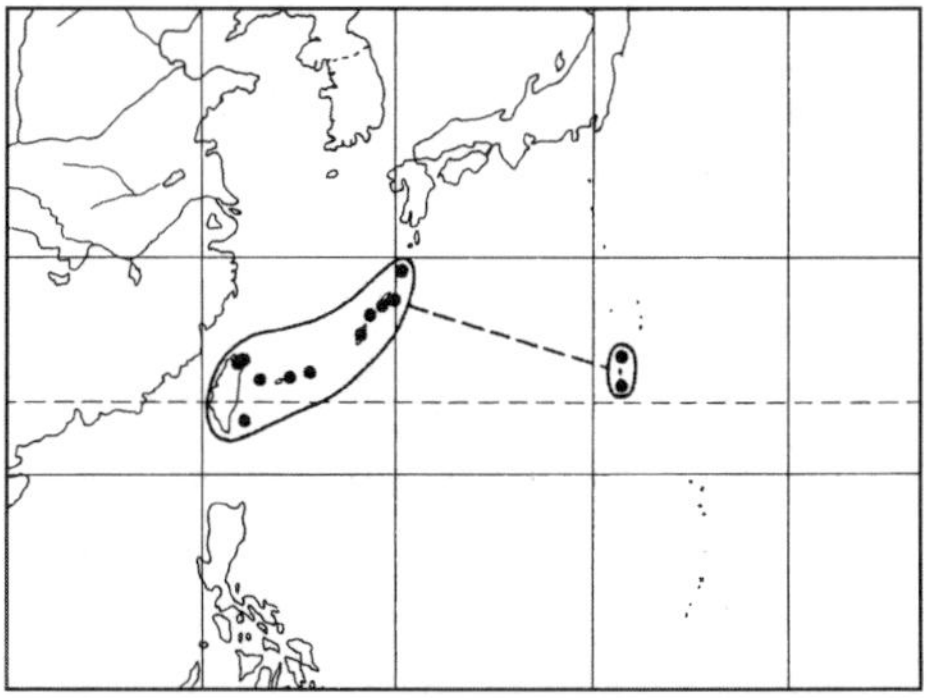

図6　モクビャクコウの分布

植物相構成種の約一六％、一七種二変種が小笠原群島との共通固有種（ちなみに小笠原諸島の固有種は一四二である）であること、また同島植物相構成種の六六・九％が小笠原群島との共通種であることからみて、この考えは妥当なものといえるだろう。

ところで、山崎（一九七〇）は火山列島は小笠原諸島からいくぶん構成要素が異なっており、その理由のひとつは、小笠原諸島のミクロネシア系植物群はマリアナ諸島を経て南方から渡来したためであるとの見解を述べている。距離からみれば、マリアナ諸島の方がアジア大陸やその属島よりも南硫黄島から近い位置にある。したがって、その植物相に高い類似性が認められるとしても、それはむしろ自然であろう。しかるに、南硫黄島の植物相構成種に本来は距離的には遠いアジア大陸やその属島の植物をかなりの割合で含んでいることの方が、特色であり、植物相の成立の歴史的過程や要因などの解析にとって重要な意義をもつ。

島の誕生が小笠原群島と一桁ちがうほど新しいこと、及び、エダウチムニンヘゴを初めとする固有種の分化の程度がすでに述べてきたように軽微であること、さらに、隔離分布をするホソバシケチシダ、モクビャクコウなどでは、アジア大陸や属島の個体と同じ変異に含まれることなどから、アジア大陸側の植物相の渡来はこの島の成立から今日まで連続していること、さらにアジア大陸やその属島の植物が生育しえる環境にこの島があることを示唆するものと思われる。

太平洋要素（ミクロネシア系植物群を含む）と考えられる植物は火山列島よりもかえって小笠原群島に多い。憶測の域を出ないが、これらの植物が小笠原群島に渡来した時期には火山列島は存在しなかったのではないだろうか。太平洋要素には小笠原で特有の分化を遂げた種群も多いこともこのことと関連していると考えられる。火山列島（特に南北硫黄島）が誕生した時期には、小笠原諸島への太平洋からの植物の渡来は絶えたか、あるいは引き続き起こっていたが種の分化を引き起こすほどにはいたっていないか、いずれかであろう。ただし、この考えには、火山列島の固有種となっているホソバヤロードとアツバシマザクラもオオバシロテツのように、かつては小笠原群島に生育していたと考えねばならない難点がある。

ところでアジア大陸やその属島からどのようにして植物が渡来できるのだろうか。散布について検討してみることも必要であろう。南硫黄島に限らず、海洋島の植物は大多数が風散布、動物散布（付着型と消化器官通過型がある）、海洋散布のいずれかによって伝播されると考えられている（Carlquist 1974）。風散布型の植物であれば、アジア大陸やその属島からは、秋や冬の北西または西からの季節風で散布体が南硫黄島に運ばれてくる可能性が考えられる。ここで著しい隔離分布を示す植物の多くが風散布型の散布体をもつことは注目される。シダ植物、アジサイ属、イワガネ、ツルランなどは風によって胞子、種子、果実といった散布体が運ばれてきたことが考えうる。動物散布型では、鳥による場合が風と同様に島への分布に意義をもつと考えられよう。

隔離分布については、さらに氷河期を初めとする過去の地形、環境との関係などを考察しなければならないなど、問題が多くある。これらの点についての検討は別の機会に譲りたい。

表1　南硫黄島産高等植物目録

＋：青木専蔵（1930）、石田平（1935）、岡部正義（1935）、津山尚（1936）が採集したが、今回は見出せなかった種類

○：今回の調査で新しく見出された種類

Psilotaceae　マツバラン科

＋ *Psilotum nudum* (L.) Griseb. マツバラン

Lycopodiaceae　ヒカゲノカズラ科

Lycopodium hamiltonii Spreng.　ナンカクラン

Pteridaceae　ワラビ科

Adiantum diaphanum Blume　スキヤクジャク

○ *Coniogramme intermedia* Hieron.　イワガネゼンマイ

＋ *Histiopteris incisa* (Thunb.) J. Sm.　ユノミネシダ

Hypolepis tenuifolia (G. Forst.) Bernh.　セイタカイワヒメワラビ

○ *Microlepia speluncae* (L.) Moore　オオイシカグマ

Pteris boninensis H. Ohba　オガサワラハチジョウシダ

Sphenomeris biflora (Kaulf.) Tagawa　ハマホラシノブ

＋ *S. chinensis* (L.) Maxon　ホラシノブ

Aspleniaceae　チャセンシダ科

Asplenium excisum Presl　ラハオシダ

A. laserpitiifolium Lam.　オオアオガネシダ

A. micantifrons (Tuyama) Tuyama ex H. Ohba　ナンカイシダ

A. nidus L.　シマオオタニワタリ

＋ *A. polyodon* G. Forst.　ムニンシダ

A. ritoense Hayata　コウザキシダ

＋ *A. unilaterale* Lam.　ホウビシダ

Vittariaceae　シシラン科

Vittaria elongata Sw.　ナンヨウシシラン

Davalliaceae　シノブ科

Humata trifoliata Cav.　シマキクシノブ

Nephrolepis auriculata (L.) Trimen　タマシダ

○ *N. biserrata* (Sw.) Schott　ホウビカンジュ

N. hirsutula (G. Forst.) C. Presl　ヤンバルタマシダ

Cyatheaceae　ヘゴ科

Cyathea mertensiana (Kunze) Copel.　マルハチ

C. tuyamae H. Ohba　エダウチムニンヘゴ

Aspidiaceae　オシダ科

Cornopteris banajaoensis (C. Chr.) K. Iwats. et Price　ホソバシケチシダ

Ctenitis lepigera (Baker) Tagawa　キンモウイノデ

Deparia bonincola (Nakai) M. Kato　オオシケシダ

○ *Diplazium nipponicum* Tagawa　オニヒカゲワラビ

D. virescens Kunze var. *virescens*　コクモウクジャク

○ var. *conterminum* (Christ) Kurata　ニセコクモウクジャク

D. wichurae (Mett.) Diels　ノコギリシダ

Dryopteris varia (L.) Kuntze　イタチシダ

○ *Stegnogramma pozoi* (Lag.) K. Iwats. subsp. *mollissima* (Fisch. ex Kunze) K. Iwats.　ミゾシダ

Thelypteris ogasawarensis (Nakai) H. Ito ex Honda　ムニンヒメワラビ
T. parasitica (L.) Fosberg　ケホシダ

Polypodiaceae　ウラボシ科
○ *Loxogramme salicifolia* (Makino) Makino var. *toyoshimae* (Nakai) H. Ohba　ムニンサジラン
Microsorium scolopendria (Burm. f.) Copel.　オキナワウラボシ
Pleopeltis boninensis (Christ) H. Ohba　ホソバクリハラン

Grammitidaceae　ヒメウラボシ科
Grammitis tuyamae H. Ohba　ナガバコウラボシ

Piperaceae　コウショウ科
Peperomia boninsimensis Makino　シマゴショウ
Piper kadzura (Choisy) Ohwi　フウトウカズラ

Ulmaceae　ニレ科
Trema orientalis (L.) Blume　ウラジロエノキ

Moraceae　クワ科
Ficus boninsimae Koidz.　トキワイヌビワ

Urticaceae　イラクサ科
○ *Boehmeria biloba* Wedd.　ラセイタソウ
＋ *B. boninensis* Nakai　オガサワラモクマオウ
B. nivea (L.) Gaud. subsp. *tanacissima* (Roxb.) Miq.　ナンバンカラムシ
○ *Villenrunea frutescens* (Thunb.) Blume　イワガネ

Amaranthaceae　ヒユ科
Achyranthes obtusifolia Lam.　シマイチゴツナギ

Nyctaginaceae　オシロイバナ科
Boerhaavia diffusa L.　ナハカノコソウ

Portulacaceae　スベリヒユ科
Portulaca oleracea L.　スベリヒユ
P. pilosa L.　ケヅメグサ

Lauraceae　クスノキ科
Machilus kobu Maxim.　コブガシ

Papaveraceae　ケシ科
Corydalis heterocarpa Siebold et Zucc. var. *brachystyla* (Koidz.) Ohwi　ムニンキケマン

Saxifragaceae　ユキノシタ科
Hydrangea macrophylla (Thunb.) Ser. form. *normalis* (E. H. Wilson) Hara　ガクアジサイ
○ *H.* sp. aff. *H. aspera* D. Don　アジサイ属の１種

Rosaceae　バラ科
Rubus tuyamae Hatus.　イオウトウキイチゴ

Laguminosae　マメ科
＋ *Caesalpinia bonduc* (L.) Roxb.　シロップ
＋ *Canavalia lineata* (Thunb.) DC.　ハマナタマメ
＋ *Rhynchosia minima* (L.) DC.　ヒメアズキ
Vigna marina (Burm.) Merr.　ハマアズキ

Oxalidaceae　カタバミ科
Oxalis corniculata L. var. *trichocaulon* H. Lév. ケカタバミ

Rutaceae　ミカン科
Boninia grisa Planch.　オオバシロテツ

Meliaceae　センダン科

Melia azedarach L. センダン

Elaeocarpaceae　ホルトノキ科

Elaeocarpus pachycarpus Koidz.　チギ

Tiliaceae　シナノキ科

○ *Triumfetta bartramia* L.　カジノハラセンソウ

Malvaceae　アオイ科

Abutilon indicum (L.) Sweet subsp. *guineense* (Schumach.) Borss. Waalk.　ヒメイチビ

Hibiscus mutabilis L.　フヨウ

Sterculiaceae　アオギリ科

Melochia compacta Hochreut. var. *villosissima* (C. Presl) Stone　キダチノジアオイ

Theaceae　ツバキ科

Eurya japonica Thunb.　ヒサカキ

Melastomataceae　ノボタン科

Melastoma candidum D. Don　ノボタン

Araliaceae　ウコギ科

＋ *Fatsia oligocarpella* Koidz.　ムニンヤツデ

Plumbaginaceae　イソマツ科

Limonium wrightii (Hance) Kuntze var. *arbusculum* (Maxim.) H. Hara　イソマツ

Myrsinaceae　ヤブコウジ科

Maesa tenera Mez　シマイズセンリョウ

Primulaceae　サクラソウ科

Lysimachia mauritiana Lam.　ハマボッス

Cucurbitaceae　ウリ科

○ *Trichosanthes boninensis* Nakai ex Tuyama　ムニンカラスウリ

Sapotaceae　アカテツ科

Planchonella obovata (R. Br.) Pierre　アカテツ

Oleaceae　モクセイ科

Osmanthus insularis Koidz.　シマモクセイ

Apocynaceae　キョウチクトウ科

○ *Ochrosia hexandra* Koidz.　ホソバヤロード

Convolvulaceae　ヒルガオ科

Ipomoea indica (Burm.) Merr.　ナンヨウアサガオ

○ *I. pes-caprae* (L.) R. Br. subsp. *brasiliensis* (L.) Ooststr.　グンバイヒルガオ

Stictocardia tiliifolia (Desr.) Hallier　オニヒルガオ

Verbenaceae　クマツヅラ科

Callicarpa subpubescens Hook. et Arn.　オオバシマムラサキ

Solanaceae　ナス科

Solanum biflorum Lour. var. *glabrum* Koidz. ex Hatus.　ムニンホウズキ

S. nigrum L.　イヌホウズキ

Rubicaceae　アカネ科

Hedyotis pachyphylla Tuyama　アツバシマザクラ

Morinda citrifolia L. var. *bracteata* (Roxb.) Hook. f.　ヤエヤマアオキ

Campanulaceae　キキョウ科

Wahlenbergia marginata (Thunb.) A. DC.　ヒナギキョウ

Goodeniaceae　クサトベラ科

Scaevola taccada (Gaertn.) Roxb.　クサトベラ

Compositae　キク科

Adenostemma lavenia (L.) Kuntze　ヌマダイコン

Crossostephium chinense (L.) Makino　モクビャクコウ

Emilia fosbergii O. H. Nicolson　ナンカイウスベニニガナ

＋ *Erechtites hieracifolia* (L.) Raf. var. *cacalioides* (Fisch.) Griseb.　ウシノタケダグサ

E. valerianifolia (Wolf) DC.　タケダグサ

Erigeron sumatraensis Retz.　オオアレチギク

Glossogyne tenuifolia (Labill.) Cass.　セリバセンダングサ

Sonchus oleraceus L.　ハルノノゲシ

Youngia japonica (L.) DC.　オニタビラコ

Pandanaceae　タコノキ科

Pandanus boninensis Warb.　タコノキ

Gramineae　イネ科

Capillipedium parviflorum (R. Br.) Stapf　ヒメアブラススキ

Eleusine indica (L.) Gaertn.　オヒシバ

Digitaria sanguinalis (l.) Scop.　メヒシバ

＋ *D.* sp. (ex Tuyama)　メヒシバ属の１種

Garnotia acutigluma (Steud.) Ohwi　ナンヨウカモジグサ

Lepturus repens (G. Forst.) R. Br.　ハイシバ

Miscanthus sinensis Anderss.　ススキ

Oplismenus compositus (L.) P. Beauv.　エダウチチヂミザサ

Stenotaphrum subulatum Trin.　シマキビモドキ

Zoysia tenuifolia Willd.　コウライシバ

Cyperaceae　カヤツリグサ科

Carex augustinii Tuyama　ウミノサチスゲ

C. boottiana Hook. et Arn.　ヒゲスゲ

Fimbristylis dichotoma (L.) Vahl var. *boninensis* (Hayata) T. Koyama　オオテンツキ

Mariscus javanicus (Houtt.) Merr. et Metcalf　オニクグ

Pycreus polystacyos (Rottb.) P. Beauv.　イガガヤツリ

Zingiberaceae　ショウガ科

Alpinia nakaiana Tuyama　イオウトウクマタケラン

Orchidaceae　ラン科

Calanthe triplicata (Willems) Ames　ツルラン

Goodyera augustinii Tuyama　ナンカイシュスラン

G. procera Hook. f.　キンギンソウ

G. sp. (ex Tuyama)　シュスラン属の１種

Liparis hostifolia (Koidz.) Koidz. ex Tuyama　シマクモキリソウ

【引用文献】

Carlquist, A. 1974 *Island Biology*, Columbia University Press, New York

Ohba, H. 1982 A branched tree fern. Studies on the flora of Isl. Minami Iwojima(1). *Journal of Japanese Botany*, **57** : 335–341

大場秀章（一九八三）「空からみた南硫黄島の木生シダの群落」『植物研究雑誌』五八巻二七―二八頁

津山尚（一九七〇）「火山列島のフロラおよび各島の植生」津山尚・浅海重夫編『小笠原の自然』広川書店、東京、二二五―二二九頁

津山尚（一九八二）「南硫黄島の植物リストへの追加」『植物研究雑誌』五七巻二八七―二八八頁

Tuyama, T. 1981 Botanical exploration of Isl. San Augustino or Minami Iwoto. *Journal of Japanese Botany*, **56** : 313-323

山崎敬（一九七〇）「小笠原諸島の高等植物」『小笠原の自然』文部省文化庁、九五―一二四頁

植生が噴火から受けた影響

植生成立過程の研究地としての火山

火山活動が休みに入ると、火山からの噴出物を堆積した裸地に植物の侵入が始まる。海洋の真っ只中に新しく誕生した火山島では、最初に侵入・定住する植物は、その島を取り巻くかなり広い範囲の地域の植物相から、強い偶然性に左右されて選択される。しかし、三宅島のようにすでに飽和状態に近い植物相が発達した島では、その後の噴火などにより部分的に裸地が生じた場合、そこに侵入・定住する植物はその島の植物相のなかから選択される可能性が大きい。そこでは自然環境の類似した、年代のちがう火山噴出物からなる立地があれば、植生のさまざまな発達段階とそれぞれの段階に現れる植物相や群落を観察することができる。したがって、火山地域は植生の成立過程や遷移を研究するうえで注目され、これまで、世界各地の火山で数多くの研究が行われてきた。

三宅島では、一九四〇年の噴火直後にYoshioka（1974）が火山植生を調査している。噴火から五カ月後の一九四〇年一二月末には、その年の噴火によって生まれた溶岩流やスコリア原ではまったく植物の侵入はみられなかったが、スコリアの堆積が著しく薄かったところでは植生の回復がみられたという。一八七四年の噴火から六六年経過した溶岩流で海か

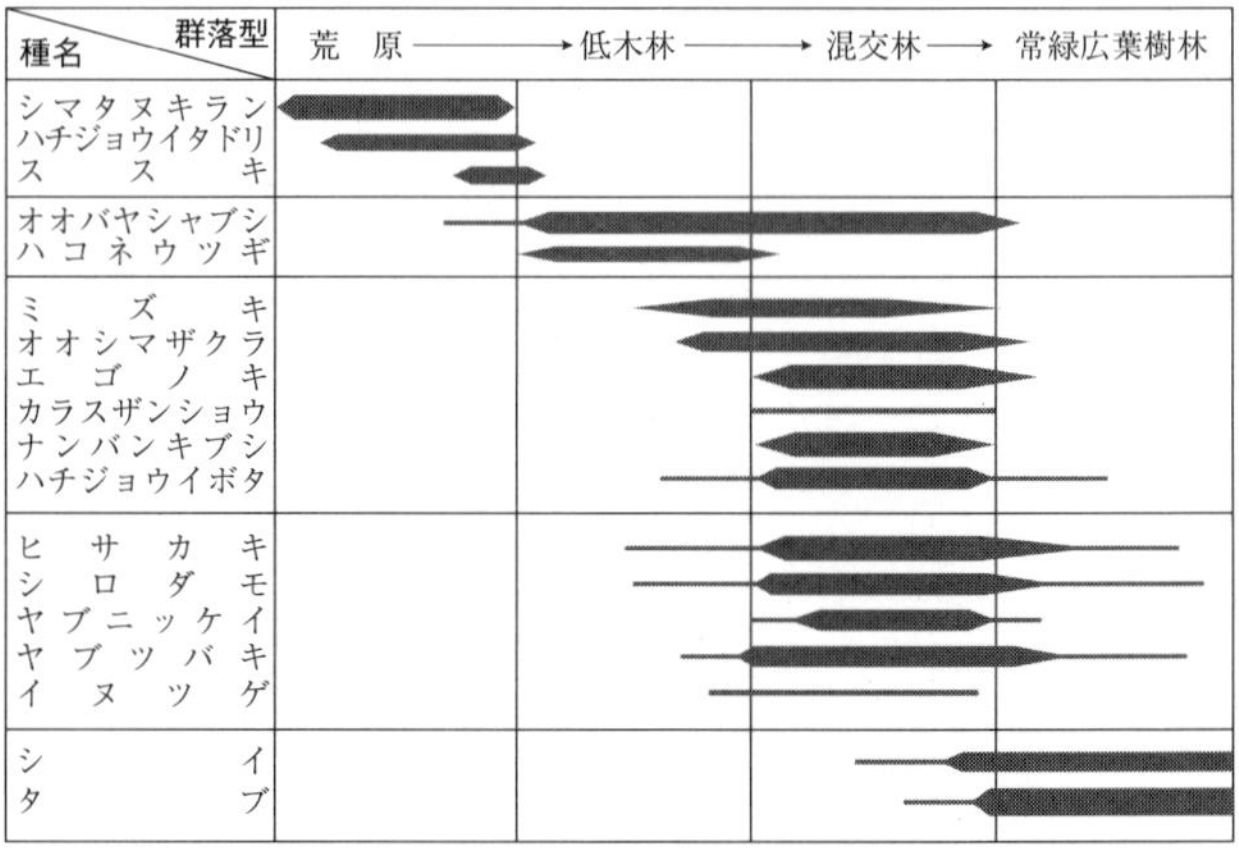

図1　伊豆大島における火山噴出物上の遷移にともなう主要種の交代（Tezuka 1961による）

らの直接的影響を受けにくい立地では、オオバヤシャブシ、オオムラサキシキブなどの落葉広葉樹と、タブ、スダジイといった常緑広葉樹の低木状の幼樹とが混生・密生した低木林が発達していたという。一八七四年の溶岩流でも、海岸にせまった海の影響下にある立地では、蘚苔類の一種 *Rhacomitrium* sp.が、ヒトツバ、タマシダ、ノキシノブといったシダ類とともに見出されたに過ぎないという。それ以前の一七一二年や一六四三年に噴出した古い溶岩流上は、この地域の極相林とされる、スダジイ、タブ、ヤブツバキなどからなる、常緑広葉樹林に被われていたと報告している。

Tezuka（1961）は、三宅島と同じ伊豆諸島の大島で、荒原→低木林→落葉・常緑混交林→常緑広葉樹林の順に遷移が進行すると推定した（図1）。Tezukaによれば、調査を行った一九五七年からの三年間には、一九五〇年と一九五一年の溶岩流上には植物が少しも見出されなかった。一七七八年生の溶岩流では風化して多少とも砂がたまった立地に、シマタヌキランとハチジョウイタドリが侵入して先駆群落を形成していた。しかし、これらの植物の侵入に先立って、地衣類や蘚苔類が定着することはなかったという。

三宅島と大島は同じ伊豆諸島に属し、地理的位置も近く、植物相も類似しているので、荒原から低木林にいたる遷移過程で出現する種の相、すなわち植物相に少なからずちがいが認められたのは意外に思われる。

表1　1983年の噴火によって生まれた火山立地とそこでの植物

立地	1984年1月	1984年6月
溶岩流上	目につく植物はみられず	
溶岩流沿い	異常な落葉、林床植物の枯死や落葉植物の異常な開葉	ほとんど噴火前の状態に戻っている
スコリア原	*Pyronema omphalodes*（菌類）や *Caloplaca* sp.（地衣類）の出現	*Caloplaca* sp.のコロニー上にゼニゴケとヒョウタンゴケが出現。スエヒロタケ、キララタケ、オオチャワンタケの一種などの菌類や、*Fuligo*属や*Lycogala*属の変形菌が多量に発生した。また、ハチジョウイタドリ、ハチジョウイチゴ、クロマツの芽生えが出現した。
降灰地	異常な落葉、枝や新芽の枯死あるいは火山灰の重みによる枝折れ	幹や枝の基部に不定芽ができて、伸張した。

火山と植生あるいは植物相についてこれまで行われた研究を総括してみると、火山活動休止直後の調査が驚くほど少ないことが判った。また、数少ない調査報告をみると、前駆植物として、藻類、地衣類、蘚苔類などの下等植物が最初に裸地に出現する場合と、このような植物が見出せない場合とがあることが判った。ただ、どうしてこのようなちがいが生まれるのか、その理由は今のところ判っていない。

一九八三年の噴火によって生じた三宅島の溶岩流上やスコリア原で、噴火から今日にいたるほぼ一年間にみられた植生と植物相に関連した現象をまとめて報告した（大場一九八四）。この報告を紹介し、さらに火山性裸地における先駆的な植生と植物相の成因の特色などについて考察を行ってみた。

溶岩流域——溶岩流の辺縁部と溶岩上

一九八三年一〇月三日の噴火によって、三宅島の三分の一以上の地域の植生が、流出した溶岩、スコリア、降灰、地熱上昇などの影響を受けた。立地を異にするいくつかの地域での観察結果をまとめてみた（表1）。

溶岩は坪田や粟辺《あべ》方面に流下した。溶岩流の辺縁部では流出した溶岩が完全に地表を被っているのではなく、旧地表面が部分的に露出している。このような溶岩の間に露出した旧地表面には、噴火からほぼ四カ月後の一九八四年一月三一日の時点で、オニタビラコ、アシタバ、センニンソウ、イシカグマ、ツワブキ、ホシダ、シマボロギクなどが新しい葉を展開させているのがみられた。特にオニタビラコは随所に多数みられた。この種は通常越年生であり、噴火後に種子発芽したと考えられる。六月の調査時には旺盛な勢いでこれらの草本が生長し、センニンソウなどは、溶岩面にまで茎を伸張させ広がっていた。

栗辺方面に流下した溶岩流のため、この地域に生育していた林木は、完全に地上部の樹皮が削り取られるなどの損傷を受けて枯死した。しかし、溶岩流から一〇メートルほど離れたところにある林木は、一月の時点でも、噴火による目だった影響がみられなかった。調査した立地は、オオバヤシャブシを中心とする陽樹林から極相林と考えられるスダジイ－タブ林への移行段階にある林と考えられる。幹にはフウトウカズラやテイカカズラが密に絡まっていた。林床、低木層の植物にも、噴火の影響を受けなかった島内の他の場所と比べ、目にみえる変化は見出せず、健在であった。この立地ではその後も目立った変化はみられない。

浜田（一九八四b）は、投出岩塊の割れ目に生えたイヌホウズキの例を写真で紹介している。これにたいして、溶岩上には今日にいたるまで定着した可視的な植物は、ほとんどみあたらないといってよい。生まれたばかりの溶岩上では特に植物体への水の供給不足が植物の生育を妨げているように思われる。

スコリア原――前駆植物と分解者

新澪池《しんみょう》東側斜面は、多量のスコリアや岩塊の堆積と、岩塊のはげしいボンビングや地熱の急上昇による地下部の焼焦などのため、もとの植生は一変した。噴火直後は、一面の岩石荒地にボンビングで樹皮をはがれ梢や枝のなくなった木が林立した、無惨な様相であった。林床植物は厚いスコリアに被われ、枯死した。スダジイ、タブ、エノキ、オオバヤシャブシ、ヒメユズリハ、ハチジョウイボタなどからなる森林を構成していた林木も、そのほとんどが枯死した。しかし、一月末には一部の木で、風下側でボンビングをまぬがれた幹に不定的な幹芽ができており、なかにはすでに幹芽が伸張してできた短い枝に新葉を開き始めているものもあった。六月にはハチジョウイボタ、タブ、スダジイ、エノキのかなりの個体がこのような幹芽からたくさんの新葉を展開して、生命の力強さを人々に印象づけた。

前駆植物　この岩石荒地には、噴火一カ月後に*Pyronema omphalodes* (Bull. ex Fr.) Fuckelという菌類が発生した。一二月にはダイダイゴケ科の地衣類*Caloplaca* sp.が多量に発生した。*Caloplaca*は地表からわずかに突出した大型の放出岩塊の、特に西側の、地表面との境界に沿ってコロニーを形成していることが多かった。西側の面はここで卓越する風の風上側で、海風が運んできた塩類が岩面に付着し、その塩類の潮解により水分が保たれていると考えられる。

この*Caloplaca*はこれまで日本では未発見の種であった。まだ種の同定ができていないのでこの種がどの範囲に分布するものか判らないが、三宅島の新生の裸地に出現したことは生物地理学的にもたいへん興味深い。

一九八四年六月に調査したときには、この*Caloplaca*のコロニーは目立たなくなっていた。これは消滅したのではなく、この地衣のコロニーを被うようにして蘚苔類のゼニゴケとヒョウタンゴケのコロニーが形成されたためである（浜田一九八四b；大場一九八五）。

ゼニゴケは世界各地に最も広く分布し、日本でもごく普通にみることのできる種で、すでに四月頃からここに出現していたようである。六月に調べたときには、雌株と雄株の両方がみられ、生殖器を有していた。ヒョウタンゴケも四月には出現していたらしく、六月には蒴を多数つけていた。本種もゼニゴケ同様、世界各地に広く分布するが、たき火の跡を好んで生える傾向があるとされる。なお、ヨーロッパではゼニゴケにも同様の傾向が認められるという。

スコリアのうえには風や鳥によって種子や果実が運ばれてくる。発芽しなかったもの、子葉のみを展開して枯れたものが多いが、ハチジョウイチゴ、ハチジョウイタドリ、クロマツなどのように生長を持続しているものもある。このような高等植物が定着して地衣類、蘚苔類段階に続く群落を形成し、遷移系列上に位置づけられるようになるのか、それともこうした高等植物の出現は偶発的なものなのか、今のところ判別はむずかしい。

分解者の出現　上記の植物の他に、かなりの菌類も出現している。四月頃から目立つようになったといわれる、変形菌の一種*Fuligo septica*（L.）Wiggerや*Lycogala epidendrum*（L.）Friesは、倒木やスコリア上に散在する枯枝に寄生している。子嚢菌《しのうきん》オオチャワンタケの一種*Peziza* sp.はキクラゲ様の子実体をもち、やはり倒木や枯枝に生えていた。全世界に広く分布し、枯木や棒杭に生える、担子菌類のスエヒロタケも枯木に群生していた。キララタケは南アメリカを除く世界各地に広く分布するヒトヨタケと同属の担子菌類で、スコリア原に点々と叢生していた。キララタケは山火事などで焼けた広葉樹を好んで発生することが知られている。この他にもまだ同定ができていない数種の菌類がみられた。

このような菌類は、明らかに火山活動によって焼焦または枯死した植物に寄生した分解者である。この種の分解者の存在は、それまでに発達した植生を有していた立地ならではのことで、新生の火山島などにはみられない現象といってよい。

降灰地——常緑広葉樹の新緑

今回の噴火による降灰には二つのタイプと地域がある（浜田一九八四）。ひとつは牧場を中心とするマグマ噴泉列からもたらされた少量のスコリアによるさらさらした黒砂タイプで、比較的限られた範囲に堆積した。他のひとつは新澪池から新鼻《にっぱな》沖にかけて起こった、はげしいマグマ水蒸気爆発にともなって放出された火山灰である。前者は植生にほとんど影響を及ぼすことはなかったが、後者は量も多く、この島で卓越する西風に乗って流され、坪田地区三池付近までの約六・五キロメートルの間に、ところによっては厚さ一メートルに達するほども積もった。マグマ水蒸気爆発による火山灰は海水との接触で重くかつ湿気を帯びており、植物体に付着した後も容易にとれず、重さのために枝が折れた木もあった。

大路池周辺の森林　大路《たいろ》池周辺はスダジイとタブを主とする森林が発達して鬱そうとしている。スダジイには胸高で周囲が七メートルに達するものがあった。降灰後、池の北東斜面の一部を除き、ほぼ全域にわたり常緑広葉樹のほとんどが落葉した。一月の調査時には枝と腋に準備されていた芽は完全に水気を失って乾いており、枯死したように考えられた。

梅雨を迎えた六月にいたり、スダジイ、タブ、ハチジョウイボタ、ハチジョウグワ、オオバエゴノキなどの木本植物は、幹や枝の基部に不定芽を生じ、それが伸び新しい枝になっていた。この短い新しい枝にできた葉芽が開いて、生まれたばかりのみずみずしい葉がついていた。巨大なスダジイにも葉が出ていたが、枝先や梢には不定芽ができなかったらしく、樹姿には異様な感があった。存外、このようなかたちで降灰地の木々は回復していくのかもしれない。しかし、以前と比較にならぬ少量の葉量であり、それで個々の木々を支えるだけのエネルギーを賄うだけの生産をあげることができるのだろうか。

林床に生えていた草本植物は、火山灰の堆積により壊滅状態に近い影響を受けた。六月でも依然として、黒い火山灰の色が支配的であった。道路端や斜面が急で火山灰の堆積が薄かったところを探すと、ドクダミ、ヌスビトハギ、ハマコンギク、ウラシマソウ、アスカイノデなどの多年草がみられた。かつてこのあたりに普通に生えていたホソバカナワラビ、ノコギリシダ、ベニシダなどのシダ類、ヌマダイコン、ヤブミョウガ、アオミズなどの姿はなかった。低木やつる植物では、ヤブツバキ、ガクアジサイ、タマアジサイ、ハチジョウイチゴ、ウツギ、サルトリイバラ、オニドコロ、クズがみられた。

地衣類の出現と火山昇華物の関係

Yoshioka（1974）は、三宅島における噴火から五カ月後の溶岩流やスコリアを、またTezuka（1961）は伊豆大島で噴火から六～七年経過した溶岩流を調査して、少しも植物が見出せなかったと記している。ところが、今回の三宅島の噴火では数カ月後にスコリア原に多量に地衣類が発見された。火山立地における遷移系列で、前駆段階には通常、地衣類や蘚苔類が出現するとされているので、YoshiokaやTezukaの報告はむしろ例外的ともいえる。

地衣類や蘚苔類の出現をみない火山立地では、高等植物からなる前駆的群落が出現するが、出現の時期は少なくとも噴火から数年を経ている。ところが、地衣類、蘚苔類からなる前駆群落の出現は、今回の三宅島の場合がそうであるように噴火後数カ月であり、群落形成に時間的なずれが認められる。それでは、いったいどうして噴火数カ月後で地衣類や蘚苔類のコロニー形成が可能となるのであろうか。水分条件が種の生存を許容する範囲にあることはいうまでもないが、窒素やリンの存在も見逃せない。Tezukaによれば、土壌中の窒素やリンの含量は荒原のほうが低木林や混交林、極相林よりもはるかに少ないという。

ところで、今回の噴火で火山活動にともなって、多くの火山昇華物が放出されたことが判っている。これらの昇華物は、硫黄、塩化ナトリウム、塩化アンモニウムであった（綿秡一九八四）。塩化アンモニウムが火山噴出物中に含まれるとの報告は、イタリアのヴェスヴィオ山、ストロンボリ島、わが国の桜島や北海道駒ヶ岳からも報告されている。これまで火山裸地は貧栄養とみなされる傾向があったが、少なくとも今回の三宅島の場合、相当量の塩化アンモニウムが供給されており、一時的には窒素だけは潤沢である可能性が強く考えられる。噴火から数年以上経てから調査を行った場合、昇華物由来の窒素も消失し、それに依存して発達したと思われる地衣類、蘚苔類のコロニーは、こうした火山昇華物を消費尽くして消滅してしまっている可能性すら考えられはしないだろうか。今回の調査では、このような問題も含めて、火山立

植生が噴火から受けた影響

地での植生遷移の研究は噴火直後にスタートすることの重要性を痛感させられた。

本稿をまとめるにあたり、種々の助言や同定をしてくださった国立科学博物館植物部門の井上浩、土居祥兌、柏谷博之、萩原博光博士、東京大学教養学部の浜田隆士、綿枳邦彦教授に感謝の意を表します。

【引用文献】

浜田隆士（一九八四）「昭和五八年噴火による被害実態」『火山島の自然環境変遷と、その人為との相互作用に関するシステム科学的研究』（昭和五七、五八年度文部省特定研究報告書）、四五―五七頁

浜田隆士（一九八四b）「三宅島に緑よみがえる」『科学朝日』四四巻一〇号八六―八九頁

大場秀章（一九八四）「三宅島の植物相調査」『火山島の自然環境変遷と、その人為との相互作用に関するシステム科学的研究』（昭和五七、五八年度文部省特定研究報告書）、七二―七五頁

大場秀章（一九八五）「三宅島の降石原に見い出されたゼニゴケとヒョウタンゴケ」『植物研究雑誌』五九巻二四頁

Tezuka, Y. 1961 Development of vegetation in relation to soil formation in the volcanic island of Oshima, Izu, Japan. *Japanese Journal of Botany,* 17 : 371–402.

Yoshioka, K. 1974 Volcanic vegetation. In : M. Numata (ed.), *The Flora and Vegetation of Japan,* Kodansha Ltd., Tokyo. 237–267pp.

綿枳邦彦（一九八四）「三宅島の地球科学的調査」『火山島の自然環境変遷と、その人為との相互作用に関するシステム科学的研究』（昭和五七、五八年度文部省特定研究報告書）、五八―六二頁

屋久島の植物

屋久島の自然

九州の最南端である大隅半島の佐多《さた》岬から南へおよそ六〇キロメートルの洋上に浮かぶ面積五〇一・六平方キロの島、それが屋久島である。鹿児島空港から三〇分あまりで島につくが、機上からみると島の中央部は雲に被われていることが多い。「屋久島ではひと月に三五日も雨が降る」と伝えられているように、雨は一年を通じて降り、植物が水不足に直面する季節はない。年間降水量は平均三七〇〇ミリメートル、高地では一万ミリメートルを超えるといわれている。屋久島ではなぜこのように多量の雨が降るのだろう。それは多分に屋久島の標高と急峻な地形と関係している。

屋久島の宮之浦《みやのうら》岳は海抜一九三五メートルに達し、九州の最高峰である。島の四周を囲む海で暖められた気流は、高度差にして二〇〇〇メートルほどもある中央の山岳に向かって、島の斜面を急上昇する。この過程で気流は冷やされ、厚い雲となって山頂の周囲を取り囲むだけでなく、上昇の途中で雨となって落下する。このようにして多量にもたらされる雨は、屋久島の植物と植物相（フロラ）の特徴とに密接に結びついている。今日ほどの降水量がなかったら、屋久島の景観は現在とはかなりちがったものになっていたであろう。

屋久島の照葉樹林

屋久島の地形は、①周囲の海岸、②海岸から前岳と呼ばれる海抜七〇〇～八〇〇メートルの山々が連なる斜面、③前岳から海抜一八〇〇メートル級の山々が連立する奥岳への斜面、の三つに大別できる。かつては海岸付近から前岳の斜面、すなわち①と②の部分を被いつくしていたのが照葉樹林である。照葉樹林の発達する地域は、屋久島に限らず、人間の居住地域とも重なるため、村落や農業用地、造林地などのため森林の伐採や二次林化、人工林化が進んできた。現在の屋久島では、照葉樹林は保護林や参考林などの一部に残るだけで、ほとんどは失われてしまった。照葉樹林が最後まで良好な状態で大規模に残ったのは、道路の開発が遅れた永田と栗生《くりお》の間であったが、ここととても消滅の脅威にさらされている。

屋久島の照葉樹林は海抜四〇〇～五〇〇メートルを境にして、植物相が変わる。下方はスダジイが多く、特に湿った斜面ではイスノキが目立ち、アデク、モクタチバナ、シシアクチ、シマイズセンリョウ、ヤクシマアジサイなどが一面に生え、その林床にはコバノカナワラビが密生し、斜面の緩やかなところではヒロハノコギリシダ、ミヤマノコギリシダ、コクモウクジャクなどの大形のシダ類が繁茂している。一方、表土が薄く、すぐに花崗岩が露出するような斜面ではヨゴレイタチシダ、サツマサンキライなどがよくみられる。渓流に沿って、サクラツツジが点在し、開花する頃はサクラが咲いたようである。カンツワブキも渓流沿いの斜面に生える。

海抜四〇〇～五〇〇メートルから上方には、スダジイに代わってツブラジイが多くなる。尾根に近い斜面には乾燥に強い植物が出現し、林床にはタカサゴキジノオが広域に現れる。風衝地では樹幹が尾根に向かって一定の方向に屈曲し、樹高が低くなり、樹幹に多種類のシダ類、コケ類、地衣類が着生する。着生植物は岩上にも多い。

照葉樹林が上限に近くなるところでは、斜面の傾斜はいったん緩やかになり、湿った林内の林床にはシダ類が密生する。特に目立つのは、ベニシダやそれによく似たヌカイタチシダモドキ、タカサゴシダ、ナガバノイタチシダなどのオシダ属、葉軸が紅紫色をしたヤクシマタニイヌワラビやアリサンイヌワラビなどのメシダ属である。こうしたシダ類が密生しているところは、ほとんどがスギの植林地であるが、元来はアカガシを林冠木とした照葉樹林であったと思われる。現在はスギの人工林が広範囲にあるため、前岳の緩斜面地はもとからスギが生えていたようにみえるが、本来の標高は、特殊なところを除けば、前岳よりも上方である。スギの老木や大きな切り株が出現する標高にはモミやツガがみられることから、スギの垂直分布は照葉樹林から上方の落葉広葉樹林帯への移行地域であると考えられる。

屋久島の固有種

屋久島は面積では日本全土の〇・一三％に過ぎないが、日本の植物相を構成する種の約二八％にあたる一二〇〇種ほどが自生する。面積が屋久島よりもやや広いグアム島では自生する植物が五五二種であることを考えると、屋久島の植物の多様性が著しく高いことが判る。

屋久島の植物相の特色に、固有種の多いことがあげられる。矢原徹一らの一九八七年の論文によれば、被子植物では固有種が四四、固有亜種と変種が二九と認められたが、若干の種については、その後の研究で固有種とするのが困難であるとされている（Yahara et al. 1987）。屋久島の固有種・亜種・変種には、その近縁種が九州本島や南西諸島などの屋久島周辺に広く分布している場合が多い。ヤクシマグミとマメグミ、ヒメヒサカキとヒサカキ、ヤクシマオナガカエデとオナガカエデ、ヤクシマノギクとノコンギクがその例である。しかし、日本周辺に近縁種がみられない固有種もいくつかある。ヤクシマカラスザンショウ、ハナヤマツルリンドウがこの例である。また、固有亜種や変種のなかには、イッスンキンカやヤクシマウメバチソウのように、基準亜種・変種に比べて著しく矮小化するものも数多い。

固有種・亜種・変種などにみられるこのような多様な傾向は、屋久島での固有種の形成の要因がひとつのものではなく、さまざまなものが関係していたためといえよう。屋久島では照葉樹林に固有種は少ないが、照葉樹林域でとらえれば、ヤクシマカラスザンショウ、ヤクシマグミ、クワイバカンアオイなど、さまざまな傾向をもつ固有種・亜種などが多数生育している。その解析はこれからの研究課題であるが、前述のように、屋久島の照葉樹林の前途には暗いものがある。

【引用文献】

Yahara, T., Ohba, H., Murata, J. and K. Iwatsuki 1987 Taxonomic review of vascular plants endemic to Yakushima Island, Japan. *Journal of Faculty of Science, University of Tokyo, Section III*, **14** : 69–119

日本人の自然観の源流―近畿の自然 1

多様な自然

かつて都がおかれた大和、摂津、和泉、河内、山城をさして五畿内《ごきない》という。近畿という地域名にはこの五畿内に近いという意味が込められている。近畿地方には、関東地方と対比した関西地方という呼び方もある。また上方という言葉もあり、それは、日本のなかで広く近畿地方をさすこともあれば、五畿内において特に京都をさすこともあった。近世においても、京都に行くことを上《のぼ》るといい、江戸には下《くだ》るといった。政治的にはともかく、文化的な日本の中心は近畿にあると意識されていたのだろう。

日本は、大陸からの文化的な影響を受けつつも独自の文化を形成してきた。自然に依存する度合いの大きかった古代にあっては、文化はそれを育む母体となった自然環境と結びつきが強かったため、大陸の文化がそのまま移入されるとは限らなかっただろう。製鉄技術ひとつとっても、それを実際に日本で展開するには、鉄をとる鉱石と製鉄に使う木炭の両者が恒常的にえられる場所をみつけ、その地に適した技術を開発しなければならなかった。近畿地方には七世紀から十九世紀中葉まで日本の首都があった。面積は全土の十％にも満たないが、日本人のものの見方、考え方、実際の生活や産業、なかでも自然観には、近畿地方の自然の特徴が反映していると考えられる。それは、単に近畿地方に首都があったために、その文化が日本中に押し広められたというのではなく、近畿で生まれた自然観が日本全体に広まりうる一般性を近畿の自然自体がもっていたことによるのではないだろうか。

日本海側の丹後半島から太平洋側の潮岬まで、近畿地方は南北約二六〇キロメートルだが、この間に展開する地形、気候、山々や平地の植生、四季折々の様相などは、多様であり変化に富んでいる。近畿地方に欠けているのは、噴煙を上げて活動する火山くらいなものだろうか。火山は独立峰的で雄大な景観をつくる。火山がないことが、近畿地方の自然のスケールを狭めているともいえる。近畿地方のたいがいの五万分の一地形図では、たった一枚の地図のなかに、いくつもの山系が走り、川が流れていて、大陸に比べればもちろん箱庭のようだし、関東に比べてもスケールは小さい（図1）。

関西から関東に、あるいは関東から関西に旅行すると、丘陵地や田畑の土の色のちがいが目につく。関西では、大阪湾、瀬戸内海、琵琶湖に沿う沖積地の腐植質に富んだ黒褐色の田畑を別とすれば、赤みを帯びた黄色の、赤黄色土が広く分布する。一方、関東の台地や丘陵地の土は、黒っぽい黒土か茶色がかった赤土である。これは黒ボク土というもので、面積比にして日本全体で一六・四％を占めるが、近畿地方では三・二％といたって少ない。

大地の色のちがいにとどまらず、黒ボク土の有無は耕作地としての品質、作物の適・不

●**関西と関東**　現在では、関西といえば近畿地方（特に京阪神）をさし、関東といえば関東平野の一都六県をさすのが普通だが、関西と関東を区別する「関」をどこにとるかで両者の意味するところは異なってきた。すなわち、（1）鈴鹿・不破《ふわ》・愛発《あらち》の三つの関所の東西で分けるか、（2）逢坂《おうさか》の関で分けるか、（3）箱根の関で分けるかである。だから、近畿からみて逢坂の関より東の諸国を関東といったり、江戸からみて箱根の関より西を関西といったりした。古代からの地域の名称は、日本人の地理意識の発展を探るのに興味深い。

●**黒ボク土**　黒ボク土は火山噴出物に由来する土壌で、表層に有機物が多量に含まれ黒色をしている。火山の点在する関東地方や九州では、この黒ボク土を広範囲にみることができるが、近畿地方ではわずかに中国山地や琵琶湖西岸などに点在しているに過ぎない。

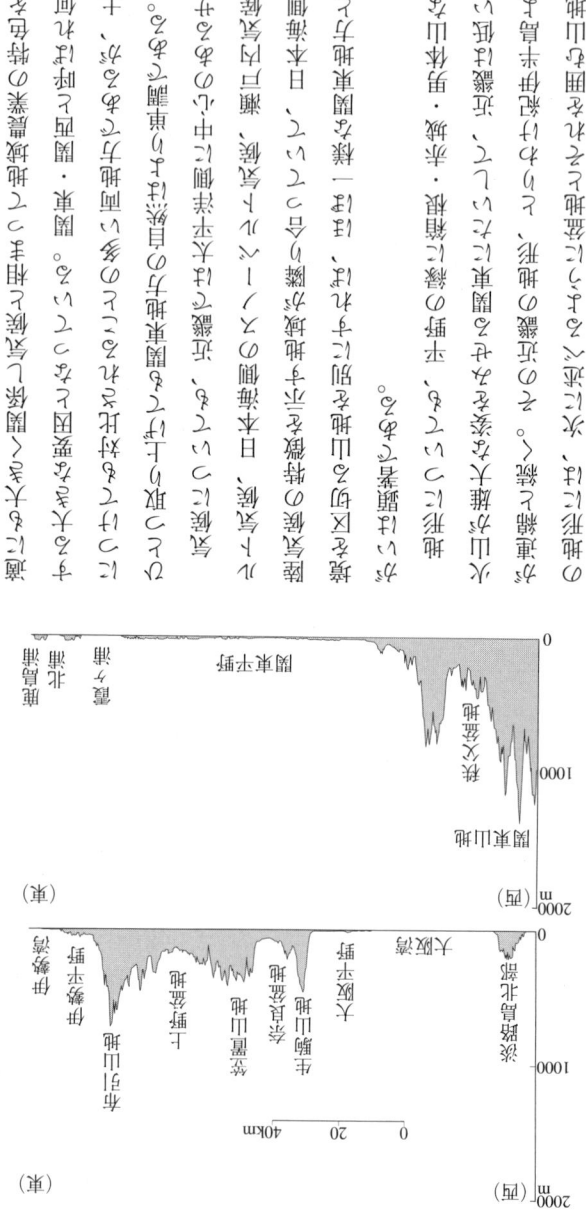

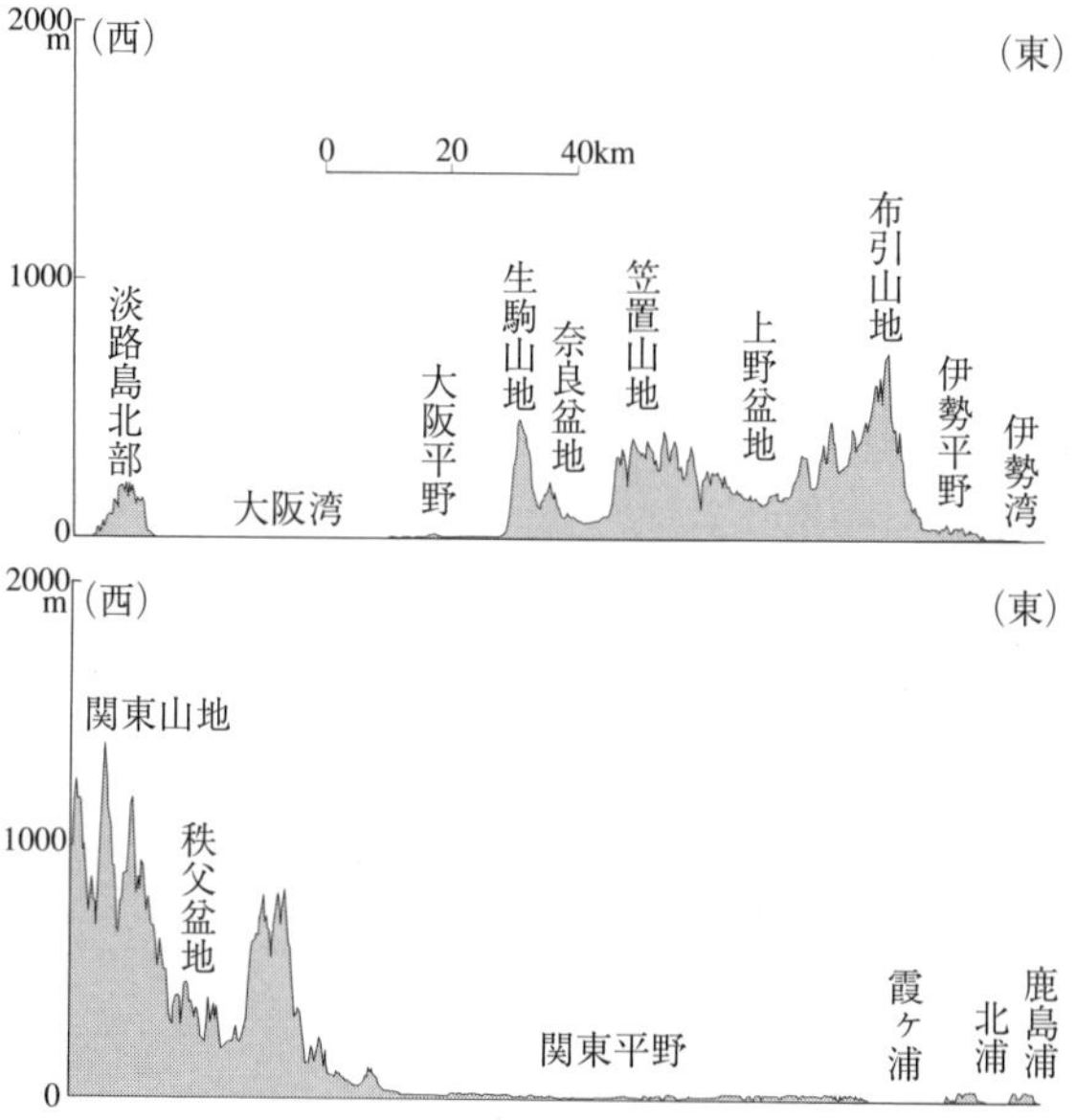

図１　近畿と関東の地形を東西断面図で比較する（近畿の図は、奈良市を通り、東西より少し東が北に振れた方向の断面）。関東平野の東西幅のなかに、大阪平野から伊勢平野までの平野・盆地・山地の配列がすっぽりとおさまってしまう。（国土地理院国土数値情報を使用、画像作成：野上道男氏）

適にも大きく関係し気候と相まって地域農業の特色を形成する大きな要因となっている。関東・関西と呼ばれ何ごとにつけても対比されることの多い両地方であるが、土の色ひとつ取り上げても関東地方の自然はより単調である。

気候についても、近畿では太平洋側に中心のあるサンベルト気候、日本海側のスノーベルト気候、瀬戸内気候、内陸気候の特徴を示す地域が隣り合っていて、日本海側との境を区切る山地を別にすれば、ほぼ一様な関東地方とのちがいは顕著である。

地形についても、平野の縁に箱根・赤城・男体山などの火山が雄大な姿をみせる関東にたいして、近畿は低い山々が連綿と続く。その近畿の地形、とりわけ紀伊半島より北の地形には、次に述べるように盆地とそれを囲む山地をひとつのユニットとして、それがいくつか並ぶという、かなりの規則性をみることができる。このユニットは適度に小さく、そして適度な多様性をもっているために、人間にとっては扱いやすい自然であったと考えられる。こうした景観の類似する地形が近接して複数存在することは、ある場所で確立した文明や技術が他地域へ伝播・浸透するのを容易にしたにちがいない。

さらに、多様な近畿の自然のなかで生まれてきた文明や技術は、近畿地方を超えて日本全体に広がる力を秘めていたのだろう。本書で近畿地方の自然を日本独特の文化を育んだ地域としてとらえることにしたのは、箱庭的ではあるものの、多様な日本の自然とその人間とのかかわり方が日本の縮図のように近畿地方に垣間見ることができることによる。

国づくりの始まりの地

大和の国づくりは奈良盆地から始まった。

東に美き《よ》地《くに》有り、青山四周《よもめぐ》れり……

蓋《けだ》し六台《くに》の中心《もなか》か、何ぞ就《ゆ》きて都つくらざらむ　（日本書紀）

この古代人の詠嘆は、まさに奈良盆地の自然賛歌であった。奈良盆地の中央はまだ湿地状態であったので、藤原京はまず南の山麓の乾燥した明日香《あすか》の丘陵地につくられた。そこは背後の塔峰《とうのみね》の青山がつらなり、前方にははるかに盆地が見渡せ、守りにも絶好の土地であった。そして西側は二上山《にじょう》や葛城《かつらぎ》山地によって大阪盆地と隔てられているが、断層に沿ってつけられた竹内峠によって直線的に金剛—生駒の連嶺を横断して、容易に大阪盆地の東縁の羽曳野《はびきの》に出ることができ、古市《ふるいち》古墳群で象徴される大阪盆地の南部丘陵地帯の古墳文化を奈良盆地に移すことができた。

しかし、奈良盆地の南縁では発展する文化をささえきれなくなり、その北縁の広大な平

●**大阪盆地**　大阪湾と大阪平野をあわせた地域は、ひとつの盆地構造としてとらえられ、これを大阪盆地と呼んでいる。

坦地に平城京が建設された。そして、奈良の都は中国の唐の文化を迎え入れて急速に発展した。それに応じるためにはまわりを山で囲まれた盆地だけでは限界があった。その点では、奈良盆地が南に開口し大阪盆地に通じている有利さがあり、盆地北部の乾燥地を選んで平城京がつくられた。

このように考えてゆくと、近畿ではいくつかの盆地が間隔をおいて配置されていて、それらの間があまり大規模ではない山地で遮断されているという特徴が浮かんでくる。もう少し視野を広げてみると、このような地形的特徴をもった地域は、近畿中央部に限られていて、周辺とはかなりはっきりしたコントラストのあることに気づく。近畿には雪をいただく俊峰もなければ、秀麗な火山もなく、地味な特徴のない山地が続いて、つかみどころのないような地形にみえるが、このような盆地と山地の配列に注目すれば明瞭に近畿の地形の特異性が浮かんでくる（図２）。

近畿トライアングル

盆地と山地の交互配列で特徴づけられている地域にたいして、藤田和夫が一九六二年に「近畿トライアングル」という名称を提唱した。それは敦賀《つるが》湾を頂点とし、琵琶湖・大阪湾・伊勢湾を含み、中央構造線の断層谷である紀ノ川‐櫛田《くしだ》川の線を底辺とする三角地域である。そのなかには、南北に伸びる比較的短い山地や高原があり、それらの間には奈良盆地や京都盆地のような小規模な盆地が抱かれている。地形的には琵琶湖や大阪湾は、盆

●竹内峠と二上山　二上山の南で金剛山地を越える峠が竹内峠であり、現在、国道１６６号線が通っている。古代の都のあった橿原市と応神天皇陵などの古墳群のある羽曳野市をほぼ直線的に結ぶルートである。奈良盆地の西を限る生駒山地と金剛・葛城山地は、どちらも逆断層で傾き上がった山地だが、北の生駒山地は大阪平野側に向かって傾いているのにたいして、金剛・葛城山地は逆に奈良盆地側に向かって傾いている。二上山地域は、この反対方向に運動をする地塊にはさまれた「ねじれ帯」で、三方を断層で囲まれている。竹内峠はそのうちの南の断層に位置している。なお、奈良と大阪を結ぶ関西本線は奈良盆地から流れ出る大和川に沿って、生駒山地と金剛・葛城山地の間を抜けるが、ここは大和川断層帯である。また、奈良盆地の東にある笠置《かさぎ》山地の麓にも逆断層があり、山地は盆地側に向かって傾いている。

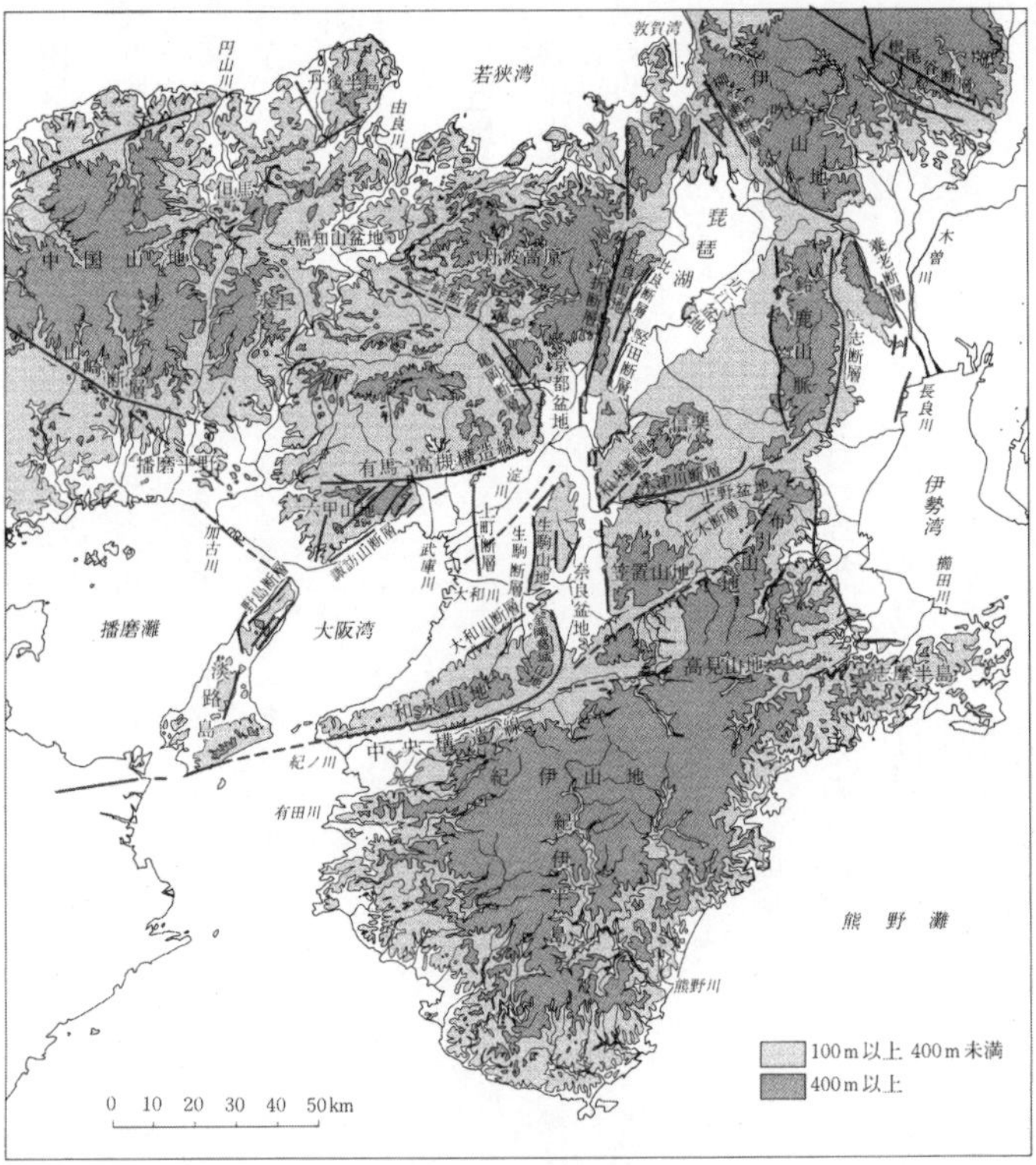

図2　近畿地方の地形と活断層　等高線は100mと400m。紀ノ川–櫛田川を結ぶラインを底辺とし敦賀湾を頂点とする三角形の地域を近畿トライアングルと呼ぶ

地にたまたま水がたたえられているところに過ぎない。琵琶湖の西には比良《ひら》山地が、東には鈴鹿山脈が連なっていて、それらの間は近江《おうみ》盆地と呼ばれる。大阪湾を含む大阪盆地は、北に六甲山地があり、西側は六甲山地の延長である淡路島によって限られ、東は生駒・金剛山地によって奈良盆地と分離されている。

近畿トライアングルをみてみよう。比良山地の西側は、北に流れる直線的な安曇《あど》川の深い谷で断ち切られている。これは花折断層に沿う断層谷である。比良山地の西側には丹波高原とも呼ばれる定高性の著しい山地がはるかに連なり、東側とは著しく対照的である。六甲についても同様である。その南側は一〇〇〇メートルに近い高度差をもって大阪湾に臨むが、北側には起伏の少ない単調な地貌が展開する。近畿トライアングルの東には奥深い美濃の山地が、まだ多くの自然を残しながら飛騨に続いている。さらに南は紀伊半島で、これまたゆけどもゆけども同じような山列とその間を深い谷が蛇行していて、「果無山地《はてなし》」の名のあるのもうなずける。

いったい何がこのような地形的コントラストをもたらしたのか。この疑問にたいする解答が、じつは日本列島を現在の姿につくりあげた新しい地殻変動、ネオテクトニクスの解明に通じる。

近畿トライアングルの内と外——六甲山地をはさんで

六甲山地と淡路島を結ぶ隆起帯をはさむ大阪盆地と播磨盆地の比較は、単に地形的なものだけでなく、盆地の中身をみることによって、近畿トライアングルの形成過程をはっきりと知ることができる。図3は大阪盆地から播磨盆地にいたる東西断面を、やや模式化して描いたものである。まず第一に気づくことは、大阪側が一〇〇〇メートルを超える厚い第四紀層、すなわち大阪層群で埋積されているのにたいして、播磨側のそれは二〇〇メートル程度で、きわめて薄いことである。これは両盆地の沈降量の差を歴然と表している。

大阪側の大阪層群は、三つの亜層群に分けられる。下から下部亜層群、中部亜層群、上部亜層群と呼ばれている。これらの亜層群の特徴は、下部亜層群が非海成であるのにたいして、中部亜層群から厚い海成粘土層と砂層の互層となり、その状態は上部まで続くが、

●ネオテクトニクス　地質構造や地形の成り立ちを総合的にダイナミックに論じる学問をテクトニクスという。特に、最近の地質時代から現在に続く変動を研究する分野をネオテクトニクスといい、日本では、活断層などの研究から第四紀になって活発になった変動が現代につながっていることが判ってきた。

●播磨盆地　大阪平野と大阪湾をあわせて大阪盆地とした見方で淡路島の西をみると、播磨灘と播磨平野をあわせた地域がひとまとまりの盆地としてみえてくる。これを播磨盆地と呼ぶ。

●層群と亜層群　地層を区分する場合、共通性のある地層群を他と区別して単位とする。層群（Group）はその最も基本的な単位のひとつで、大阪層群などがそれにあたる。その下位の単位を類層（Formation）というが、その中間の区分を設けたいときは亜層群（Subgroup）を使う。

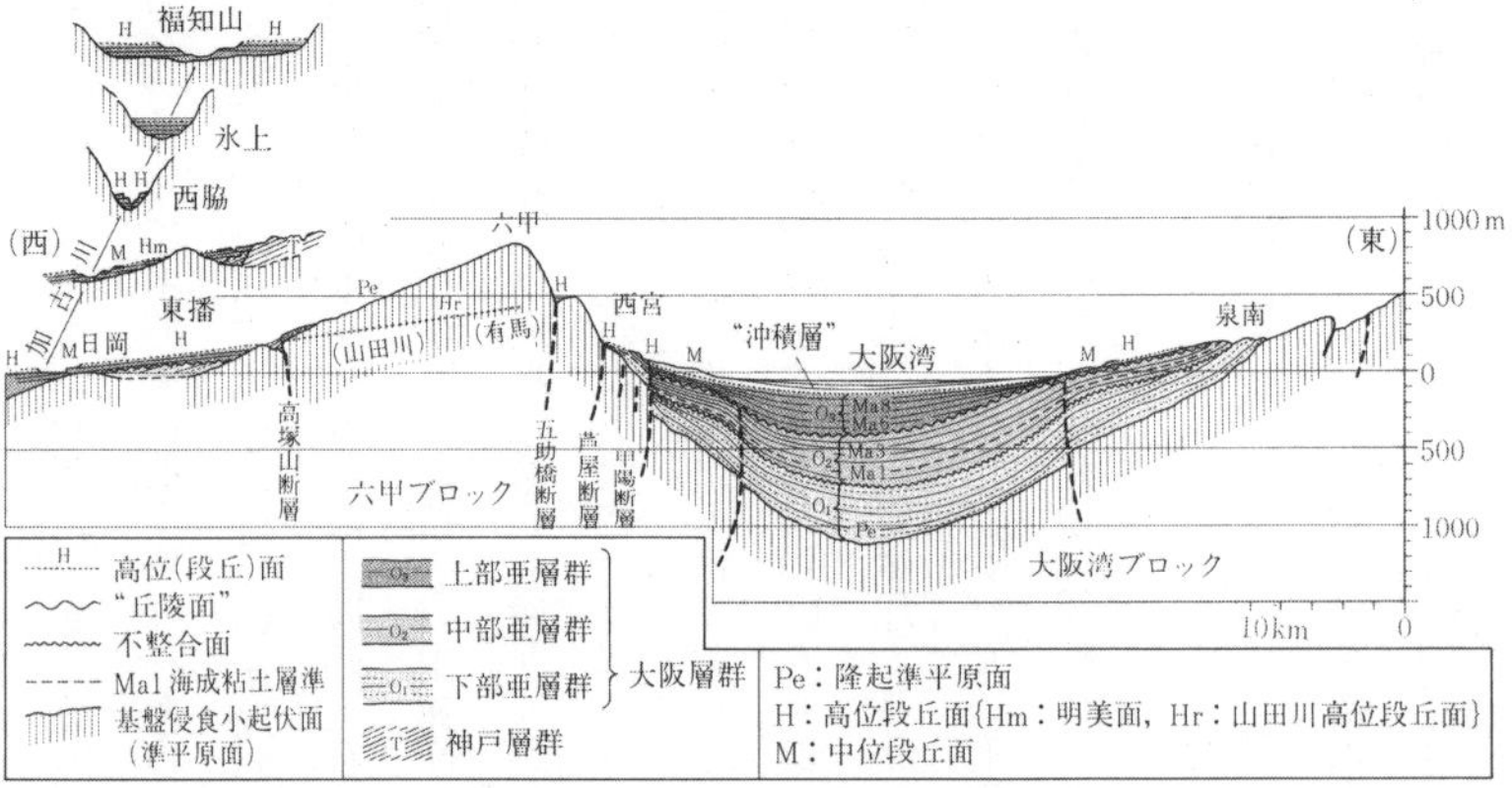

図3　播磨盆地と大阪盆地のやや模式化した東西断面図　播磨側では加古川に沿う南北断面を付加（藤田原図）

上部亜層群では砂層が著しい礫質化をしているのが特徴である。

大阪層群の分布と構造をみると、下部亜層群は両盆地にわたって広く分布し、さらに東へ、中央構造線の北側に沿って遠く伊那にまで延びているから、この時代にはまだ大阪盆地と播磨盆地の分化が始まっていなかったみられる。それは第四紀初期、約一五〇万年以前の湖水時代のことである。それから数十万年にわたって離水時代（陸地だった時代）が続いたが、一二〇万年前当たりから大阪盆地に海水が侵入してきた。それが本格化したのは、中部亜層群のなかのMa1と呼ばれる厚い海成粘土層が堆積した時代からである。その海成粘土層の分布範囲は、京都盆地の南部や奈良盆地にまで及んでいるから、それらの盆地はまだ現在のかたちにはなっていなかったにちがいない。

図3をもう一度みていただきたい。六甲山地の東側は階段状の地形を示していて、最上段は標高八〇〇メートル前後で隆起準平原面の侵食小起伏面をよく残している。第二段は五〇〇メートル前後、第三段は二五〇メートル前後である。これらの面の傾斜の急遷部には大断層が走っていて、地形の急斜部が断層崖であることを示している。この六甲の断層に表れている地殻変動が山と盆地を分化させてきた。

中部亜断層群と上部亜断層群の不整合関係から判るように、六甲の断層ブロック運動が始まったのは、中部亜断層群の堆積が終わってからである。それとともに六甲ブロックは急速に隆起を始め、逆に大阪湾ブロックが沈降して、今日の地形の原型ができた。中期更新世と呼ばれる約五〇万年前からのことである。

このようにしてできた新しい盆地のなかを埋めて堆積したのが、上部亜断層群である。急上昇した山地から多量の土砂が土石流となって湾内に流れ込んだために、山地内部では河川沿いに砂礫が厚く堆積し、山麓部には巨大な山麓扇状地が広がり、湾内では前進する三角州礫層と海成粘土層の互層ができた。

この変動は、六甲山地と大阪湾の対立のなかに象徴的に表れているので「六甲変動」と呼ばれているが、中期更新世においてクライマックスを迎えた。それまでは、六甲側が隆起し、大阪湾側が沈降するというゆるやかなうねり状の変動であったのが、一挙に断層ブロック運動に突入し、六甲は急上昇を始めたのである。

この変動が近畿トライアングルの形成に決定的な役割をはたし、その内と外で著しく異なる地形をつくり、現在の近畿の自然環境を生んできた。

●**中期更新世**　最近の約一七〇万年の地質時代を第四紀といい、最終氷期より後の完新世と、それ以前の更新世に区分される。更新世は、さらに、前期（七〇万～一三万年前）、後期（一三万～一万年前）などに区分される。

六甲変動の現実

近畿トライアングルの内と外を結ぶ大事件が、その境界部に当たる明石海峡を中心にして突如として起こった。兵庫県南部地震である。一九九五年一月一七日午前五時四六分、激しい上下動とともに、阪神地域はマグニチュード（M）七・二の大地震に襲われた。震源は明石海峡の地下一四キロメートル、活断層の多い六甲にかねてから予想されていた「直下型地震」であった。阪神メガロポリスとうたわれた六甲南麓は壊滅的な打撃を受け、日本列島の大動脈である幹線交通網は寸断されてしまった。

六甲山地をブロック化する多数の活断層は、すでに述べたように六甲のシンボルである。だから地震直後から「六甲の活断層が活動した直下型地震による阪神・淡路大震災」として報道され、活断層に関する地表調査が始まった。しかし、はっきりと地表に地震断層として表れた活断層は淡路島の西海岸の野島断層だけで、被害激甚の六甲南麓には、明瞭な地震断層は認められなかった。しかも、野島断層は、これまで淡路島の隆起に主役を演じてきた逆断層であると思われてきたのに、今回表れたのは、みごとな右横ずれの変異地形で、延々八キロメートルにわたって直上の家屋を切断し、田畑の畝を屈曲させて明石海峡に達し、注目された。

ところが、それを海峡を隔てて直線的に北に延長すると、六甲の西側の垂水《たるみ》地区に現れるはずであるのに、その気配がない。かえって東側の須磨地区に被害が大きい。さらに疑問点としてもちあがったのは、六甲の活断層のなかでも最も新しい動きを示しているとみられてきた諏訪山断層に沿って、ほとんど被害が出なかったことである。この断層は、山陽新幹線の新神戸駅建設のときに、大露頭が現れ、花崗岩の断層面に沿って旧生田川（現在の生田川は明治になって人工的につけ変えられたものである）の河床礫を引きずり上げ直立していることが確認された。しかも、現在の新神戸駅のプラットホームは、この断層上に

●**地震断層**　地震は地下の岩盤が応力に耐えきれなくなって、破壊面に沿ってずれることによって発生する現象である。その破壊面が地表に現れたものを地表地震断層、または単に地震断層と呼ぶ。

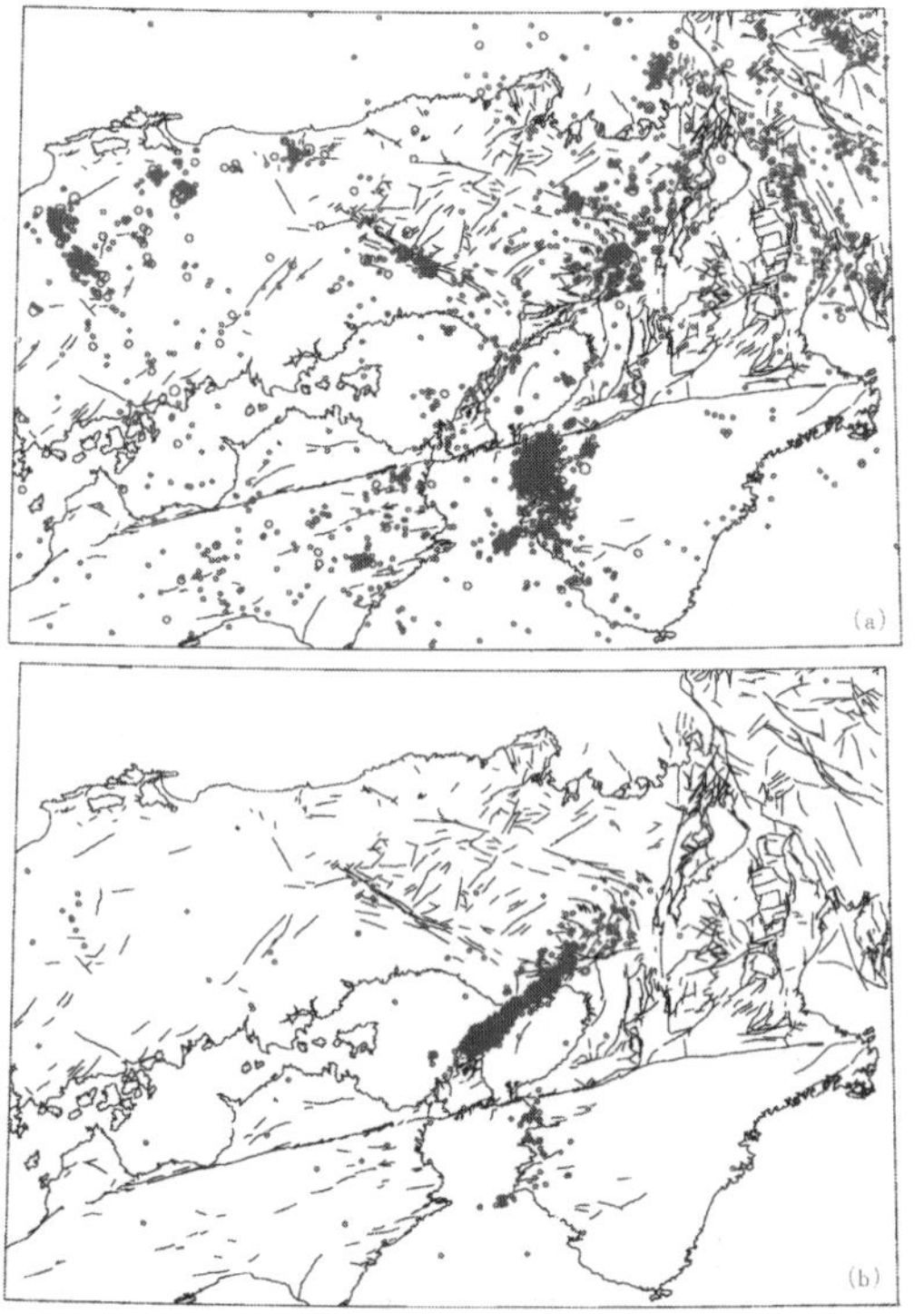

図４　兵庫県南部地震前後の地震分布（気象庁による、提供石川有三氏）(a) 1961～1994年のM3以上、深さ20km以浅の地震の分布と活断層。底辺の中央構造線には地震がないが、これを大きな空白域とみる説もある。(b) 1995年1月17日の地震当日から2月15日までの深さ20km以浅のすべての地震の分布。ほとんどが兵庫県南部地震の余震で、六甲から淡路島にかけて分布していて、(a) の淡路から六甲にかけての空白域を埋めている。

またがって建設されているのである。さらに被災地域内の地震断層の有無に関しては、調査者のなかで議論が多岐にわたり、今後の詳細な調査結果をまたなければならない点が多く、活断層と六甲南麓に現れた「震災の帯」と呼ばれる震度七の地震被害地帯との関係は現時点で明快な結論が出ていない。しかし、集約されてきた地震の余震分布が、地殻変動のメカニズムの大筋を教えてくれることになった。

図４(a)は今回の地震以前の約三〇年間にわたるM三あるいはそれ以上の地震の分布を示している。このなかに近畿トライアングルのかたちがおぼろげながら現れているが、これはその外縁に地殻の歪みが集中していることの現れである。ところが、淡路島から六甲にかけての地帯だけに地震が少ない。これはまさにこの地帯が地震の空白地帯であったことを

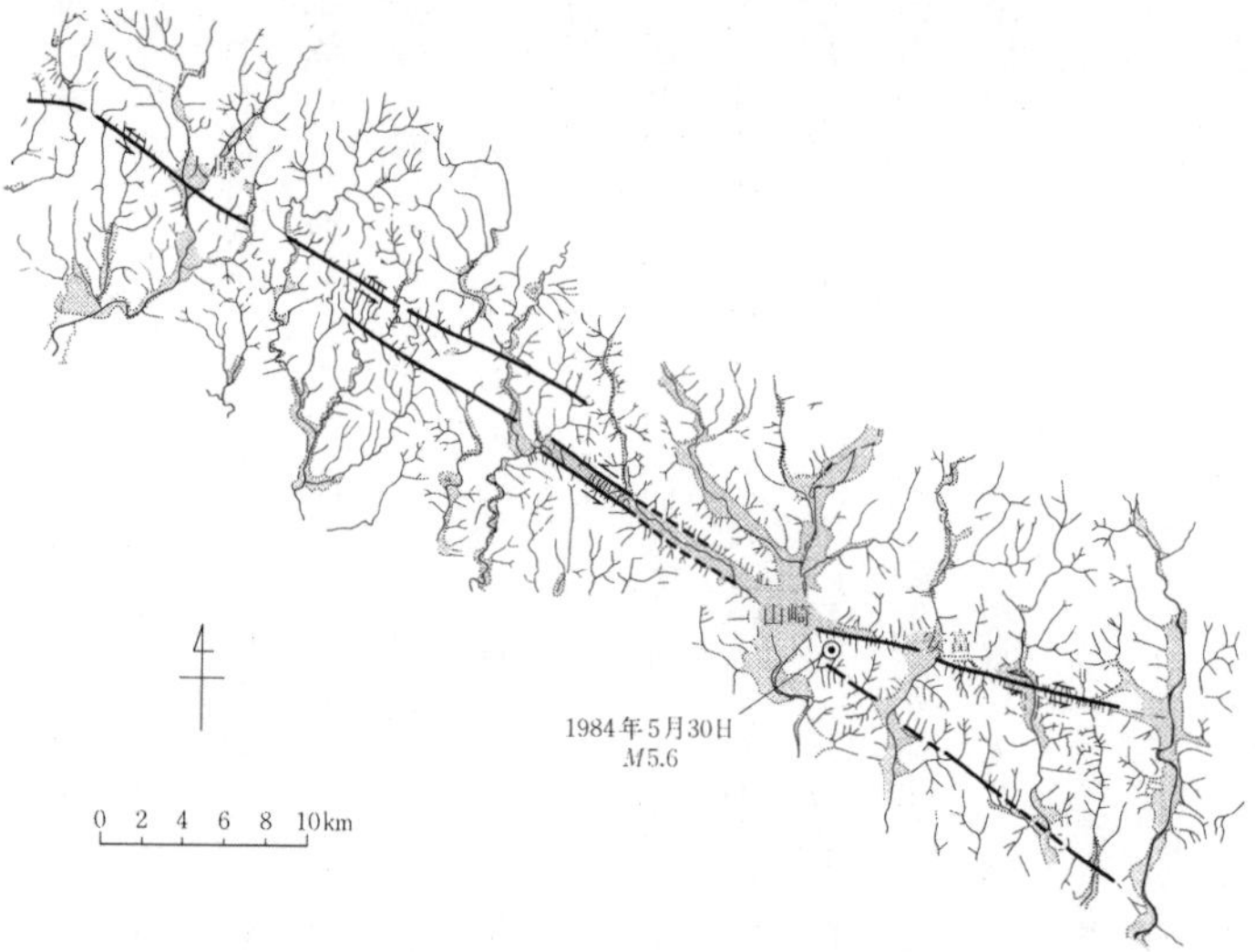

図5　山崎断層　位置は図6参照。断層が断続的に「乗り移り」を起こしている（Huzita,1969に加筆）

物語っている。この図は短期間のものであるが、歴史地震の記録をみても、この地帯には少なくとも一〇〇〇年以上にわたって大地震の記録がない。

次に図4(b)をみていただきたい。これは地震の起こった一月一七日から二月一五日までに記録されたすべての余震をプロットしたものである。それはちょうどこの空白域を埋めるように、淡路島北部から六甲を斜めに横断するように直線的に密集している。その中身を分析してみよう。まず注目しなければならないのは、このなかに含まれている断層がすべて横ずれ断層だということである。野島断層は今回明瞭にその右ずれ変位を現したが、六甲の大月断層にも（図6）にも右横ずれ変位が認められていた。ではそれらの間はどうであろうか。

横ずれ断層にはしばしば「乗り移り」現象が認められる。横ずれ断層は長距離にわたって直線性を維持するが、しばしば平行線的に乗り移ることが多い（図5）。野島断層が明石海峡の海底において、淡路島東側の海底から須磨断層系に延長する仮屋断層に乗り移っていることは、明石架橋のための海底地質調査で確認されている。さらに神戸西部で須磨断層・会下山《えげやま》断層・諏訪山断層にも複雑な横ずれ変位地形がみられるが、これら全部が地震断層として動いたのではなく、須磨断層系から、諏訪山断層を飛ばして、五助橋《ごすけばし》・大月断層系に乗り移ったのではないだろうかというのがひとつの仮説である（断層名は図6参照）。このようにみると、今回の地震の余震分布域は、まさに右ずれ断層系の分布域と一致する。

これは近畿トライアングルの内側で起こった地震活動であるが、その外側に目を転じてみよう。そこには、兵庫県中央部と、北西から南東に向かって数十キロにわたって、乗り移りながら延びる山崎断層系があり、その延長はまさに明石海峡をねらっている（図6）。明石から加古川にいたる直線的な海岸線に沿って、今回もかなりの被害があった。そしてこちらは、野島-大月断層系とは反対に左ずれなのである。したがって、この二つの横ずれ断層系は、次に述べる共役関係にあるという構図が浮かんでくる。

播磨から丹波・但馬にいたる近畿トライアングル西側の地域は、京都大学防災研究所による微小地震の観測記録が一九六〇年代から積み重ねられていて、微小地震の分布と横ずれ断層の関係がよく知られているが、山崎断層はその典型的なもので、実際に一九八四年にM六・五の地震を起こしている。その震源は断層面に密着し、その発震機構の解析は、東西方向の圧縮応力によってこの地震が発生したことを示していた。兵庫県南部地震の発震機構も東西圧縮型であった。山崎断層系と六甲断層系を同時に視野に入れた活断層図が図6である。この関係は図4でも読み取ることができる。

地震は、地殻の内部にたまった歪みを岩盤の破壊によって解消する現象であるといえる。破壊によって発生する波が地表に伝わってくるのが地震動であり、破壊面が地表に達したものが地震断層である。歪みがたまるのは、その部分に応力（ストレス）が集中するからである。図6の左下の実験をみていただきたい。これは均質な石灰岩を加工してテストピースをつくり、二〇％短くなるように圧縮した結果を示している。圧縮力がある限界に達するとテストピースは耐えきれなくなって破断するが、実験が理想的にゆくと、図のように交差する二方向の破断面が発生する。このような面を剪断面《せんだんめん》と呼び、対応する二つの面は共役関係にあるという。

このとき破断されたブロック相互の動きをみてみよう。Ⅰのブロックは互いに反対方向につっこんでいくので、Ⅱのブロックは楔を打ち込まれたように左右に開かざるをえない。しかし、この実験では、テストピースを油のなかに入れて油圧が全体にかかるようにしてあるので、Ⅱのブロックは外側に飛び出すことができず、ふくれあがってきたのである。

このような運動のなかで、ブロック間の境界面である剪断面に沿ってずれを生じ、その動きは小さい矢印で示される。いまこのテストピースを図のように水平におけば、五助橋-野島断層系と山崎断層系の交差点に明石海峡の震源が位置する構図がそのまま浮かんでくる。これらの断層は東西方向の圧縮応力場で活動したのである。

兵庫県南部地震のメカニズムは、そのまま近畿トライアングルや近畿の活断層形成のメカニズムに通じる。東西圧縮応力場において地殻表層部にどのような構造ができるのかを考えてみよう。図6の右下の（A）列は、うねり状の基盤褶曲から進展して、逆断層をともなうブロック構造ができる状況を示している。上から順次進行するというのではなく、いろいろの型式の逆断層山地ブロックができることを示している。（B）の列は剪断性の横ずれ断層の発生による傾動ブロックの動きを示している。これは近畿トライアングルの東と西の外側の構造に適用される。このような応力場が存続する限り、活断層は今後も繰り返し活動するであろうことが予想される。

●断層系　図5や図6に描かれた断層の、ひとつひとつがそれぞれ別の地震で動くわけではない。大きな地震では、いくつかの断層が同時に動くことがあり、そのような断層を断層系としてひとまとめにして考える。また、同じ方向に断続的に並んだ断層もひとつの断層系にまとめているが、それらの断層が必ずしも将来に地震で同時に動くとは限らない。

●共役断層　圧縮応力場にある岩盤には図6のテストピースに示されたように二つの破断面が生じる。図6の右下の（B）のいちばん上のモデルでも同様に、二つの破断面、すなわち断層が生じている。断層の上に立って断層の走る方向を向いたとき、右手の地塊が自分の方向に動いてくるような運動をしている場合には右ずれ、反対の場合は左ずれという。

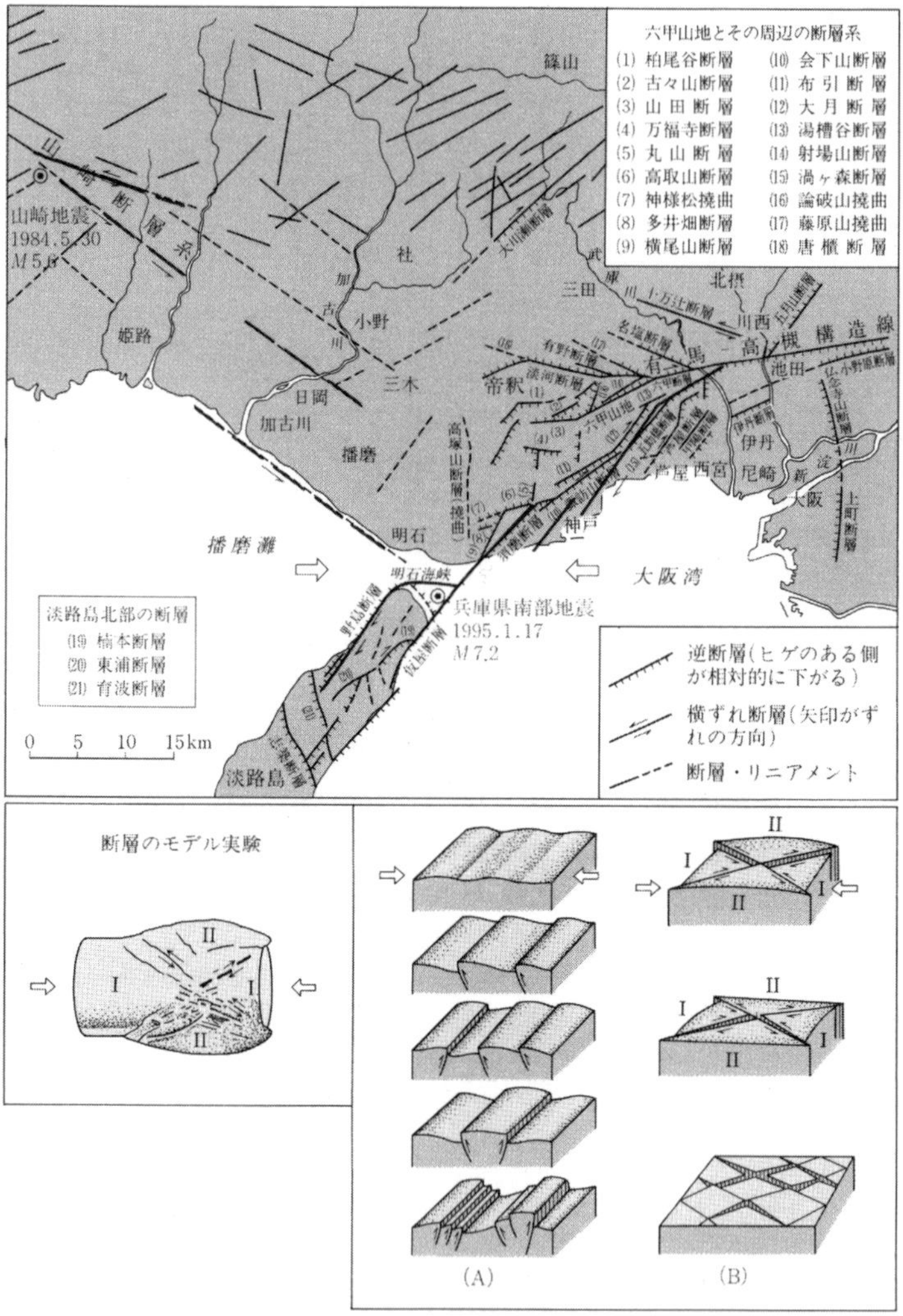

図6　六甲山地周辺の断層系と断層のモデル実験、及び断層運動の模式図（藤田原図）　六甲横ずれ断層系と山崎断層系は共役関係にあることが判る

それでは近畿に圧縮応力場をもたらしている力はどこからくるのであろうか。この問題は、プレートテクトニクスの発展によって見当がつくようになってきた。それにもいろいろな見解があるが、第四紀の地殻変動とそれによって形成されてきた地形や活断層系からみて、有馬-高槻構造線以北は安定して東西圧縮応力場を持続してきたと考えられる。それは太平洋プレートの圧縮力がフォッサ・マグナを経て西南日本に及んできたとみられる。これにたいしてフィリピン海プレートの圧縮力は中央構造線に沿って右ずれ変位をもたらしているとみてよい。そして六甲・大阪湾を含む瀬戸内帯では両方の応力場が干渉しあって複雑な構造になっている。

兵庫県南部地震は、明らかに東西圧縮応力場のなかで発生したことがすべての資料から検証できる。野島断層に沿う右横ずれ運動もそのひとつである。しかし、この断層は逆断層としての構造ももっていて、淡路島の隆起に寄与してきたこともまちがいない。この運動はフィリピン海プレートの動きと結びつけられるものである。

こうしてみると、自然は一見複雑そうにみえても、意外にシンプルに、そして法則どおりに運動しているといえる。それを知り、人類がそれに逆らわないようにしていくのが、自然と共存しながら発展できる道であろう。

自然はその構造を意外におもしろいかたちで表現している。淡路島のかたちは昆虫にたとえられよう。明石海峡に臨む部分は頭部であり、そこから逆八の字型に触覚のように、五助橋・大月断層が北東へ、山崎断層系が北西へ延びている。明石から加古川にいたる直線的な海岸線も、そのひとつを表しているにちがいない。大阪湾の楕円形と合わせて、自然の造形の美といえるであろう。

近畿地方の基盤をつくるもの

図3をもう一度みていただくと、六甲山をつくるような古くて硬い岩石の部分と、大阪層群のようなそれより新しい

時代に堆積した軟らかい地層の部分とは分けて描いてある。このような堅い岩石層を「基盤岩」、新しい地層を「被覆層」と呼んでいる。

基盤岩については、例えば、「関東」にたいしては「日本列島の土台」として表現され、「帯状に分布する地質」という言葉づかいで、基盤岩の分布の様子が説明されることもある。西南日本はその帯状分布が明瞭で、関東山地にみられる地質より北側のものに相当する領家《りょうけ》帯・丹波帯・舞鶴帯・飛驒帯などがある（図7）。

これらは基本的に大洋底に堆積した地層がもとになった岩石である。日本列島のような陸地から海へ運ばれた堆積物は、海底地滑りによってより深い海底（海溝）へ運ばれる。一方、海溝より遠洋の深海底には陸源物質が運ばれず、ほとんど浮遊性動植物の遺骸だけが堆積する。その遺骸は海洋プレートに乗って、海溝で陸地側の下にもぐり込む。もぐり込まなかったものは、海溝に積もっていた厚い陸源堆積物と混ざりあう。丹波帯や秩父《ちちぶ》帯・四万十《しまんと》北帯はこの混合堆積物が陸上へ上がったものである。三波《さんば》川帯は大陸プレートの下へ一度深くもぐり込んだ地層が変成して上昇したものである。領家帯は大陸プレートの下でマグマができて上昇し、花崗岩質の岩石に変わったり花崗岩が貫入したりしたものである。四万十南帯は陸源堆積物の砂岩、泥岩互層が上昇して陸地になったものである。これらの岩石は深い海の底に堆積したものが、海洋プレートが大陸プレートにぶつかりもぐり込む過程で褶曲したり、混合したり、変成したりして、大陸に付け加わったものである。これらを付加体と呼んでいる。

●**断層が入らなかった紀伊半島**　中央構造線以南の紀伊半島には新しい断層がなく、ブロック化していない。そして全体がふくれあがるように隆起しているため、蛇行した川が、その流域を保って穿入し深い谷間をつくっているのが特徴である。

●**高くなった六甲山**　六甲山の頂上にある一等三角点の標高は国土地理院による一九九一年二月の測量では九三一・一三メートルであったが、兵庫県南部地震後の測量では九三一・二五メートルとなっており、一二センチ高くなった。

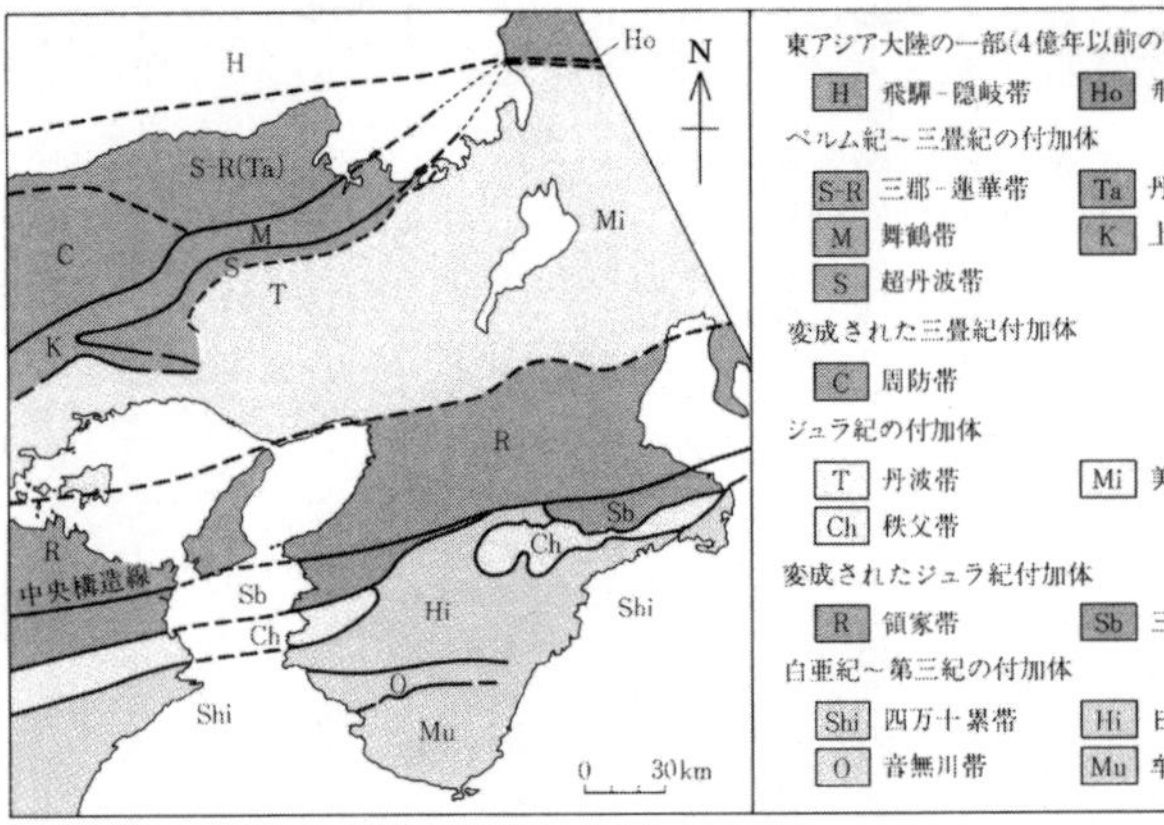

図７　近畿地方の基盤岩の分布　被覆層を除いた地質図

日本は大陸の外縁の変動帯にある。中生代以来大陸に付加した地層と変成岩、そしてそれらを貫く火成岩は、変動帯においての基盤岩である。変成していないで、結晶質になっていない、丹波帯や秩父帯そして四万十帯の地層も、結晶質の変成岩や火成岩とともに基盤岩をつくっている。それらは古生代から新生代の新第三紀中新世までのいろいろな時代の堆積物がもと（源岩）である。

一方、日本の被覆層は中生代（もっと古いものもあるかもしれないが）以来の浅海・内湾性の海成層や淡水成層があり、多くは石灰層をはさむ。これらの地層は変動帯の日本にあって、激しく褶曲することなく、比較的水平層に近い状態にある（もっとも、断層で分断されたり、断層の近くでは急傾斜していることはある）。

このように大陸縁辺では付加体をつくって

●大陸の基盤岩　基盤岩という言葉は地球全体からみれば、大陸の核をつくる岩石をさす。大陸の核をつくる岩石は結晶質の硬い岩石で、先カンブリア時代の古いものである。厚さ三〇～四〇キロメートルの大陸地殻をつくっている。その場所を楯状地という。その結晶質の岩石の上を古生代以後の地層が被っているところは卓状地と呼ばれている。そこでは古生代や中生代のような古い時代の地層でも激しく褶曲することはなく、しかもその地層が堆積するとき、すでに比較的平坦だった基盤岩の上を浅い海が広く被い、水平の地層が広く堆積した。このように基盤岩とそれを古生代以来の被覆層が被ったところが大陸である。

いる岩石が基盤岩であり、その上に堆積した地層は被覆層と考えることができる。付加した岩石は全部が結晶質ではなく、また海洋プレートのうえに堆積した遠洋性の堆積物を含まないものもある。古い時代に付加した基盤の上の被覆層が、新しい時代の付加体より古い時代の地層であることも当然ありうることである。

このように土地のでき方についての、地質学的意味づけをもって、基盤（岩）と被覆層という言葉を使うのが本来の使い方であると考えられるが、単に対象とする土地や露頭の土台をつくる岩石と、そのうえを被ってできた地層・岩石にたいして使うことも許されている。この場合は、対象とする場所や岩石・地層によって相対的に使われる。すなわち、中新世に多島海状になった日本に堆積した海成層は、丹波帯・領家帯などを被っており、被覆層であるが、それらの地層が陸地になり、山になって、その谷間や低地に堆積した新第三紀鮮新世や新第四紀更新世中・後期の地層すなわち近畿の地層でいえば古琵琶湖層群や大阪層群を扱うときは、中新世の地層を基盤岩という。また、更新世後期の段丘堆積物や完新世沖積層を扱うとき、丘陵をつくっていたり、盆地の底にある古琵琶湖層群や大阪層群を基盤といわれる。

●火山灰や土壌は被覆層？　本文で述べたように被覆層の考え方からすると、火山噴火により広域に広がった降下火山灰は、その性格からして、被覆層という言葉がぴったり合うが、あまりにも当然なのか、特に火山灰を扱うときにこの言葉を使うことはあまりない。また土壌や人工埋立て層にたいしても同様である。考古学の発掘現場では、遺跡包含層の下位の無遺物層（自然の営力によって形成された地層・岩石）を「地山」という言葉で表現することが多い。

三つの気候帯が接する

近畿地方は他の地方に比べ、三万三〇九一平方キロと面積が狭いわりには気候の地域差が大きい（関東地方も三万二四一三平方キロと狭いが、気候の地域差は小さい）。冬はどんよりとした曇り空か、霙《みぞれ》が降る日が多い日本海側の地域、冬は温暖で降雪もほとんどない紀伊半島というスノーベルトとサンベルトの気候差だけではない。少雨で快晴の日が多い瀬戸内海気候の特徴が、大阪湾を最奥とする瀬戸内海沿岸に現れている。さらに山間部では内陸気候や盆地気候の特徴をもつ地域がスノーベルトの地域とサンベルトの地域の間に、楔を打ち込んだように入り込んでいる。

大阪、神戸、京都、奈良という近畿地方の大都市は、いずれも瀬戸内気候が卓越する範囲にある。瀬戸内気候は瀬戸内海の南北を囲む四国山地と中国山地が、夏・冬のモンスーンの気流の上昇をもたらし、瀬戸内海側で下降気流をつくることに起因している。年間を通して、晴天日数が比較的多く、降水量も少ない（図8）。

大阪・神戸など人口が集中する大阪湾沿いの地域では年降水量は一三〇〇ミリ以下となり、姫路平野や家島諸島では一一〇〇ミリ程度で、日本の少雨地域のひとつになっている。大阪、神戸では晴れの日も多く、日照時間は、一月で大阪は一四〇時間、神戸は一四五時間、通年で両市とも一九〇〇時間を超える。冬の乾燥した、空っ風で名高い関東平野の熊谷《くまがや》と比べると、一月の日照時間は五〇時間あまり少ないが、年間ではほぼ同じ日照量に達している（日本海側の敦賀《つるが》の年間日照時間は一六〇〇時間を少し超える程度である）。

六甲山を中心とする大阪湾北側では年降水量が一五〇〇ミリに達しているのが注目される。特に梅雨時の降水量が多く、これは六甲山地の影響を受けた局地的な気流の動きによるものである。一九九五年の兵庫県南部地震で壊滅的な被害を受けた神戸市は、一九三八

●サンベルトとスノーベルト　日本列島の気候区分について、南北のちがいは自然植生との対応がよい「暖かさの指数」（291ページ）にもとづいて亜寒帯、冷温帯、暖温帯、亜熱帯に区分すると、近畿地方は伊吹山地と紀伊山地の一部が冷温帯に入る他は暖温帯である。中村・内嶋・木村（一九八六）はその南北のちがいとともに、脊梁山地をはさんでの冬の天候のちがいは著しい地域差を生んでいるので、多雪域と少雪域をそれぞれスノーベルト、サンベルトと呼び、サンベルトのなかに内陸性気候区と瀬戸内気候区を設ける気候区分を提案している。その区分では、近畿は日本海の一部がスノーベルトで、他の地域はサンベルトに入っているが、瀬戸内海沿岸は瀬戸内気候区として区分される。

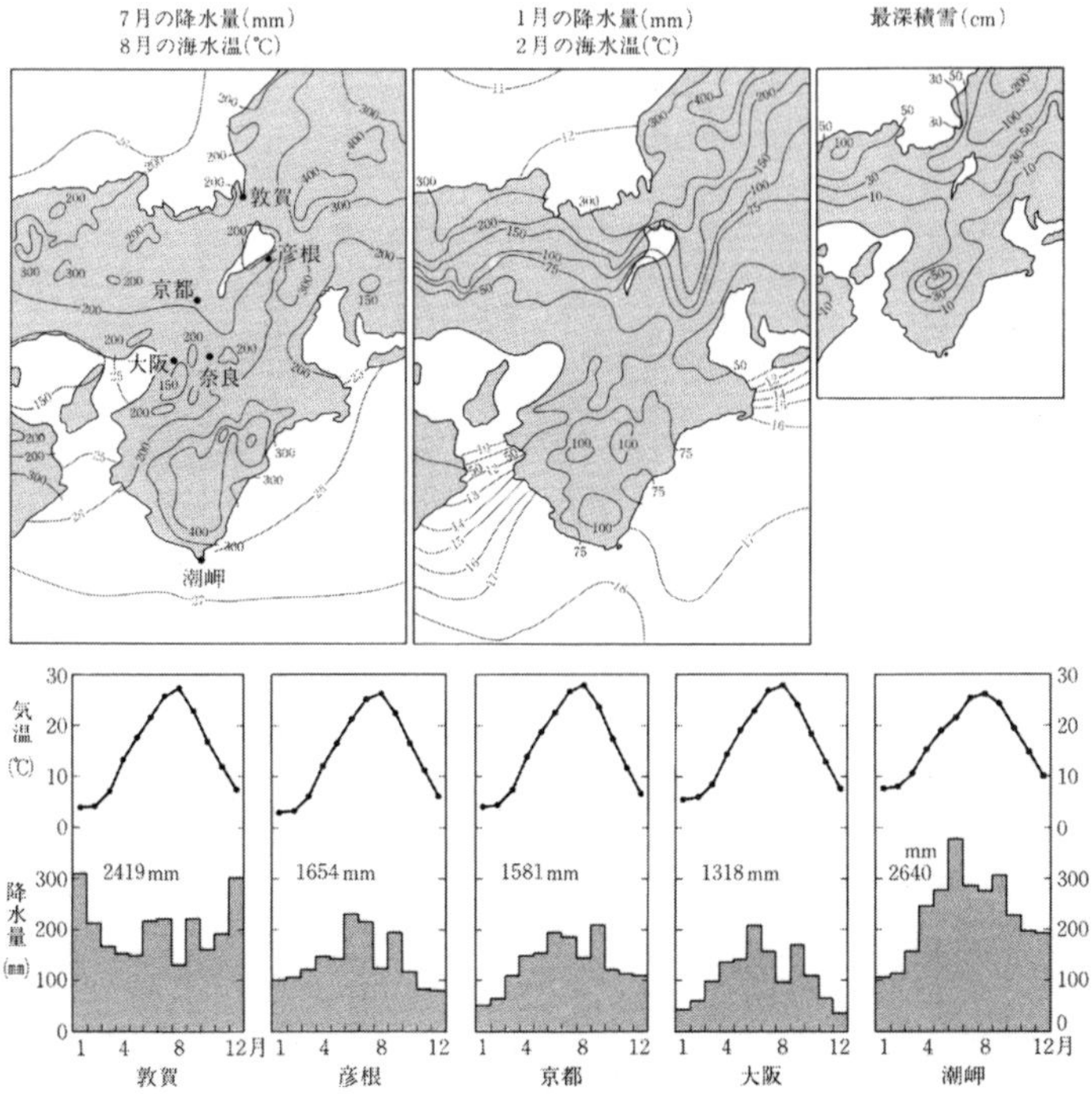

図8　近畿地方の気候　7月と1月の降水量（気象庁、1971）、8月と2月の海水温（1923～87年の平均、建設省国土地理院、1990）、最深積雪（1951～80年の年平均、建設省国土地理院、1990）、各地の気温と降水量（1961～90年の平年値、国立天文台、1994）

年に市街地が壊滅状態となった大雨に見舞われている。

晴天の多い冬はしばしば放射冷却による低温になる。瀬戸内海の冬の海水温は低く、海に面した姫路でも氷点下になる。これは冬でも水温の高い黒潮の出入りが少ないことによる。

瀬戸内気候の、晴天日が多いこと、夏と冬の寒暑の差が大きいこと、放射冷却が起きやすいことなどの特徴は、瀬戸内気候が、海洋性の気候よりもむしろ内陸性気候と共通するところが大きいことを示している。瀬戸内海から離れた和泉山脈や奈良盆地では、いっそう内陸的な気候の特徴が加わり、奈良の夏は日中の暑さが厳しく、一九九四年八月八日には三九・三℃を記録したこともある。かつて奈良盆地にはたくさんのため池があった。

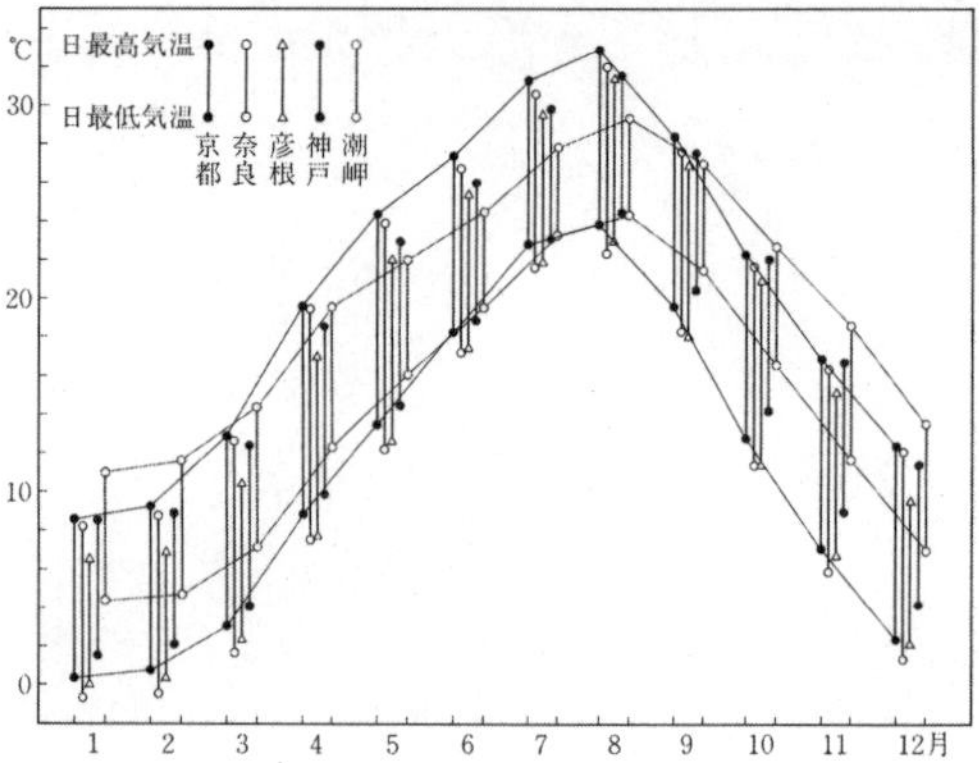

図9　近畿地方の諸都市の日最高気温及び日最低気温の月平均値　京都では最高気温と最低気温の差が年間を通じて8℃ほどあるが、潮岬では冬で7℃、夏では5℃しかない。奈良・彦根は京都と同様の傾向を示すが、神戸はやや差が小さい（1961～90年の平均値、国立天文台、1994）。

年間一四〇〇ミリという降水量だけでは稲作に水が不足したためである。さかんな素麺づくりも市場の近さだけではなく、かつての麦作と冬の乾燥という自然環境をうまく活用したものである。

明るい瀬戸内気候のもとにある大阪や神戸に比べると京都の気候はちがうと感じる人が多いが、快晴日、曇り日、不照日の日数ではほとんど差がない。大阪と、神戸と京都のちがいに、夏は日中に高温となり、冬は冷え込みが厳しいことがある。これは京都の内陸的さらには盆地的気候の性格によるといえる（図9）。

京都では、霧や時雨れに代表される気象現象が朝から夜まで微妙にかつ刻々と変化する。近畿地方は四季だけではなく、日々の気象の変化も顕著で、人々はこれを認識し、和歌や物語などの文学の世界では細やかに表現してきたといえるが、箱庭的地形や植生と一体化し、日本人の自然観の源となっていった。

●**一九九四年の夏**　この年の夏は全国各地で最高気温の極値を書き換えた猛暑であった。近畿地方では、八月八日に軒並み新記録が生まれた。京都の三九・八℃（前年までの極値は一九七三年八月一三日の三八・六℃）を最高に、奈良三九・三℃（同じく一九九〇年八月八日の三七・四℃）、大阪三九・一℃（一九八三年の八月一五日の三八・五℃）、神戸三八・八℃（一九一四年八月六日の三七・六℃）で、内陸の方がより暑かったことが判る。

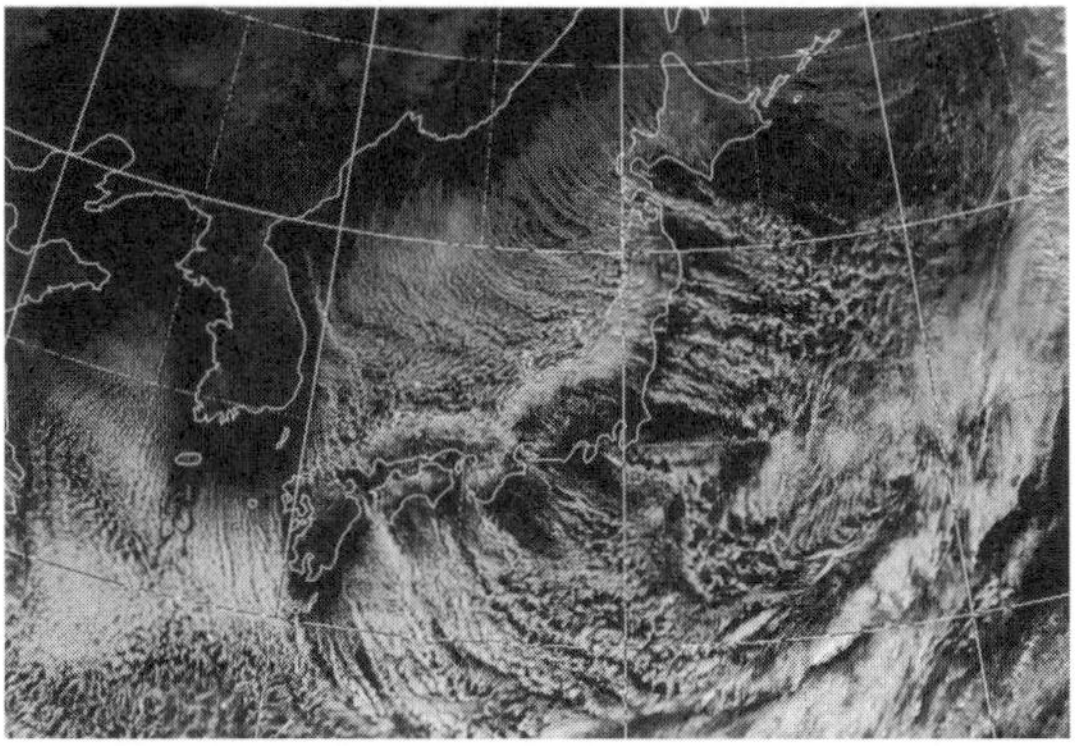

図10　冬の寒気の吹き出し　日本海からの筋状雲が若狭湾から伊勢湾に抜けているのが判る。1989年1月28日12時の気象衛星ひまわりの画像（提供：気象庁）

比良《ひら》山地から琵琶湖西岸、上野盆地さらには丹波高地や播但《ばんたん》山地では、全般に低温で気温の日較差が大きく、内陸気候的な傾向が強い。福知山《ふくちやま》盆地、上野盆地など多くの盆地で霧がよく発生するのもその現れのひとつである。

スノーベルトの地域から遠く隔たった東京とはちがい、京都はすぐ北に相当の積雪をみる鞍馬や貴船《きぶね》をひかえるなど、スノーベルトの地域に接している。最深積雪が三〇センチメートルを超える線を引いてみると、氷ノ山《ひょうのせん》から東に福知山、綾部、鞍馬山、今津から彦根のあたりを通る（図8）。これは平年値であって、雪の多い年には敦賀で積雪一九六センチメートル（一九八一年一月一五日）を記録している（ちなみに大阪の最深記録は一八センチ、京都は四一センチである）。氷ノ山、鞍馬、伊吹山地ではほぼ南北に走る谷間に沿って、瀬戸内海や太平洋側に雪の多い地域が延びる。その様子は図8の一月の降水量からも読み取ることができる。それは、日本海側からの気流が流れ込むためである（図10）。この局地的な気流の南下を象徴的に示していたのが、東海道新幹線開設当初の、融雪施設の不備も加わった、米原付近での豪雪による列車の立ち往生であった（現在でも雪のために遅れることがある）。

本州でも最も温暖な地域のひとつでもある紀ノ川流域は、紀伊半島の南を東進する黒潮の影響を強く受けるため、サンベルトの特徴である暖かな冬が続く。ここでは年平均気温は一六℃を超え、無霜期間は二四〇日以上になる。紀ノ川流域では、江戸時代から南向きの斜面を中心に、ミカン、サンポウカンなどの柑橘類の栽培がさかんに行われてきた。これは温暖で、冬季の日照時間が多いほど、よい果実ができる柑橘類の環境指向によく適合している。

サンベルトの最南部、紀伊山地以南の和歌山県では、年降水量が一五〇〇ミリメートル以下の地域は紀ノ川筋だけで、二〇〇〇ミリを超える多雨地域に属するところが三分の二にも及ぶ。なかでも色川の年降水量は四〇〇八ミリで、日本でも最多の地域のひとつに数えられる。雨は梅雨の六、七月と台風の到来する九月に最も多いが、山間部では八月の降水量も大きい。さきの色川や七川、新宮などでは三月から一〇月にかけて日降水量が一〇〇ミリを超えることがある。

一八八九年八月二〇日に田辺市では日降水量が九〇一・七ミリに達したことがあった。全国一五六の気象官署の記録では、尾鷲《おわせ》の八〇六・〇ミリ（一九六八年九月二六日）が日降水量の最高値である。潮岬では一九七二年一一月一四日に一時間に一四五・〇ミリの雨を記録しているが、山間部ではしばしば七〇ミリ以上の雨が一時間に降る。また、降水が二〇日以上続くこともあり、栗栖《くりす》川では一九二一（大正一〇）年の六月二四日から七月一八日まで二五日間降水が続いた。

短時間に多量の雨をもたらす豪雨は、災害を引き起こすことが多い。特に紀伊半島は台風が日本に上陸する際に辿《たど》ることが多い進路のひとつになっているため、頻繁に台風による災害に遭っている。さらに梅雨末期に多く起こる局地性の大雨による被害も目立つ。地

●紀伊半島を襲った台風　紀伊半島に上陸した台風では、一九五九年九月二六日に潮岬付近に上陸した伊勢湾台風が死者・行方不明五〇九八名という最大の被害をもたらした。これは上陸時の中心気圧が九三〇ヘクトパスカルときわめて低く、成長の最盛期に達した台風がそのまま日本の中心部を襲ったものである。その六年前の一九五三年九月二五日にも潮岬で中心気圧九四八ヘクトパスカルを記録して知多半島に上陸した台風一三号が伊勢湾から東海道沿岸地域を中心に死者・行方不明四七八名の大災害をもたらしている。一九九〇年には一カ月以内に三つの台風が連続して紀伊半島に上陸するということがあった。九月一九日に和歌山県白浜付近に上陸した台風一九号、九月三〇日に同じ白浜付近に上陸した二〇号、一〇月八日和歌山県田辺付近に上陸した二一号である。

域的な気象現象は地形とも密接に関連しているが、これらの大雨の原因に、高度一五〇〇メートルを超す紀伊半島の山地が気流の上昇を加速することがあげられるだろう。多量の降水は大地の浸食を進める。急峻で入り組んだ紀伊半島の山々の存在自体も多量の降水量の産物といえる。耕作に適した平坦地も少ないが、広がる山地の傾斜地は雨により表土もろともに土中の栄養物を洗い流されてしまい、山地の地力はさらに低い。こうした痩せ地に耐え長年月かけて生長できる樹木では緻密な材がえられる。ヒノキを中心とした林業が栄えた背景には紀伊半島の自然の特徴がある（詳しくは別項「紀伊半島の自然――山地を刻む深い谷と森」を参照）。

自然林と人工林の織りなす緑の景観

近畿地方の名高い産物に北山杉がある。北山杉は京都西北部の中川周辺の谷間の尾根の痩せ地で育てられる。貧栄養下で育てることで年輪が密で材も緻密になり、しかも特殊な枝打ち管理を行って、節がなく均質で丈夫な丸太に仕上げられたスギである。それは垂木《たるき》、特に桂離宮や妙喜庵の茶室のような数寄屋普請の長く張り出した庇《ひさし》の支えに欠かせなかった。北山杉は人工林だが、日本は山間の痩せ地でもどこでも、自然条件下で森林ができる恵まれた環境を有している。

森林面積は減少しているものの、一九九〇（平成二）年の統計では、近畿地方の六七％に当たる二万二〇九〇平方キロが森林である。しかしそのほとんどがスギやヒノキなどの単一樹種からなる人工林である。大阪や京都、神戸、奈良などの市街地に隣接しながらも鞍馬や室生などのように、近畿の山々は濃い緑を連ねている。栗、炭、黒牛、寒天、地酒、米をさす三黒三白の特産物で知られた山村である摂津地方北部の歌垣山や三草山は、いまは都市近郊の手頃のハイキングコースになっている。路はほとんど植林されたスギやヒノキ、アカマツ林の間を抜けるが、一部に放棄された雑木林、崩壊地に自然にできた藪など、多様な植生の一端をそこにみることができる。

森林は樹木だけが雑然と生えているのではない。木には太陽の光を葉に直接受ける陽葉と、いったん葉を透過した光や、反射光を利用する陰葉がある。森林の最も外側に樹冠を広げているのは陽葉をもつ樹木であり、その下層に樹冠をつくるのは陰葉をもつ樹木である。森林のなかには、その下に低木という、はっきりした幹のない丈の低い木が生え、さらに下層になる地表には草が生え、コケが地表を被うように生えている。つまり、森林の内部には階層性がある。森林の階層構造というが、最も外側、つまりいちばん高い位置に樹冠をつくる樹木の層が高木層で、この階層に生える樹木が森林のかたちや高さを決めている。シイやカシ類、ブナはこの高木層に生える木であり、高木層で優占する樹種が広葉樹か針葉樹か、さらに常緑か落葉かによって、常緑広葉樹林、落葉針葉樹林などに類型分類することができる。それぞれの森林のもつ相観は大きく異なる。

シイやアラカシなどの常緑広葉樹からなる常緑広葉樹林とブナやミズナラなどの落葉広葉樹からなる落葉広葉樹林は、景観上も大きく異なる。特に紅葉の始まる晩秋から、落葉した木々に若葉が現れる春にかけてのちがいは大きい。紅葉や新緑の頃、あるいは落葉樹が葉を落とした冬に山を遠望すると、山腹や谷に沿って連綿と紅葉や新緑あるいは葉を落とした裸の木が続いているのが判る。山肌のほとんどが落葉樹林であった時代には、落葉広葉樹林の四季折々の変化はとても目立ったことだろう。

変化に富む地形と気候ならびにその地理的な位置を反映して、近畿地方ではあたかも日本全土の植生を凝縮したような、多様な植生みることができる。

●常緑樹と落葉樹　植物の生育を左右するのは主として温度と水だが、これらが植物にとって十分でなかったり、分布に大きな偏りがあると、木、ときには草も生育できず、草原や砂漠にしかならない。スギのように木になる植物は、樹木または木本植物ともいわれ、これにはスギ、ヒノキ、アカマツに代表される針葉樹、シイ、カシ、ブナ、クリ、キリなどの広葉樹がある。針葉樹にも広葉樹にも、一年中青々と葉を茂らす常緑性（常緑樹）と、一時期落葉して過ごす落葉性（落葉樹）がある。日本の落葉広葉樹（落葉性の広葉樹）は樹木の生長に適さぬ冬に落葉する夏緑樹であるが、落葉性の木には熱帯を中心に乾燥期間に落葉する雨緑樹もある。

もしも人手が加わらなかったら、近畿地方の平地のほとんどは、シイ、アラカシなどのカシ類といった常緑広葉樹に被われていたと推定される。この植生帯を暖温帯という。山地に入り、高度を増せばブナ林が姿を現す。これは暖温帯とは別の植生帯である、冷温帯の森林である。そして紀伊山地ではコメツガ、シラビソなどの針葉樹林が生えた亜高山帯の森林がみられる。このように、暖温帯、冷温帯、亜高山帯、という日本の主要な植生帯が近畿地方にすべて存在する（図11）。

同じ植生帯に属するといっても水分や土壌のちがいなどにより、同一場所の谷と尾根でさえ景観上は同じ森林でも、それを構成する樹種の一部や下草の種が異なっていることが普通である。草本の方が木本よりもミクロな環境のちがいの影響を受けやすい。種の数も日本では木本のおよそ五倍もある。草本の種は樹木の種よりも有利な生育環境は一般的に狭いといえる。

太平洋側と日本海側ともなれば、そのちがいはさらに大きい。それは樹形にも及び、日本海側では、冬季には積雪の重みで木々の幹や枝が山肌に伏曲した、いわゆる多雪地帯特有の森林の様相を目にすることができる。

多様な気候と複雑かつ箱庭的な地形が相まって、近畿地方の森林は同じ相観をしていても森林内に生える樹種や下草が地域ごとに異なることが多い。ここではその詳細に触れることはできないが、近畿地方は地形、気象のみならず、植生も複雑で多様なものであったことが私たちに与えた意味は大きい。和歌などの文学にみる自然描写の緻密な表現はこうした自然が目前にあればこそ可能となったものであろう。良きにつけ悪しきにつけ、微細にこだわる日本人の特質の根元もこうした自然の特徴と関係がありはしないだろうか。

多様な照葉樹林

近畿地方の森林、なかでも平地から丘陵地にかけての暖温帯の森林は、強い人為の干渉を受けてきた。このような干

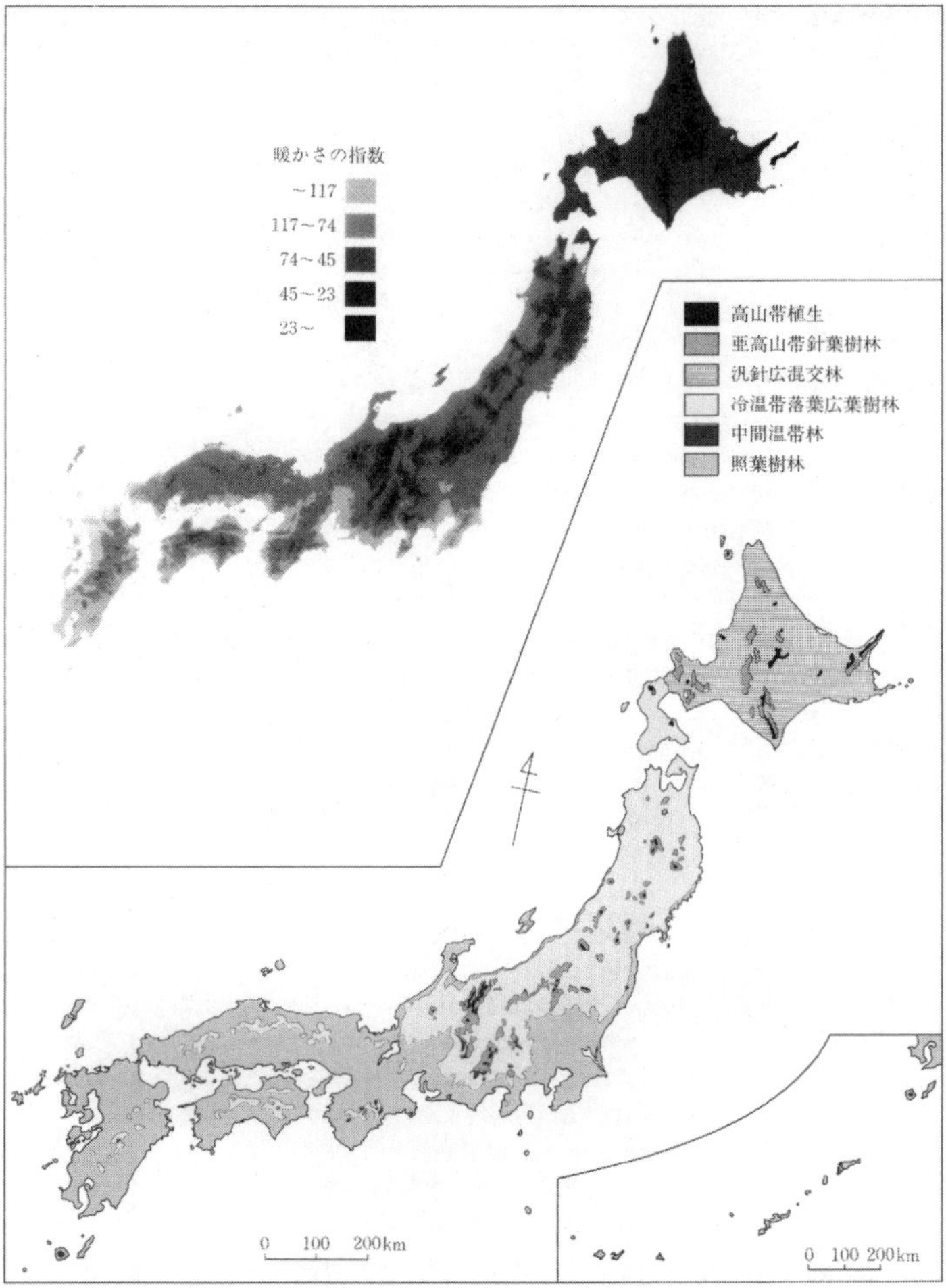

図11　暖かさの指数（上）と潜在植生帯（下）　（暖かさの指数の図は、気象庁の気候メッシュデータにもとづき野上道男氏作成；植生図は宮脇他1994にもとづき植生帯を区分し作成）

渉を受けることがなければ、紀伊半島では海抜八〇〇メートルから一〇〇〇メートル以下、日本海側では四〇〇メートルから六〇〇メートル以下の地域は、すでに述べたが、冬も青々とした常緑広葉樹、すなわち照葉樹の林に一面被われていたはず、と推定される。

近畿地方では住民の八〇％以上が照葉樹林地域に定住している。その人口は一九九三年の統計では一一三〇万人に達する。古代から累積し今日にいたるとてつもなく大きな人為干渉の前に、紀伊半島や若狭湾の一部を除いて照葉樹林は原形をとどめることなく、ほとんど姿を消してしまい、社寺林や鎮守の森、他に転用がむずかしい立地にその断片的な林が残っているだけである。

一口に照葉樹林と呼んでいる森林も、実は高木層を構成する樹種のちがいによっていくつかの型に分けることができる。

初夏の頃、光沢のある紅紫色の若葉を出すタブ（タブノキともいう）はクスノキ科の木で、枝や葉を折ると樟脳にも似た芳香が伝わってくる。このタブが優先したタブ林は普通海岸に近い平坦地にみられるが、いまでは残存する森林がほとんどない。タブ林ができそうな平坦な立地は人間の住居にも適していたことが、タブ林の消失を加速したにちがいない。

海からかなり離れた琵琶湖南岸にタブ林がある。この湖の作用によるとみられる冬季の温暖な気候と平坦な沖積地や扇状地の存在がタブ林の生存を可能にしていると考えられる。しかし、森林や植物の分布はそれを許容する環境条件が整えば必ず出現するというものでもない。他種との競争があるためだ。このタブ林のように実際の立地を調べることで、

●**植生帯**　植生帯という言葉は帯状に分布する植生という意味で名づけられたものだが、この植生帯の分布は温度分布とよく相関している。温度は、緯度あるいは高度に沿って低下していく。それが植物の分布に影響する。ある植物にとってそれが生育可能な範囲内のわずかな温度変化であっても、種間競争で少しでも不利になればその場を維持することができず他の種に占有されてしまう。これが森林の外観を規定する樹木にも及ぶと景観のちがいを生む。その変化の結果が、帯状に分布する植生帯を生む。一方、水はマクロにみれば日本中どこでも植物の生育にとって十分あり、植生帯の成因とはならない。しかし、日本海側と太平洋側とでの降水、特に積雪の差、尾根と谷筋との水分の差などは、地域によって異なる多様な植生を生む要因のひとつになっている。

タブやタブ林の存立するための環境条件を知る手がかりがえられるのである。

紀伊半島の沿岸部分にはタブ林はみられず、シイが優占するシイ林がそれに変わる。一般にシイ林は丘陵地の森をつくるが、こうした現象は海まで山がせまり、沖積平野がほとんどみられない地形と関連しているのであろう。事実、紀伊半島にはタブ林がまったくないわけでなく、海岸から少し離れた熊野平野の沖積地にはある。このタブ林には、近畿地方の他のタブ林にはみられぬ、ムサシアブミやナンゴクウラシマソウというサトイモ科の草本、常緑のサクラであるバクチノキが生えている。これに似たタブ林は九州から四国に見出すことができる。

タブ林は瀬戸内気候が卓越する瀬戸内海沿岸にもない。冬季の低温や少ない降水量がタブ林の成立を妨げているとみられている。瀬戸内海から紀伊半島にかけては、他の地域ではタブ林が出現するような低地の湿潤で平坦な立地にホルトノキ林がみられる。特に淡路島南部の小島、煙島にはみごとなホルトノキの森林がある。ホルトノキは、外形上の特徴の乏しい木だが、夏でも紅色に変色した葉が樹冠に混ざっており、その存在は遠方からでもわかりやすい。

各地に断片的に残るタブ林を比較しただけでも、顕著な地域的なちがいがあり、タブ林として一緒くたに扱ってよいかどうかは今後に検討されねばならない。

日本海側では、舞鶴市の一部などにタブ林がみられる。

このような照葉樹林が遠い昔から近畿地方の平地を被っていたのだろうか。京都市上賀

●**暖かさの指数と寒さの指数**　暖かさの指数（WI）とは、月平均気温が五℃以上の月の平均温度から五を引いた値を積算したものである。寒さの指数とは月平均気温が五℃よりも低い月の平均気温から五を引いた値を積算したもの。五℃で区分するのは、五℃以下では植物が生育しないと考えるからである。暖かさの指数と気候区分は以下のような関係になっている。

亜寒帯：一五〜四五
冷温帯：四五〜八五
暖温帯：八五〜一八〇
亜熱帯：一八〇〜二四〇

●**照葉樹**　冬に青々と葉を茂らせる木とは、シイ（シイノキ）の他、アカガシ、ツクバネガシ、ウラジロガシ、アラカシなどのカシ類、タブ（タブノキ）、ホソバタブノキなどのクスノキ科の常緑樹、モチノキ、ユズリハ、ホルトノキなどで、その葉の表面には油をたらしたような光沢があり、直射日光に当たると反射する。それで、暖温帯の常緑広葉樹は照葉樹とも呼ばれる。近頃一般にも知られるようになった照葉樹林という言葉は、この照葉樹からなる常緑広葉樹林のことをさしている。

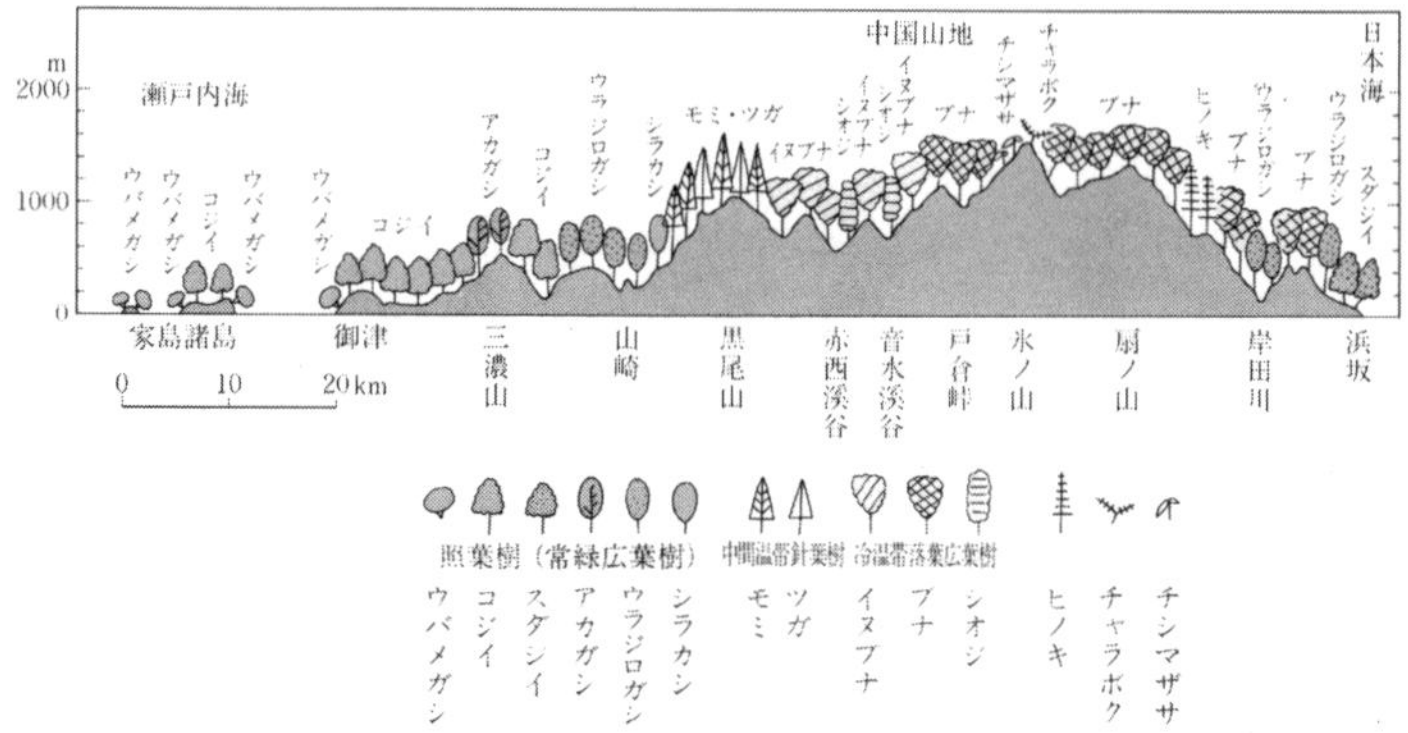

図12　兵庫県西部の植生　この図には、人為的な影響を受けることなく良好な自然状態で維持されたときの植生（潜在自然植生）を代表する樹種を中心に示した（中西1984による）。

茂の東の一角に深泥池《みぞろがいけ》という池がある。海抜七五メートルという低い高度にもかかわらず、ミズゴケが繁茂した高層湿原のかたちをしている。ミツガシワが群生し、ノハナショウブや絶滅が危惧されているミズオトギリなどの水生植物が数多く生えている。

ここで採取された花粉分析の結果によると、約一万年前と推定される最下部からはトウヒらしい針葉樹の花粉が多量に出る。その後約七〇〇〇年前までは落葉性のナラ類やブナの花粉が多い。その後、ケヤキやエノキらしい花粉が多くなり、やがて、縄文時代の海進期と推定される温暖期からシイやカシ類の花粉が他を圧倒するようになる。一万年前はいまの亜高山帯に当たる植生があり、それが温暖化にともない冷温帯、中間温帯に当たる植生を経て、照葉樹林へと変遷していったことが推定される。気候の

●タブ林に変わる天橋立のアカマツ　天橋立の砂州にはアカマツが連続する。かつては白砂青松の風景を支えたアカマツ林も虫喰いなどで荒れはたて状態にある。興味深いことに、そのアカマツ林の高木層にタブの他、ヒメユズリハ、モチノキなど、タブ林に出現する樹種が生えている。このような樹種の存在などから、このアカマツ林はやがてタブ林へと変遷していくものと考えられている。天橋立のアカマツ林のように現実にある森林は、そのすべてが安定したものではなく、その土地で最も安定した森林へと変化を続けている。変化にともない、森林をつくる植物の種、森林のかたちなども変わっていく。これを遷移をいい、その土地で最も安定した森林を極相林という。タブ林を初めシイ林やアラカシ林などの照葉樹林は暖温帯の極相林となる森林であり、天橋立にみるアカマツ林は遷移途上の森林といえる。

変化はこのように植生を変えていく。また、この花粉分析の結果は、後に述べるように、照葉樹林が人間活動にともない伐採されていくことも示している。深泥池ではアカマツの花粉がその後急速に増加するのである（中堀一九八一、前田一九八四）。

丘陵地と山地の照葉樹林

山の木の実（果実と種子）は野生動物にとっても、食糧に乏しかった時代は人間にとっても、重要な食べ物であった。シイやウバメガシの種子は、皮を剥げばそのままでも食べられたので、稲作が普及しても子供たちは喜んで拾った。食べる前に煎るか渋抜きが必要とはいえ、ウバメガシ以外のカシ類も農耕以前に照葉樹林に住んだ人たちの重要な食料のひとつだったのはまちがいない。

ところで、シイは、葉が大きめで、樹皮が黒褐色で深く縦方向に裂けるスダジイ（別名イタジイ）と、葉が小さく、樹皮は灰黒色で、割れ目がないかあっても浅いコジイ（別名ツブラジイ）という、二つの種に区別される（図13）。近畿地方では両方の種がみられるが、コジイが沿岸から離れた内陸部に多い。

現存するスダジイの林は、紀伊半島南部や志摩半島ならびに日本海沿岸の丘陵地や島の神社などに辛うじてみることができる。タブ林もそうであるが、同じスダジイ林といっても森林を構成する種の相、すなわち植物相（フロラ）に地域的なちがいがかなりある。

志摩半島、有田市や御坊《ごぼう》市、淡路島の南部、兵庫県御津《みつ》町室津のスダジイ林の林床には、光沢があり、深く切れ込んだ葉をもつ、カナワラビの仲間のシダ類が密生している。ところが、日本海沿岸から琵琶湖北岸、鈴鹿山脈や養老山地のスダジイ林は、林床にヤブコウジが生える。このように紀伊半島南部と日本海側のスダジイ林は、見かけ上からは同じス

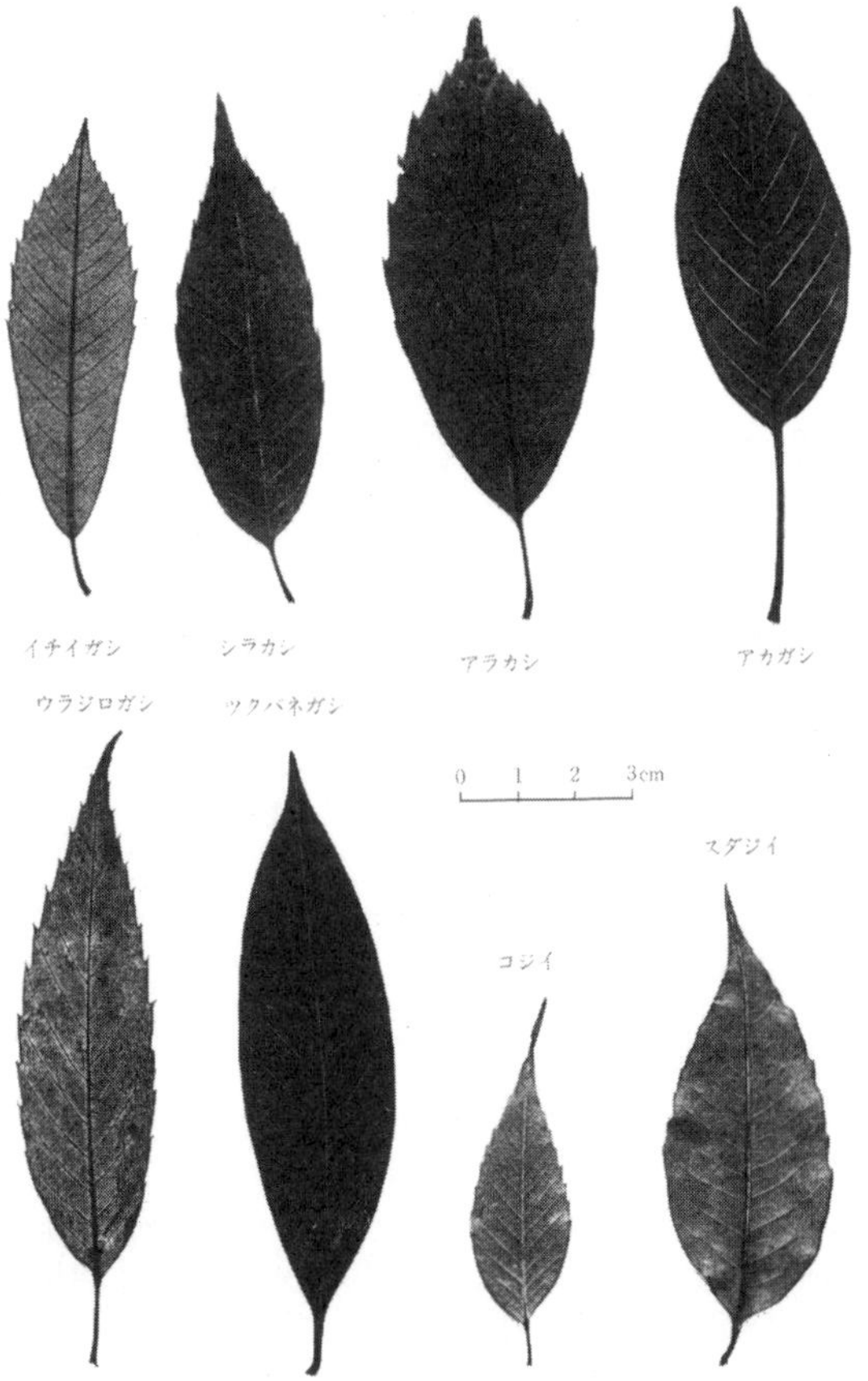

図13　近畿地方のシイ・カシ類　いずれの種でも葉の大きさは変異の幅が広く、アラカシでは柄を除く長さの変異は7～13cmである。ウラジロガシはその和名が示すように、葉の裏面は白い蝋様の物質に被われ、白色になる。アカガシとツクバネガシは葉質が厚く、縁のギザギザ（鋸歯）はほとんどないか少ない。イチイガシは葉の裏面にわずかに褐色を帯びた毛が密生する。

ダジイ林だが、その林床の植物相のちがいが目立つ。

コジイの生育地を訪ね歩くと、スダジイに比べ海風の影響が直接及ばぬところや花崗岩地のような乾いた立地に偏る傾向がみられる。林床には日本海沿岸や内陸部のスダジイ林にも出現するヤブコウジが生えていることが多い。

海岸のタブ林や低地のシイ林よりも高い高度に現れるのがカシ林である。シラカシ、アカガシ、アラカシ、イチイガシ、ツクバネガシ、ウラジロガシなど、日本にはカシの仲間の樹種が九種ある。近畿ではその高度分布の上限は太平洋側では標高九〇〇メートル、日本海側では四五〇メートルくらいに達している。カシ林の分布の下限は標高一〇メートルで、まれとはいえ、海岸にもカシ林はある。

そのひとつに、伊勢のイチイガシ林がある。伊勢神宮の内宮、外宮には自然の状態がよく保たれた照葉樹林があり、しかも種々の樹木が混生し、種の多様性が高い。なかでもこのイチイガシは注目される。樹肌に同心円状の斑紋があるこのカシは、材質がすぐれ一等級とされたために、一位ガシと呼ばれた。伊勢神宮のイチイガシ林にはルリミノキ、サカキ、コジイ、コバンモチ、ヤブツバキ、イヌガシ、タイミンタチバナなど他の樹種も数多く出現し、林床にはカナワラビ類やベニシダなどのシダ類が密生している。

内陸部の沖積地にはシラカシが多くみられ、ときにアラカシが混在している。シラカシはかつて関東平野の台地を被っていたとされるカシで、武蔵野の雑木林は放置すると林内にシラカシが目立つようになり、やがて極相林と推定されるシラカシ林に置き換えられてしまう。

尾根のような傾斜が急な斜面にはツクバネガシをみる。シラカシと混生することもある。カシの仲間のうちで最も標高の高いところまで分布するのはウラジロガシである。急な斜面や、表土が薄く母岩が露出しているようなところとなると、ウラジロガシがとたんに多くみられるようになる。

京都や滋賀県北部の谷沿いの斜面のウラジロガシ林では林床にヒメアオキがみられる。ヒメアオキは、庭園で栽培されるアオキに似ているが、細長い葉をもち、小形で本州と北

●**乾燥に強いウバメガシ**　カシの仲間は、後述する落葉性のコナラやミズナラと同じナラ属（*Quercus*）に分類されるが、ナラ属にはカシともナラとも異なる別の一系統があり、ウバメガシはこれに入る。樹皮からコルクをとる地中海沿岸のコルクガシはウバメガシに似ている。アフガニスタン・パキスタン国境のチトラル地方、ヒマラヤから中国西南部にもこの仲間のカシがある。いずれも通年の一時期乾燥に見舞われるところで、乾燥に強い特性をウバメガシの仲間は有しているといえる。

●**高度と温度**　一般に一〇〇メートル上ると気温は〇・五から〇・六℃低くなっていく。海抜一〇〇〇メートルでは平地に比べ、五℃前後も気温が下がることになり、これは水平距離にして五〇〇キロメートルも北方へ移動したのとほぼ同じ温度差となる。このちがいは植物にとってたいへん大きい。日本列島では等温線に沿って、南から暖温帯、冷温帯などの植生が帯状に配列するが、山でも植生帯が垂直的に重層する。下方から、暖温帯に相当する低山帯、冷温帯に相当する山地帯、亜寒帯に相当する亜高山帯がそれである。

海道の日本海側の多雪地に分布し、北陸地方以北では主にブナ林に生えている。

ウバメガシは肉厚のやや小さめの葉をもち、樹高の低い独特のウバメガシ林をつくる。この林は海岸の崖地など母岩の露出した痩せた土地に多い。多くの場合トベラやシャリンバイをともなう。これらの低木も乾燥に強く、都会のグリーンベルトにも用いられる。ウバメガシからは良質の炭ができ、有名な備長炭はこれからできる。紀伊半島にはウバメガシ林が多いが、南部では海岸から隔たった河川の急峻な斜面にもみられる。

山地の森

近畿地方の山は標高七〇〇から一〇〇〇メートルあたりで傾斜が急になる。下方からせり上がってきた照葉樹林もちょうどその高度で途切れ、点在するようになり、やがて別の樹林が出現する。それがモミやツガなどの針葉樹からなるモミ林やツガ林、あるいはイヌブナ、ケヤキ、コナラ、クリ、イロハモミジなどが混在した落葉広葉樹林である。常緑広葉樹林から一転して針葉樹林や落葉広葉樹林へ変わるさまはたいへん印象深いものであったにちがいない。景観が大きく異なるためである。もっとも、いまでは照葉樹林は伐採され、スギやヒノキの人工針葉樹林になっているので、同じく針葉樹からなるモミ林やツガ林の存在は注意していないと見逃してしまいそうである。

なぜ別の森林が出現するのだろうか。その主たる理由は、すでに述べたように高度が増すにつれて温度が低下することにある。

このモミやツガからなる針葉樹林や落葉広葉樹林を中間温帯林と呼ぶことがある（図14）。この名称は照葉樹林の発達する暖温帯または低山帯とブナ林に代表される冷温帯または山地帯の中間に位置する森林植生という意味からきている。中間温帯林はその両者の推移帯的な植生帯（エコトーン）とする見方がある。推移帯的な植生帯は北海道の汎針・広混交

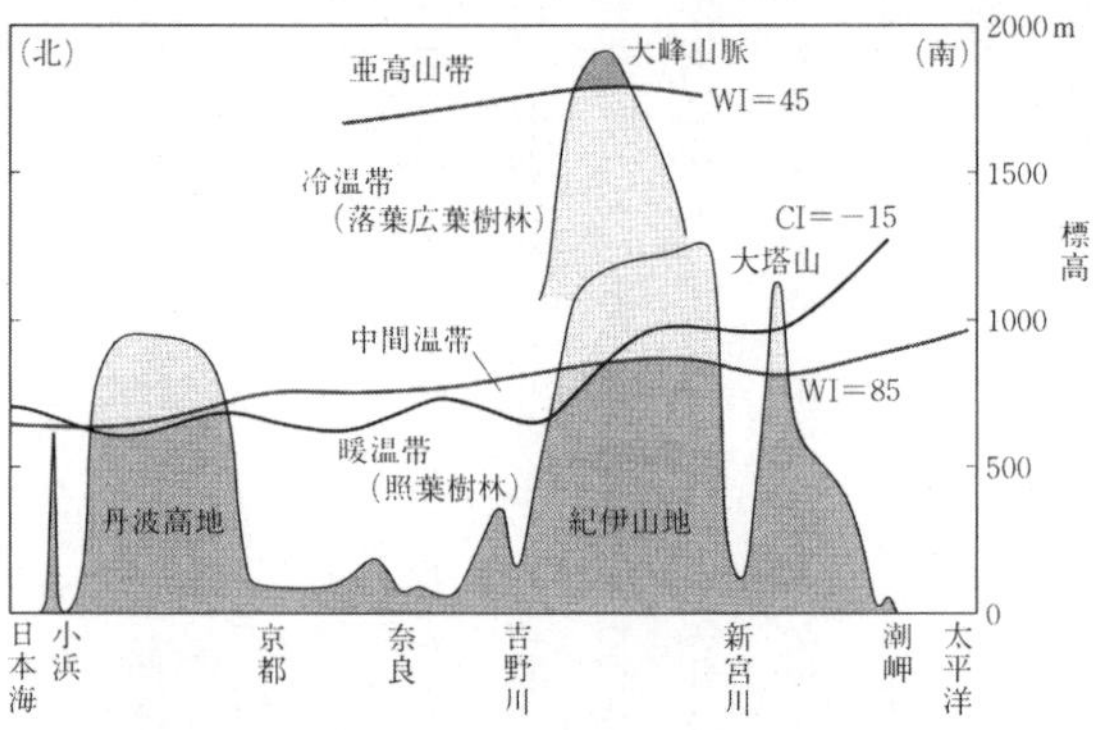

図14　近畿地方の垂直植生帯と暖かさの指数(WI)と寒さの指数(CI)の関係(吉良・浜端1990にもとづき一部改変)。中間温帯は暖温帯の上限付近で寒さが厳しい地域にみられる。

林のように他の植生帯間にも存在することが指摘されている。別の見方は、モミやツガの樹林やケヤキなどの落葉広葉樹林は、この高度の地形の特徴ともいえる、痩せた急峻な斜面という特殊な土地条件下に成立する特殊な森林であるというものである。中間温帯林はその実態がいまだよく解明されていない森林ともいえる。

中間温帯林を越えるとブナ林が現れる。東北地方南部では山腹、中・北部では平地にさえみられるブナ林だが、近畿地方ではほとんどが高い山の山頂付近に点在しているに過ぎない。

近畿地方のブナ林は、おおむね最深積雪五〇センチメートルの等深線を境にして日本海側と太平洋側とで異なるタイプに属する。氷ノ山、大江山、比叡山、さらには伊吹山のブナ林が日本海側のタイプで、林床にはチシマザサ、チマキザサ、オオバザサなどのササが密生している。これらのササは積雪の重みにも耐えるしなやかな茎をもっている。ブナそのものも太平洋側のそれに比べ、樹高も高く、葉も大きい。このブナ林は、北海道から東北地方を経て新潟、富山県にいたる日本海側のブナ林や、青森、岩手両県の太平洋側のブナ林と植物相では類似する。日本海側のブナ林には太平洋側のブナ林にはないクロモジ、ナツツバキ、ヤマボウシなどが出現する。丹後半島ではブナ林は標高三〇〇メートル以下のところにもみられるが、芦生《あしゅう》では五四〇メートル、佐々里峠では六〇〇メートルと内陸側で下限の高度が高くなる。

近畿地方の太平洋側タイプのブナ林は、紀伊山地や鈴鹿山脈の大塔山、護摩檀《ごまだん》山、大普賢《だいふげん》岳、日出ケ岳、御在所《ございしょ》山などにみられる。紀伊半島のブナ林は四国と九州のブナ林との共通性が高い。林中にシロモジ、ベニドウダン、林床にヒナスゲが生えていることなどがその特徴である。分布高度の下限から標高一四〇〇メートルまでは、林床にスズタケというササが密生している。このササは茎が直立する傾向があり、雪の重みに弱い。一四〇〇メートルを超える大峰山脈や大台ヶ原ではスズタケに代わり背丈が五〇センチメートルほどのミヤコザサが生える。そこではブナに混じってウラジロモミという針葉樹が混生する。ブナ林のなかには数多くの植物があり多様性が高いだけでなく、地域差も大きい。照葉樹林に暮らす人々にとって、若葉から紅葉、落葉と変化する季節変化も際だつブナの生えた山は、日常からは隔絶された地域であったろう。ブナ林は山というものを象徴する森であったにちがいない。

この章の初めに近畿地方に欠けるのは雄大な火山くらいだと述べたが、実はもう一つ近畿にはないものがある。それは中部山岳地帯にみられるような高山の景観である。近畿地方ではシラビソやコメツガからなる鬱蒼とした亜高山の針葉樹林は標高一六〇〇メートルを超える大峰山脈や大台ヶ原の一部にみられるだけである。特に弥山《みせん》（一八九五メートル）から明星ケ岳にいたる稜線部にはシラビソ林やトウヒ、シラビソの混生する樹林が広範囲にみられる。亜高山針葉樹林は、交通も未発達であった時代、近畿地方で暮らす人々にとって馴染みのない森林であった。本州の東北地方から中部地方に分布する日本の亜高山帯を代表するトウヒは紀伊山地を分布の南限とする。

石灰岩の採取が行われている伊吹山などには高山のお花畑に似た草原がみられ、高山植物のグンナイフウロ、ハクサンフウロ、キンバイソウなどが生える。しかし、伊吹山には亜高山帯に当たる針葉樹林はなく、この草原は特殊な環境下に成立した冷温帯の植生と理解されている。

里山の誕生

国土の大部分が森林に被われた日本では、定住し農耕を営むためには、森林を田畑に変えていく必要がある。相対的な年代が判る低地の土壌などのなかに含まれる花粉を調べると、ある時期からイネ科型の花粉が急激に増加する。これは水田耕作地が増加した結果と考えられる。注目されるのはその直前ともいえる約二〇〇〇年前の堆積物からソバの花粉が大量にみつかることである。これは水田での稲作に先立って、近畿地方では広範囲にソバが栽培されていたことを示す。ソバはもともと日本に自生しない。ソバは焼畑という農業と結びついた作物のひとつで、森林に火を入れ焼いた後に育てる。いまでも中国雲南省の山地民族などは焼畑でソバを栽培している。ソバの花粉の出現は、近畿地方で、広く焼畑が行われ、ソバが栽培されていたことを示唆している。

人工的な植物栽培である農業は、肥料を加えなければ田畑の地力が落ち生産力が低下する。この地力をなくした田畑を捨て、森林を新たに伐採し焼きはらうことにより新たな田畑を開くのが焼畑である。焼畑にはまだ不明の点が多い。焼畑をやめて水田耕作へ移行した背景も明らかとはいえないが、野生動物との競合がその背景にあったのかもしれない。

野生動物と収穫を争うことでいえば、イネを水田で栽培することは、焼畑に比べてはるかに人間に有利である。足場の悪い水田へのイノシシやノウサギ、シカなどの侵入は焼畑ほど容易ではない。しかし、水田耕作には、十分な水が必要であるとともに、毎年繰り返

●人間と野生動物の競合　焼畑では、そこに実ったイモ類や穀類の収穫をめぐって、人間と野生動物が競合することが多く、日本では最終的には人間が敗北したという興味深い仮説がある。つまり、焼畑はイノシシやウサギ、シカの生息数を増やすことになり、増加した野生動物から作物を護ることは次第に困難な状況に追い込まれていったというのである。民族地理学者の千葉徳爾は、その仮説を提唱するとともに、日本各地に伝わるオオカミ信仰が、単に強いものを敬うだけでなく、ノウサギばかりかイノシシ、シカさえも獲物として捕食するオオカミが少なくとも焼畑では人間の味方であったことも関係していると考えた。

して同じ土地を利用することにともなう地力の低下も免れない。水については、近畿地方の地形のユニットが小さく、低湿の盆地と小河川という人力でもコントロールしやすい自然条件が人間に有利に働いたことであろう。地力の低下を防ぐには、そこに肥料を投入する必要が生まれる。水田耕作の開始と施肥とが同時に行われたかどうかは判らない。いつから水田への施肥が始まるのか、これを明らかにするのは容易ではないが、二十世紀に入り化学肥料を用いるようになるまでは、落葉と人糞を利用してつくった堆肥で施肥の大半をまかなってきた。したがって、定住し継続して田畑を利用するためには、肥料とする落葉の供給地が必要である。さらに人間としての生活に欠かせない燃料の供給地としての森林を確保することがどうしても必要になる。こうした人間活動の結果できあがったのが里山であり、雑木林（二次林）である（図15）。

肥料と燃料の供給地として森林は農業体系に組み込まれ、その重要な要素となっていったが、屋根材として、また、飼料や肥料になるススキを主体とした草地も農業に欠かせぬ重要なものであり、多くの場合、集落単位でこのような森林と草地を共有してきた。これがかつての入会地である。

照葉樹林域の各地で、森林を意図的に伐採した後に再生する森林を、繰り返し利用する方法が広く行われてきた。自然林を伐採してできた森林を二次林と呼ぶ。常緑の照葉樹林も伐採し再生させると、コナラやクリなどの樹種からなる落葉広葉樹の二次林ができる。これを放置すれば再び照葉樹林となると推測されている。いつごろから二次林の利用が積

●二次林と文学　和歌の世界をみても、盆地を二次林が取り巻くという近畿の自然条件が、美意識にも色濃く反映していることが判る。一例をあげると、『古今和歌集』の秋の部に読人知らずとして収められている次の歌がある。

秋霧は今朝はな立ちそ
　佐保山の柞《ははそ》の紅葉よそにても
　見ん

柞とはナラ・コナラの類で二次林をさすと考えてよく、佐保山は奈良の北の山で、秋霧は内陸盆地に特徴的な気象現象である。

極的に行われることになったのかは、まだはっきりしない。常緑広葉樹からなる照葉樹林とコナラやクリなどからなる落葉広葉樹林では森林の景観がまるで異なるだけでなく、晩秋に落葉や枯枝がまとまって集まる落葉広葉樹林は、それらを堆肥や燃料に利用するうえで、常緑の照葉樹林よりもはるかに優れている。

日本人の自然観の源流は二次林にある

観光名所である嵐山や大文字山が冬も木の葉が落ちず、新緑もなく、通年青々としてきたので、問題になっている。つまり、落葉樹林からなる雑木林（二次林）として維持されてきた林が、次第に照葉樹林へと変貌を遂げたため、そこからはこれまで見慣れてきた新緑も紅葉も消えてなくなってしまったのである。

ところで、照葉樹林の二次林であるコナラ、クリ林は大きく生長すると再度伐採し、再生させる。このときコナラやクリは切り株から新しい芽を出して伸び、いくつもの幹を切り株から叢生する。切り株から出た枝を再生させて造林する方法を萌芽《ぼうが》再生という。また萌芽再生した樹種からなる森林は萌芽林という。萌芽林の方が、通常の種子からの再生林よりも落葉や薪の生産力が大きく、森林を安定して利用しやすかった。数本ある幹のうちの一～二本を間伐すれば、裸地化させずに森林の状態を維持でき、しかも、落葉を掻き、冬に火入れをすれば、森林の遷移の源となる種子の多くも発芽力を失うため照葉樹林化が妨げられた。

●木を伐る話　『今昔物語』は平安時代の自然や当時の自然観を知るうえで参考になることが多い。木の影が作物の生育を阻害するので伐採したら五穀豊穣になったというような、大樹や神木などの伐採に関連した話がかなりある。近畿地方では十二世紀に、「荒野」という焼畑などにいったん利用された後に放置された土地や、「黒山」と呼ばれた未開地の開拓が進み、集落が増加した（黒田一九八四、木村一九九二）。その過程で、森林をそのまま利用する寺院側と森林の焼き払いや伐採をする領主や名主側としばしば利害が対立し、「寺林」や「寺山」を設けることでかろうじて寺院域の森林保護がかなった場合もあるという。『今昔物語』の伐採物語は、たぶんこうした両者の軋轢を伝えるものだろう。ところで、奈良市の春日山には、特別天然記念物「春日山原始林」がある。これは、コジイ、カナメモチ、ソヨゴなどの常緑広葉樹を主体とした照葉樹林であるが、実は、一度伐採された森林が八四一年に狩猟伐採が禁じられて以降自然状態へと回復したものと推定されている。照葉樹林帯では極相林までの遷移はおおむね一〇〇〇年と推定されているの

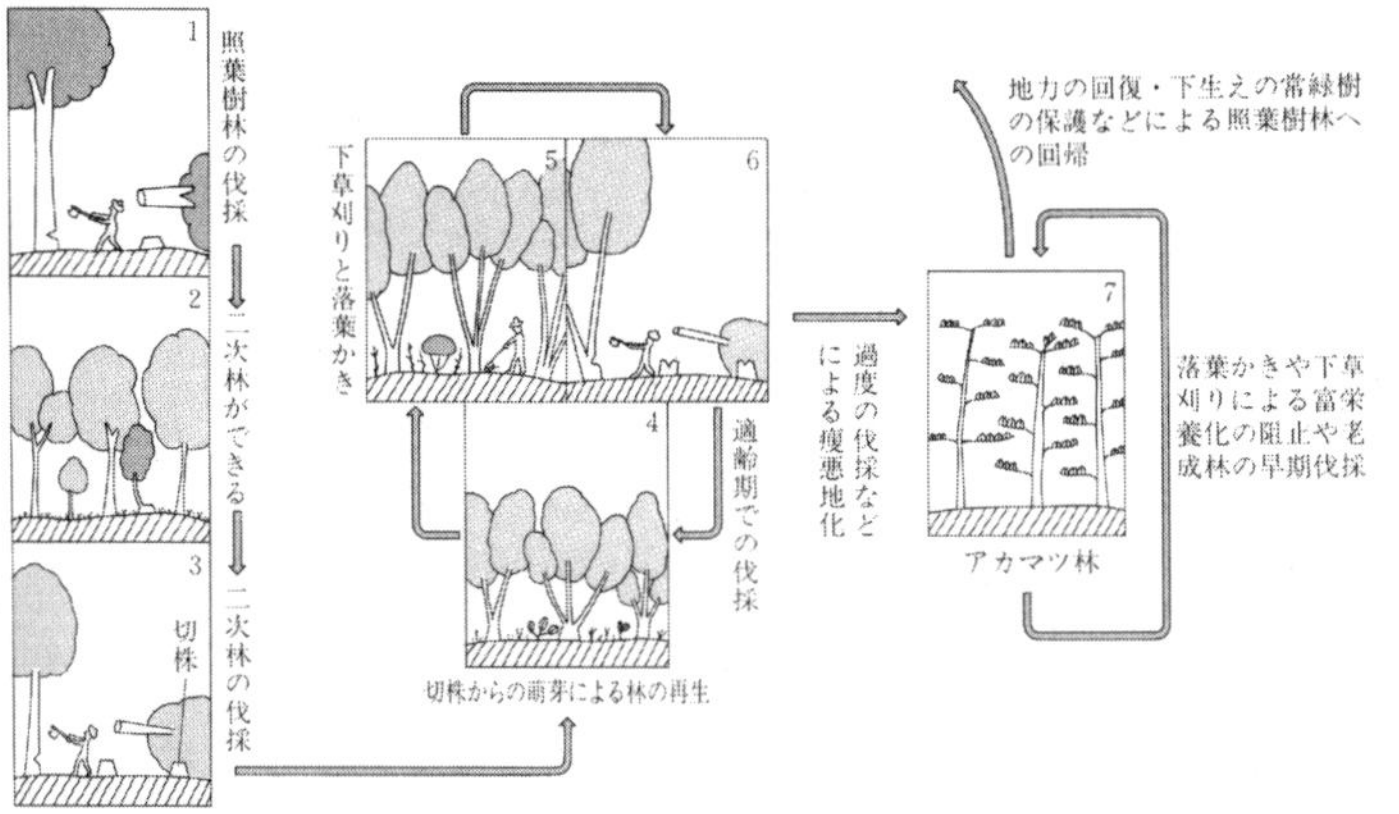

図15　二次林の維持　萌芽枝を出すという落葉広葉樹の性質をうまく利用し、長期間にわたり持続的に維持できる人工林をつくりあげた。しかし、過度の伐採などによってその林はアカマツ林へと変わることがある。

萌芽林化を含めて二次林を肥料や薪炭供給に取り入れた農業は、江戸時代に環境や経済など地理的な特色を反映したかたちで、地方ごとに集大成されていったものと考えられる。各地方で地方色と呼べる修飾を加えつつもこの農業形態は全体として高い共通性があった。そして二十世紀後半の燃料革命にいたるまでの、日本各地での農業の基本となるものであった。

里山がもともとブナやミズナラからなる落葉広葉樹林である東北地方でも、萌芽林を活用するこの森林利用法は応用可能であるところに普遍性があった。ただ、落葉広葉樹林域では二次林の落葉広葉樹林との間に相観上は大きなちがいがないため、二次林化は表面上目立たない。

で、二次林から極相林へはそれよりも短年月で変遷するであろう。だから、最近放置された落葉広葉樹からなる雑木林は、気候の大きな変動がなければ将来この春日山原始林のような照葉樹林へと変遷していくと想定される。このように近畿地方では、低山帯の森林は広範囲にわたって人間の干渉を受けてきたといえるだろう。そうしたなかにあって、平安時代から今日の社寺林に当たる森林の保護が図られてきたことはおおいに注目される。

もともと照葉樹林が里山の地域を被っていた近畿地方でも、落葉広葉樹からなる雑木林を広範囲に造成することで、人々は夏冬に加えて、その中間に開花や開葉、結実と落葉などが集中する春と秋が介在する四季の変化を意識することができたのである。また、日本の身近に雑木林をもったことによって、季節にたいする感覚もより一層鋭敏になっていったといってよい。一方で、通年を深い緑色をした葉を茂らせたシイノキ林やカシ林などのあまり人手の入らぬ照葉樹林は社寺林として残され、人工的な里山の雑木林との区別も明瞭であっただけでなく、多くの人々に神聖さを感じさせることになったといえるだろう。

この身近な里山のもつ自然が日本人の自然観に濃く反映していると思わざるをえない。これは落葉掻き、枯枝拾い、火入れ、木の実拾いなど、その維持のために培ってきた慣習とも相まっている。

それが、一九五〇年代以降、農村でも石油やプロパンガスが普及することで、森林が生産する落葉や枯枝は燃料としては不要なものとなった。それ以前からの化学肥料の導入に加えて、里山を農業の一部とする必要性がこれで完璧に失われた。こうして里山は村人から放置されたのである。放置された里山では、雑木林に通じる径は消え、落葉が堆積し、富栄養化も進み、照葉樹がコナラやクリの萌芽林下で勢いを増し、やがてそれらを駆逐してしまい、通年青々とした照葉樹林へと変貌を遂げたのである。これが、嵐山や大文字山を初め、京阪や奈良、生駒など、近畿の各地で起こっている樹林の変化とその背後にある原因である。

●**日本人の災害観**　近畿地方は日本の他の地域に比べて自然災害の少ない地域であるといわれる。火山噴火に見舞われることはないし、特に京都・奈良・大阪のあたりは、台風が襲う太平洋側からも、豪雪地帯の日本海側からも離れていて、気象災害も少ない。そのためか、京都を中心に育まれてきた自然観には、自然の穏やかで精妙な面が強く反映されている。自然災害については『方丈記』で飢饉や地震・大風についてあきらめにも似た感慨が記されているのが印象的であるが、自然の荒々しい側面はあまり反映されていないようだ。そのことと、一八三〇年の京都の地震、一八五四年の伊賀・伊勢・大和の地震、一九二五年の北但馬地震など、近畿地方でも内陸地震が起こっているのにもかかわらず、関西には地震がないというような雰囲気が一九九五年一月一七日の兵庫県南部地震の前まではあったということとは、まんざら無縁ではないかもしれない。一方で、盆地に流れ込む河川は古くから流路が固定されて天井川化したために、治山・治水の考えが早くから生まれ、江戸時代には熊沢蕃山のようなすぐれた論考や技術が生み出された。

これは自然の営みであるが、長年人工の里山、雑木林とともに育まれてきた日本人にとって、これは自然の破壊でもあるかのように思われたのは無理からぬことである。里山のコナラ・クリ林などの雑木林を失って、初めてこの人工的な森林が今日の日本人の自然観の源であることが判ったことは皮肉というしかない。

【註】

1　本稿は石田志朗氏・藤田和夫氏との共同執筆による。

【引用文献・主要参考書】

千葉徳爾（一九八八）『「ハタ」と「ハタケ」――地域差と信仰』佐々木高明・松山利夫編『畑作文化の誕生』日本放送出版協会、東京、三〇七―三三三頁
服部保（一九八五）「日本本土のシイ―タブ型照葉樹林の群落生態学的研究」神戸群落生態研究会
Huzita, K. 1962 Tectonic development of the median zone (Setouti) of southwest Japan since Moicene. *Journal of Geoscience, Osaka City University*, **6**: 103–144pp.
藤田和夫（一九八五）『変動する日本列島』岩波新書、岩波書店、東京
藤田和夫（一九九五）「近畿の第四紀テクトニクスからみた兵庫県南部地震」『地質ニュース』四九〇号七―一三頁
藤田和夫・岸本兆方（一九七二）「近畿のネオテクトニクスと地震活動」『科学』四二巻四二一―四三〇頁
藤田和夫・奥田悟（一九七三）「近畿・四国における中央構造線のネオテクトニクス」杉山隆二編『中央構造線』東海大学出版会、東京、八七―一〇九頁
飯泉茂・菊池多賀夫（一九八〇）『植物群落とその生活　生物学教育講座8）』東海大学出版会、東京
建設省国土地理院（一九九〇）『新版日本国勢地図』日本地図センター、東京
木村茂光（一九九二）『日本古代・中世畠作史の研究』校倉書房、東京
吉良竜夫・浜端悦治（一九九〇）「垂直分布」塚本洋太郎監修『園芸植物大事典　用語・索引』小学館、東京、一三九頁
気象庁（一九七一）『日本気候図第一集』地人書館、東京、plate 40, 46
国立天文台編（一九九四）『理科年表一九九五年版』丸善、東京
黒田日出男（一九八四）『日本中世開発史の研究』校倉書房、東京

前田保夫（一九八四）「花粉分析学的研究よりみた近畿地方の洪積（更新）世後期以降の植生変遷」宮脇昭編著『日本植生誌近畿』至文堂、八七―一〇〇頁
宮脇昭編著（一九八四）『日本植生誌近畿』至文堂、東京
中堀謙二（一九八一）「深泥池の花粉分析」『深泥池の自然と人―深泥池学術調査報告書』京都市文化観光局、一六三―一八〇頁
中村和郎・内嶋善兵衛・木村竜治（一九八六）『日本の気候』（日本の自然5）岩波書店、東京
中西哲（一九八四）「兵庫県の植生」宮脇昭編著『日本植生誌・近畿』至文堂、東京、四七一―四七九頁
野上道男・大場秀章（一九九二）「暖かさの指数からみた日本の植生」『科学』六一巻三六―四九頁
大場秀章（一九八五）「南北に長い国　日本の生物」堀越増興・青木淳一編『日本の生物』（日本の自然6）岩波書店、東京、八九―一二三頁
山中二男（一九七九）『日本の森林植生』築地書館、東京

山地を刻む深い谷と森——紀伊半島の自然

自然との一体性の行方

紀伊あるいは紀州といえば、幾重にも重なり鬱蒼とした樹林で被われた山また山が思い出される。紀伊という名前が、「木の国」に由来するかどうかはともかく、幾重にも連なる深い木立に被われた山塊は古来から宗教との結びつきも強く、修験の場でもあった。紀伊半島はまた、京都の北方に連なる丹波高原とともに、木材の供給地としての長い歴史がある。いまから三〇年前までの紀伊半島は、木材に加え薬草など多様な山の資源を京都や畿内に供給してきた地域であった。

その紀伊半島は自然と人間との関係が実に劇的に変わった代表的な地域でもある。なぜなら、この地域の人々の生活の基盤であり自然に最も強い依存性をもってきた漁業と林業が自然との一体性を失う一方で、漁業も林業も現代の社会状況の急変で産業としての将来性が危ぶまれ、後継者もないまま廃れようとしているからである。

●吉野山　現代の多くの人は、山というと、富士山のような雄大な火山か、白馬岳のような高山を思い浮かべるが、奈良・京都で育まれた文日本では、少なくとも一九五〇年代まで日常の暮らしを含め生活は自然と深く関わっていた。衣食住の自然への依存度は大きく、その天然資源の多様性、質、量が、地域の生活のあり方、豊かさを左右していた。江戸時代の農業を中心とする幕藩体制は、こうした地域ごとの天然資源への依存性を温存し、強めたといえる。人々は、経験にもとづいた自然についての具体的な理解をもっていたし、一瞬のうちに生活とその基盤を破壊してしまう水害や地震などの災害についても、被害を未然に防ぐための知恵を発達させ、これが経験として継承されてきた。

それが今日では農家においてさえ、日常の暮らしが自然とほとんど関係がなくなっている。燃料や田畑の肥料として、それまで欠かせなかった里山の落葉掻きや枯枝拾いは、ガスや石油、化学肥料の普及により、不必要となった。車の普及で山越えの近道が要らなくなったため、道を確保するための草刈りなどの作業も不要になった。このことだけをとっても農家の人々の自然との接触範囲は大幅に狭まった。

品種改良が作物の環境にたいする耐性を強め、播種時期の自由がきくようになったばかりか温室やハウス栽培の普及が戸外の気象状況とはほとんど関係なく作物を栽培することを可能にした。つまり気候暦の四季の移りゆきを知るために培い、語り継がれてきた経験も現実には不要なものとなったのである。

一方、消費者として暮らす側でも、四季のない野菜や果物の供給、人工的な住環境の提供によって、日常での自然や季節への意識が薄れている。こうした変化が都市に限らず山

学の世界で重要な役割をしてきたのは、『新古今和歌集』の巻頭の歌

み吉野は山もかすみて白雪の
ふりにし里に春はきにけり
藤原良経

にも詠われている吉野山であった。

吉野山は万葉集の時代から歌に詠まれ、花の名所であるとともに、古い歴史を偲ぶところ、あるいは季節が移り変わるごとに、また世を逃れる行き先として、思いを寄せる山であった。しかし、国土地理院が一九九一年に刊行した『日本の山岳標高一覧―1003山』のなかに吉野山という山は記載されていない。吉野山とは、吉野川（紀ノ川）から下千本、中千本、上千本、奥千本と呼ばれる桜の名所を尾根づたいに辿って金峰神社にいたる山域をさす名称である。その尾根をさらに登ると、大天井ケ岳、山上ケ岳、大普賢《だいふげん》岳、八剣山と大峰《おおみね》山脈の中心部に入っていける。この山地は、奈良時代に役《えんの》行者《ぎょうじゃ》が開いたといわれる修験道の聖地で、山上ケ岳には大峰山上権現の道場がある。吉野山は、そのような奥深い山々を背景にもって、中央構造線に沿う吉野川の向こうに望まれる山として都人の心に重要な位置を占めてきたのだろう。

間の農村にさえ及んでいるのが、今日の特色でもある。

いまの私たちにとって地域自然への関心とは何にもとづくものなのだろう。まずいえるのは、その自然そのものについての即物的な知識への関心であり、また経験的・体験的に理解されてきた地域自然のありさまをより広い視野のなかで相対化し、普遍性と特殊性をそのなかからくみ取ろうとする科学的な再認識への関心ではあるまいか。さらに、歴史への強い関心を常に失わないのと同様に、失われたものあるいは過ぎ去りしものとしての自然の歴史にたいする関心も大きいであろう。ここにはかつて川があり、森があってという、回想の自然である。こうしたことを思いに入れながら、今日の紀伊半島の自然に接してみたい。

峡谷が刻む幾重もの山並み

紀伊半島は、和泉《いずみ》山脈と高見山地の南側を山地に併走して東と西に下る櫛田《くしだ》川と紀ノ川の南側に位置する。半島のほとんどを占める急峻な山地からは、紀ノ川、有田川、日高川、富田川、日置《ひき》川、古座《こざ》川、熊野（新宮）川など多数の河川が出て海に注ぐ（図1）。これらの河川は急勾配で屈曲し、途中に峡谷や早瀬をつくることが多い。

紀ノ川や熊野川などを除くと、他の多くの河川の流路は短い。熊野川の流域面積は二三六〇平方キロメートルで、日本の河川中二六位だが、本流流路は一八三キロメートルあって日本で一四位と比較的長い。また年平均比流量は一〇〇平方キロメートルあたり毎秒

●**比流量**　川のある地点での流量を、それより上流の流域面積で割った値（本稿では、流域一〇〇平方キロメートルあたりの年平均流量を求めている）。流量は流域の大小に関係するので、比流量を計算することによって水の出やすい川かどうかの比較ができる。

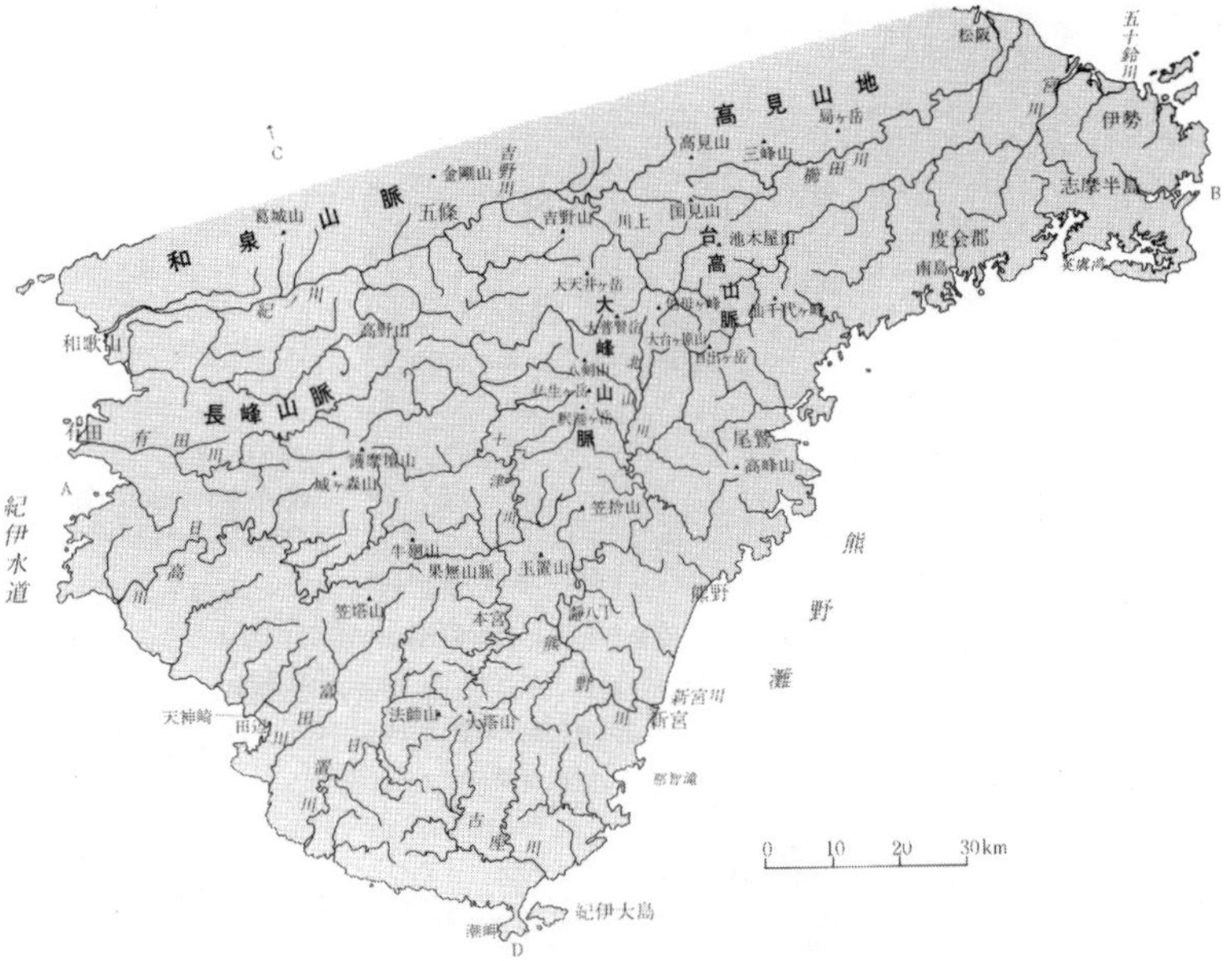

図1　紀伊半島の水系図　水系は複雑に入り込んでいて、山中で川が曲流していることが注目される。

七・一五立方メートルで、流域面積が一〇〇〇平方キロを超える河川としては四国の仁淀川《によど》に次ぐ（阪口他一九八六）。一般に水量の多い日本の河川のなかでも、特に水流が豊かな河川といえる。

熊野川や紀ノ川以外の小河川の多くは、中流付近で伏流し、しかも中流から下流にかけては河床に大きな礫が群集していることが多い。その水量は、常時はきわめて少ないが、台風などの増水時には急激に増加し、しばしば流域に大きな災害をもたらした。

紀伊半島を代表する河川のひとつである熊野川は、東からの一大支流である北山川の合流点の上流にあたる奈良県側では十津川《とつ》と呼ばれる。大峰山脈の北端に近い大天井ケ岳《だいてんじょう》や山上ケ岳を源頭に、紀伊半島をほぼ東西に二分するように、大峰山脈の西側に谷を刻み南下し、新宮で太平洋に注ぐ。支流の北山川は同じ大峰山脈の大普賢岳《だいふげん》東面と伯母ケ峰南面から発し、随所で瀬をはむ急流を生み、峡谷をつくり、十津川と合流する。合流点に近い瀞八丁《とろはっちょう》は、日本を代表する峡谷

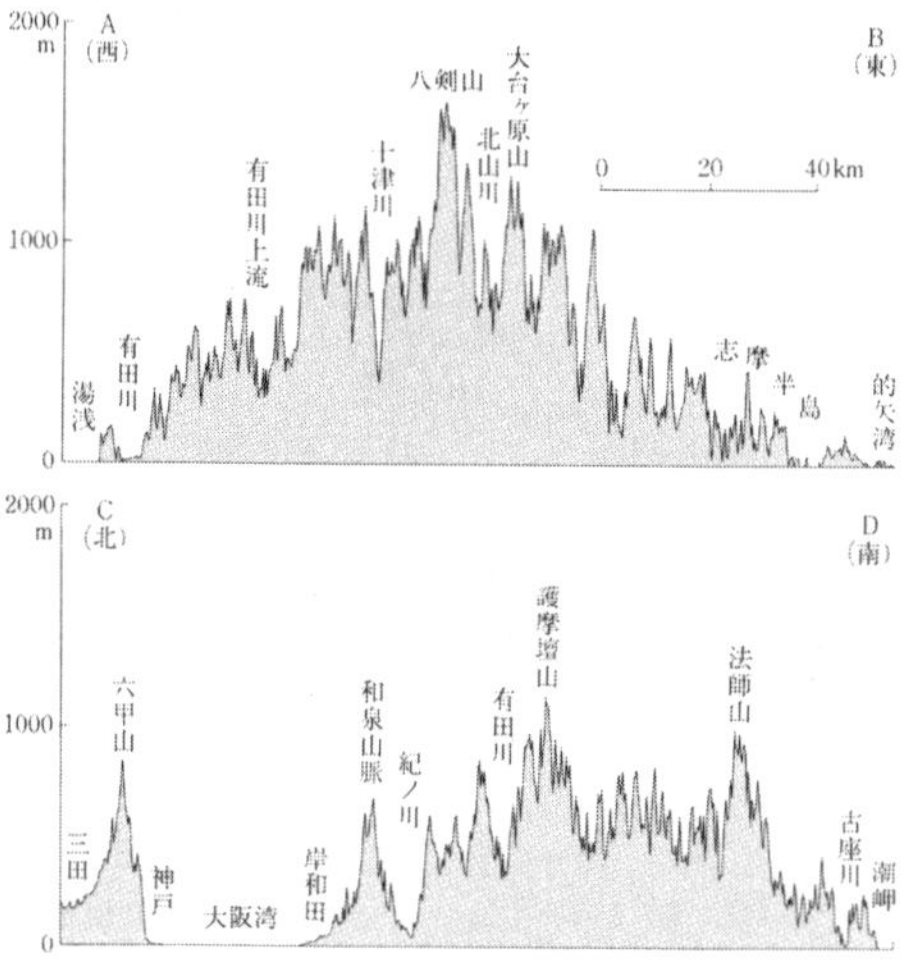

図２　紀伊半島の断面図（野上道男氏作成、国土地理院国土数値情報を使用）中央構造線にほぼ平行な線（A-B）と、それに直交する線（C-D）で切った断面（断面線は図１）。山地は深い谷で刻まれている。その谷を埋めてみると、紀伊半島は全体がふくらんだようなかたちをしていることが判る。

として有名である。

大規模な峡谷は紀ノ川の上流部にもみることができた。紀ノ川は奈良県に入ると吉野川と名前を変じるが、川上村を通って遡《さかのぼ》り、伯母ケ峰峠で北山川に抜ける古くから開けた山道があった。その三重県北山村に抜ける山道は、人工の貯水池の完成以前は車での通行など考えも及ばなかった険しい通行の難所が随所にあったが、吉野杉として名高い植林地や大峰山脈の自然林、チャートや頁岩《けつがん》、砂岩、輝緑凝灰岩などが露出した山道からの峡谷の眺めは壮大であった。

一九五二年から始まった吉野熊野総合開発により北山川と十津川の大規模な河川開発が進められた。十津川には人工の貯水池とともに近畿地方では最大級の猿谷ダムや風屋ダムができ、奈良県五條市と和歌山県新宮市を結ぶ五新道路と呼ばれる国道１６８号線が開通した。

これまで搬出の道がないために伐採を免れてきた自然林の伐採が急速に進み、半島内陸部の林業を主として生計を立ててきた人々の暮らしにも大きな変化をもたらすことになった。切り出した木を筏に組んで川に流して、河口の新宮に集めた筏流しの光景も見られなくなった。

貯水池やダム建設による土地の改変や自然林の乱伐、さらには奥山にいたる無計画なゴルフ場の建設など、自然への認識の低さが生んだ結果とはいえ、道路開通により瞬時にして失われた紀伊半島の良質な自然を偲ばずにはいられない。また、そこでそれまで平衡を保ってきた生態系も大幅に乱され、その結果が野生生物に及ぼした影響も計り知れない。

紀伊半島の急峻さを生み出す素因となったのは、第四紀に入ってからの急速な隆起である（貝塚一九八六）。紀伊山地の基盤は、別項「日本人の自然観の源流」の図7にみられるように付加体である四万十帯がつくっている。一五〇〇万年前頃に、その西側に田辺層群、東側に熊野層群といういずれも砂岩や泥岩を主とする地層が海底で堆積した。その地層は現在、両者とも海側に向かって傾いているので、堆積後に紀伊山地がふくれ上がるように隆起したことを示している。このような隆起を曲隆という。曲隆とともに陸上では浸食が進み、第三紀の末期には全体に緩やかな準平原状の地形となった。それが第四紀になると、急速に曲隆したために、山地は高まり、谷は深くなったのである。

隆起はいまも続いていると考えられ、谷は若く、浸食がさかんに進んでいる。山地を掘り込むように曲流している現在の流路は、準平原の時代にゆるやかに蛇行しながら川が流れていたことの名残と考えられる。川の浸食が下方ばかりでなく側方にも進むと、曲流部分でショートカットが生じ、山脚が切断され、孤立丘ができる。

入り組んだ海岸

上で述べたような山の隆起にたいして、海底では沈降が進み、紀伊半島の東西の海底に

●**十津川流域を襲った大水害** 一八八九（明治二二）年八月一九～二〇日、台風のもたらした豪雨が十津川村に「十津川崩れ」と呼ばれる大水害をもたらした。豪雨のために山腹が各所で崩壊し、その土砂が川をせき止め、そして決壊した。死者二五五、流家三六四、潰家二〇〇、半壊二六〇という大災害となった。このため、村は九月二八日に六〇〇戸が北海道に集団移住することを決めた。一〇月一八日に村を離れ、途中、亡くなる人も出る言いしれぬ苦労の末に石狩川沿いの移住先に着くが、その後も多くの困難に直面し、今日の新十津川町にいたる村を建設した。

は盆地状の地形、すなわち海盆が発達している（東側は熊野海盆、西側は室戸海盆と呼んでいる）。そのため、半島のまわりは海岸からただちに急深の海底となっている。それは、熊野川などが浸食が急速に進んでいる河川でありながら、河口での三角州が発達しない原因ともなっている。

ここで目を紀伊半島から西に移してみると、四国山地の室戸《むろと》岬への突出部、足摺《あしずり》岬への突出部が、紀伊半島と似た地形をつくっていることに気づく。しかも、室戸岬と足摺岬のあいだの海底には土佐海盆が、足摺岬の西の海底には日向海盆がある。このように、地上の山地と海底の海盆とが交互に規則的に配列していることから、何か大きな力が加わって、それをつくったことを予想させる。フィリピン海プレートがユーラシアの下に斜めに沈み込んでいることがその背景にあるのだろう。

志摩半島はリアス式海岸の景観で知られているが、細く陸地に入り組んだ湾とそのまわりの痩せた尾根筋をもつ岬の地形は、河川が浸食してつくった谷に海が侵入することによってつくられる。つまり、海面が上昇したか陸が沈降したかを物語っている。紀伊半島では志摩半島ばかりでなく、そのまわりのほとんどの海岸に、また紀伊水道をはさんで向こう側の四国側の西海岸にも、豊後水道をはさんで四国側と九州側の海岸にもリアス式海岸がみられ、紀伊山地と四国山地が曲隆して海岸部が沈降したと考えることができる。

志摩半島の深く湾入した入り江は外海の荒波から遮《さえぎ》られ、そこでは現在真珠やハマチを初めとする魚介類の養殖が盛んに行われている。外海に面した海岸には海食作用でできた

●**高野山の小起伏面**　京阪方面から高野山に行くと、紀ノ川の谷からケーブルで、あるいは折れ曲がる自動車道を登った先の山上に、大きな町が開けていることに驚かされる。高野山は一〇〇〇メートルに近い高所にありながら、広い平坦な土地の上に宗教の町を発展させてきた。

町の中央には、西から東に有田川の源流が流れているが、町中での勾配は三キロメートルで約六〇メートル下がる程度である。この平坦な面は、かつて紀伊山地が準平原状であった時代の名残である。高野山は有田川の一番奥にあるためにまだ浸食が進んでいないのである。そして、南方に護摩壇山《ごまだんやま》（一三七二メートル）、牛廻山《うしまわしやま》（一二〇七メートル）へと連なる長い尾根が伸びている。

●**リアス式海岸を襲った津波**　リアス式海岸の地形は、熊野水軍の活躍する舞台となり、その系譜を引くといわれる太地《たいじ》の捕鯨に代表される海洋文化を生んだが、津波被害もも

海食崖や海食洞が多く、潮流などが運搬する砂泥の堆積によって砂嘴《さし》、砂州《さす》ができ、それが湾口をふさいで生まれた海跡湖も多くみられる。

紀伊半島の南端を走る鉄道、紀勢本戦が全線開通したのは着工から数十年を経た一九五九年であった。全線開通が遅れた理由はこの半島南端の急峻な地形にある。矢ノ川《やのこ》峠越えのバスで二時間四〇分を要した、尾鷲《おわせ》と熊野（木本）間は四〇分に短縮されることになったが、このときすでに鉄道への依存は下がりかけていた。

山地が海に迫り平地が少ないため、集落は小河川に沿うわずかな平地や海岸部の狭い沖積平野に集中している。しかし海に面している村々なのに、相互の連絡は峠越えの道によって行われてきたところが多い。

熊野から新宮までの熊野浦は、紀伊半島ではめずらしく直線上の海岸が続いている。これは新宮川が吐きだした砂礫が堆積した砂浜であるが、瀬戸内海の白砂青松の白砂とは異なり、礫が多くみられるのが特徴である。

紀伊半島南端の潮岬は、砂州でつながった陸繋島の先端にある。海岸は数十メートルの海食崖で囲まれ、台地上の島は照葉樹林に被われている。ここは北緯三三度二六分で、伊豆七島の御蔵島《みくらじま》より南、八丈島の少し北の位置に相当する。

田辺湾の南側には南紀白浜の温泉があるが、湾の北西には日本のナショナルトラスト第一号として有名な天神岬がある。岬は暖かな海の影響を受けた暖地性の植物で被われていて、干潮時にはそのまわりに岩棚が広がる。これは、前述の田辺層群が波で削られてでき

たらした。紀伊半島のまわりでは、フィリピン海プレートの沈み込む南海トラフで、数百年ごとに、熊野灘沖を震源域とする地震と四国沖を震源域とする二つの巨大地震がほぼ同時に繰り返し起こり、そのたびごとに紀伊半島は津波の被害を受けてきた。最近では一九四四年一二月七日の東南海地震（マグニチュードM七・九）で熊野灘沿岸に六～八メートルの津波が、その二年後の一九四六年一二月二一日の南海地震（M八・〇）でも紀伊半島の西側を中心に数メートルの津波が襲っている。歴史的にも、一七〇七年一〇月二八日の宝永地震（M八・四、二つの地震が同時に起こったらしい）では六メートルに達する津波が紀伊半島全域に、一八五四年一二月二三日の安政東海地震（M八・四）では熊野灘側に六メートルからところによっては一〇メートルの津波が、また三二時間後の一八五四年一二月二四日の安政南海地震（M八・四）では数メートルの津波が特に西側を襲うなど、度重なる津波の被害を受け、各所で津波の供養塔がみられる（羽鳥一九七七）。いずれも紀伊半島は震源域に近いために地震発生から一〇から二〇分で津波が到着している。

た波食棚で、地層の傾きをみると、海側に一〇～三〇度傾いている。

変化の大きな気候

京阪からみると、冬の紀伊半島は快晴の空が緑濃い山の斜面の向こうに広がり、寒さに馴れた身体には気温もかなり高いように感じられる。また、さぞや暑いと思って夏に出向くと、これが結構涼しかったりする。

半島のほぼ南端に当たる潮岬や、熊野灘に臨む尾鷲の年平均気温は、それぞれ一六・八℃、一五・六℃、また一月と八月の平均気温は、それぞれ七・四℃と二六・四℃、五・七℃と二六・〇℃である。京都と比較すると一月の平均気温では尾鷲が一・七℃、潮岬では三・四℃高い（図３）。日中もどんよりと曇った京都を発ち、南紀の空気に触れたときに感じる暖かさには、この温度差とともに印象も加わっているようだ。冬の暖かさに比べて、夏は平均気温でも京都より涼しい。

しかし、尾鷲が夏涼しいといういい方は旅行者のものである。半島に住む人々にとっては夏の海岸はやはり暑い。というのは、山まで海が迫った紀伊半島では、海沿いの地域でも谷と斜面と平坦地ではかなりの温度差があるからである。真夏でも海沿いの町から少し離れて谷間の植林地にでも入れば、かなり涼しい感じがする。一九六五年七月に三重県度会《わたらい》郡南島《なんとう》町で調べられた例では、早朝の谷の端の平坦地で二二℃、谷奥では二一℃であったが、標高一〇〇～二〇〇メートルでは二四℃に達した。日中では谷奥では平坦地より

●那智滝　地図をみると、十津川と北上川が合流する当たりでは谷が開け、周囲の山も低くなっていることが読み取れる。しかし、合流点より下流では谷は再び狭くなり、両側の山地も高くなり、ほぼその高度を維持したまま海岸に達している。この山塊をつくるのは第三紀中新世の火山噴火物で熊野酸性岩と呼ばれる花崗斑岩である。この中新世の岩体から降下するのが那智滝で、高さ一三三メートルある。

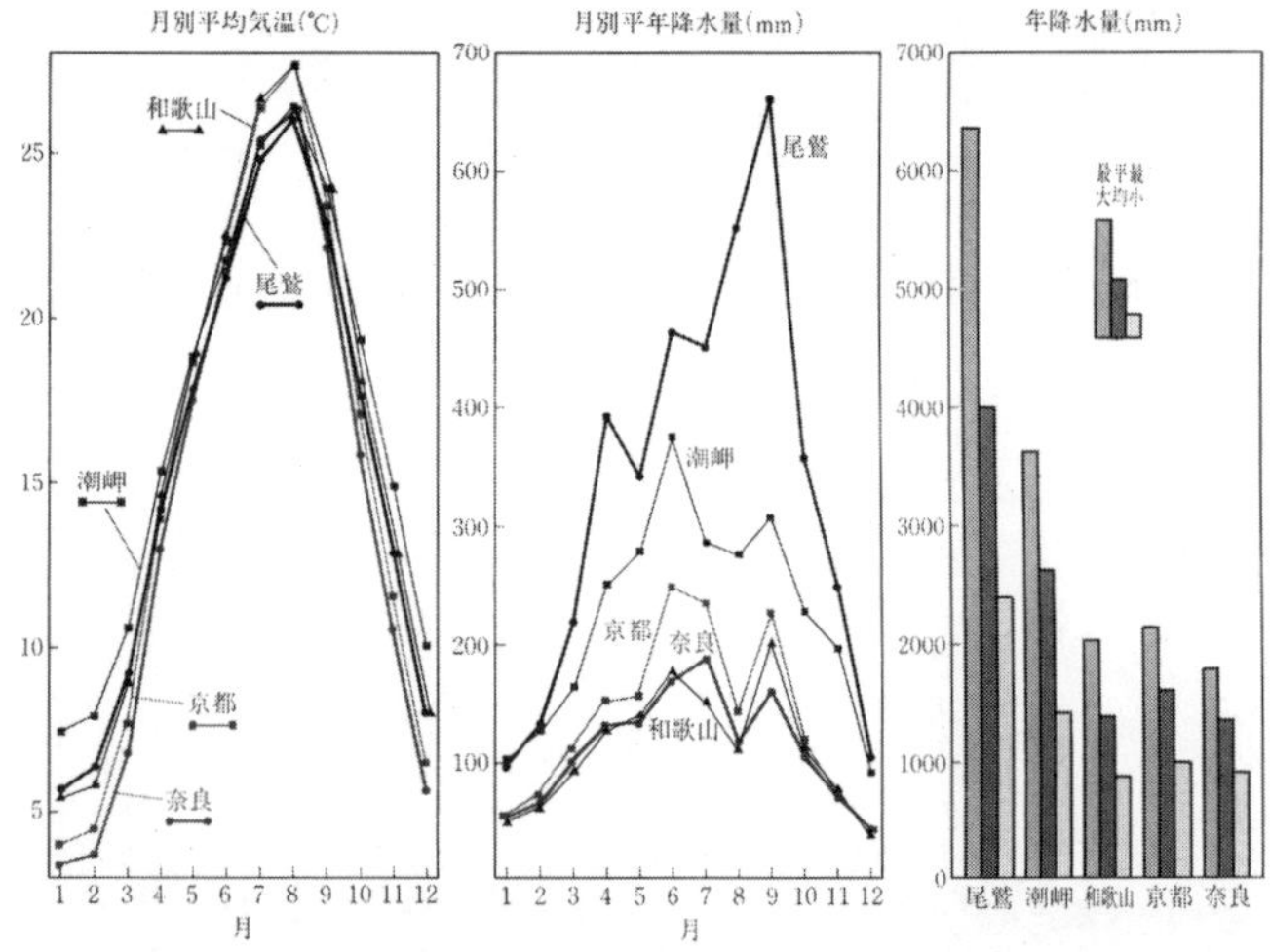

図3　紀伊半島各地と奈良・京都の気候の比較（国立天文台、1994年のデータから作図）　平均値は1961～90年の平均。降水量の多少は統計開始年（和歌山県1880年、京都1881年、潮岬1913年、尾鷲1940年、奈良1954年）から1993年までの記録。尾鷲の年最大降水量の変動は大きく、最大降水量（1954年）と最小降水量（1944年）の差は3762mmもある。京都の年降水量の最大値(2151mm)は尾鷲の最小降水量よりも少ない。

も約三℃も低い一九℃で、標高一〇〇～二〇〇メートルではやや高温であった。海沿いの地点での温度差はほとんどなかったが、谷奥と平坦地での三℃の温度差はかなり大きく、上に述べた体験には温度差も関係していることを示唆している。

周囲を海で囲まれた島でも慢性的に水不足の島もある。飛行機で晴天の日に南西諸島や太平洋の島々を遠望すると、上空に雲がかかっている島と雲ひとつない島があるのに気づく。雲がかかっている島は山があり、その山頂部分が雲に被われていることが多い。島の水文にはこうした雲霧が大きく関与している。規模も小さく、標高も低い島では雲霧の発生はきわめて少ない。一方、紀伊半島の山々では海からの気流がとらえられ急上昇するが、そのときに降水がもたらされる。

尾鷲は雨が多いことで名高い。降水量は一九六一～一九九〇年の平均で四〇〇一・九ミリメートルに達する。一年を通してかなりの降水があるが、一、二、三、一二月は相対的に少なく、四、五月から増加し、六～九月の降水量が多い。このパターンは半島南端部にほぼ共通しており、本州中部から四国・九州の太平洋側に共通した現象である。

夏が近づくと、太平洋高気圧が日本へ接近し、アジア大陸東縁の気団にぶつかり、梅雨前線を生じ大気も不安定となり、雨も多くなる。六、七月の雨はこの梅雨前線によるものである。八、九月の雨は台風によるものである。前項「日本人の自然観の源流」でも記したが、紀伊半島は記録的な局地雨と短時間に多くの雨が降ることで有名で、尾鷲の日最大降水量八〇六ミリメートル（一九六八年九月二六日）は日本で最高の記録である。豪雨の降り方には、南東の気流が入りこんだときに、半島の南東側で特に雨が多くなるというパターンがみられる。そのことは、前項図8の八月の降水量分布にも反映している。こうした雨の降り方は紀伊山地の高度と地形が関係して生じるが、雨の多さが急峻な地形をつくっているともいえる。

前時代の植物が多い

植物でいえば、ある地域に生育する全種をさして、その地域の植物相（フロラ）という。動物では動物相、鳥類は鳥類相、昆虫は昆虫相などというが、紀伊半島の植物相は、近畿地方の他の地域のそれとはかなり異なっている。顕著な相違点は、分布の中心が亜熱帯にある種の多いことであり、他のひとつは九州、四国と紀伊半島にのみ分布が限定された種がかなり存在することである。

前者の例としては、クサマルハチ、オオタニワタリ、ハマオモト、ハカマカズラ、クスドイゲ、ミサオノキなどで、これらの植物は海岸に沿う森林中にほぼ産地が限られている。中国南部や台湾から九州、四国を経て紀伊半島に分布するクサマルハチは最も北方に産する木生のシダの一種である。小形で地上に直立する茎（幹）はなく、茎は地表をはう。同じシダ類のオオタニワタリは樹幹や岩上に生え、かつては豊富にみることができたが、生け花の材料などに乱獲され、いまでは滅多に姿をみないほどに減少した。台湾から九州を経て伊豆諸島に分布するが、北限の自生地でもある伊豆半島の三宅島でも乱獲で個体数が著しく減ってしまった。

尾鷲や新宮の海沿いの植林地や寺社林の林床はいたるところ、リュウビンタイやコクモウクジャクなど、大形の葉を叢生した多種類のシダ植物が繁茂している。このような相観は、亜熱帯の森林に普通にみかけるもので、日本では紀伊半島をほぼ北限とし、それ以北では伊豆・房総半島や伊豆諸島のごく一部に、種数は大幅に減じながらも、相観が類似した植生をみることができる。

一方、九州、四国から紀伊半島に限定的に分布する植物のほとんどは紀伊半島の山地に生育する。日本の植物地理学に大きな足跡を残した小泉源一は、一九三一年にこの特異な分布型をもつ植物が多いことに気づき、それらを「襲速紀要素《そはやき》」と名づけた。

明治時代に紀伊山地、四国山地、九州山地を合わせたいわゆる外帯山地を襲速紀山地あるいは玖（球）磨山地という呼び方をした。小泉の襲速紀要素は襲速紀山地、すなわち外帯山地に分布する植物のことであり、名称もこの山地名によったと思われる。「襲速紀」は、九州中南部の古い名である「熊襲《くまそ》」の襲、九州と四国を分ける豊予海峡の古名の「速吸《はやすい》瀬戸」の速、そして「紀伊」の紀の三文字に由来している。

ソハヤキ要素の植物の多くは、垂直分布では暖温帯上部から冷温帯下部にかけての、い

●ハマオモト　ハマオモトはアジアの熱帯に広く分布する。日本列島の太平洋側を北上し、三浦半島の天神島を自生の北限とする。大形の海浜植物で、崖に沿った砂浜に生え、夏にユリに似た白い花を開き、芳香を放つ。むしろハマユウの別名で広く人々に知られ、紀伊のハマユウは万葉集にも詠まれている。

み熊野の浦の浜木綿《はまゆう》百重《ももえ》なす
心は思《も》へど直《ただ》に逢はぬかも
柿本人麻呂

「百重なす」は葉が根元に近いところで重なりあっているハマユウの形態をさすとも、群生している様子ともいわれるが、そのように幾重にも思いを重ねているという恋の歌であるという。

わゆる中間温帯に集中している。キレンゲショウマは一属が一種だけからなる（単型属という）ほど他の植物とは形態が大きく異なる種で、典型的なソハヤキ要素といえる。他にも、コウヤマキ、バイカアマチャ、ギンバイソウ、ワタナベソウ、ヤハズアジサイ、センダイソウ、クサヤツデ、ジョウロウホトトギスなど多数の種がよく似た分布パターンを示す。

ソハヤキ要素のひとつであるズイナは、すべての野生植物がなにがしかの資源として活用されていた太平洋戦争前までは、ほとんどの人が見知っていた低木であった。枝の髄を採り、灯心としたし、赤みを帯びたその若芽は、茹でて食用とした。そのほんのりと紅を注したような若葉の色彩は、村の女性たちの頬を連想させたのだろう。紀伊のあちこちに娘を意味するヨメナやムスメナなどの方言がズイナに記録されている。

個々の植物ごとに形成された民俗史、資源としての利用法のなかには、研究はおろか記録さえされる前に、失われてしまったケースも多いのは惜しまれる。

ソハヤキ要素の植物が日本の植物相のなかで特に注目される理由は、キレンゲショウマやバイカアマチャのように、かなりの種が朝鮮半島や中国大陸中部に分布し、さらにズイナのように類似種が北アメリカ東部に存在することである。また、日本の現在の植物相がどのような起源から、どのような経過を経てできあがってきたのか、謎に包まれた部分も多いのだが、ソハヤキ要素を対象としてこの問題に迫ろうとした研究者も少なくない。

古くからの街道である、熊野街道に沿う中辺路の周辺には、トガサワラやコウヤマキな

●失われたクスノキ林　クスノキは中国南部の沿岸地域原産と推定されてきた照葉樹であるが、現在の近畿地方では独立樹として生えている程度で、クスノキ林と呼ぶようなまとまりはみられない。なので飛鳥時代につくられた現存の木彫り仏像がすべてクスノキを用いているという事実は注目される。しかも、奈良時代に入るとヒノキの仏像に変わる。その理由はヒノキが木の香りや木目がクスノキよりすぐれているからだとされるが、菅沼（一九八四）は奈良時代には適当なクスノキが枯渇してしまったと考えた。菅沼はさらに出土した桜井市山田寺の回廊がひとつを除きクスノキを用いていたことを明らかにした。現在、奈良県には用材として活用できるクスノキ林はないが、山田寺起工の六四一年当時は直径五〇センチメートル程度のクスノキを相当量集めることができた森林が存在していた可能性が高い。奈良時代に奈良は、都として寺院などの建物が多数建築され、おびただしい木材などが消費された。奈良は内陸盆地にあり、立地のうえでも、また物流の範囲が限定されていた当時の状況では、早晩一部品目にせよ資源枯渇に陥ったと考えられる。特

どの針葉樹がコジイを主体とする照葉樹と混在している。トガサワラは紀伊と四国にのみ分布するが、トガサワラの仲間（トガサワラ属）は四種あり、東アジア（日本と中国）と北アメリカ西部に二種ずつ分布し、北アメリカ産のダグラスモミは用材として日本にも輸入されている。

さかんな林業

紀伊半島は林業と深く結びついている。その代表は奈良県吉野郡川上村と小川村を中心とした吉野林業と呼ばれるスギ林業であり、他は太平洋に面した尾鷲や熊野に集材される紀州林業である。

吉野林業は豊臣秀吉の大阪城築城に用材を搬出した記録があり、かなりの歴史をもつ。吉野杉と呼ばれ、灘の酒樽、洗丸太、さらには樹皮を剥いた後に川で水をかけて磨いた磨丸太が生産される。丸太生産では、一ヘクタールあたり苗木一万本から一・二万本の密植を行い、たんねんに枝打ちを行って仕立てられた。

紀伊の林業の中心はヒノキで、特に南部での植林がさかんである。ヒノキは痩せ地に強い樹種で、植林も土壌が薄く痩せた斜面が良材に向いている。紀伊の山で伐採された木材は江戸時代に再三の火事があった江戸の再建にも大きな役割をはたし、これによって莫大な利益をえた木材商の話も残っている。

紀伊の山々は繰り返し述べてきたように急峻である（図4）。沖積土や火山灰に欠け、斜

に資源として再生に長い年月を要する木材資源の枯渇は大形の建造物の造営を不可能としたにちがいない。ヒノキの仏像登場は、縄文海進時代の温暖期に発達したクスノキ林がほぼ完全に伐採され尽くして消滅したことを象徴しているのではないだろうか。

図4　急峻な紀伊山地　海を除いて、明るいところほど傾斜が急である。凡例は水平距離250mにたいする高度差が、1：0～5m、2：5～25m、3：25～75m、4：75～150m、5：150m～。近畿地方のなかでとりわけ紀伊山地の急峻な地域が広い範囲を占めていることが判る（画像作成　野上道男氏、国土地理院国土数値情報を使用）。

面では薄い表土の下はただちに母岩となっていて、栄養分がとどまりにくい。これに加え、多量の降水が土壌中の有機物を洗い流す役割をする。九州南端の屋久島は、屋久杉という生長の遅いスギや矮性植物の宝庫として名高いが、花崗岩で雨が多く、やはり土壌が痩せている。

紀伊の林業は、痩せ地が適したヒノキ林業の立地条件に適合した土地柄を活かして発展してきたものといえる。しかし、このような土地柄は高栄養を必要とする畑作には不向きであり、畑作物の栽培には困難がともなう。

かつて牟妻《むろ》病という風土病が紀伊半島の山地にみられた。これはワラビの食べ過ぎによるビタミンB_1破壊で誘発された筋萎縮などの病状をともなうもので、原因が究明されたことで容易に撲滅させることができた。牟妻病は、流通が悪いうえに多量の施肥の必要な水田はおろか畑作さえもままならない、かつての山地の暮らしぶりを象徴的に示すものであった。

紀伊半島やその北側の奈良県には棚田も多い。棚田は二〇分の一以上の傾斜地にある水田で、千枚田ともいわれ、日本の山村を代表するイネの耕作法であった。棚田の存在は紀伊山地を中心とした険しい地形が生み出した耕作法といえるが、山地のスケールのより大きなヒマラヤや中国西南部の横断山脈にも、耕して天にいたるほどの棚田をみることができる。

平地の水田に比べ棚田の維持にはいっそうの人手がかかるが。最近は農村の高齢化と耕作の機械化に不向きなことなどから放棄されたところが多く、古来からの日本の山村風景が消滅しかけている。

前にも述べたが紀伊半島では、冬の温暖な気候を利用した柑橘栽培がさかんである。安価で高品質な輸入商品に押されてかつてのような活況はみられないが、柑橘生産のみに依存する体質から花卉や野菜などを取り入れた多様な農業へと移行しつつある。これは、かつての山の天産資源の供給地としての紀伊半島の、漁業も含めた今日における市場からの要求への対応ととらえることができる。この対応を支える自然と地理的環境が、何を許容し、また今後どのように紀伊半島を変貌させていくのか、問われるところである。

【引用文献】

後藤伸（一九八四）「紀伊半島南部の照葉樹林」『遺伝』三八巻四号九〇—九七頁
羽島徳太郎（一九七七）『歴史津波—その挙動を探る』海洋出版、東京
貝塚爽平（一九八六）「紀伊山地・四国山地と九州の山やま」貝塚爽平・鎮西清高編『日本の山』（日本の自然2）岩波書店、東京、一八一—二一二頁
国立天文台編『理科年表一九九五年版』丸善、東京
前川文夫（一九七七）『日本の植物区系』玉川大学出版会、東京
三重県度会郡南島町調査報告（一九六七）『三重地理学会報』一六号一〇九頁
阪口豊・高橋裕・大森博雄（一九八六）『日本の川』（日本の自然3）岩波書店、東京
菅沼孝之（一九八四）「奈良県の植生」宮脇昭編著『日本植生誌近畿』至文堂、東京、四八〇—四八六頁

伊勢神宮の森

中央構造線に沿う櫛田《くしだ》川の南を流れるのが、大台ケ原の東斜面を源流としてほぼ北東に下る宮川である。宮川の南側は支流に分断されるかたちで、大河内山や仙千代ケ峰のある山域から、七洞岳《ななほらが》・獅子ケ岳を代表とする度会《わたらい》町の山々に連なる山地が伸びて志摩半島の屋台骨になっている。山地の南北ではかなりの気候差がある。たとえば熊野灘に面した半島の南側にはハマオモトを初めとする熱帯や亜熱帯を分布の中心とする植物が生育しているが（前節「紀伊半島の自然」参照）、伊勢湾に面する北側にはみられない。

志摩半島の中程の伊勢湾側には、伊勢平野の東南端に、宮川と五十鈴川の間の鷲峰、その東の朝熊ケ岳など標高五〇〇メートル前後の山地の裾野にできた山麓平野が発達し、その中心に伊勢がある。鎌倉時代から始まり江戸時代中期に最盛期を迎えた庶民のお伊勢参りが生んだ門前町を核に発展した市街地である。

皇大神宮（内宮）は、宮域林として五四〇〇ヘクタールの広大な森林を保有し、今日までそれを維持してきた。唯一明神造と呼ばれる萱葺きの切妻造りの神社は、二〇年ごとに建て替えられる。宮域林は、その遷宮のための用材としてスギなどの択伐が行われる程度で、大きな改変は行われず、厳重に保護されてきたため、森林の自然度は高い。

遷宮のために広大な森林をもつ伊勢の神宮の形態は、京都に都が固定するまでに遷都が繰り返されたひとつの理由を想像させる。都の造営・維持や生活に必要な物資（特に火災後に必要になる巨木）を入手する流通の便が悪かった盆地にあって、資源枯渇を凌ぐための方策が遷都であった可能性を考えさせる。

残された照葉樹林

平地の自然林がほとんど消滅してしまった西日本にあっては、伊勢内宮の森林は、かつて西日本の平地に広くみられた森林がどのようなものかを知るうえで、かけがえのない貴重な存在である。

伊勢の宮域林は照葉樹林である。もっとも標高の低いところはスダジイ林で、その林内にはヒメユズリハやミミズバイ、ヤマモモがみられる。ヒメユズリハは正月のお飾りに用いるユズリハに近縁であるが、葉は厚みがあり、縁が裏側に少し巻く。

ミミズバイはハイノキの一種の常緑高木で、九州から四国、愛知県以西の本州のおもに太平洋側の沿海地に分布するが、伊勢には特に多い。独特なかたちをした緑白色の果実が目立ち、一度目にしたら忘れ難い木でもある。ミミズバイのことを伊勢ではトクラベという。その意味は不詳だが、御饌供進《ごせんぐしん》のとき、下敷きにこの葉を用いる。質厚く、毛もなく艶やかで、しかもふんだんにあるミミズバイの葉は、食べ物を載せる皿代わりにはもってこいである。陶器もない時代に広く食べ物の下敷きに利用されていた可能性がある。

西日本の暑い夏に口にするヤマモモの旨さは格別である。果樹栽培が限定され、流通も悪かった四〇年ほど前まで、ヤマモモはごく普通に食され、親しまれていた。名前から山に生えるモモかと想像されがちだが、モモとはまったく関係ない常緑高木で、そのくすんだ赤色の果実は直径二センチメートルくらいで、甘味に富む。

照葉樹林には油を塗ったような艶やかな葉をもつ木が多く、遠くからみると緑一色の何の変哲もない森林にみえてしまう。しかし、注意してみると、林をつくる樹木の相にちがいがある。スダジイは照葉樹林を代表する樹種のひとつであるが、伊勢では潮風を受けやすい、少し乾き気味の立地に多い。よく似たコジイはそれにたいして、湿潤でしかも排水のよい潮風が直接当たらない立地に多い。したがって山腹や山麓にはコジイが多く、スダジイはみられなくなる。ミミズバイは海岸から山麓まで広がるが、ヒメユズリハはコジイ林には少ない。

伊勢に限らず東海地方以西の平地の照葉樹林はスダジイとコジイを中心とした森林であった。スダジイとコジイはよく似ている。両者をあわせてシイノキと呼ばれもする。スダジイとコジイは植物学上、同じ種の変種または亜種とする見解と別種とする見解がある。別種とする立場は果実などのかたちの変異が両者で重ならないし、中間型は両種の間に生じた自然雑種（和名をニタリジイという）と考える。本書ではシイノキを、スダジイとコジイに分けて記述することにした。分けることで、樹木が自然環境のわずかなちがいに対応してすみ分けていることを知る手がかりがえられると考えるからである。スダジイとコジイのちがいは、図１に示した葉のシルエットを参考にしていただきたい。一度区別ができれば、そのちがいを感覚的につかむことができる。

スギはどこにあったのか

森のなかを通る小径を注意して歩くと、土が湿った水はけの悪いところとか、土が厚く積もったところとかがあるのに気づく。土の厚いところで、目を林木に移すとスダジイでもコジイでもない別種の木がたくさん生えているのに気づくであろう。伊勢ではこのようなところにタブノキが現れる。林床には葉を叢生したイノデやベニシダなどのシダ類が多く生えている。花が芳香を放つオガタマノキも目立つ。スギや樹肌に特異な斑紋があるイチイガシも多い。

宮域林には高さ五〇メートル、胸高直径一メートルを超えるスギが生えている。スギは、無計画な拡大造林で全国に植林され、都会周辺では花粉症の原因にもなっている。だが、スギがもともとどのような森林に生えていたのか、まだ不明な点もある。私は、スギは過湿な照葉樹林にも生えていたと考えている。稲作で山地から低地へと生活空間を移動してきた弥生時代、過湿林に生えるスギは利用しやすかった。遠山富太郎は『杉の来た道』で、スギがあまり道具を使わずに割れ、運搬でき、板にもしやすく、スギがあったから質の高い住居、水路、くり抜き舟をつくることができたと書いている。スギが照葉樹林とだけ結びつく樹種であったかどうかは疑問ではある。しかし、スギの利用は日本では照葉樹林文化と結びついている。

イチイガシは、九州から瀬戸内海・太平洋側を関東地方南部まで分布するが、九州を除くと産地は少ない。宮域林では小河川に沿う低地などにこれを普通にみることができる。

図1　スダジイ（左）とコジイ（右）の葉と果実　コジイはツブラジイともいい、スダジイに比べ普通は葉が小さい。殻斗（どんぐり）は卵球形で、スダジイよりも長さが短い。

伊勢から紀伊半島にかけての地域では、普通コジイからなるシイ林は標高三五〇メートル付近で姿を消し、その上部にはカシ林が出現し、海抜七〇〇メートル付近まで達する。照葉樹林といっても山麓と山地斜面では主要樹種が異なっている。ここに普通なカシ類は、ウラジロガシとツクバネガシ、アカガシで、先のイチイガシはみられない。

ひと口に照葉樹林といっても多様である。その照葉樹林がほとんど消滅したいま、伊勢の宮域林は特に平地の照葉樹林の林相をつぶさにみることができる数少ない森林であり、今後もその保全が強く望まれる。

【引用文献】

南川幸（一九八四）「三重県の植生」宮脇昭編著『日本植生誌近畿』至文堂、東京、四三〇―四四二頁
矢頭献一（一九五〇）「宇治山田地方の森林植生」『植物学雑誌』六三巻二三九―二四〇頁

里山の自然

森は姿を変えるもの

近頃奇怪に思うことがある。それはジャーナリズムを含め、多くの日本人が口にする自然というものが、日本の現実の自然とはほど遠いものであることだ。それは都合の悪いことや煩わしいことが一切切り捨てられた、あたかもホームドラマに登場する家族のように、地球上のどこにも存在しない自然としかいいようがない。どの国でも、どの地域でも、そこに暮らす人々がお互いに理解しあえる「自然」というものがあるのであり、その自然の特徴が彼らの生活・文化のバックボーンにもなっているのである。

自然との乖離《かいり》は進む一方であるが、かつての日本は多様性の高い植物相に恵まれた森林が広大な面積を占めていた。基本的に日本の自然とは森のそれである。仔細にみれば日本においての森は千差万別だが、それが醸し出す景観は大きく五つに分けることができる。すなわち、針葉樹林か広葉樹林、あるいは両者が混生した混交林の別に、常緑と落葉の二相を組み合わせた、常緑針葉樹林、落葉針葉樹林、常緑広葉樹林、落葉広葉樹林、針広混交林、である。視覚的にも針葉樹林と広葉樹林のちがいは大きいが、冬にも青々と葉を茂らせた常緑樹と落葉樹とのちがいもそれに劣らず大きい。

縄文時代以降、伐採も植林もせずに原始の森が放置されていたとしよう。その場合全国が一様な森に被われるのではなく、関東・中部地方の低山部、沿海部を除く東北地方、それに北海道南部には落葉広葉樹林、それ以北には針広混交林、東北地方中部以南の沿海地域と関東南部以西には常緑広葉樹林が連綿と続いていたと推定されている。また、関東地方以西の山岳では、標高が増すにつれて、常緑広葉樹林が落葉広葉樹林に代わり、二〇〇〇メートルにも達する山岳ではさらに上部に常緑針葉樹林が出現する。針広混交林とは耳慣れない言葉だが、この森を代表するのはエゾマツ、トドマツという針葉樹と、ミズナラやオオバボダイジュのような落葉広葉樹である。本州北部の落葉広葉樹林を代表するのはブナであり、ミズナラである。西日本に広がっていた常緑広葉樹林はシイノキ、アラカシやウラジロガシなどのカシ類、モチノキなど多種の常緑広葉樹からなり、照葉樹林の呼称の方が人口に膾炙《かいしゃ》している。日本にある唯一の落葉針葉樹とはカラマツの林であるが、その多くは植林によるものだ。

こうした潜在的に存在したであろう森林を伐採し、植林化、田畑化、宅地化することで今日の多様な植生が生み出されたのである。そのなかで、ここに掲げた自然林は存在の場を著しく狭められて減少し、照葉樹林にいたってはもはや風前の灯火に近い状況にある。

雑木林が育んできた自然観

列島改造が始まる一九六〇年代まで、東京や大阪のような大都会の住民も、多くが季節ごとに故郷に帰郷した。つまり都会人といえども帰省できる故郷があった。そしてその帰省先を同じくする同郷の人々の間には、お互いに通じ合える「あの山」の自然があり、「あそこ」の森があった。当時、すでに都市の森林は壊滅的ではあったが、地方の開発は限られたものであり、暮らしもいまよりは自然との結びつきが強かったと多くの人は記憶していることだろう。

同郷の人々の間では、通じあえる自然があるというと、落葉樹林域の東北の人と照葉樹林域の近畿の人との間には通じあえる自然がないと早合点されそうであるが、実はそれが存在したのである。つまり日本には地域差もある多様な自然に恵まれた一方で、おおむね全国にわたり似通った構成をもつ森も存在していたのである。私がここで力説したいのはその森である。しかも、その森、雑木林は、日本人の通常の暮らしに不可分に結びついていた。それがために、雑木林の自然こそが、日本人の自然観の遡源になっていたと私はみている。

人と森の関係は、時代とともに変わるが、現代の日本人の自然観は、森が生活に不可欠な資源供給の場となっていた時代に築かれたものであることは疑いえない。そのなかでも特に重要なものは炊事や暖をとるための薪、造作のための用材、それに田畑での作物生産に欠かせない肥料源である落ち葉の供給である。この目的をよりよく達成するための特別な森を田畑や住居の背後の丘陵地に造営してきた。これが雑木林と呼ぶ人工林である。後述するように雑木林は全国にほぼ共通する景観と構成をもっていたこともあり、日本人はおおむね共通の自然観を育むことができたのである。この雑木林が育成された低山や丘陵地が里山と呼ばれているのはすでに多くの人が知るところだ。

国木田独歩は『武蔵野』でこの地の雑木林を描写した（ただしその特徴は見逃している）ことは有名だが、実際私の少年の頃まで武蔵野の一部には、コナラ、クリ、イヌシデ、アカシデ、ケヤキ、ムクノキなどからなる広大な落葉広葉樹林がみられた。

武蔵野の雑木林もそうだが、雑木林には自然林とは明らかに異なる特徴があった。それはどの木も地際から数本の幹を叢生していることであり、林内には歩行を妨げるネザサや低木類が少なく歩きやすかったことである。種の多様性の高い日本の自然林には低木やササ類などが繁茂し、林内を歩くのは容易なことではない。この点、雑木林とは大違いである。

人生にも似て、森にも一生と呼べる生成消滅がある。つまり森はその土地において安定した状態になるまで休むことなく変遷を繰り返すのである。このことは、山崩れや地滑りの跡などを追うと理解しやすい。たとえば、山崩れが起きた直後の土地はまったく植物が生えていないが、放置すればそこには数年してクズやススキが茂る草地と化す。ヤマハギやウツギなどの低木が茂り、なおも放置しておけば、そのなかからミズキやアカメガシワ、さらにクリやコナラなどの生長の速い木が生い茂り落葉広葉樹林が生まれる。秋の七草に詠まれたハギ、キキョウ、ススキ、オミナエシなどはいずれもこうした草地に見出すことができる植物であることを指摘しておこう。

ところで、コナラなど、ここに名前をあげた木々は、陽樹といい生長は格段に速いのだが、林内の暗い光のもとでは芽生えは育たない。そのため、親木の下での稚樹の生長は叶わず、陽樹林の自己再生はできない。この裸地から陽樹林までの変遷は人の一生ほどの時間でもみることができるが、それから先の変遷は人の一生よりもはるかに長い。推論するしかないが、やがてこの陽樹林は西日本ではシイノキやカシ類などの常緑広葉樹林、北日本ではブナやミズナラなどからなる落葉広葉樹林に変わっていく。シイノキやブナなどの木々は陰樹といい、生長は遅いが林内の暗い光の下でも芽生えや稚樹が育つ。そのため森林は再生され、ここにいたってようやくその土地に長期間安定した森林ができあがるのである。

この裸地から草原、陽樹林、陰樹林にいたる一連の変遷が植生の遷移と呼ばれるものであり、自然の正しい理解に欠かせない重要な現象である。遷移は条件がそろえば最終の相（極相）に向かって進むため、土地によっては遷移の途上のまま長期間とどまることもあるが、環境に恵まれた日本ではおおむねどこでも陰樹林になる。それが照葉樹林など先に述べた自然林に他ならない。

手を入れてこそ護られる森もある

本題に戻ろう。暮らしが森に求めた主要なもの、それは薪などの燃料や用材にする幹や枝、肥料のための落ち葉である。その生産量が大きく、かつ簡単に収取できる条件を最もよく充たすのは、遷移途上の陽樹からなる生長の速い落葉樹林である（燃料と用材だけでいえば松林もその用途に向いているが、松林のことはひとまずおくことにしよう）。落葉樹は晩秋一度に落葉し、大量の落ち葉をもたらす。時は田畑での収穫の済んだ後であり、翌春まで十分に時間をかけて堆肥をつくることができる。伐採も主には農閑期の仕事で、落葉後でも別段支障はない。

ところで遷移途上の森は、次の相に向かって変化する潜在力を秘めている。一九六〇年代の燃料革命直後に若草山や大文字山が冬も落葉しない常緑広葉樹林へと転じたことが、大いに話題になった。雑木林は放っておかれれば陰樹林へと変遷してしまうのだ。雑木林はまさにそうした潜在力を削ぐことによって維持されてきたのである。

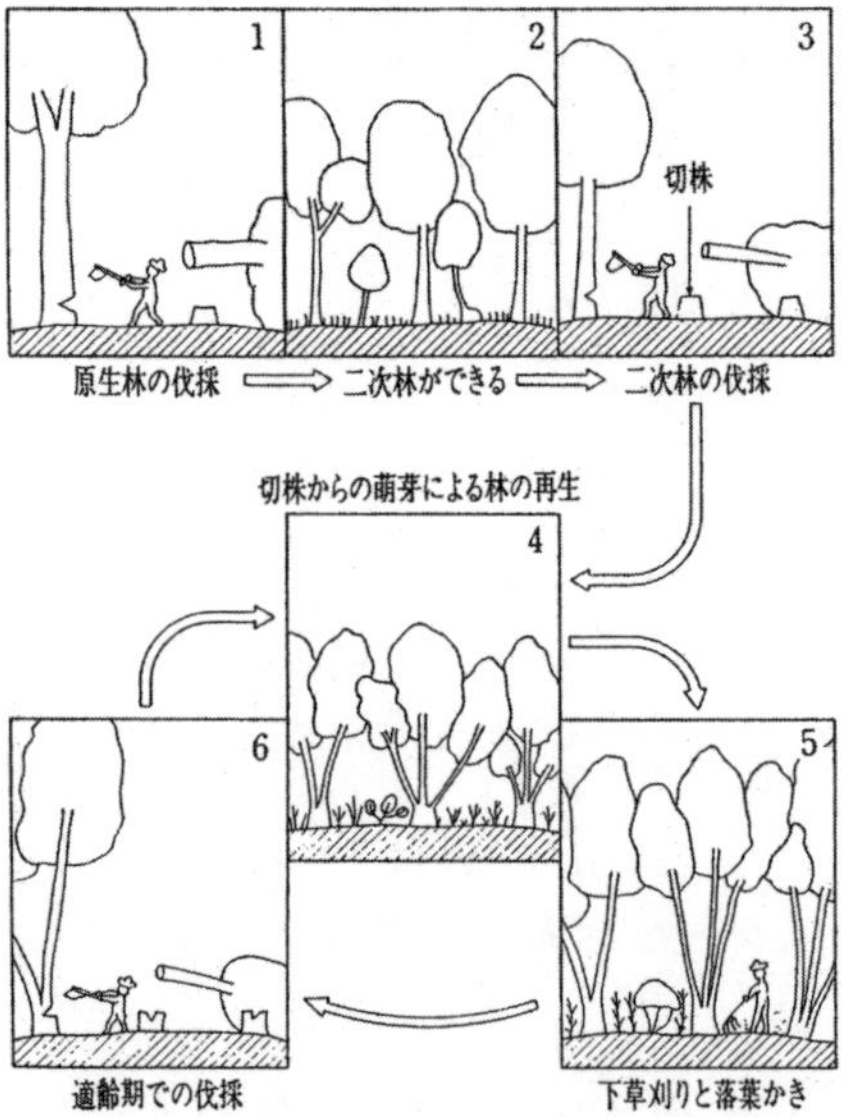

雑木林の造成と維持（大場秀章『森を読む－自然景観の読み方４』1991年岩波書店刊より）

雑木林をつくるにはまず樹木を地際から伐採する。するとコナラやクリなどの木は多くの枝を切り株から再生する。これを萌芽枝《ほうがし》といい、この萌芽枝を幹へと育てていくのである。その結果、地際から幹が叢生する雑木林独特の樹姿が生み出されるのである。日本だけでなく、欧米の温帯地方でも、こうした樹形をもつ森に出会ったら、それは人間の手の加わった森とみてまちがいない。

ではどうやって陰樹林へと変遷する潜在力を削いだのだろう。これこそが雑木林を維持するために欠かせない管理ということにもなるのだが、それはおもに落ち葉掻きにより地力を低下させることと、火入れによる新たな樹種の侵入のもととなる種子の発芽力を奪うことによっている。これに計画的な伐採による更新が加わる。今日の感覚からすると、これはとてもたいへんなことなのだが、雑木林が生活や農業にとって重要だった時代には、雑木林から生活や農業にとって必要なものを採取すること自体が雑木林の管理でもあったのである。すなわち落ち葉は堆肥づくりの必需品であり、薪や用材用に伐採も欠かせない。唯一管理のための手入れといえば、火入れを行ってきたことだろう。陰樹などの種子の発芽を抑え、落ち葉を収奪し地力の落ちた雑木林の地力を向上させるためにも、害虫を駆除するためにもこれは重要である。こうした管理の重要さは松林についても当てはまる。

日本人の自然観の基盤ともいえる雑木林が存亡の危機に直面して久しいが、その保全は単に金網で囲えばはかられる、というような簡単なことではないことはすでに明らかである。

コナラやクリの梢が紫色を帯びる冬の終わりから、稚児の手にも似た新葉が姿を現し、日々急速な変化にほっとひと息つくと、もう夏は間近だ。秋はいつとはなしに雑木林の木々を色づかせ、やがて落葉し、冬の到来を告げる。私たちのこうした四季観は雑木林の四季といっても過言ではない。東京や京都のような平野や盆地では、身近な里山も郊外に行かねばみられなかったが、農業に直接関わらなかった人々も、いつとはなしに雑木林を眺め、ときにはそこに足を踏み入れた。花見や月見もその起源はともかく雑木林を中心とした里山の自然やその産物を愛でたものである。

雑木林とならび暮らしに重要であった松林（アカマツ林）も遷移途上の森といえる。もともとアカマツは山の稜線部のような表土のない痩せた土地に生えていた樹種である。アカマツは建築や細工物などの用材としても、またその幹や枝は火力が強く燃料としても優れていた。落ち葉は火力の微調整や火付けに役立った。しかしアカマツの落ち葉は堆肥には使えない。そのため、農家の用をすべて松林で賄うことはできなかった。松林も雑木林と同様な管理を必要としたが、その落ち葉にいたるまでさまざまな用途があったので、収奪が管理につながっていた。マツタケを生じたのはこうした管理の行き届いた松林だったのである。

徳川吉宗による享保の改革では農業生産が飛躍的に増大する。それを支えたのが新田開発である。新田には藩領を超えての原野の開田もあったが、それまで堆肥や用材のためにあった平地の雑木林や、家畜や屋根用の草場であった入会地の田畑への転用も大きい。蛇足だが、里山などの傾斜地の森林を伐採してまで農地に転用するほどの愚策は講じられなかったのは幸いである。

少なくともこの享保の改革以後から昭和期半ばまで、平地はほとんど農地や住居であり、緩傾斜地には家畜や屋根用の草地が広がっていた。林地が存在したのはその背後である。そこにはウメやカキ、クリなどの有用樹も植栽されていた。地方によっては桑畑もあった。

人工の森とはいえ雑木林は種の多様性でも自然の森に匹敵するくらい高かった。交通の便が悪い当時、山岳地帯の自然林に足を踏み入れることなど、一般の人には機会もないことであったろう。雑木林が日本人の自然観を育んだことは明白である。

雑木林が大半を占める平坦地にあって例外といえるのは鎮守の森である。神社や寺院を取り囲んだ森はあまり大幅な人為の影響を受けずに残された。特に西日本では鎮守の森だけに照葉樹林がその地本来の森の姿を気息奄々《きそくえんえん》と保ってきたのである。その鎮守の森さえもいまは消滅しかけている。

むろん雑木林は自然観を育んだばかりではない。雑木林をつくる植物やそこに生息する動物に依存しつくられた道具や行事なども多い。たとえば、現在使われている弓（弓胎弓）は中層の竹胎の左右にハゼノキを用いるが、かつて雑木林や低山に普通に生えていたこの木もいまは少なくなり、弓の将来を脅かすほどになっているのである。

私たちの自然観の源流といえる雑木林は風前の灯火である。伐採され消滅したところもあるが、それ以上に雑木林を絶滅に追いやったのはこれが管理することなしには維持されないという、雑木林本来の性質によるものである。自然は手をつけずに放置すれば保全できるという考えは遷移途上の植生には当てはまらない。二十一世紀を目前にした私たちは、いまこそ少なくなった雑木林の保護に真剣に取り組むべきではないだろうか。そのための方策として考えたいのが、雑木林を含む日本の田園景観を保全するための農業の振興である。農業生産を主体としない分を景観を保全するための助成金によって保証する方策も考えられよう。雑木林を含む田園景観の保全により、絶滅に瀕している多くの野生生物種の保護もはかられるであろう。

第4部 植物の分類と生物地理

富士山のムラサキモメンヅルについて

植物の種は一定の分布域をもつが、二種以上の分布域が全体にわたって重なり合っていることはまれである。したがって、ある地域の植物相はそれを構成する各種の分布域の一部の共存による結果であると考えられる。また植物の種は、祖先型から個別的な種形成の結果生じたもので、ある地域とそこに成立した植物相との関係を解析する場合、その地域の担う意味は種によって異なるので、まず個々の種の諸性質を調べる必要がある。

また植物の分布域の考察から、ある地域の植物相を構成する種はその場所で独自に進化したものと、他地域から移動してきたものとに分けられる。したがって、ある地域の植物相を構成する当該する種がそのどちらに属するかを区別することは、その地域の植物にたいする意味を考察する場合重要である。

富士山の植物相については、渡辺協・松田定久（一八九一―一八九二）により約三八〇種が報告され、その後、梅村甚太郎（一九〇二）、Hayata（1911）、武田久吉（一九二四）、杉本順一（一九三五）などによりその追加や解説が行われている。Hara（1959）が富士山を関東フロラ地域に含め、地史が新しく垂直分布も不安定で、赤石山脈や飛騨山脈に比べて高山植物の種が極端に貧弱なことなどを指摘している。

筆者は、主として⑴高山の山頂部では、山麓との間に環境上の相違が著しく、植物の分布の面からは相互に隔離されていること、さらに、⑵富士山が独立峰で、その隔離の程度が著しいこと、⑶地史が新しく現在もさかんに裸地への植被が進んでいることから、本研究での材料を高山帯に生育する種から選ぶことにした。富士山では海抜二三〇〇メートルから二五〇〇メートルが森林限界と考えられている（Hayata 1911; Hara 1959; Tohyama 1968など）。その地域には、*Aconogonum weyrichii* var. *alpinum*オンタデ、*Arabis serrata*フジハタザオ、*Astragalus adsurgens*ムラサキモメンヅル、*Cassiope lycopodioides*イワヒバ、*Agrostis flaccida*ミヤマヌカボなど二一種の高等植物がみられる（Tohyama 1968）。そのうち種レベルでの固有種は一種もなく、多くのものは本州中部の高山帯に生育するものと同種である。そこで分布が隔離し、かつて他地域のものとは別種に取り扱われたこともあるムラサキモメンヅルを本研究での対象種に選んだ。

ムラサキモメンヅルについての観察結果

富士山からは、三種類のゲンゲ属*Astragalus*植物が知られている。それらは*Astragalus reflexistipulus*モメンヅル、*Astragalus shinanensis*タイツリオウギ、及びこれから述べるムラサキモメンヅルである。

分　布　ムラサキモメンヅルの分布を調べてみると図1のようになる。日本の大部分、中国東北部、シベリアの一部の分布地点は、筆者が標本で検討したものである。しかし、中国西南部及び北アメリカの産地は、それぞれPeter-Stibal

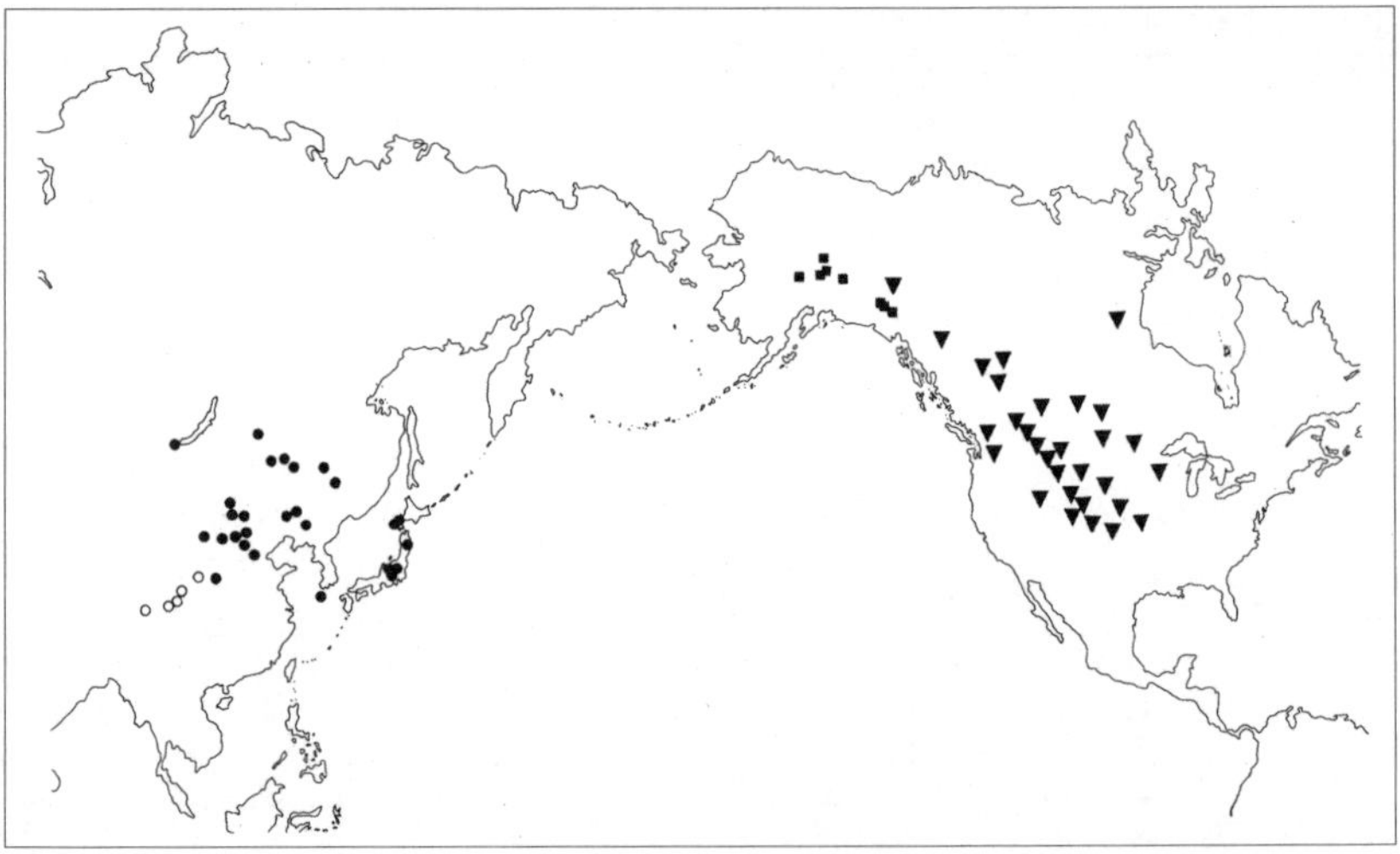

図1　ムラサキモメンヅルの分布

（1938）、Barneby（1964）によった。また、北アメリカ産は、Barnebyにより、アジアとは別の二変種とされている。図2には、日本での分布地を示す。北海道では二カ所に分布する。すなわち、渡島大島と後志島牧郡太平山（永島も含める）である。

渡島大島は一九三四年に噴火の記録のある新しい火山島で、一九七〇年の踏査（河野裕一九七〇）によれば、裸地斜面が多く、砂礫地にムラサキモメンヅルが目立つという。花のない個体が一八九一年に採集されている。太平山では石灰岩の崩壊した場所に生育しており、古く一八九二年にフォーリー（Urban Jean Faurie）によって採集されている。

本州では、岩手県下閉伊郡岩泉町ウレイラ山、同気仙郡三陸町首崎、栃木県日光中禅寺湖畔、長野県八ヶ岳、同戸隠山及び富士山から報告されている。そのうち、三陸町（岩手植物の会一九七〇）、戸隠山（牧野富太郎一九四〇）は、標本の検討ができなかった。ウレイラ山では、石灰岩地に生育している。この生育地が見出されたのは最近で、一九五五年に採集された標本がある。三陸町では花崗岩地帯に生えるという。中禅寺湖及び八ヶ岳での生育地は不明である。富士山では、おもに安山岩質の砂礫地に生育する。

表1　ムラサキモメンヅル生育地

分布地	生育地の状態	文献
渡島大島	火山砂礫地	河野裕（1970）
後志太平山	石灰岩の崩壊地	渡辺定元（1956）
岩手県ウレイラ山	石灰岩の崩壊地	清水建美（1958）
岩手県三陸町	花崗岩	岩手植物の会（1970）
栃木県日光中善寺湖畔	不明	
長野県戸隠山	不明	
長野県八ヶ岳	？　火山砂礫地	
富士山	火山砂礫地	Tohyama（1968）
ユーラシア大陸東北部	乾燥した岩礫地、裸地、低木林林床、河原の土手、湿地	Goncharov *et al.*（1946）
北アメリカ	岩礫地の裸地、河原の土手など	Barneby（1964）

小葉の変異　日本産のムラサキモメンヅルの葉は八または九対の小葉に分かれる羽状複葉になる。葉の変異を調べるため、各葉での最大になる小葉のかたちと大きさを比較してみた。その結果を図3に示す。小葉の先端は、微刺状（mucronulate）、微凸頭（apiculate）、鋭形（acute）、鈍形（obtuse）、微凹形（subretuse）になり、一個体のなかでも二つ以上の型が現れることがある。

花の各部分の変異　花を構成する、萼、花弁、雄蕊群、雌蕊のかたちや大きさ、及びそれらに生じる毛などの付属体の変異を調べた。ムラサキモメンヅルの花は基部で筒状となり、五つの歯片をもつ萼と、旗弁及び二つの翼弁と竜骨弁からなる花冠と、両体雄蕊と一本の雌蕊からできている。萼には、無色あるいは褐色の叉状毛（dolabriformed hair）が生える。旗弁は中央で折れて、蕾は、翼弁と竜骨弁を包んでいる。旗弁は、両体雄蕊群から分離した雄蕊の外側につき、維管束は膜質の花弁にはいる以前に分枝して、二〜三本の束跡があるようにみえる。翼弁は弁片の基部の内側に舌状の付属体が突出している。竜骨弁では、弁片の基部の外側にはポケット状の構造があって、翼弁と竜骨弁は蕾の段階から密着している。蕾が膨らむにつれておもに伸張するのは、爪（claw）である。子房の壁面にも、叉状毛が密生している。各部分の大きさの変異を表2に、かたちの変異の一部を図4に示した。

考察

高山帯は山麓と気象条件などの環境が大きく異なるので、そこに生育する植物は、山麓に生育する植物から隔離されていることが多い。隔離した分布を示す植物は、他地域から移入してきたか、その場所で独自に進化した種かのいずれかである。そこで富士山のムラサキモメンヅルについて、そのいずれであるかをまず明らかにしたい。

富士山には三種のゲンゲ属*Astragalus*[*]に入る植物のあることが判明している。Bunge（1868）のゲンゲ属植物の分類体系に従えば、ムラサキモメンヅルは、Cercidothrix亜属に分類される。この亜属は多年生であり、萼が鐘型か筒状で、中央部で付着する叉状毛をもつことなどで特徴づけられている。タイツリオウギとモメンヅルは、ともにPhaca亜属に分類される。前者はさらにGlycyphyllus節に、後者はCenanthrum節に分類される。Phaca亜属は、その毛が叉状ではなく、単純なことなどで、Cercidothrix亜属から区別されている。以上述べたことは同属ではあっても、この三種間に直接の類縁関係がないことを示している。

図2　日本でのムラサキモメンヅル の分布

＊ゲンゲ属植物は、約二〇〇〇種あり、オーストラリアを除く全世界に広く分布している。

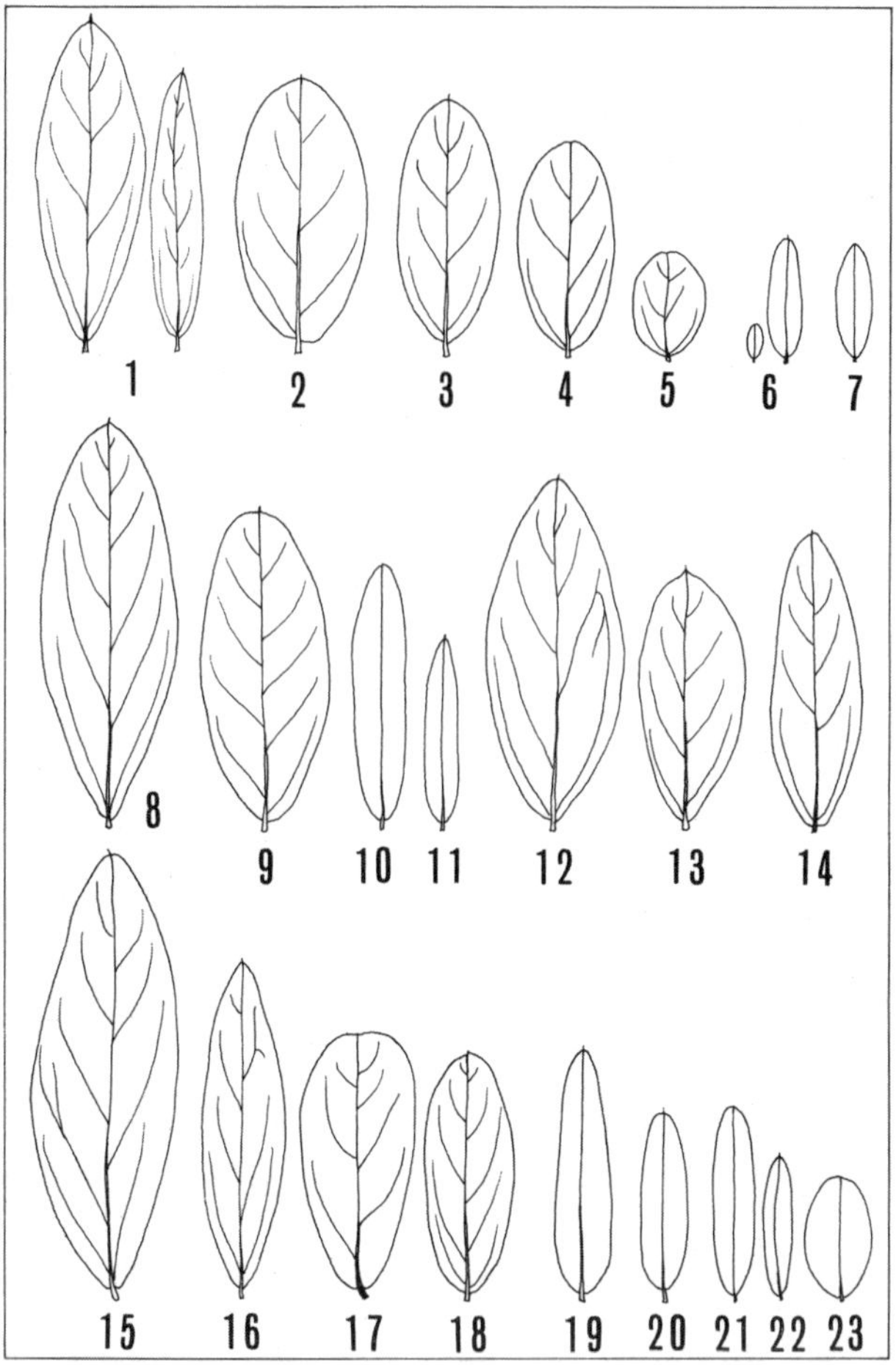

図3　ムラサキモメンヅルの最大小葉の変異（各葉のうち最大の小葉を図示してある）倍率は×13.5　1.富士山玉穂村(Hayata, TI)　2.富士山須走 (Takeuchi, TI)　3.富士山(Sawada, TI)　4. 富士山御庭(Itoh & Tohyama, SAP)　5.富士山(Okawa, TNS)　6.中国山西省(Miki, TI)　7. 中国山西省(Hwangho Exped. 2654, TI)　8.大平山(Yamamoto, SAP)　9.大平山(Igarashi & Watanabe, SAP)　10.大平山(Watanabe, SAP)　11.大平山(Watanabe, SAP)　12.渡島大島(Kono, TUSG)　13.渡島大島(unknown collector, TI)　14.シベリア、チティンスカヤ(Sergievskaya *et al.*, TNS)　15.中国 Chilin, Hailun (Kitagawa, TI)　16.ウレイラ山(Hosoi, TNS)　17.ウレイラ山 (Murai, SAP)　18.ウレイラ山(Shimizu 1788, SAP)　19.中国 Tienchin (Suzuki 33, TI)　20.中国張家口(Togashi 1543 TI)　21.シベリア(Jimbo, TI)　22.中国宝源縣 (Togashi 1837, TI)　23.中国五台山(Yabe, TI)。TI は東京大学総合研究博物館、TNS は国立科学博物館植物研究部、SAP は北海道大学総合博物館、TUSG は東北大学附属植物園の植物標本室を示す。

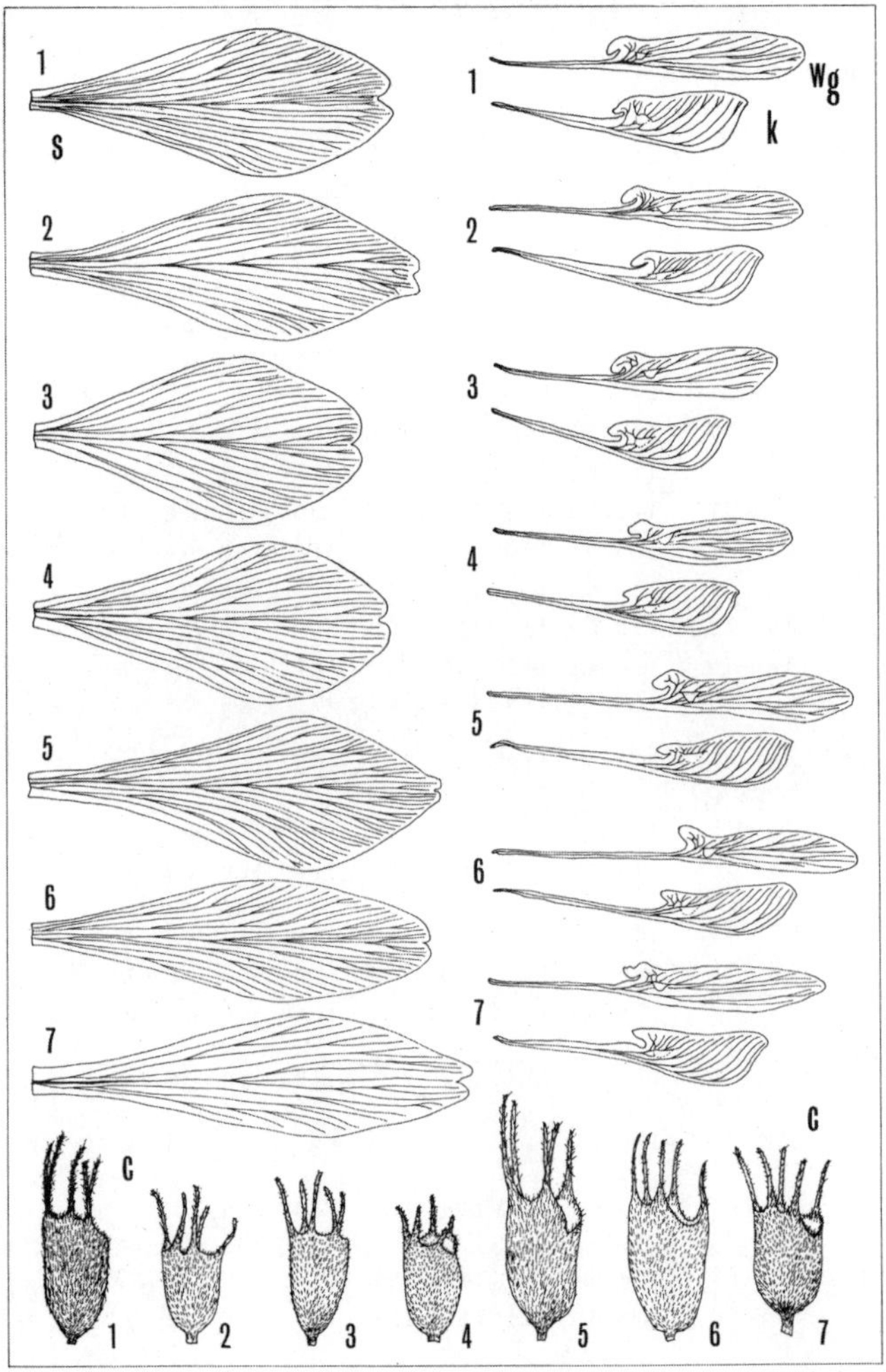

図4　ムラサキモメンヅルの萼（C）、旗弁（S）、翼弁（Wg）、竜骨弁（K）の変異　倍率は×4.5
1.渡島大島(Kono, TUSG)　2. 中国張家口（Togashi 1543, TI）　3. シベリア、チティンスカヤ(Sergievskaya *et al.*, TNS)　4.中国五台山(Yabe, TI)　5.大平山(Igarashi & Watanabe, SAP)　6.ウレイラ山(Shimizu 1788, SAP)　7.富士山(Sawada, TI)

表2　ムラサキモメンヅルの花の各部分の大きさの変異[1)]（その1）

形質 ＼ 材料	萼 筒部の長さ	萼 歯部の長さ	萼の上の毛の長さ	旗弁 長さ	旗弁 幅	翼弁の長さ		竜骨弁の長さ	雄蕊群の長さ	雌蕊群の長さ	子房壁上の毛の長さと色	その他
富士山御庭 (Hayata,TI)	4.2	3.0	0.2～0.6 0.5～0.7[2)]	17.7	6.5	14.7	14.9	11.5	10.5	11.2	0.6～0.8	旗弁の先端は顕著に二股に分かれない
	4.2	3.1	0.2～0.6	17.8	6.6	14.2	14.4	11.7	11.0	11.2	0.6～1.0	微凹形程度
	3.9	2.7	0.4～0.7	17.3	6.6	14.6	14.7	11.5	10.9	11.0	0.7～0.8	萼上の毛ほとんど無
	4.3	3.0	0.3～0.6	17.6	6.2	14.8	×	×	10.5	11.6	0.5～0.8	色で、褐色のはまば
	3.9	2.8	0.2～0.5	17.6	6.0	14.2	14.4	11.4	10.6	11.2	0.4～0.8	ら
富士山須走口二～三合目	4.6	3.7	0.5～0.8 ca. 0.4	17.4	6.0	14.2	14.6	11.6	11.4	11.4	0.8～0.9	萼上の毛は大部分褐色
(Furusawa,	4.2	3.4	0.2～0.7	16.8	5.9	14.0	14.1	11.2	12.2	11.5	0.7～0.8	＊は未成熟花でま
TI)	4.5	3.5	0.3～0.7	15.2	5.4	12.8	13.0	10.0	10.5	10.4	0.6～0.8	だ生長途上にある
	(4.5	3.2	0.3～0.7	14.2	5.2	11.9	12.1	9.6	9.4	9.6	0.6～0.8)*	
富士山まく沢	4.1	3.1	0.2～0.7	17.4	5.8	13.5	×	11.1	11.0	11.8	0.6～0.8	萼上の毛はまばら
(Hayata, TI)	4.0	3.6	0.3～0.7	17.1	6.0	13.9	14.1	10.8	11.0	10.8	0.5～0.8	に褐色がまじる
	(0.3	3.0	0.3～0.7	12.9	5.2	10.9	11.0	9.4	9.0	8.8	0.6～0.8)*	＊は未熟花
富士山	4.5	2.5	0.5～0.9	18.0	4.8	14.5	15.7	12.2	6.8	×	0.4～0.9	萼上の毛は褐色と
(Sawada, TI)	4.1	2.4	(0.2～)0.5～0.9(～1.1)	17.7	4.6	14.6	14.7	11.2	10.8	9.0	0.4～0.9 (～1.1)	無色の毛が混生
	4.3	2.7	(0.2～)0.5～0.9(～1.1)	18.6	5.1	14.2	×	11.4	10.8	11.8	0.4～0.9 (～1.1)	
富士山	4.5	2.0	0.3～0.6	19.8	5.0	15.5	15.5	11.9	12.0	12.2	0.9～1.1	萼上の毛は褐色
(1881, unknown	4.0	1.7	0.3～0.5 (～0.6)	19.4	4.9	15.2	15.3	11.0	11.0	11.3	0.9～1.2	
collector,	4.6	2.1	0.3～0.6	20.2	5.3	16.2	16.1	12.0	12.0	12.4	0.8～1.1	
TI)	4.2	1.6	0.3～0.6	19.6	4.8	15.0	15.3	12.0	0.6	12.2	0.8～1.2	
富士山須走 (Takeuchi, TI)	4.7	2.9	0.4～0.7 0.3～0.5[2)]	17.8	5.4	14.2	×	11.8	11.6	11.6	0.8～0.9	萼上の毛はまばらで褐色
渡島大島	5.0	4.1	(0.3～)0.4～0.6（～1.2)	15.0	7.1	13.7	13.7	11.8	12.5	12.0	0.8～1.2	萼上の毛は無色、まれに褐色のもの
(1952, unknown	4.9	3.8	(0.3～)0.4～0.6（～1.2)	15.6	6.9	14.5	×	11.5	×	×	0.8～1.2	がまざる
collector, TI)	5.1	3.3	0.5～1.1	15.5	6.4	14.2	14,4	11.9	12.2	12.0	(0.7～) 0.9～1.6	
	4.3	3.6	0.8～1.2	15.4	6.4	14.2	14.3	11.7	11.8	11.8	1.1～1.6	
	5.0	3.6	0.9～1.4	15.5	6.9	13.9	14.1	11.8	11.8	11.7	(0.6～)1.1～ 1.4(～1.9)	
	4.9	3.1	0.3～0.9	15.5	6.2	13.4	13.5	10.6	10.0	10.8	(0.7～1.2) ～1.5～1.7	萼上の毛は無色、密生する
渡島大島 トリカラス浜	4.5	2.7	0.3～1.3	15.2	6.2	12.9	13.2	10.6	10.8	11.2	(0.9～) 1.5～1.7	
(Kōno, TUSG)	4.2	2.2	0.7～1.3 (～1.5)	15.2	6.3	13.0	13.2	10.6	10.0	10.8	1.5～1.7 (～1.9)	
	4.3	3.6	0.7～1.3	15.3	6.4	13.2	13.4	10.6	10.0	10.8	0.8～1.3(～1.6)	
	(4.8	2.3	0.7～1.2 (～1.4)	14.0	5.8	12.5	12.6	10.1	9.9	10.0	(0.7～)1.2～ 1.5(～1.9)*	＊未熟花

表2　ムラサキモメンヅルの花の各部分の大きさの変異（その2）

材料＼形質	萼 筒部の長さ	萼 歯部の長さ	萼の上の毛の長さ	旗弁 長さ	旗弁 幅	翼弁の長さ		竜骨弁の長さ	雄蕊群の長さ	雌蕊群の長さ	子房壁上の毛の長さと色	その他
渡島・大島 かぶと岩	4.1	2.1	0.4～0.9	16.2	7.3	13.8	14.2	11.6	11.1	11.0	(0.8～) 1.2～1.4	萼上の毛は無色 のものと褐色の
(Kōno, TI)	4.5	2.6	0.4～0.9	15.7	7.2	13.7	13.8	11.2	11.2	11.1	(0.8～)1.1～ 1.3（～1.4)	ものが混生する
	4.3	2.2	0.4～0.9	15.8	7.3	13.9	14.1	11.1	11.3	11.1	1.2～1.4	
	4.6	2.2	0.6～1.2	16.3	7.6	14.2	14.5	11.6	11.3	11.2	1.1～1.4	
	(4.3	2.2	0.5～1.1	14.2	7.0	12.2	12.5	10.2	10.3	9.2	0.9～1.6)*	＊未熟花
大平山 (Igarashi	5.1	4.5	0.3～0.7 0.5～0.8[2]	17.5	6.5	15.5	15.7	12.7	12.6	13.1	0.7～1.5	萼上の毛は大部分 褐色
et al. SAP)	(5.0	3.2	0.2～0.7 0.5～0.8	13.6	5.9	12.3	12.4	10.4	10.4	11.8	0.7～1.3)*	＊未熟花
ウレイラ山 (Shimizu,	5.0	2.9	0.5～0.7 0.4～0.5[2]	16.9	5.1	15.3	15.6	13.6	12.9	13.2	0.6～0.8	
1788 SAP)	4.8	3.2	0.2～0.6 ca. 0.6[2]	17.5	5.5	15.8	16.4	13.8	14.6	14.3	0.6～0.8 (～1.3)	
	5.0	2.6	0.3～0.7 0.4～0.5[2]	16.1	5.2	14.8	1.48	13.2	13.6	13.2	0.6～0.8	
Chitinskaya (Sergievskaya,	4.3	2.6	0.3～0.6 0.4～0.5	17.2	5.8	15.5	15.6	13.6	13.4	13.6	0.6～0.8	
et al., TNS)	4.7	2.7	0.3～0.6 ca. 0.5	18.2	5.6	15.8	16.2	13.2	13.8	13.4	0.7～0.8	
	4.1	2.7	0.2～0.6	12.7	5.8	12.3	×	9.8	9.7	9.5	0.4～0.6	
	4.0	2.5	0.2～0.6	13.7	7.0	11.8	11.9	9.7	10.2	10.0	0.4～0.9	
	4.1	2.3	0.2～0.6	12.3	5.9	11.3	×	9.5	8.8	×	0.3～0.5	
	4.2	2.6	0.2～0.5 (～0.9)	11.2	6.0	10.4	10.6	9.2	9.2	8.8	0.3～0.6	
	4.0	2.5	0.2～0.4 (～0.7)	13.8	6.3	11.7	12.1	10.7	9.6	9.6	0.3～0.5 (～0.6)	
	4.2	2.5	0.3～0.5 (～0.6)	13.7	6.4	12.3	×	10.5	9.8	9.4	0.3～0.6	
山西省五台山 (Yabe, TI)	4.7	1.7	(0.2～)0.3～ 0.4（～0.6)	15.9	6.5	12.5	×	10.6	10.3	10.2	(0.2～) 0.4～0.6	
	4.0	1.7	0.2～0.6	15.7	6.2	12.0	×	10.8	–	–	–	
	3.8	1.8	0.2～0.6	14.5	5.8	12.5	×	10.2	–	–	–	
張家口 (Togashi,	3.5	3.1	(0.2～)0.3～ 0.5（～0.7)	16.1	6.1	13.5	×	11.1	11.5	11.0	0.3～0.6	
1543, TI)	3.7	2.8	0.3～0.6 0.4～0.8[2]	16.6	6.2	14.7	×	11.8	–	–	–	

1）長さは㎜で示す

2）萼筒の内側の辺縁にみられるまっすぐな毛.

したがって、ムラサキモメンヅルが、現生の他種から富士山で独自に進化した可能性はないといってよい。しかし、すでに死滅した近縁種から富士山で独自に進化した可能性を否定することはできない。ただムラサキモメンヅルを含むCercidothrix亜属Onobrychium節の種の多くはアジア大陸の東北部に分布しており、ときには種間の区別がむずかしい場合もあるほどの多様性を示し、そこが種分化の現在の中心となっていると考えられる。ムラサキモメンヅルも、アジア大陸東北部に分布する*Astragalus austrosibiricus*にたいへんよく似ており、近縁であると考えられる。こうしたことから富士山に分布するムラサキモメンヅルが、他地域に分布する集団と別個に富士山で他種から進化したとは考えられない。

これまで周北極地域に広く分布し、日本の高山に隔離分布する植物の大部分は氷河期の遺存植物と考えられてきた。しかしこのような分布パターンをもつ植物の起源は必ずしも同質ではなく、周北起源（Arctogenic）のものと高山起源（alpinogenic）のものの存在が考えられよう（Tolmachev 1960）。後者は高山に限らず温帯起源の植物といってよい。氷河期には一時的な育地で両者は共存し、後氷期になって高山起源の植物が周北地域に、周北起源の植物が高山に生育するようになったことも考えられるからである。ムラサキモメンヅルは一般の氷河期の残存植物の分布型に似た分布パターンを有している（図1）。アジア大陸と北アメリカの植物が同種であっても、ムラサキモメンヅルは周北起源ではなく、高山ないしはアジアの温帯起源の植物で、後氷期に北アメリカまで分布を広げていった種ではないだろうか。ムラサキモメンヅルを含むOnobrychium節の植物の分布や、種分化の中心がアジア大陸東北部にあることも考慮されよう。北アメリカのムラサキモメンヅルは二型あって、それぞれアジアのものと変種の関係におかれていて、その性質を多少異にしているが、後述するように変異の幅も広い（Barneby 1964）。すでに、Barneby（1964）は、北アメリカ産について、第三紀末の氷河時代に旧世界から移動してきたらしいと述べている。

富士山のムラサキモメンヅルと他地域のそれが同種であるか、同種とみなせても形態上どの程度変異があり、それが地域ごとに何か傾向をもつかどうか調べるために、各所から採られた標本を検討してみた。残念ながら、北アメリカの標本を検討できなかった。Miyabe and Tatewaki（1939）は、本州中部のムラサキモメンヅルを茎が基部で分枝し、這って広がること、小葉の数が少なく幅が広いこと、及び花序が短いことで、アジア大陸の *Astragalus adsurgens* から区分し、*Astragalus fujisanensis* という別種として取り扱った。しかしアジア大陸東北部のものでも、茎は弓状に斜上する（Goncharov *et al.* 1946）と記されており、張家口（Togashi 1543, TI）や宝源縣（Togashi 1837, TI）の標本は、基部で多数分枝し、這って広がっていた状態を示している。小葉についてはGoncharov *et al.*（1946）は、一〇～一二対としているが、標本でみると八～九対のものもあり、日本のものと同数である。小葉の大きさと幅は図3に示されているように、個体による変化は大きくても、地域的な変異の傾向はみられない。ムラサキモメンヅルの花は、葉腋から出た花梗の上部に密につき総状花序をかたちづくる。萼は基部で合着して筒状となり、五個の萼歯がある。旗弁、二つの翼弁、及び大部分合着した二つの竜骨弁の三つのかたちの異なった五枚の花弁があり、翼弁と竜骨弁の弁片は特殊な付属体で互いに密着している。すなわち、翼弁の弁片の内面の基部の中央よりやや上の部分に舌状に突出した付属体があり（図4Wg）、竜骨弁では、外面の弁片の基部中央より上の部分に、それを収める袋状の凹所がある（図4K）。したがって、その二弁は蕾から開花まで、相互に関連した発育を続け、花が大きくなるにつれておもに伸張するのは爪の部分である。図4と表1に示されるように、アジア大陸、及び日本各地の個体と富士山のものを比べると、富士山やウレイラ山の例では旗弁の幅が狭く、長楕円形に近い。それに比較して特に山西省や太平山のものでは菱形に近い。しかし、それはお互いに中間型を通して連続しているように思える。

清水（一九五八）は岩手県ウレイラ山の個体は、子房に二〇倍の倍率で検出できる微毛が生えているのにたいし、富士山の個体では、肉眼で検出できる比較的長い毛が密生していると報じている。筆者の観察によれば、表2に示されているとおり、富士山のもので、六個体調べた結果、それぞれ長さは〇・四～〇・八ミリ、〇・六～〇・九ミリ、〇・五～〇・八ミリ、〇・四～〇・九～（一・一）ミリ、〇・八～一・二ミリ、〇・八～〇・九ミリである。一方、清水によって採集されたウレイラ山の標本（Shimizu 1788, SAP）でも、平均〇・六～〇・八ミリ、最大一・三ミリの毛が密生しており、清水によって指摘された長さの差異は認められなかった。その他の地域間でも、子房上の毛の長さの変異に特殊な傾向は認められない。ただ観察例では、渡島大島の個体は、いずれも一ミリ以上（〇・七～一・九ミリ、〇・八～一・六ミリ）の毛をもち、他所の個体に比べて長い。その他の性質についても、各地域間に変異の特殊な傾向は認められない。したがってその分布や近縁種の分布や形態などからみて、富士山のムラサキモメンヅルは他地域から移入し火山裸地に広がったものと考えられる。

Barneby（1964）によれば、側生及び背側の萼歯間の間隙が、北アメリカ産では狭くなり、やや鋭形になる傾向があり、また、アジアのものでは、萼筒が比較的短いことや、翼弁や竜骨弁の爪が北アメリカ産よりも伸張することを指摘している。Barneby の記載によれば、北アメリカの var. *robustior* で、萼筒は（四）～四・四～七ミリ、翼弁は一〇・六～一七・五ミリで、爪は五～八・三ミリ。竜骨弁は（八・八）～九・五～一五ミリ、爪は四・九～八・三ミリ、また、var. *tananaicus* では、萼筒が四・六～五・七ミリ、翼弁は九・七～一三・八ミリ、爪が五～六・五ミリ、竜骨弁は八・七～一二・二ミリ、爪が五・七～六・七ミリとされている。いずれも筆者の観察したアジア産の個体に比べて変異の幅が著しく広い。

このことが何を意味するか、推測はむずかしいが、新しい育地へ適応しつつある結果とみることができるであろうか。この数値に比べれば、アジア大陸と日本各地のムラサキモメンヅルにみられた変異の幅は驚くほど狭いものといえる。

前川（一九四九）は、日本の植物区系を論じた際に、ムラサキモメンヅルなど植物相形成で最初の植民をする種は、現在またはそれに近い過去における地域間の関連を示すに過ぎないと述べている。植松（一九六九）は、ムラサキモメンヅルが新生火山の裸地に目立ち、古い地質の場所にみられないことを条件に、洪積世から現世へかけての新しい時代になってから東亜大陸から渡来分布したものではないかと述べている。しかし一般に高山に生育する他地域から移入してきた植物の多くは、崩壊地などの裸地に生えている。前川の近い過去とはいつ頃を指すのかはっきりしないが、育地だけからムラサキモメンヅルを他の高山植物の移入年代と切り離して考えることはできない。植松はさらにムラサキモメンヅルが新生火山で古い地質のところにみられないと述べているが、表1に示すように、日本でもかなり古い地質をもつ太平山やウレイラ山の石灰岩地にも生えている。この場合、単に地史の新旧だけで移入年代は推定できないれない。

氷河期に南下してきて、南アルプスなどの近接地域に定着し、後氷期にいたりそれらの地域では死滅してしまったが、富士山の火山裸地に侵入し現在まで残存していると考えることもできるだろう。ムラサキモメンヅルが根粒菌をもつマメ科の植物であることや、茎の分枝の状態から火山裸地に生育するのに適しているとも予測される。富士山の最後の噴火が起こったのは一七〇七年（Tsuya 1955）とされている。しかしそれによって全域の植生が破壊され裸地化したとは考えられない。

実際、斑状に新しい岩石の被覆をまぬかれた部分のあることが津屋（一九六八）による地質図から読み取れる。富士山でのムラサキモメンヅルの生育地全体が判っていないので、どの年代の地表に生えているかは調べられなかった。他方、火山裸地への生育に適したムラサキモメンヅルを海浜への帰化植物の侵入のように受け取ることもできるかもしれない。興味深いことは、富士山にも分布する同属のタイツリオウギの分布である。それはムラサキモメンヅルに似ているが、本州では分布が後者よりも広く、北アルプス（白馬岳、上高地）、南アルプス（北岳、仙丈岳、鳳凰山、三伏峠、戸台、大井川上流東俣広河原、荒川岳）にもみられる。さらに、タイツリオウギも東アジアに近縁種（同種とも考えられている）があり、遺存植物とみられている。ムラサキモメンヅルと移入年代が同一かどうか判らないものの、タイツリオウギの分布は、ムラサキモメンヅルの富士山に分布した年代や経路を考えるうえで、重要な意味がある。分布や年代が両者間で大きな隔たりがなければ、南アルプスや北アルプスに残存するタイツリオウギの分布は、筆者の推量を支持するものといえるだろう。

【参考文献】

Barneby, R. C. 1964 Sect. Onobryhoidei DC. in Atlas of North American *Astragalus*, *Part II. Mememoirs of the New York Botanical Garden,* **13** : 610-617

Bunge, A. 1868 Generis astragali species gerontogaeae. 1. *Mémires de l'Academie Impériale Scienses de St-Pétersbourg*, *Sér. VII, II (6)*

Goncharov, N. F., Popov, M. G., Borissova, A. G., Grossheim, A. A. and I. T. Vassilczenko 1946 Leguminosae : *Astragalus* In : V. L. Komarov (eds.), *Flora of the U.S.S.R.*, *vol. 12*, 1-873pp.

Hara, H. 1959 An outline of the phyotogeography of Japan. In : Hara, H. and H. Kanai, *Distribution Maps of Flowering Plants in Japan, Fascicle 2*, 1-96pp.

Hayata, B 1911 *The vegetation of Mt. Fuji.*

Hayata, B. 1929 Succession in the vegetation of Mt. Fuji. *Acta Forestalia Fennica,* **34** : 1-28

岩手植物の会（一九七〇）「岩手県における特殊植物の解説（一五）ムラサキモメンヅル」『岩手県植物誌』九三頁

小泉源一（一九三三）「日本植物地理上の一問題」『植物分類地理』二巻一三七―一三八頁

河野裕（一九七〇）『渡島大島の植物相』（私家版）

前川文夫（一九四九）「日本植物区系の基礎としてのマキネシア」『植物研究雑誌』二四巻九一―九六頁

牧野富太郎（一九四〇）「ムラサキモメンヅル」『日本植物図鑑』北隆館、東京、四二二頁、図一二六三

Miyabe, K. and M. Tatewaki 1939 (206) *Astragalus fujisanensis* Miyabe et Tatewaki, sp. nov. in Contributions to the Flora of Northern Japan XII. *Transactions of the Sapporo Natural History Society,* **11** : 2-3

Peter-Stibal, E. 1938 Revision der chinesischen *Astragalus*- und *Oxytropis*-Arten. *Acta Horti Gotoburgensis*, **12** : 21-85

酒井寛一（一九三五）「高山植物の染色体Ⅱ」『日本遺伝学会誌』一一巻六八―七三頁
清水建美（一九五八）（九）「ムラサキモメンヅル、岩手県下、下閉伊郡の石灰岩地帯より得た特記すべき植物」『植物分類地理』一七巻九〇頁
杉本順一（一九三五）『富士山植物目録』
武田久吉（一九二四）『富士山の植物』
Tohyama, M. 1968 The alpine vegetation of Mt. Fuji. *Journal of the Faculty of Agriculture of the Hokkaido University*, **55** : 459-467
Tolmachev, A. I. 1960 The role of migration and of autochthonous development in the formation of the high-mountain flora. In Sukachev. (ed.), *Problemy botaniki 5. Materialy po izuchniyu floryi rastitel' nosti vysokogorii*, 18-31pp.
Tsuya, H. 1955 Geological and petrological study of volcano Fuji, V. *Bulletin of the Earthquake Research Institute, University of Tokyo*, **33** (3) : 341-382
津屋弘逵（一九六八）『富士火山地質図』
植松春雄（一九六九）「南アルプス産植物目録」『北陸の植物』一七巻四六―四八頁
梅村甚太郎（一九〇二）『富士山植物目録』
渡辺協・松田定久（一八九一―九二）「富士山植物彙報」『植物学雑誌』五巻二八九―二九五頁、三三三―三三九頁、三六〇―三六四頁、三九八―四〇三頁、六巻二三頁、八九―九一頁、一三五―一三九頁
渡辺定元（一九五六）「後志国太平山石灰岩地帯の高山植物」『植物分類地理』一六巻一八六―一九〇頁

アジサイとその仲間[註]

アジサイ属の属名*Hydrangea*はグロノヴィウス（Johan Frederik Gronovius, 1686-1762）が一七三九年に出版した*Flora virginica*（『ヴァージニア植物誌』）で用いたのが最初である。それをリンネが*Species plantarum*（『植物の種』一七五三年）で採用し属名としての命名上の出発点となった。したがってアジサイ属の基準種は北アメリカに産するアメリカノリノキ*Hydrangea arborescens* L.である。アジサイ属には他に四つの異名がある。*Hortensia* Commerson ex Jussieu（1789）は東洋からヨーロッパに移入されたアジサイにもとづいて命名されている。*Cornidia* Ruiz et Pavón（1789）及び*Sarcostyles* Presl ex Ser.（1830）の両者は南アメリカ産の*Hydrangea Preslii* Briquetを基準種としている。ペッイファー（Pfeiffer 1870）はCommersonの*Peautia*も*Hydrangea*の異名としている。アジアから記載された最初のアジサイ属植物はガクウツギで、一七八一年小リンネ（Carl von Linnaeus, 1741-1783）によってスイカズラ科ヤブデマリ属*Viburnum*の新種として発表された。続いて一七八四年にはツュンベルク（Carl Peter Thunberg）が日本からアジサイなど五種を同じくヤブデマリ属の新種として発表している。実際アジサイは花序に装飾花をもち、草質で鋸歯のある葉を対生するなど、外見がヤブデマリ属の植物に似ているところがある。

アジサイは伝統的にはユキノシタ科アジサイ属*Hydrangea*に分類されてきた。今日日本で普通に用いられているユキノシタ科Saxifragaceaeはエングラー（Engler 1930）の分類体系にしたがったものである。エングラーのユキノシタ科はきわめて形態的多様性に富み、科を定義するのにどの特徴を取り上げても例外ができてしまう。そのためユキノシタ科を解体して均質性の高いいくつかの科に再分類しようとする試みがなされている。その試案の多くはエングラーのユキノシタ科に設けた一五の亜科の一部を科の段階に昇格させたものである。エングラーが設けたユキノシタ科内の亜科は形態ばかりでなく地理分布のうえでも均質性が高い。そのためユキノシタ科全体の解析的研究がいっそう進み、その結果にもとづいた新しい分類が企てられるまでは亜科レベルでの均質性を評価し、エングラーのユキノシタ科を慣習的に用いておこうとする傾向も一方ではあった。しかし、一九七〇年代以降さかんになる分子遺伝学の手法を用いた系統解析はこれまでのユキノシタ科（広義）についての扱いを激変させた。従来の広義のユキノシタ科は系統的にはかけ離れた雑多な植物であることが明らかになったことによる。アジサイの仲間もそうで、狭義のユキノシタの仲間との間に類縁性はなく、別の科としてユキノシタ科から分離することが妥当であることが判明したのである。ここでもこうした見地からアジサイ属とその近縁属をアジサイ科として分類する見解を採用した。

アジサイ属は低木または籐本で、托葉のない柄のある葉を対生（まれに三輪生）する。花序は複集散状または円錐状で、卵形または披針形の苞《ほう》をもつ。花は放射相称で、$K_nC_nA_{2n(\sim 4n)}G_{n(\sim [2n])}$（$n=4$あるいは5、Kは萼片、Cは花弁、Aは雄蕊、Gは雌蕊）の花式で表すことができる。稔性花の他に不稔の装飾花を有する種が多い。装飾花は三〜五個の永存性の花弁様萼片からなり、しばしば「目」と呼ぶ退化した花弁や雌・雄蕊を生じる。稔性花は通常両性であるが、種によっては機能的に雌雄異株の傾向をもつ。萼は子房と癒着した花筒と萼裂片に分かれる。花弁は小形で花筒の縁に「すり合わせ状」につき、晩花期には散る。雄蕊も花筒上縁につく。四室からなる葯は底着する。子房は下位または半下位。花柱は二

〜五個あり、離生する。その先端は二唇状の柱頭となる。胎座は中軸で倒生の単珠皮からなる胚珠をつける。子房は熟して蒴果となり花柱間で裂ける。種子は小形で種皮が翼状に発達することがある。基本染色体数はX＝16とされている。

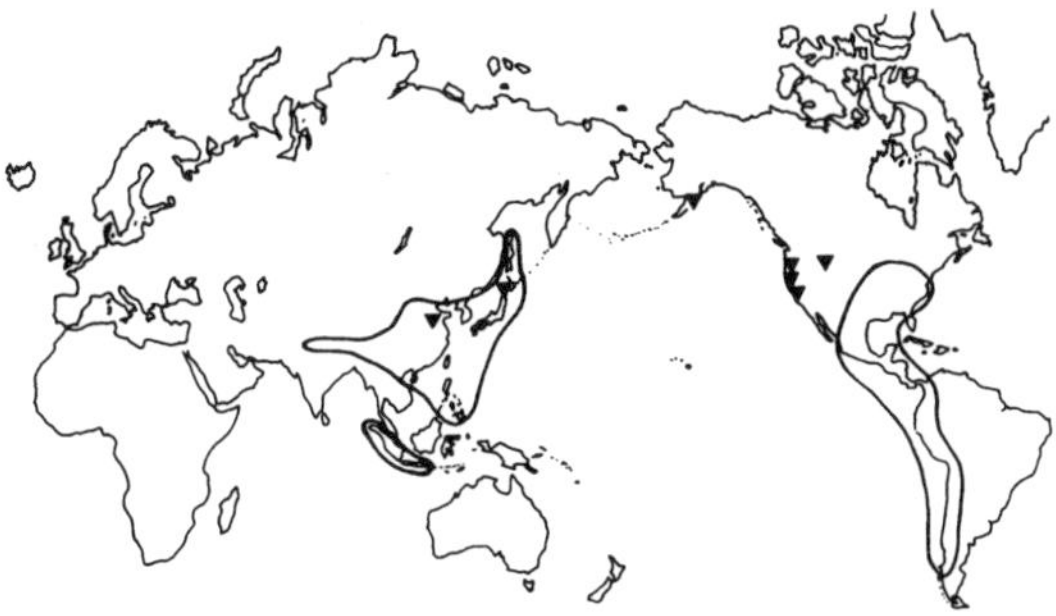

図1　アジサイ属の分布域（▲印は化石が見出された場所）

歴史的に混乱していたアジサイ属の分類

最初のアジサイ属全体の分類体系はドゥ・カンドル（De Candolle）の*Prodromus systematis naturalis regni vegetabilis*のなかでスゥランジェ（Nicolas Charles Seringe, 1776-1858）によって発表された（Seringe 1830）。その後、一八六七年に東アジアの種類がマキシモヴィッチ（Carl Johann Maximowicz）によって再分類された（Maximowicz 1867）。一九一一年にレーダーはウィルソン（Wilson）の中国採集植物の分類学的研究に関連して、中国産アジサイ属の分類提要を発表した（Rehder 1911）。そのなかでマキシモヴィッチの分類体系の改訂を行った。その後、レーダーは観賞用に栽培される種についての分類学的研究を行っている（Rehder 1911, 1940）。エングラーは、*Die natürlichen Pflanzenfamilien*第二版でアジサイ属を概説し（Engler 1930）、七三種を認め、それらを三節六亜節に分類した。マクリントクは一九五七年にアジサイ属のモノグラフを出版した（McClintock 1957）。女史はそれまでに発表された一〇〇を超すアジサイ属の種を再検討して二三種とし、それを二節八亜節に分類した。

アジサイ属のなかでもアジサイは古くからヨーロッパで園芸植物として非常な関心がもたれただけに、一七八九年以来二〇以上もの学名が文献に現れている。シーボルト（Siebold 1829）の研究は特に名高い。ウィルソン（Wilson 1923）と原寛（Hara 1955）はそれまで学名の使用をめぐって混乱の大きかったアジサイ（広義）について、原記載と基準標本を含む研究当時に用いられていた標本の詳細な再調査を行い、歴史的にアジサイ類に正しい学名を定めた。

アジサイ属の分布と分類体系

アジサイ属は東アジアと北アメリカ北部の温帯から南アメリカ中部にいたる地域に隔離分布する（図1）。約四〇種がある。落葉性の種は東アジアの温帯で、常緑性の種類は中央・南アメリカで多様化している。アジサイ属はその分布のパターンから第三紀遺存植物のひとつと推定される（Spongberg 1972）。事実、現在自生種のないアラスカや北アメリカ西部（カリフォルニア、オレゴン、ワシントン州など）の第三紀中新世の地層からアジサイ属の葉や装飾花と同定される化石が見出されている。中新世からの同様な化石は中国や日本でも発見されているが、ヨーロッパからはまだ報告がない。

次に、レーダー（Rehder 1911）とマクリントク（McClintock 1957）の分類体系を骨子とし、それに最近の研究成果を考慮に入れたアジサイ属の分類を検索表によって示す。なお、タイワンアジサイ亜属は本文に直接関係がないので、ここでは亜属以下のレベルの分類についての記述は省いた。

1. 常緑性。花序は蕾時に卵形の苞に包まれる……………………………タイワンアジサイ亜属
1. 落葉性。花序は蕾時に卵形の苞に包まれない（タマジサイとナガバアジサイは例外）……アジサイ亜属、2
　2. つる性木本で気根をもつ。花弁は開出せず先端で密着し一塊となって落ちる。蒴果の頂部はふくらまず平坦。種子には周囲をとりまく翼がある。子房は下位……………………………ツルアジサイ節
　2. 低木で茎は直立する。花弁は個々に分かればらばらに散る。種子は無翼または先端部のみが扁平となり尾状に伸長する………………アジサイ節、3
　　3. 蒴果は下位、頂部は平坦で円錐状にふくらまない……………………………4
　　　4. 種子には翼もなく、両端は尾状に伸びない……………………アメリカノリノキ列

4. 種子は両端が尾状に伸び扁平となる……………………………………タマアジサイ列
3. 蒴果は半下位で、上部は萼筒から抽んでて円錐状となる………………………5
5. 種子は両端が尾状に伸びる。花弁は早落性………………………ノリウツギ列
5. 種子は両端が尾状に伸びない。花弁は開花期いっぱい残り、反曲する………………コアジサイ列

日本産アジサイの種

右の分類体系に沿い日本産の種について概説する。

アジサイ亜属 subgenus Hydrangea

Hydrangea（アジサイ属）の基準種は前述したように北アメリカ産のアメリカノリノキ *Hydrangea arborescens* L. である。したがってアメリカノリノキ列が学名上アジサイ属の基準列となる。アジサイ亜属はアメリカノリノキ列（アメリカノリノキとカシワバアジサイ *Hydrangea quercifolia* Bartram からなる）を除きすべて東アジア産の種からなる。

ツルアジサイ節 sectio Calyptranthae Maxim.

日本のツルアジサイ *Hydrangea petiolaris* Siebold et Zucc.及び台湾、中国南西部、東部ヒマラヤに分布するタイワンツルアジサイ *Hydrangea anomala* D. Don.の二種からなる。両種はよく似ていて、同種内の亜種とする意見もある (McClintock 1957)。しかし、ツルアジサイは二〇〜二五個の長さの不同の雄蕊をもつが、タイワンツルアジサイでは一〇〜一五個で長さがほぼ等しい（約四ミリメートル）点で異なる。

アジサイ節 sectio Hydrangea　以下に示す四列に分かれる。

タマアジサイ列 series Piptopetalae（Maxim.）Rehd.　このグループにはヤハズアジサイ *Hydrangea sikokiana* Maxim.、タマアジサイ *Hydrangea involucrata* Siebold、ナガバアジサイ *Hydrangea longifolia* Hayata、*Hydrangea*

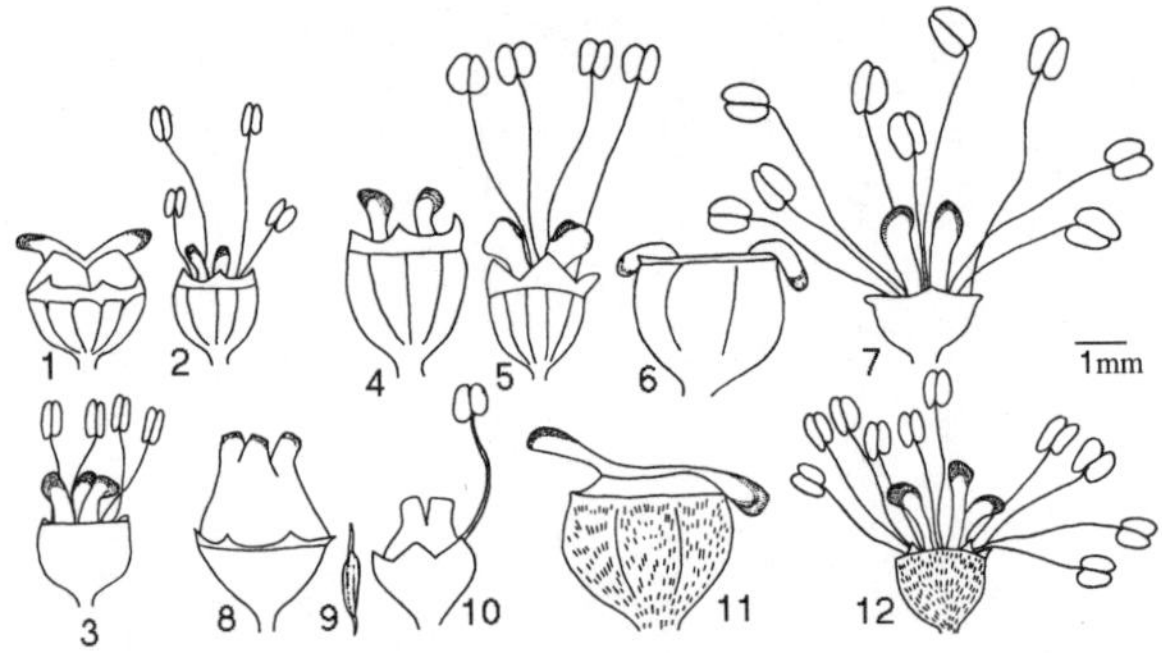

図2　アジサイ属数種の花、果実、種子　1と2：アメリカノリノキ（アジサイ属の基準種）、3：*Hydrangea preslii*（タイワンアジサイ亜属の基準種）、4と5：*Hydrangea quercifolia*（カシワバアジサイ、ヤハズアジサイに対応する北アメリカ産種）、6と7：ヤハズアジサイ、8，9と10：ノリウツギ、11と12：タマアジサイ（McClintock 1957による　この花の図では雄蕊が一部省略されている）

aspera D. Don.、*Hydrangea robusta* Hook. f. et Thomsonなどが入る。

ヤハズアジサイは羽状に浅く切れ込んだ葉をもち、日本の他のアジサイから容易に区別される。アメリカノリノキ列に分類される北アメリカ産のカシワバアジサイ *Hydrangea quercifolia* Bartramも羽状葉をもつ。そのためヤハズアジサイをアメリカノリノキ列に分類する見解もある（Engler 1930）。カシワバアジサイとヤハズアジサイはよく似ているが、前者は種子が小さく両端が尾状にならないこと、円錐状の花序を有すること、花は白色であること、葉の下面に二種類の毛を有することなどのちがいがある。カシワバアジサイはアパラチア山脈南側の合衆国南東部（ジョージア、アラバマ、ミシシッピー州）に分布している。アパラチア山脈の南側は東アジアに類縁種をもつ植物が多数見出されることで有名である。このような分布型をもつ植物群は北半球が同一の植物区系であった時代に存在もしくは出現した、被子植物のなかでは比較的起源の古い植物群と考えられている。ヤハズアジサイは本州紀伊半島、四国、九州に分布する。これは、ソハヤキ要素と呼ばれる植物の分布型である。この分布型をもつ植物は日本の植物のうちでも比較的起源の古い植物と考えられている。日本の他のアジサイ属植物が林縁や明るい林内に生えるのにたいし、ヤハズアジサイは暗い森林内に生育する点でも注目に値する。このような点からアジサイ属の系統を考察するうえでヤハズアジサイは大きな鍵を握る種といえよう。

タマアジサイは蕾時に花序が卵形の苞に包まれる。この性質は常緑アジサイ類（すなわち、タイワンアジサイ亜属）に共通するが、落葉性のアジサイ類（アジサイ亜属）では本種と台湾産のナガバアジサイだけにみられる特徴である。タマアジサイには、装飾花と両性花が重弁状に重なったギョクダンカ f. *hortensis* Ohwi、花序全体が装飾花からなるテマリアジサイ f. *sterilis* Hayashi、装飾花の萼片数が多くなったココノエタマアジサイ f. *plenissima* Tuyama などの品種がある。ナガバアジサイはタマアジサイと同種にされることもある（McClintock 1957）。しかし、前者は披針状長円形で一層厚質の葉をもち後者から区別される。東部ヒマラヤ、ミャンマー、スマトラ、ジャワ、中国、台湾に分布する *Hydrangea aspera*、*Hydrangea robusta* とその近縁種は披針形の苞をもち、蒴果は無毛である。花序も蕾時に苞に包まれずタマアジサイとはかなりのちがいがある。スパンベルクはアメリカノリノキは *Hydrangea aspera* の新大陸における対応種としている（Spongberg 1972）。

ノリウツギ列 series Heteromallae（Rehd.）Rehd.　ノリウツギ *Hydrangea paniculata* Siebold と *Hydrangea heteromalla* D. Don. が入る。ノリウツギは円錐状の花序が特徴的で、それだけで他の日本産の種から区別できる。ノリウツギは中国南東部、日本、南千島、樺太に分布する。また北アメリカに帰化しており、一九二九年にはイートン（Eaton）が一例を報じている。ビロードノリウツギ var. *velutina* Nakai は葉の両面に毛を密生する変種で本州（三河）に特産する。他に品種として装飾花が紅色となるベニノリノキ f. *rosea* Makino、花序が長大で装飾花だけからなるミナヅキ f. *grandiflora*（Siebold）Ohwi、装飾花を欠くヒダカノリウツギ f. *debilis*（Nakai ex H. Hara）Sugimoto などがある。*Hydrangea heteromalla* は花序が複集散状である点を別とすれば、葉形、花の形態、種子の形などでノリウツギとよく似ている。東部ヒマラヤから中国西南部を経て中国東部にいたる地域に分布し、多型で多数の関連種が、今日まで記載されてきた。マクリントクはそれらを一種にまとめてしまった（McClintock 1957）。

コアジサイ列 series Petalanthae Maxim. emend. Rehd.　上記以外の日本産の六種二亜種五変種が分類される。種と亜種の区別点を検索表に示す。

〈コアジサイ列の検索表〉

1. 花弁は卵状長円形、基部はふくらまない……アジサイ（広義）、2
2. 葉は長楕円形、長さ一〇センチぐらい、表面には油状光沢がなく、両面に毛を散生する……ヤマアジサイ
2. 葉は卵形～広卵形、長さ一五センチぐらい、表面には油状光沢があり、裏面の中肋の脈腋に細毛がある……ガクアジサイ
1. 花弁は倒卵形～倒披針形、基部は明らかに細まる……3
3. 花序の周縁には装飾花がない……4
4. 葉は広卵形～倒卵形、薄い草質、長さ五～八センチ、縁には鋭い歯牙が規則的に並ぶ。雄蕊は花柱の二～三倍の長さになる。葯は長さ〇・八ミリ……コアジサイ
4. 葉は倒卵状披針形、厚い草質、長さ一・五～二センチ、縁には粗い鋸歯がある。雄蕊は花柱とほぼ同長。葯は長さ一・五～二ミリ……リュウキュウコンテリギ
3. 花序の周縁には装飾花がある……5
5. 葉は長さ七～一六センチになる。装飾花の萼片は白黄色……カラコンテリギ・トカラアジサイ
5. 葉は長さ二・五～七センチになる。装飾花の萼片は白色……6
6. 両性花は径五ミリ。花弁は倒卵形、円頭。葉の表面には黄緑色の斑がない。一年枝は淡黄褐色……ガクウツギ
6. 両性花は径八ミリ。花弁は倒披針形、鋭頭または微凸頭。通常葉の表面は脈に沿って黄緑色の斑がある。一年枝は紫褐色……コガクウツギ

コアジサイ *Hydrangea hirta*（Thunb.）Siebold et Zucc.は関東以西の本州、四国、九州の山地に普通に生える。葉の質が薄く淡緑色で両面に毛が散生する。花序にはまったく装飾花がない。花弁は淡青色であるが、まれに白色の一型がありシロバナコアジサイ f. *albiflora* Okuyamaという。

ガクウツギ *Hydrangea scandens*（L. f.）Ser.は別名コンテリギともいう。装飾花の萼片は通常三個で、うち花序の

遠心側の一個が特に大きくなる。また、装飾花には少数不定の花弁、雄蕊、雌蕊があり、両性花から装飾花が分化していく過程が類推できる。関東南部以西の本州、四国、九州に分布するが、中国地方では見出されていない。コガクウツギ *Hydrangea luteovenosa* Koidz.は小形の大きさの整った葉をもち、通常脈に沿って黄緑色となる。装飾花にはガクウツギ同様の「目」がある。分布もガクウツギに似るが関東地方にはなく、中国地方に分布するなどのちがいがある。リュウキュウコンテリギ *Hydrangea liukiuensis* Nakai はコガクウツギに似るが、葉ははるかに大きく装飾花がない。また、葯は長さ一・五〜二ミリに達する（コガクウツギは約〇・八ミリ）。沖縄本島中北部に特産する。しかし、まだよく判っていない種である。近縁のコガクウツギやガクウツギが稔性を残した装飾花をもっていることも考慮すると、装飾花をもたないリュウキュウコンテリギの存在は系統のうえからも興味深い。カラコンテリギ *Hydrangea chinensis* Maxim.は中国中南部、フィリピン、台湾に分布する。琉球列島の石垣島と西表島には、その変種とされるヤエヤマコンテリギ var. *koidzumiana* H. Ohba et S. Akiyama が分布する。トカラ列島の徳之島には本種に似て葉の質が薄く、粗い鋸歯をもつトカラアジサイ *Hydrangea kawagoeana* Koidz.がある。屋久島産にはヤクシマコンテリギまたはヤクシマアジサイ var. *grosseserrata*（Engl.）Kitamura という、一層葉の質が薄く、鋸歯の粗い型があり、変種として区別する。カラコンテリギとその近縁種の分布は広く、変異の幅も広いのでこの種の分類には不明な点が多い。マクリントクはガクウツギ、コガクウツギ、カラコンテリギを一種にまとめてしまった（McClintock 1957）が、この説には賛成できない。前者とカラコンテリギは検索表に記した特徴によって区別できる。

アジサイ（広義）

アジサイ（広義）は日本、朝鮮に分布する。日本では海岸から海抜一五〇〇メートルくらいまでの地域に広くかつ普通にみられ、二種、すなわちヤマアジサイとガクアジサイに分類される。

ヤマアジサイ（別名サワアジサイ、コガク）*Hydrangea serrata*（Thunb.）Ser.は北海道から九州まで全国に分布し、朝鮮南部にも自生する。たいへん変化に富んでおり、いくつかの地理的変異が識別されている。北海道、東北、北陸から山陰にいたる多雪地帯、及び九州に分布する一型がエゾアジサイ（ムツアジサイ）var. *yesoensis*（Koidz.）H. Ohbaである。枝は垂れる傾向があり、葉は大きく長さ一五センチメートルに達する。葉の先端は急に細まり尾状となる。果実は大きく、長さ六ミリメートルに達する。エゾアジサイの花序がほぼ装飾花だけからなる品種をニワアジサイ（ヒメアジサイ）f. *cuspidata*（Thunb.）Nakaiといい、古くから栽培されている。アマギアマチャ var. *angustata*（Franch. et Sav.）H. Ohbaは葉が小さく長さ一〇センチメートル以下で披針形となり、甘味がある。伊豆半島に特産する。ヤマアジサイには「甘茶」にできる系統がある。これは葉中にフィロズルチン・グルコサイドを含み、半乾後揉《も》むと酵素の作用で配当体が加水分解しフィロズルチンができ甘くなる。これらのタイプの多くは、アマチャ var. *thunbergii*（Siebold）H. Ohbaの名で変種として区別される。装飾花の萼片が最初から紅色で、広卵形をし、先が切頭あるいは円頭で、基部がくさび状あるいは円形となり、関東と中部地方に分布する。ヤマジサイの花序全体が装飾花となった品種をマイコアジサイ f. *belladonna* Kitamuraという。九州南部に産するヤマアジサイは変異性に富んでおり、一部は地域的なまとまりもある。そのひとつが変種として区別されるヒュウガアジサイ var. *minamitanii* H. Ohbaである。葉の裏面の脈腋には白色の毛が密生する。中国の*Hydrangea churgii* Rehd.はヤマアジサイによく似ているが、葉と茎に長さ一～三ミリメートルの毛が生える。東部ヒマラヤから中国南部、ベトナムに分布する*Hydrangea stylosa* Hook. f. et Thomsonはアジサイ（広義）の大陸側の対応種と考えられる。

ガクアジサイ（別名ガク）*Hydrangea macrophylla*（Thunb.）Ser. f. *normalis*（E. H. Wilson）H. Haraは本州太

平洋側の房総、三浦、伊豆各半島、伊豆諸島、小笠原諸島（北硫黄島、南硫黄島）の沿岸にやや普通に生育し、さらに紀伊神島、四国足摺岬、九州南部からも自生することが報告されている。ガクアジサイはハコネウツギ、オオバヤシャブシ、ワダン、イズノシマダイモンジソウなどとともに、房総、三浦、伊豆半島、伊豆諸島を含む地域で新生したと推定されているフォッサ・マグナ要素植物のひとつに考えられている（高橋一九七一）。ガクアジサイはヤマアジサイに比べて、（1）葉は大きく厚く濃緑色で油状光沢があり無毛である、（2）花弁は大きく長さ三～四ミリメートルに達する、（3）蒴果も大きく長さ六～八ミリメートルとなる、（4）花弁は淡青色、装飾花は白色となるなどのちがいが認められる。ガクアジサイの花序が皆装飾花となった品種が狭義のアジサイ f. *macrophylla* である。

アジサイ（狭義）は最初ツュンベルクによって、*Viburnum macrophyllum* と命名され、一七八四年に *Flora Japonica*（1784）で発表された。原寛（Hara 1955）によればウプサラ大学にあるツュンベルク植物標本館には、*V. macrophyllum* とされた標本が四点あり、うち二点（α、β）はツュンベルクによって日本で採集されたもの、残りの二点（γ、δ）はウプサラのツュンベルクの私庭に栽培されたもので、いずれも花序全体が装飾花からなるアジサイ（狭義）そのものであるという。ハワース-ブース（Haworth-Booth 1950）はアジサイが日本の森林地帯に自生する *Hydrangea acuminata*、*Hydrangea japonica*、*Hydrangea thunbergii* の三種とヤマアジサイの複合雑種と海岸性のガクアジサイの交配に由来すると推論した。そしてガクアジサイを雑種起源のアジサイとは別種として前者に *Hydrangea maritima* Haworth-Booth という学名を与えた。しかし、この見解には支持すべき根拠がない。アジサイは花序がほとんど装飾花からなる点を除けば、ガクアジサイから分類学的に区別できない。

アジサイ属と近縁属との関連

アジサイ属はエングラー（Engler 1930）により、ギンバイソウ属*Deinanthe* Maxim.、クサアジサイ属*Cardiandra* Siebold et Zucc.、バイカアマチャ属*Plathycrater* Siebold et Zucc.、イワガラミ属*Schizophragma* Siebold et Zucc.、シマユキカズラ属*Pileostegia* Hook. f. et Thomson、ジョウザンアジサイ属*Dichroa* Lour.、ブロウサイシア属*Broussaisia* Gaud.、デクマリア属*Decumaria* L.とともにユキノシタ科アジサイ亜科アジサイ連にまとめられた。ハッチンソン（Hutchinson 1927）はアジサイ属、デクマリア属、シマユキカズラ属、イワガラミ属をまとめてアジサイ科アジサイ亜科アジサイ連とし、アジサイ亜科の別の連（キレンゲショウマ連）にギンバイソウ属、クサアジサイ属、キレンゲショウマ属*Kirengeshoma* Yatabeを分類した。その後（Hutchinson 1967）アジサイ亜科をアジサイ科とし、上記の七属を含めた。スパンベルク（Spongberg 1972）はバイカアマチャ属とクサアジサイ属がアジサイ属に最も関連深い属とした。その根拠を花と果実の形が基本的に一致していることにおいた。バイカアマチャ属はハッチンソン（Hutchinson 1927, 67）によればバイカウツギ科（亜科）に分類される。ハッチンソン（Hutchinson 1967）は分布にも注目を払いアジサイ科のなかでキレンゲショウマ、クサアジサイ、ギンバイソウ各属を祖先型とみなし、アジサイ属を最も進化した属と考えた。アジサイ属とクサアジサイ属は確かにきわめて似た花と果実を有しているので、この二属の類縁性はかなり高いと考えられる。しかしながらアジサイ属と関連諸属に関しては、形態上の諸属性からはこれ以上の類縁を推定することは困難であった。アジサイ科（亜科）全体についてはハッチンソン（Hutchinson 1927）、タクタヤン（Takhtajan 1973）などは、ビワモドキ科から分化したと想定し、スイカズラ科やウコギ科との系統的関係も考えられるとしているが、分子系統学の研究結果はウツギ、バイカウツギ、デクマリア諸属とともにハンカチノキ属、ニッサ属、ミズキ属と一緒のミズキ目に位置づけられることを示している（Soltis and Soltis 1997）。

【註】　本稿は『くらしの中の花』（中日園芸文化協会）第八七号（一一二五頁）に掲載されたものに、本選集に収録するにあたり大幅に修正を加えたものである。なお、アジサイ属の日本産種についての詳細は次の文献を参照されたい。

Ohba, H. 2001 *Hydrangea*. In : Iwatsuki, K. Boufford, D. E. and H. Ohba (eds.), *Flora of Japan*, *vol. 2b*, Kodansha, Tokyo. 84--94pp.

【引用文献】

Engler, A. 1930 Saxifragaceae. In : Engler, A. and K. Prantl (eds.), *Die natürlichen Pflanzenfamilien*, *ed.2, Bd.* **18***a*, Verlag von Wilhelm Engelmann, Leipzig. 74–226pp.

Hara, H. 1955 Critical notes on some type speceimens of East Asiatic plants in foreign herbaria. *Journal of Japanese Botany,* **30** : 271–278

Haworth-Booth, M. 1950 *The Hydrangeas*, Constable & Co., Ltd., London

Hutchinson, J. 1927 Contributions toward a phylogenetic classification of flowering plants. VI. Hydrangeaceae and Saxifragaceae. The genera of Hydrangeaceae. *Kew Bulletin*, 1927 : 100–107pp.

Hutchinson, J. 1967 *The Genera of flowering plants. Dicotyledons, vol. 2,* The Clarendon Press, Oxford. 3–33pp.

McClintock, E. 1957 A monograph of the genus *Hydrangea*. *Proceedings of the California Academyof Sciences*, *4th Ser.*, **29** : 147–255

Maximowicz, C. J. 1867 Revisio Hydrangearum Asiae Orientalis. *Mémories de l'Académie Impériale des Sciences St-Pétersbourg, Ser. 7*, **10** (16)

Pfeiffer, L. 1870 *Synonymia Botanica*, Verlag von Theodor Fischer, Kassel.

Rehder, A. 1911 *Hydrangea*. In : Sargent, C. S., *Plantae Wilsonianae,* 1 : 25–41pp.

Rehder, A. 1940 *Manual of Cultivated Trees and Shrubs*, *2nd ed.*, McMillan Publishing Co. Inc., New York

Seringe, N. C. 1830 Hydrangeacea. In : De Candolle, A. P., *Prodromus Systematis Naturalis Regni Vegetabilis,* **4** : 14–16, 666.

Siebold, P. F. von 1829 Synopsis *Hydrangeae* generis specierum japonicarum. *Nova Acta Academis Leopoldio-Carolina,* **14** : 686–692

Soltis, D. E. and P. S. Soltis 1997 Phylogenetic relationships in Saxifragaceae sensu lato : a comparison of topologies based on 18s rDNA and *rbc*L sequences. *American Journal of Botany,* **84** : 504–522

Spongberg, S. A. 1972 The genera of Saxifragaceae in the southeastern United States. *Journal of the Arnold Arboretum,* **53** : 409–498

高橋秀男（一九七一）「フォッサ・マグナ要素の植物」『神奈川県立博物館調査研究報告　自然科学』第一号

Takhtajan, A. 1973 *Evolution und Ausbreitung der Blütenpflanzen*, VEB Gustav Ficher Verlag, Jena

Wilson, E. H. 1923 Hortensias. *Journal of the Arnold Arboretum,* **4** : 233–246

ハギ属の分類

ハギ属は約四〇種あり、アジア、オセアニア、北アメリカに分布する。そのうち、後述のヤマハギ節の種は「萩」と呼ばれ、日本を中心に観賞に供されている。Garden Lespedeza の英名があるが、日本以外ではあまり普及していない。ハギ属はヤハズソウ属 *Kummerowia*、ハナハギ属 *Campylotropis*、*Neocollettia*、*Phylacium* の諸属とともにハギ亜連（Lespedezinae）にまとめられ、マメ科ヌスビトハギ連に分類される（Ohashi *et al.* 1981）。ハギ属は新旧両世界に分布するため、グローバルな立場で研究を進めないと、なかなか全貌がつかめない。日本で多様化しているヤマハギ節については、これまで多くの研究が行われており、比較的情報に恵まれている。しかし一方では、既知の情報だけでも、その分類学上の評価になると見解が分かれる部分も多い。

ハギ属の特徴

ハギ属は普通夏から秋にかけて、茎の上部の葉腋から、有弁花あるいは閉鎖花からなる特殊な総状花序を出す。花は $K_{(5)}\ C_5\ A_{9+1}\ G_1$（ただし、Kは萼弁、Cは花弁、Aは雄蕊、Gは雌蕊）の花式で示される蝶形花である。萼片は基部で合着し、萼筒となる。萼裂片は上側の二個で合着の程度が進み、見かけ上四個にみえるものもある。その場合でも主脈は五本ある。萼の基部両側には萼に接して一対の小苞がある。五個の花弁のうち、向軸側にある一花弁を旗弁と呼ぶ。五花弁のうち、旗弁だけが左右相称になる。旗弁は最も外側にあって、蕾のとき残りの花弁を包む。残りの四弁はバターナイフに似た非対称形で、外側の二花弁を翼弁、翼弁にはさまれた内側の二花弁を竜骨弁（舟弁）という。竜骨弁は、弁部の背軸側の縁がぴったりと合わさって舟の竜骨のような形となり、なかに一群となった雄蕊と雌蕊を収める。雄蕊は一〇個で、向軸側の一個が基部付近から離れるが、残りの九個は花糸が合着している（それを両体雄蕊という）。雌蕊は一個。子房は上位で一室からなり、一個の胚珠をもつ。

翼弁と竜骨弁は弁部の一部が互いにくっついており、翼弁に上方から力が加わると連動して竜骨弁も動く。そのため、訪花昆虫―主にハチの仲間―が翼弁に脚をかけただけでも、竜骨弁は下方に押し下げられる。しかし、一束となった雄蕊と雌蕊はもとの位置にとどまるため、昆虫の腹部に葯と柱頭が触れ、受粉が行われる。昆虫が訪れた直後の花は、翼弁と竜骨弁が下方に押しやられているので、一目みて判るが、しばらくすると、両花弁とも、もとの位置に戻る。花の寿命は数日である。

果実は扁平なゆがんだ円形または楕円形で、なかに一個の種子を入れ、熟しても裂開せず、表面には伏した毛が生える。種子は小さく、やや扁平な楕円体で、滑らかで光沢のある種皮をもつ。

ハギ属は低木または多年草である。葉は三小葉からなる複葉で、芽生えの最初の一対を除いて互生する。托葉は小さく、線形の鱗片状で、脱落するものもある。小托葉がないのがこの属の特徴のひとつで、この点でヌスビトハギ属とその近縁属から区別される。

ハギ属研究史

ハギ属の植物はヨーロッパに産しないため、植物学の歴史に登場するのは近世になってからである。リンネ（Carl von Linnaeus, 1707-1778）の協力者で北米東部の植物を研究したグロノヴィウス（Johan Frederik Gronovius, 1686-1762）が、一七〇〇年に今日の *Lespedeza reticulata* を"Loto affinem trifoliatam…"として記録したのが最初である。ハギ属の属名である *Lespedeza* は、一八〇三年に北アメリカの植物相研究に先鞭をつけたミショー（André Michaux, 1770-1855）の *Flora Boreali-Americana*（『北米植物誌』）二巻に発表された。属名は、一七八四年から一七九〇年まで東フロリダの総督であった Vicente Manuel de Céspedes にちなむ。ミショーの死後、この本の出版を手伝った彼の息子、あるいは友人の L. C. M. Richard が、用意された Céspedesa の名を Lespedeza と誤って印刷したといわれている（Ricker, 1934）。

ハギ属の分類は、一八七三年にマキシモヴィッチ（Carl Johann Maximowicz, 1827-1886）によってほぼ骨子がつくられたといってよい。マキシモヴィッチはハギ属を三つの亜属に分けた。そのうち、*Campylotropis* と *Micro-lespedeza* は今日のハナハギ属とヤハズソウ属で、今日のハギ属に関係する植物はすべてハギ亜属 subgenus Lespedeza にまとめられた。彼はハギ亜属にヤマハギ節 sectio Macro-Lespedeza と〝真正ハギ節〟sectio Eu-Lespedeza を設け、後者にはマキエハギ列 series Violaceae など四列を認めた。節を指標する形質として重視されたのは、閉鎖花の有無とそれを生じる花序のちがい、上萼裂片の合着の程度などである。

籾山（一九三三）が明らかにした、ヤマハギ節における芽の鱗片葉の配列でキハギとチョウセンキハギが他の種と異なる様式をとることを、Nakai（1939）が分類体系に組み入れ、キハギ節 sectio Heterolespedeza を提唱した。これらの属内分類群は、階級の大きさの評価を除けば、今日まで各国・各地の植物誌などで広く採用されている。

日本産のハギ属の種相は、ミクェル（Miquel, 1867）から研究が始まるといっても過言ではない。ミクェルはシーボルト

（Philipp Franz von Siebold）、ビュルガー（Heinrich Büerger, 1806?-1858）などの採集品を研究して、日本に一一種（一種は今日のヤハズソウ属に入る）のハギ属植物が産することを報告した。そのなかで、キハギ、マルバキハギ、マルバハギなどが新種として発表され、ツルカニノフ（Porphir Kiril Nicolai Stephanowitsh Turczaninow, 1796-1864）がアムール地方から記載した *Lespedeza bicolor* が、日本に産することを明らかにした。マキシモヴィッチ（Maximowicz 1873）、シンドラー（Schindler 1913）、中井猛之進（Nakai 1927）は、さらに研究を発展させた。中井の研究は特に重要で、多数の形質を駆使して種を区分した。その後、大井（一九五三）、初島住彦（Hatusima 1967）、村田（一九七八）は、形質の変異性ならびに形質の現れの差の分類学的有効性に言及し、ハギの分類の再検討を行った。このような研究によって、日本産のハギ属の種相の概要はほぼ掌握されたようにみえる。しかしながら、形質の変異が具体的に調べられていないので、形質の安定性あるいは分類学的な有効性について釈然としないこと、重要な種が園芸品や移植株にもとづいて発表されたため、野生種と対応させることがむずかしく、学名の適用に困難がともなうことなどから、ハギ属の分類にはわずかとはいえ問題が残っているのが現状である。

日本産ヤマハギ節の種

ヤマハギ節 sectio *Macrolespedeza* は閉鎖花をつくらないこと、及び花が通常長さ一〇ミリ以上となることを特徴とする。さらに（1）木質化が著しく、低木または低木状になること、（2）萼は浅裂または中裂し、上萼裂片は多少とも合着する傾向が認められる。東アジアに特産し、日本からアッサムにいたる日華植物区系と東南アジア植物区系北部に分布する。「はぎ」という和名はほぼヤマハギ節に対応するといえよう。ヤマハギ節には十数種ある。

a キハギ類：葉序は二列互生で、葉が平面的に広がる。

キハギ *Lespedeza buergeri* Miq.　本州（太平洋側）、四国、九州、さらに中国（中部から西南部）に分布する。丘陵や低山の林内や岩上に生育する。日本産ヤマハギ節の種のうち最も耐陰性が強く、また最も木質化する。冬芽の鱗片葉は数個あって、左右二列に並び互い違いに重なっている。葉は二列互生で、平面的に広がるので、螺旋状に配列する他の種（チョウセンキハギを除く）から容易に区別できる。花期は六〜九月。総状花序は長さ七センチメートルに達する。花は各苞の腋から出る共通柄に二個ずつつく。花は長さ一センチメートル前後。K＞S≧W。[2]花色は他のヤマハギ節の種と明らかに異なり、旗弁は淡黄色で基部に紫色の斑があり、耳状突起は大きく、翼弁は紫色、竜骨弁は黄味を帯びた白色である。果実は一〜一・五センチメートルになる。

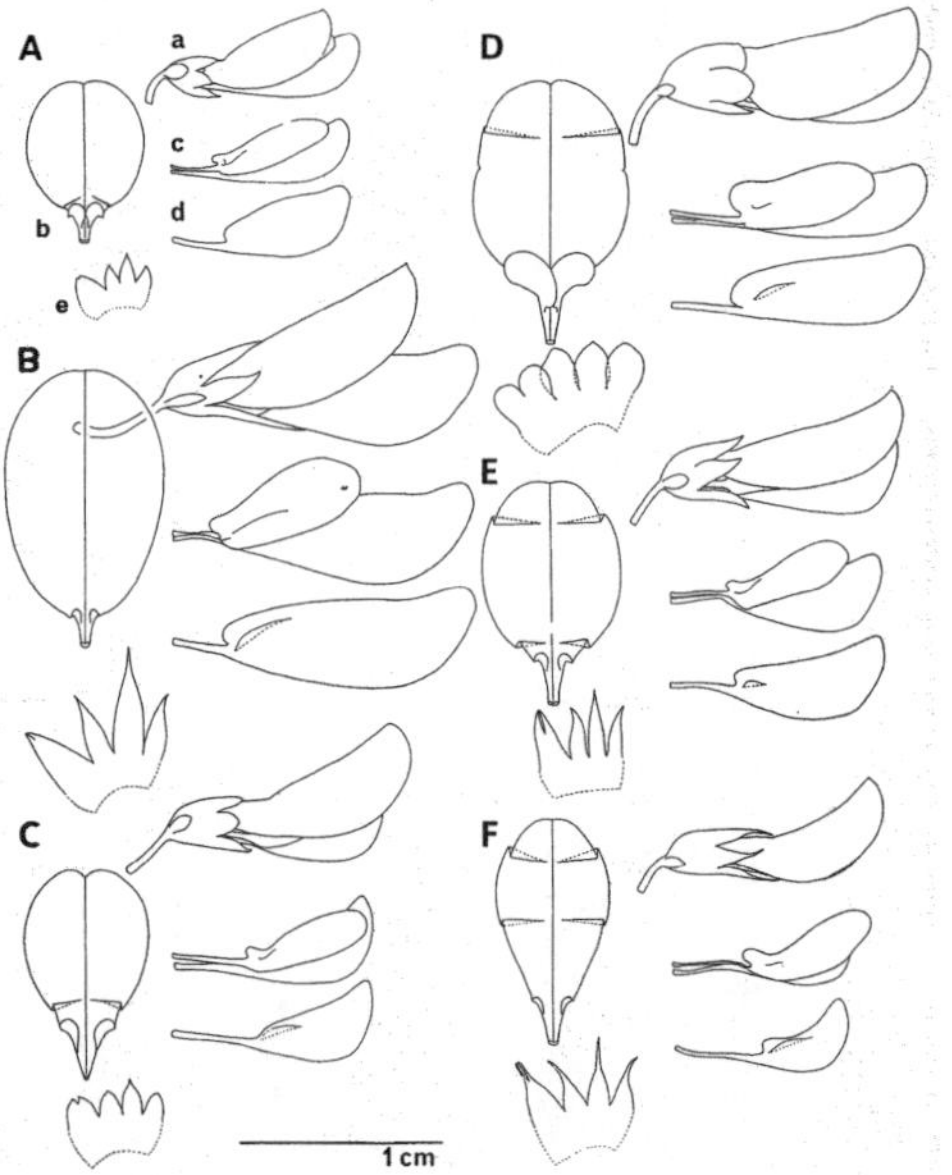

図1　ハギ属ヤマハギ節の花　A：キハギ、B：ケハギ、C：ヤマハギ、D：ツクシハギ、E：ビッチュウヤマハギ、F：マルバハギ、a：花（側面からみたところ）、b：旗弁（広げたところ）、c：翼弁と竜骨弁、d：竜骨弁、e：萼（萼筒を切り広げたところ）

葉形の変異の幅が広く、卵円形のものにマルバキハギ f. *oldhamii* (Miq.) Sugim.の名がある。ヤマハギ節では枝や花序軸の毛が伏毛《ふしげ》となる〝伏毛型〟と、開出または斜上する〝立毛《たちげ》型〟がある。キハギは伏毛型が普通で、立毛型にタチゲキハギ（別名ホソバキハギ）f. *angustifolia* Makino（異名*L. buergeri* var. *kinashii* Ohwi）がある。まれに白花の個体があり、シロバナキハギ f. *albiflora* Hondaという。

キハギは葉序や花色が他のヤマハギ節の種と明らかに異なるので、キハギを片親とする雑種は最も識別しやすい。オクタマハギ *Lespedeza* ×*cyrto-buergeri* S. Akiyama et H. Ohbaはキハギとマルバキハギの中間的特徴を有し、両種の雑種と推定され、両種の分布域の重なる地域に点々と発見されている（Akiyama and Ohba 1982）。シロヤマハギ *Lespedeza* × *kagoshimensis* Hatus.はキハギとサツマハギの雑種と推定される（Akiyama and Ohba 1983b）。Hatusimaがキハギの変種として発表したムラサキマルバハギ *Lespedeza buergeri* var. *retusa* Hatus.も、キハギと他種の雑種と推測される。Hatusima（1967）はヒメニシキハギ *Lespedeza hiratsukae* Nakaiをキハギの異名としたが、さらに研究が必要である。

チョウセンキハギ *Lespedeza maximowiczii* C. K. Schneid.　朝鮮南部と対馬に分布する。キハギ同様の葉序をもつ。しかし、（1）花は紅紫色で、特に翼弁は濃紅紫色となる、（2）萼は長さ三～四ミリでキハギ（二ミリ内外）より大きく、裂片は披針形で次第に細まり先は尖る、（3）葉は濃緑色で小葉は鋭頭、（4）花には共通柄がないなどの顕著なちがいが認められる。花は六～八月に咲く。K＞S＞W。日本では古くから庭園で栽培され、いまも園芸用に売られている。

サンシキハギ var. *tricolor*（Nakai）Nakaiは旗弁が白、翼弁は紫、竜骨弁が淡紅色となるもので、朝鮮に産する。

b ヤマハギ類：葉は螺旋状に配列する。

ツクシハギ *Lespedeza homoloba* Nakai[3]　本州、四国、九州に分布する。東北地方の太平洋側、中国、四国、北九州では普通にみられるが、房総、三浦、伊豆半島にはまれで、日本海側の多雪地帯には産しない。日本特産で、キハギに次ぎ木質化が進み、また耐陰性が強い。葉は螺旋状に配列するが、日陰の個体では見かけ上、二列生のようにみえることがある。葉質は厚く、上面は中肋部分を除いて無毛。小葉は円頭または鈍頭のことが多く、尖らない。花序は普通長さ一〇センチメートル以上になり、多数の花をやや間隔をおいてつける。萼裂片は萼筒とほぼ同長またはそれ以下で、先は普通円形または鈍形。下萼裂片と側萼裂片は同形同大の傾向が強く、ときに上萼裂片も深く二裂して、五裂片がほぼ等しくなることがある。K＞S＞W。旗弁は淡紅色で、基部の耳状突起はハギ属中最も大きい。翼弁は濃い紅紫色で目立つ。本種は伏毛型で、立毛型のものはきわめてまれである。白花品にシロバナツクシハギ f. *albiflora* Inobe がある。ビッチュウヤマハギと分布の重なる西日本では、さまざまなかたちの中間型がまれにみられるが、それはビッチュウツクシハギといい、両種間の雑種と推定される。このような雑種の存在が、ハギの種の区別を困難にしている一因になっている（Akiyama and Ohba 1983a）。

ビッチュウヤマハギ *Lespedeza kiusiana* Nakai　本州中部以西と九州北部、朝鮮、中国に分布する。明るい場所を好む。高さ二メートルぐらいになる。枝の毛は伏毛で、開出毛をもつ株はきわめてまれである。葉は明るい黄緑色で、上面には全体に一様な、肉眼でみえる程度の長さの伏毛が果実期まで密生する。花は長さ約一二〜一三ミリ、淡紅紫色で、萼は長さ四〜四・五ミリあり、裂片は鍼形《しんけい》で先は尖り、筒部とほぼ同長となる。K（≧）S≫W。旗弁は広楕円形で耳状突起は小さい。果実はゆがんだ楕円形で長さ六〜八ミリになる。

シンドラー（Schindler 1913）は本種をミヤギノハギや *Lespedeza elliptica* Benth.などと同種とし、*Lespedeza formosa* (Vogel) Koehne の学名をこれに当てた。*Lespedeza formosa* はメイエン（F. J. F. Meyen）がプリンセス・ルイゼ号による世界探検（一八三〇〜三二年）の際、中国のマカオ付近で採集した標本にもとづいて記載された。初島（Hatusima 1967）はシンドラーとは異なるが、ビッチュウヤマハギを *Lespedeza formosa* と同種とした。*Lespedeza japonica* L. H. Bailey は、米国で植栽した株をタイプとして記載されたものであるが、これをチョウセンヤマハギとする中井（Nakai 1927）の考え方は正しいと思われる。チョウセンヤマハギとビッチュウヤマハギはほとんど区別できない。さらに、栽培品をタイプにしたニシキハギ *Lespedeza nipponica* Nakai も区別しがたい。したがって、これら三種を同種とする見解（村田一九七八、大橋一九八二など）は妥当なものと思われるが、大陸にある関連種との比較研究がまたれる。

サツマハギ（別名ナンゴクチョウセンヤマハギ）*Lespedeza satumensis* Nakai（異名 *L. formosa* var. *australis* Hatus.）九州南部にのみ産する。ビッチュウヤマハギに似て、その地理的変異とみられる。ただし、ビッチュウヤマハギが伏毛型であるのにたいして、サツマハギでは立毛型が多い。自生地での変異の解析やタイプ標本の再研究などを通じて、ナンゴクチョウセンヤマハギ *Lespedeza formosa* var. *australis* Hatus.はサツマハギの変異に含まれることが判った（Akiyama and Ohba 1983b）。鹿児島県甑島から記載されたコシキジマハギ *Lespedeza argyrophylla* Hatus.、沖縄で栽培されているリュウキュウハギ *Lespedeza liukiuensis* Hatus.の正体については、まだ不明の部分が多い。ただし、後者は、ウォーカーが *Flora of Okinawa*（Walker 1976）で *Lespedeza formosa* の異名としている。

ケハギ *Lespedeza patens* Nakai　本州の日本海側の多雪地帯に分布し、土手や河原に多いが、急峻で土壌の未発達な斜面にもよくみられる。毎年、地際から一年生の枝を叢生する。枝は長さ一メートル以上となる。葉は明るい草緑色で、上面は通常毛がない。小葉は楕円形で、先は円形のものが多い。開花は普通八月であるが、六月から咲き始める株もある。花は全長一三〜一五ミリで、日本の野生種中最大である。萼は長さ五・五ミリぐらいで、裂片の方が筒部よりも長く約三・五ミリあり、狭披針形で先は尖鋭形になる。K（≧）S≫W。旗弁は倒卵形、淡紅色または紅紫色で、爪部はごく短く、耳状突起も小さい。本種では立毛型が普通で、伏毛型はタテヤマハギ f. *macrantha*（Honda）Hatus.という。ミヤギノハギ *Lespedeza thunbergii*（DC）Nakai が本種から由来したと推測する考え（大井一九五三など、村田一九七七、七八、大橋一九八一、八二）があるが、さらに詳しい研究がまたれる。

ヤマハギ *Lespedeza bicolor* Turcz.　日本全土、朝鮮、中国（東北部）に分布する。日当たりのよい場所を好む。高さ二メートルぐらいになる。枝はよく分枝し、毛は通常伏毛である。花は七〜九月に咲き、明るい紅紫色で長さ一〇〜一三ミリになる。萼は長さ三ミリぐらいで、裂片は先が鋭形のものから円形のものまであり、長さ一・二〜二・三ミリある。S＞K＞W。旗弁は倒卵形で、基部は次第に細まり、明らかな爪はなく、耳状突起も小さい。果実はほぼ円形または倒卵形で長さ五〜七ミリ。立毛型をタチゲヤマハギ f. *patens* Hatus.という。中井（Nakai 1927）は、茎がよく分枝し、枝が細く、萼裂片は決して尖鋭頭にならず、やや鈍頭または鋭頭で、花冠が長さ八～一〇ミリのものをエゾヤマハギ var. *bicolor*、茎はあまり分枝せず、枝が長く、萼裂片が鋭頭または尖鋭頭で、花冠が長さ一〇～一一ミリのものをヤマハギ var. *japonica* Nakai として区別した。中井が取り上げた形質の変異は幅が広く、連続しており、この二変種ははっきり区別できない。クロバナキハギ var. *higoensis*（T. Shimizu）Murata（異名 *L. melanantha* Nakai）は、本州（愛知）、九州（熊本）、朝鮮に分布する。花は小さく、萼裂片が短く円頭となり、毛が少ない。花は普通赤紫色となる。花が紅紫色のものが知られており（朝鮮で記載された、ベニクロバナキハギ *Lespedeza melanantha* f. *rosea* Nakai に該当すると思われる）、園芸に供されていて、ヤクシマキハギの俗称で流通している。しかし、九州の屋久島にはヤマハギは産せず、おそらくその名は屋久島とは無関係だと思われる。

マルバハギ（別名ミヤマハギ）*Lespedeza cyrtobotrya* Miq.　本州、四国、九州、朝鮮、中国に分布し、特に西日本では最も普通のハギで、日当たりのよい路傍や沿海地には多産する。茎は高さ二メートルぐらいになり、多数の枝を分枝する。葉は草質で、小葉の先は円い。花序は花序軸がほとんど伸張せず、葉よりも短い。花は長さ九～一三ミリ。萼は長さ四～六ミリで、裂片は筒部と同長または長くなり、先は針状となる。花弁は淡紅色。S＞W＞K。旗弁は倒卵形で、爪は明らかでなく、耳状突起も小さい。翼弁が竜骨弁よりも長いのは本種の特徴である。伏毛型であるが、立毛型も多く、カワチハギ f. *kawachiana*（Nakai）Hatus.と呼ぶ。

〔園芸種〕

ミヤギノハギ *Lespedeza thunbergii*（DC）Nakai　ケハギによく似るが、枝はよく伸張し、葉は濃い緑色、小葉の先は鋭形で、花は深い紅紫色となる。

ニシキハギ *Lespedeza nipponica* Nakai　ミヤギノハギに似るが、葉の上面には果実期まで残る毛が密生する。葉色は普通ミヤギノハギよりも明るい。小葉は円頭から鋭頭までさまざまである。

最近では、ビッチュウヤマハギ、チョウセンヤマハギと同種とする見解が支持されている。ニシキハギにそっくりで純白の花をもつものがシロバナハギと呼ばれている。これと*Lespedeza japonica* L. H. Baileyを同じと考える見解が広く採用されている。また、一株に白と紅紫色の花をつけるものが栽培されており、これをソメワケハギ cv. Versicolorという。『秋はぎの譜』（一七七五）で横山潤が記している「更紗萩《さらさはぎ》」は、今日のソメワケハギと同一かと思う。ときに、白花で紅紫色の斑が入るものや、白と紫の絞りとなる株が栽培されている。

メドハギ節

メドハギ節sectio Lespedezaは、閉鎖花を生ずること、及び花は長さ一〇ミリ以下であることを特徴とする。また、（1）多年生の草本が多い、（2）萼は深く五深裂して、裂片が鍼形で尖鋭頭に終わる傾向が認められる。この節は、さらに次の四つの列（series）に区分される（Maximowicz 1873）。

マキエハギ列 series Violaceae[4]　花冠は紅紫色または白色で赤斑が入り、萼の二倍以下かほぼ同長。小低木あるいは低木状で、よく分枝する。約一〇種あり、北米と東アジアに分布する。マキエハギ*Lespedeza virgata*（Thunb.）DCは本州以西に分布する。花は八～九月に咲く。茎はやや硬く細い。

メドハギ列 series Junceae　花は淡黄色で旗弁と翼弁に紫色の斑をもち、萼の二倍より長い。小枝の多い小低木。アジアに数種があり、その分類には問題点が残されている。メドハギ*Lespedeza juncea*（L. f.）Pers. var. *subsessilis* Miq.が日本に産し、原野や河原などに生える。ハイメドハギ var. *serpens*（Nakai）Ohashiは地面をはう変種。基本種がカラメドハギ var. *juncea*でまれに日本にも産するという。

イヌハギ列 series Lespedezariae　花は淡黄色で旗弁には紫斑があり（この列に分類されるイヌハギの花は白色である）、萼の三倍くらいの長さがある。萼裂片は鍼形で先は鋭く尖る。小低木状で、多くは幹が直立する。約一〇種あり、アジア、オーストラリア、北米に分布し、日本にはイヌハギ *Lespedeza tomentosa* (Thunb.) Siebold ex Maxim. 一種を産する。全体に黄褐色の軟毛がある。

ネコハギ列 series Pilosa　ネコハギ *Lespedeza pilosa* (Thunb.) Siebold et Zucc. からなり、葉と萼に白色の開出毛をもち、茎はつる性で地面をはう。花冠は白色で旗弁の基部付近に紫斑がある。ネコハギとメドハギの種間雑種と推定されるツルメドハギ *Lespedeza* × *intermixta* Makino は、茎、小葉、毛の様子が両種の中間である。オオマキエハギ *Lespedeza* × *macrovirgata* Kitagawa はマキエハギとネコハギの種間雑種と推定され、マキエハギに似るが、茎の毛が開出するなどのちがいがある。

【註】

1　今日の国際植物命名規約に従うと sectio Lespedeza が正しい学名となる。和名はメドハギ節（Nakai 1927）がよいと思う。
2　旗弁をS、翼弁をW、竜骨弁をKとして、その長さの大小関係を示す。≫あるいは≫は、その差が顕著であることを示す。
3　異名に *L. retusa* Nakai（ツクシハギ）、*L. nikkoensis* Nakai（ニッコウシラハギ）、*L. rotundiloba* Nakai（ハナキハギ）、*L. sendaica* Nakai（センダイヤマハギ）がある。また和名にヤブハギ（同名異種）があり、オオマルバハギ、ヒガンハギの別名がある。
4　列の学名は Maximowicz (1873) によっている。現在の国際植物命名規約に則した学名の変更をしなければならないが、そのためには、北米のメドハギ節の分類学的検討が必要となる。

【引用文献】

Akiyama, S. and H. Ohba 1982 Studies on hybrids in the genus *Lespedeza* sect. Macrolespedeza (1). A putative hybrid between *L. Buergeri* Miq. and *L. cyrtobotrya* Miq. *Journal of Japanese Botany*, **57** : 232–240
Akiyama, S. and H. Ohba 1983a Studies on hybrids in the genus *Lespedeza* sect. Macrolespedeza (2) A hybrid swarm between *L. homoloba*

Nakai and *L. kiusiana* Nakai. *Journal of Japanese Botany,* **58** : 97–104

Akiyama, S. and H. Ohba 1983b Studies on hybrids in the genus *Lespedeza* sect. Macrolespedeza (3) A putative hybrid between *L. Buergeri* Miq. and *L. satsumensis* Nakai. *Journal of Japanese Botany,* **58** : 248–252

Akiyama, S. and H. Ohba 1983c Taxonomical notes on *Lespedeza satsumensis* Nakai and *L. formosa* var. *australis* Hatusima (Leguminosae). *Journal of Japanese Botany,* **58** : 135–145

Hatusima, S. 1967 *Lespedeza* : Sect. Macrolespedeza and Heterolespedeza from Japan, Corea and Formosa. *Memories of Faculty of Agriculture, Kagoshima University,* **6** (1): 1–17

初島住彦（一九六九）「ヤマハギ節およびキハギ節に属する日本、朝鮮、台湾産の萩類について」『横須賀市博物館雑報』一四号一—七頁

Maximowicz, C. J. 1873 Synopsis generis Lespedezae, Michaux. *Acta Horti Petropolitani,* **2** : 329–388

Miquel, F. A. W. 1867 Prolusio Florae Iaponicae. *Annales Musei Botanici Lugduno-Batavi,* **3** : 47–50

籾山泰一（一九三三）「きはぎノ芽」『植物研究雑誌』九巻一二九—一三〇頁

村田源（一九七七）「日本のはぎ」『植物と自然』一一巻九号四—八頁

村田源（一九七八）「植物分類雑記」『植物分類地理』二九巻九五—一〇五頁

Nakai, T. 1927 *Lespedeza* of Japan and Korea. *Bulletin of the Forestry Society of Korea,* No. 6

Nakai, T. 1939 *Lespedeza inabensis* Nakai, sp. nov. *Journal of Japanese Botany,* **15** : 531

大橋広好（一九八一）「ミヤギノハギとケハギ—ミヤギノハギの起源について」『植物研究雑誌』五六巻三三九—三四四頁

大橋広好（一九八二）「ハギ属」佐竹義輔他編『日本の野生植物　草本II』平凡社、東京、二〇四—二〇六頁

Ohashi, H., Polhill, R. M. and B. G. Schubert 1981 Tribe 9. Desmodieae (Benth.) Hutch. In : Polhill, R. M. and P. H. Raven (eds.) *Advances in Legume Systematics, Part 1*, 292–300pp.

大場秀章（一九八〇）「日本の萩—その研究余談」『山田科学振興財団財団ニュース』三号一—五頁

大井次三郎（一九五三）『日本植物誌』至文堂、東京、六七七—六八〇頁

Ricker, P. L. 1934 The origin of the name Lespedeza. *Rhodora,* **36** : 130–132

Schindler, A. K. 1913 Einige Bemerkungen über Lespedeza Michx. und ihre nächsten Verwandten. *Engler's Botanisches Jahrbuch für Systematik,* **49** : 570–658

横山潤（一七七五）『秋はぎの譜』〔『植物と文化』第六号九六—一一四頁（一九七二）に活字に組み直して掲載されている〕

Walker, E. H., 1976 *Flora of Okinawa and the Southern Ryukyu Islands*, Smithsonian Institution Press,Washington, D.C.

サクラの分類のむずかしさ

サクラは樹木のなかでは生長が速い。種子もよく発芽する。開花期が春の短い時期に集中する。花には他種との交配を防ぐ生理的なしくみや交配を妨げる効果的なしくみはあまり発達していないようだ。高木のなかでは草本的な性格を強くもっている種群といえる。

サクラの分類はむずかしいといわれる。このむずかしいと一般にいわれるのは種のレベルでの話だが、実は分類体系についても問題がある。

日本のサクラは、古くは松岡玄達（一七五七）、小泉源一（一九一三）、三好學（一九一六）、ウィルソン（E. H. Wilson 1916）、コーネ（Koehne 1913, 1917など）、近年では原寛（一九五〇）、大井次三郎・太田洋愛（一九七三）、久保田秀夫（Honda 1982）らによって研究されてきた。特に久保田は詳細に変異を調べ、種の実体の解明に貴重なデータを提供した。

私はいつか日本のサクラを分類学的に再考したいと思い続けてきた。本稿では、サクラの分類に関係する諸問題の一部を紹介する。サクラに関心をもつ人の参考になれば幸いである。

広義と狭義のサクラ属

多くの人はサクラ属の学名は*Prunus*と記憶しているだろう。日本で出版されたどの参考書もサクラ属に*Prunus*の学名を用いている。

最近、といっても一九八六年に出版された『中国植物誌』三八巻では、サクラの仲間は主として*Cerasus*という属に分類されている（兪・李一九八六）。それよりも半世紀近く前に出版された旧ソ連邦植物誌でも、サクラの仲間にはポーヤルコーバ（Pojarkova 1941）は*Cerasus*を採用している。サクラの分類体系上の問題点のひとつはサクラとその近縁植物について属の範囲をどのように設定するべきかにある。

実際、現行のサクラ属がアンバランスに包括的過ぎることは否めない。日本でサクラ属（広義のサクラ属とする）にはスモモ、モモ、ウメ、アンズ、リンボク、ウワミズザクラなどが分類される。その全種数は二〇〇以上といわれる。

モモもスモモもサクラも花をみると確かによく似ている。果実は核果になるが、しかしそのかたちや表面の状態は、多汁質で表面に毛が密生したモモ、無毛で艶のあるスモモ、小さくて長い柄のあるさくらんぼと俗称されるサクラなど多様である。

重要な点として、モモやスモモなど柄のない果実をもつ種では、果実に縦方向に浅い窪《くぼ》みがあることだ。野生のサクラではこのような窪みは顕著ではない。

同属の種なら葉は普通同じ型の芽型をもつが、この点でも広義のサクラ属には片巻き型と二つ折型の両方がある。

広義のサクラ属の花被は花後すぐに脱落し、果実形成に加わらない。バラ科には萼筒が子房と合着した花筒に由来する果実（バラ状果）や花托内に子房が封入される果実（ナシ状果）も存在する。花被や花托との合着とは異なり、核と呼ばれる内果皮の堅牢化による果実構築を発達させたのが広義のサクラ属である。

広義のサクラ属は、この核果をもつ一群の植物であり、属というよりもバラ科の亜科のひとつとして位置づけるのが適切である。

サクラ属の基準種は、*Prunus domestica* L.セイヨウスモモである。広義のサクラ属の解体を眼中に入れて和名を与えるなら、*Prunus*という属にはスモモ属という和名を付与するのがふさわしい。ミラー（Miller）によって設立された*Cerasus*の基準種は、*Cerasus vulgaris*スミミザクラ（酸味桜桃）であるが、和名にはサクラ属が適切である。なお、広義のサクラ属を細分したときの分類体系は、大場（一九八九）の亜属を属に読み替えればよい。

自然交雑

サクラとモモやスモモとの交配種は知られていない。しかし、狭義のサクラ属では、ほとんどの種に他種との交雑で生じたと推定される種間雑種がある。少なくとも一部の種間雑種には稔性があり、両親種や他の交雑個体とも再交雑する。チョウジザクラ、マメザクラ、エドヒガンは個体数も多く、これらと開花期が重なる別の種が狭い範囲に生育するところには、浸透交雑に似た現象が現れる。

関東北部でのチョウジザクラとカスミザクラの変異が、ニッコウザクラという中間型を介して連続する現象はその典型的な例といえる。関東南西部や富士・東海地方に出現するマメザクラとエドヒガンが関係していると推定されるヤブザクラもその例にあげられるかもしれない。

ヤマザクラ群

この群に入る、ヤマザクラ、オオヤマザクラ、カスミザクラ、オオシマザクラは、日本の狭義のサクラ属中最も大木となる種である。そのうちではカスミザクラは日本では九州・南西諸島を除く各地に最も広く分布するだけでなく、変異の幅が広く、他種との境界が不明瞭となることがある。典型から外れるこれらの個体は他種との交雑に由来する可能性が高い。変異性の著しさは、カスミザクラが他種と交雑しても稔性が低下しない浸透性によるのか、その生育地がチョウジザクラ、エドヒガン、マメザクラが混生する丘陵や山麓にあって交雑の機会が多いだけのことによるものなのか。朝鮮半島を含めたこのサクラの詳しい研究が待たれる。

これにたいしてヤマザクラとオオヤマザクラでは、種の境界は普通ははっきりしている。これは、これらを片親とする雑種の存在そのものがまれなのか、雑種の稔性が低いか戻し交雑ができないことによると考えられる。

しかし、オオヤマザクラもヤマザクラも他の種と共存する地域では、他種との間の中間型が存在する。オオヤマザクラはオクチョウジザクラと共存することが多いが、開花期が重なる長野県北部、新潟県、福島県など本州日本海側ではオオミネザクラという交雑に由来すると判断される個体が随所にみられる。

東北地方ではほとんどのサクラがいっせいに開花する。調査が進めば既知のもの以外にもさまざまな組み合わせの種間雑種がみつかるであろう。

チョウジザクラ

チョウジザクラはマメザクラとならび日本で最も変異の大きいサクラといえる。各地に産するが、近畿・中国地方ではまれで、四国からは報告がない。日本海側に分布するオクチョウジザクラ、中部山岳のミヤマチョウジザクラ、本州の太平洋側と九州に産する狭義のチョウジザクラという三地方型が識別される。

葉形や毛の出方や量だけではなく、花型、花柄長、花柄につく毛の質や量などの変異も大きい。チョウジザクラは他の種に比べ長い花柄をもつが、関東地方北部から中部地方の一部にかけて特に花柄の長い個体がある。中井猛之進はこれにナガエノチョウジザクラの名を用意したが発表されなかった。

ミヤマチョウジザクラは久保田によって存在が明らかにされた。最近、長瀬・二村（一九九一）は岐阜県下の同変種の葉の変異について詳細な報告をしている。そのなかで混生するキンキマメザクラ、オオヤマザクラ、カスミザクラ、ヤマザクラ、エドヒガンとの雑種と推定される個体が多数みられることを指摘している。

ミヤマチョウジザクラにも浸透性交雑に似た現象が生じているのかどうかはいまのところ判らない。種としてのチョウジザクラで、浸透性のある交雑がどの種との間に生じ、またどの程度起こっているのかは興味深い。この点も含め、チョウジザクラの解明が急がれる。

マメザクラについても同様な研究が必要である。本種の場合は、かなり古くに起きた交雑や分布の寸断が、キンキマメザクラやイシズチザクラと関連して問題となる。これは、エドヒガン、タカネザクラ、マメザクラ、チョウジザクラが共通の祖先から分化した後に起きた、最も最近の系統分化であると考えられる。

栽培個体との交雑

二〇年くらい前（一九七二年頃）から、林道など山間の道路にサトザクラやその他のサクラを植栽することが行われている。このような場所で栽植後に芽ばえた実生がいま花をつける齢に達した。それらのなかには自生のサクラと栽植個体との間の交雑によると推定される中間型が多数ある。この背景には交配由来のサトザクラが完全に稔性を失っていないことがある。

変わりものといってよいサクラが多いのは、いわゆる寺社などの名所旧跡やその周辺地域である。こうした場所で変異が大きいのは、古くから植栽されたサクラ同士や、こうした地域にもともと生えていた自生のサクラとの間に生じた交雑が関係しているという仮説を提唱したい。サクラの園芸品種は当初このような交雑個体を選抜することで数を増やしていったと推測される。田村・井山（一九八九）は竹中要による交配実験からえられたサクラ株を知るうえで参考になるだけでなく、サクラの園芸品種成立に大きな示唆を与える。

【引用文献】

原寛（一九五〇）「さくら」石井勇義編『園芸大辞典』二巻、誠文堂新光社、東京、九一四—九三二頁
Honda, M. (ed.), 1982 *Manual of Japanese Flowering Cherries,* The Flower Association of Japan, Tokyo.
Koehne, E. 1913 *Prunus* L. In : C. S. Sargent (ed.), *Plantae Wilsonianae, vol. 1*, Cambridge University Press, Cambridge. 196-282pp.
Koehne, E. 1917 Die Kirschenarten Japans. *Mitteilungen der Deutschen Dendrologischen Gesellschaft*, **26** : 1-65
Koidzumi, G. 1913 Conspectus Rosacearum Japonicarum. *Journal of the College of Science, Imperial University of Tokyo*, **34**, art. 2
松岡玄達（一七五七＝宝暦七年）『桜品』甲賀敬元校正、伊丹屋善兵衛板、大阪
Miyoshi, M. 1916 Die Japanischen Bergkirschen inhre Wildformen und Kulturrassen. *Journal of the College of Science, Imperial University of Tokyo*, **34**, art. 1.
長瀬秀雄・二村延夫（一九九一）「岐阜県におけるミヤマチョウジザクラの形質と分布」『岐阜県植物研究会誌』八号一六—二二頁
大井次三郎・太田洋愛（一九七三）『日本桜集』平凡社、東京
大場秀章（一九八九）「サクラ属」佐竹義輔他編『日本の野生植物　木本I』平凡社、東京、一八六—一九八頁
Pojarkova, A. I. 1941 Subfamily Prunoideae. In : V. L. Komarov (ed.), *Flora USSR, vol. 10*, 509-604pp.
田村仁一・井山審也（一九八九）『遺伝研の桜』国立遺伝学研究所、三島
Wilson, E. H. 1916 The cherries of Japan, *Publications of the Arnold Arboretum No. 7*, The University Press, Cambridge (MA)
兪徳浚・李朝鑾（一九八六）薔薇科杏亜科『中国植物誌』三八巻、科学出版社、北京、一—一三三頁

シャクナゲの分類体系覚書き

シャクナゲは、ツツジ科の*Rhododendron*（ツツジ属）に分類される一部の種群をいう。ツツジ属はアジアではツツジ科中最も種数の多い属でもある。*Rhododendron*はリンネ（Carl von Linnaeus, 1707-1778）が記載したが、その属の基準種は*Rhododendron ferrugineum* L.で、その種の基準には一九九三年にチェンバレン（Chamberlain）によってリンネアン・ソサエティ収蔵のリンネ標本No.５６２・１が選定されている。この種はヒカゲツツジやサカイツツジに近縁であるが、属の和名としてはツツジ属が適切である。

*Rhododendron*は八五〇種以上からなる大きな属だが、一七五三年に*Species plantarum*（『植物の種』）初版でリンネが記載したときは、わずかに五種からなるだけだった。しかも、現在ではそのうちの一種はこの属から除かれる種である。*Rhododendron*に加え、リンネは六種からなるアザレア属（*Azalea*）を認めたが、そのなかの一種もいまは別属、*Loiseleuria*に分類され、他の種はツツジ属に含められる。

リンネが記述した種はすべてヨーロッパ、アジア、北アメリカの温帯産であった。一八二六年にはブルーメ（Carl Ludwig Blume, 1796-1862）は*Hymenanthes*という属を記載した。これは*Hymenanthes japonica*すなわち、日本のツクシシャクナゲを基準種とした属で、今日この名前、すなわちHymenanthesはシャクナゲ亜属の名称に用いられている。

一八二二年に初めてツツジ属の熱帯産種がスマトラから記載され、さらに一八三四年にドン（George Don, 1798-1856）がツツジ属に分類されるたくさんの種を記載したが、その時点でもこの属の既知種はわずかに五七に過ぎなかった。今日的状況とは隔絶の隔たりがある。

ツツジ属の全貌がおよそ判明してからまだ一五〇年も経っていない。プランショー（Jules Emile Planchon, 1823-1888）、マキシモヴィッチ（Carl Johann Maximowicz, 1827-1891）、コッホ（Carl Heinrich Koch, 1809-1879）、フッカー（Joseph Dalton Hooker, 1817-1911）、クラーク（Charles Baron Clarke, 1832-1932）、フランシェ（Adrian René Franchet, 1834-1900）、ドゥリューデ（Carl Georg Oscar Drude, 1852-1933）らが矢継ぎ早に分類大綱や地域的種族誌を著し、多様なツツジ属の様相が判り始めてきたのである。

二十世紀初頭に基礎的研究が推進された

十九世紀後半からエディンバラ植物園は、バルフォア（Isaac Bayley Balfour, 1853-1922）の指示のもとに中国南西部からヒマラヤ、マレーのツツジ属植物、特にシャクナゲ類の生品と標本を精力的に収集し始める。フォレスト（George Forrest, 1873-1932）、キングドン・ウォード（Francis Kingdon-Ward, 1885-1958）らは多数の種子を持ち帰り、バルフォアらはおびただしい数の新種を彼らの採集品にもとづいて記載した。エディンバラ植物園のコレクションは今日においてもその種数の多さなどにおいて他の追随を許さぬ空前絶後のものである。

園芸家、一般の人々の関心も高まり、一九三〇年にはロンドンの王立園芸協会はスティヴェンソン（John Barr Stevenson, 1882-1950）の *The Species of Rhododendron*（『ツツジ属目録』）を発行した。一九三〇年代にはエディンバラ植物園のターク（Harry Frank Tagg, 1874-1933）、キュー植物園のハッチンソン（John Hutchinson, 1884-1972）、ハーヴァード大学アーノルド樹木園のレダー（Alfred Rehder, 1863-1949）らによって、今日亜属や節とされる種群のモノグラフがまとめられた。これらの研究を受けて提唱されたのが、一九四九年のスレマー（Hermann Otto Sleumer, 1906-1993）のツツジ属の分類である。

スレマーの分類体系

スレマーは一九三五年頃からベルリンのダーレム植物園・博物館で研究を始め、主としてマレーシアとオーストラリアのツツジ属を克明に調べていた。その原稿は一九四三年のベルリン空襲で消失したが、大綱のみを再構成したものが一九四九年の論文である。彼は一九五五年にベルリンからライデンの王立植物標本館に移り、マレーシアとインドシナのツツジ属を研究した（Sleumer, 1960 など）。そして、一九四九年の分類大綱の改訂版を一九六〇年に出版した。スレマーはツツジ属を八つの亜属に分類する（表1）。彼の分類の基本は花序が頂生するか腋生するかで、この属性によってツツジ属を二分する。二分された各グループのうちシャクナゲ類を含む頂生花序を有する（花が頂芽につく）グループは、鱗片の有無でさらに二分され、さらに葉の常緑性・落葉性、混芽か花芽と葉芽が別かで五つの亜属に区分された。すなわち、シャクナゲ類はツツジ属のなかで花序を頂生（すなわち、花芽は頂芽から、葉芽は腋芽から出る）し、鱗片はなく、葉は常緑の種群と定義された。

分類体系とシャクナゲ類

スレマーは初めシャクナゲ類は亜属のひとつEurhododendron亜属に分類し、北アメリカの*Rhododendron macro-*

表1　ツツジ属*Rhododendron*の亜属分類体系

Sleumer 1949	Cullen and Chamberlain 1978	Philipson 1980
Lepidorrhodium (Rhododendron)*	Rhododendron	Rhododendron[1]
Pseudazalea	(Rhododendron)	(Rhododendron)
Eurhododendron (Hymenanthes)*	Hymenanthes	Hymenanthes[2]
Pseudanthodendron (Pentanthera)*	Pseudanthodendron	Pentanthera[3]
Anthodendron (Tsutsusi)*	Anthodendron	Tsutsusi[4]
Asaleastrum	Asaleastrum	Asaleastrum[5]
Pseudorhodorastrum	(？Asaleastrum)	(？Asaleastrum)
Rhodorastrum	(？Asaleastrum)	(？Asaleastrum)
(Asaleastrum)		Candidastrum[6]
(Asaleastrum)		Mumeazalea[7]
[Gen. Therorhodion]		Therorhodion[8]

＊：1960年に行われた改訂版での名称を示す。
カッコ内は、カッコなしの分類群を異名として包含する分類群名
1：ゲンカイツツジ亜属　2：シャクナゲ亜属　3：レンゲツツジ亜属　4：ツツジ亜属　5：トキワバイカツツジ亜属　6：アルビフロルム亜属　7：バイカツツジ亜属　8：エゾツツジ亜属

*phyllum*をその亜属の基準とした。この名称の'eu'は「真正の」という意味だから、属*Rhododendron*の基準種を含む亜属、今日の規則に従えば、Rhododendron亜属の異名ということになる。スレマーはシャクナゲ亜属を含めて亜属の名前を後に現行の命名規約にあわせて変更している。表1のカッコ内にそれを表示した。

スレマーの体系は今日広く一般に採用されている。さらに、これを基本に一部の変更が試みられている。カレンとチェンバレン（Cullen and Chamberlain 1978）、フィリプソン（Philipson 1980）などで、表1にスレマーとの比較を示した。彼らの見解はシャクナゲ類をツツジ属のなかのひとつの亜属（Hymenanthes）とみる点で一致している。

スレマー派とは別の見解もある。ハッチンソン（Hutchinson）は、一九四六年にツツジ属の分類と進化という論文を発表し、本属に有鱗群（Lepidote）と無鱗群（Elepidote）という二つのグループを認めた。いうまでもなくこの二大グループ化は鱗片の有無によるものである。

一九八九年にダヴィディアン（Davidian）はこのグルーピングが種子の形態的類型分類、芽型などともよく一致することを理由に、ツツジ属をこの二群に分けるのは自然であるとした。鱗片を欠くシャクナゲ類は無鱗群に分類される。

世界のシャクナゲと分布

シャクナゲ亜属のすぐれた分類誌が一九八二年にチェンバレンによって著されている（Chamberlain 1982）。彼は二二五種を認め、これを二四の亜節にまとめた。種を認識するうえで特に重要な形質は毛と花冠のかたちで、その他雌しべの数、花柱、子房、蒴果、萼、花序などである。系統関係については、ヒマラヤから中国南西部に分布するLanata、Fulva、Campanulata亜節を原始的な群とし、さらなる考察をするよう提案している。

シャクナゲ亜属のほとんどの種はヒマラヤからミャンマーとチベット南部を経て、中国南西部の四川・雲南両省に分布する。その範囲を超えて広がるのは、（一）Fortunea亜節の数種が中国中部から東南部、（二）コニシシャクナゲ *Rhododendron hyperythrum* など五種が台湾、（三）三種が北アメリカ、（四）四種がコーカサスからトルコ北部（ただし、そのうち一種 *R. ponticum* は西にはポルトガル、南はレバノンに分布を広げている）、（五）キバナシャクナゲ *R. aureum* はアジア東北部、（六）三種が日本、（七）五種がヴェトナムからスマトラにいたるアジア熱帯圏、（八）ヒマラヤを主要分布域とするラリグラス *R. arboreum* の亜種がインド南部とスリランカに隔離分布するだけである。まさに、シャクナゲ亜属は中国南西部とヒマラヤという地域に現在の分布の中心があり、「中国・ヒマラヤ区系」を代表する植物といえる。

日本のシャクナゲの分類

チェンバレン（Chamberlain, 1982）は、日本のシャクナゲ類をすべてキバナシャクナゲ亜節に分類する。他方、山崎（Yamazaki 1993）はシャクナゲ節を二つの列ツクシシャクナゲ列 series Hymenanthes とキバナシャクナゲ列 series Pontia

に二分する。山崎によればヤクシマシャクナゲ *Rhododendron yakushimanum* Nakai とツクシシャクナゲ *R. japonoheptamerum* Kitam.（ホンシャクナゲとキョウマルシャクナゲを変種とする）、アズマシャクナゲ *R. degroniaum* Carr.、エンシュウシャクナゲ *R. makinoi* Nakai が前者、ハクサンシャクナゲ *R. brachycarpum* G. Don とキバナシャクナゲ *R. aureum* Georgi が後者である。

チェンバレンはツクシシャクナゲを *Rhododendron japonicum*（Blume）C. K. Schneid. とし、変種ツクシシャクナゲ（ホンシャクナゲを含む）var. *japonicum* の他に、アズマシャクナゲ（キョウマルシャクナゲを含む）もこの種の変種 var. *pentamerum* としている。また、エンシュウシャクナゲはヤクシマシャクナゲの亜種とする。チェンバレンの分類は北村四郎が一九七二年に『原色日本植物図鑑木本編Ⅰ』（保育社）で行った見解に沿うものである。キョウマルシャクナゲをツクシシャクナゲに含める。キョウマルシャクナゲとヤクシマシャクナゲの分化と分類については堀田満が一九七四年にコメントを述べている。堀田のコメントに再コメントするにはいまだ解析的研究が不十分である。

おわりに

ヒマラヤから雲南・四川という比較的限定された範囲に、低木とはいえ木本のシャクナゲ類の二〇〇もの種が自生していることは興味深い。地殻変動もはげしい地域であり、これらの種の起源は相対的に新しいとみてよい。各種の分布範囲は一般に狭く、ひとつの山や山系に限定される種も少なくない。しかし、ラリグラス *Rhododendron arboreum* のようにヒマラヤから中国南西部、不連続的にスリランカ、インド南部という広範囲に分布する種もある。中国南西部の亜種、subsp. *delavayi*（Franch.）D. F. Chamb. は東京大学附属植物園日光分園などで *Rhododendron delavayi* として栽培されている。初めヒマラヤ産の基準種と同種とするのに抵抗を覚えたが、ヒマラヤでの幅広い変異に接し、アッサムの中

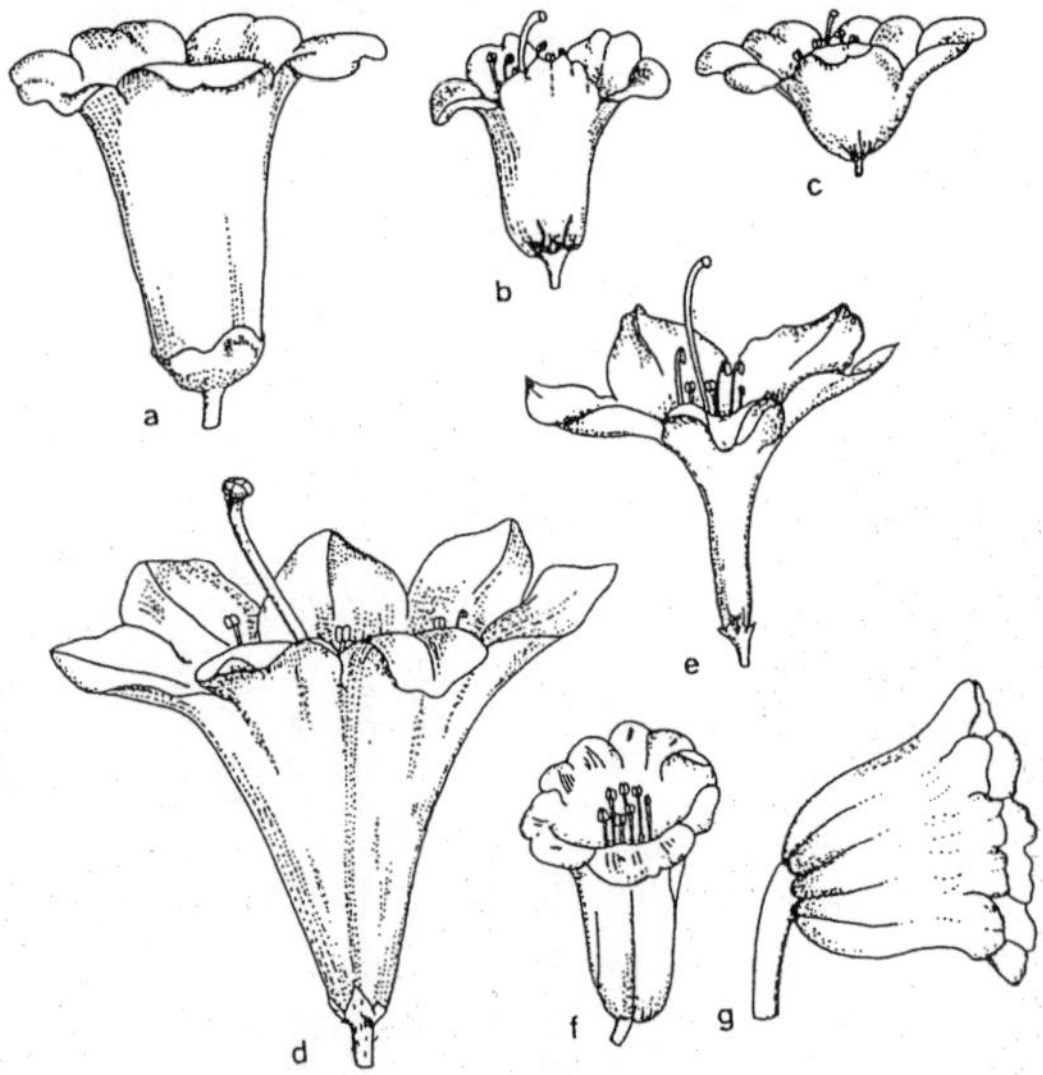

図１　シャクナゲ亜属の花冠のかたち　ａとｂ：鐘形（ａ：*Rhododendron thomsonii*, ｂ：*R. campylocarpum*）、ｃ：広鐘形（*R. souliei*）、ｄ：漏斗形（*R. suriculatum*）、ｅとｆ：筒状鐘形（ｅ：*R. griersonianum*、ｆ：*R. irroratum*）、ｇ：横向きの鐘形（*R. falconeri*）（Chamberlain 1982による）

間型の存在を考えると納得できる。

独立峰や山系ごとにシャクナゲと訪花昆虫の集団の分布が寸断されていることが、集団間の変異差を増大し、分化を加速している背因かもしれない。亜高山帯の痩せた薄い酸性土壌、気温の大きな日較差、年較差、低木そして冬季の薄い積雪下での暮らしにたいするシャクナゲの適応戦略はどうなのだろう。日光で観察した、低温下で葉が細胞から水を排水して凍結を防ぐ工夫はこの地域のシャクナゲでも普遍的なのだろうか。導管をもつ被子植物の樹木で、凍結後の気泡発生によって引き起こされる乾燥による枯死がシャクナゲでは起きないのだろうか。極限環境に生きる樹木の適応の問題を考えるうえでもシャクナゲは重要である。

ヒマラヤから中国南西部をフィールドとする私にとってシャクナゲは今後ますます魅力のある材料となると考えられる。

【引用文献】

Chamberlain, D. F. 1982 A revision of *Rhododendron* II. Subgenus Hymenanthes. *Notes from the Royal Botanic Garden, Edinburgh,* **39** : 209–486

Cullen, J. & D. F. Chamberlain 1978 A preliminary synopsis of the genus *Rhododendron. Notes from the Royal Botanic Garden, Edinburgh,* **36** : 105–126

Davidian, H. H. 1989 and 1992 *The Rhododendron species*, *vol. 2 and 3*, Timber Press, Portland, Oregon.

堀田満（一九七四）『植物の進化生物学III　植物の分布と分化』三省堂，東京（特に一九四—一九七頁）

Hutchinson, J. 1946 The evolution and classification of Rhododendrons. *Rhododendron Year Book, 1946*, 42–48pp.

Philipson, W. R. 1980 Problems in the classification of the Azalea Complex. In : Luteyn, L. and E. O'Brien (eds.), *Contributions toward a Classification of Rhododendron*, Allen Press, Lawrence, Kansas. 53–62pp.

Sleumer, H. 1949 Ein system der Gattung *Rhododendron* L. *Engler's Botanisches Jahrbücher für Systematik,* **74** : 511–553

Sleumer, H. 1960 Florae Malesianae Precursores XXIII. The genus *Rhododendron* in Malaysia. *Reinwardtia,* **5** : 45–231

Stevenson, J. B., (ed.) 1930 *The species of Rhododendron*, London

Yamazaki, T. 1993 *Rhododendron* L. In : Iwatsuki, K.,Yamazaki, T., Boufford, D. E. and H. Ohba (eds.), *Flora of Japan*, *vol. 3a*, Kodansha, Tokyo. 16–44pp.

サクライソウの所属をめぐって

日本ではサクライソウ（ユリ科）を*Protolirion*に分類する専門書が多いが、国外では*Petrosavia*とする見解が最近では広く採用されている。本稿では、これまでの研究に筆者の知見を加え、サクライソウの所属について考察を行った。また系統と類縁、生育地について私見を記した。

サクライソウはMakino（1903a）によって単型属と考えられ、*Myoshia Sakuraii*の学名で発表されたが、*Petrosavia*や*Protolirion*との関係はまったく言及されなかった。しかし、その後すぐにMakino（1903b）はサクライソウを*Protolirion*に移し、*Petrosavia*のもとでも新学名を与えた。*Protolirion*のタイプ種はマレー半島で発見され、一八九一年にRidleyによって初めはボルネオ産の*Petrosavia stellaris*と同定された。Groom（1895）は*Petrosavia*では心皮が基部から完全に離生すると記載されているのに、マレー半島のものは心皮が基部で明らかに癒合することを観察した。先のRidleyはこの事実に加え、マレー半島のものが腐生であることに気づかなかったため、マレー半島の植物を一八九五年に腐生植物として記載された*Petrosavia stellaris*とは別属新種とされ、*Protolirion paradoxum*の学名で記載された。

Krause（1930）は、エングラーの*Pflanzenfamilien*第二版で、*Petrosavia*と*Protolirion*を別属とし、後者に*Protolirion paradoxum*の他サクライソウとKrause（1929）が中国南部から書いた*Protolirion sinii*の二種を含めた。Krauseはしかし両属の関係について*Petrosavia*が*Protolirion*にたいへん近いと記しているだけで比較は行っていない。Krauseは記載で*Protolirion*に'Nektarien 3 vorden Pet.'と蜜腺があるように記しているが、これは誤りである。おそらくMakino（1930a）の発表した図の一部（一六）を蜜腺と見誤ったのではないかと思われる。*Syllabus*12版ではMelchior（1964）がKrauseの見解を踏襲している。前川（一九三九）は、子房の位置のちがいを重視して、*Petrosavia*と*Protolirion*を別属とし、サクライソウは後者に属するとした。

他方、Hutchinson（1933）は、両属のタイプとなった*Petrosavia stellaris*と*Protolirion paradoxum*の基準標本を解剖し、心皮は両種ともGroomの*Protolirion paradoxum*での観察に一致するばかりか、その他の形質においても両種は差がないとした。このような*Petrosavia*と*Protolirion*のタイプを同種とする見解はvan Steenis（1934）を初め、Gagnepain（1934）、Masamune（1938）、Chun（1940）、Jessop（1979）、Chen（1980）などにより補強あるいは採用されている。

これらの見解にたいしてNakai（1941）は子房の位置、心皮の癒合状態、花序型、葉鞘の有無などにおける差を重視し、サクライソウ、*Protolirion paradoxum*、*Protolirion stellaris*をそれぞれ別属とし、*Protolirion sinii*はサクライソウ属に含めている。ただし、NakaiはHucthinson（1933）の指摘した*Petrosavia*の心皮の癒合には言及しておらず、同属の他の形質についてもBeccari（1871）とKrause（1930）の記載だけを論拠としている。

筆者は*Protolirion*との関係で問題となる*Petrosavia stellaris*の心皮の癒合を中心に花の構造をさく葉標本によって再検した（図1）。その結果、問題の心皮はおのおの腹側で基部から三分の一から四分の一ほど癒合していることが確かめられた。（図1b、d）。しかし、*Petrosavia stellaris*を*Protolirion paradoxum*から区別しえる特徴は見出せなかった。結論としてHutchinsonが最初に指摘したように、*Protolirion*は*Petrosavia*と同じ種にもとづいて発表された異名であるということができる。

サクライソウは*Petrosavia stellaris*と比べると、花序型と子房の位置が異なる。*Petrosavia stellaris*では花は茎の上部の腋につくが、下方の花ほど長い柄を有し、かつ節間が短いため配列は散房状となる。サクライソウや*Petrosavia sinii*は総状である。しかし、この場合の花序における差は属を分かつほど大きいとは考えがたい。

図1に示すように、サクライソウでは雄蕊と花被が子房の背側に癒合する（e）。*Petrosavia stellaris*は子房上位で、雄蕊ならびに花被は子房から離れてつくとされてきた。しかし、図1b、dに示すように、*Petrosavia stellaris*でもサクライソウと同様に雄蕊と花被は子房の背側基部に癒合していることが判った。すなわち、雄蕊と花被は花床上に直接つくのではなく、花の形成過程で子房と共通の基盤から生じたことが想像される。したがって見かけ上は子房上位であっても、やはり子房中位とみるのが正しいと考える。子房の位置にみられる差異をどう評価するかでサクライソウの扱いは異なるといってよいであろう。ユリ科では子房の位置（中位か上位か）は属を区分する際に指標となる場合もある。サクライソウと*Petrosavia stellaris*

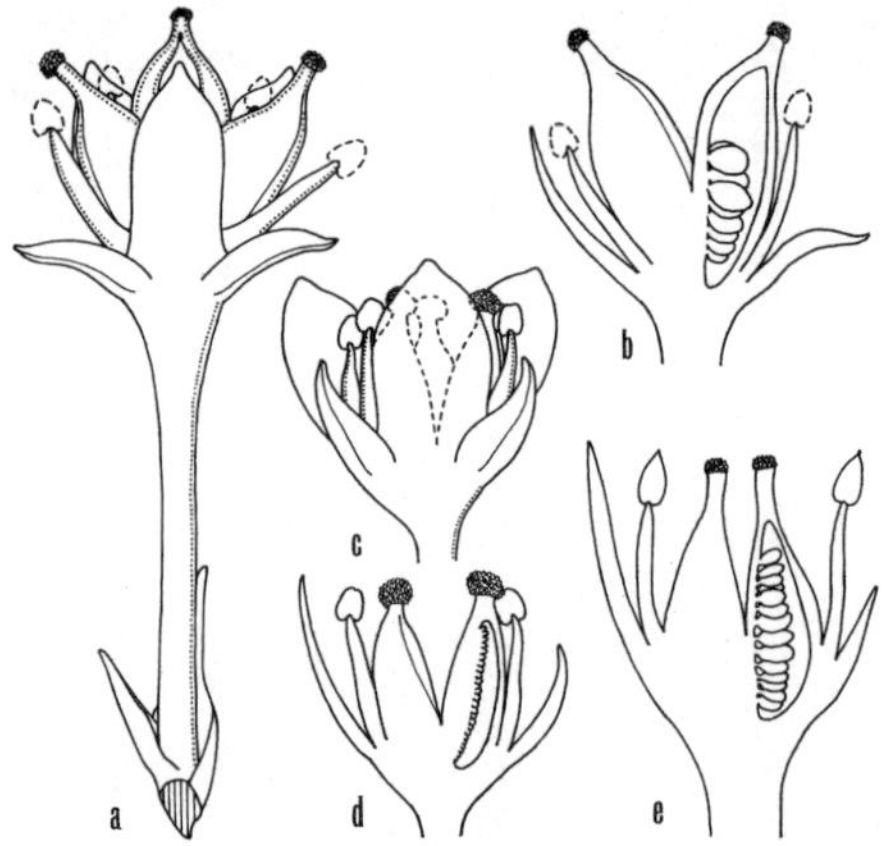

図1　*Petrosavia stellaris*（a－d）と*Petrosavia sakuraii*（e）　a：花、花柄と苞及び前出葉をつけた状態、b：成熟時の花の縦断面、c：開花期の花、d：cの縦断面、e：成熟時の花の縦断面（aとb：ボルネオ、カリマンタンTimur, Gunung Mendam, N. of Tabang. Murata et al. B2838, KYO、cとd：ボルネオ、キナバル山 Togashi s. n., TI、e：岐阜県可児郡久々利 Ohba & Akiyama 3096, TI）

は上部で離生する心皮と二～四列生する胚珠をもつなど、他のユリ科にみられない特徴を共有する。この場合、花被と雄蕊の子房との癒合程度の差は本質的なものでなく属内における変異と評価し、同属として扱っておく方が分類体系のなかで両種の関係を一層効果的に示すことができるのではないかと思う。この考え方を採用すれば、サクライソウの学名は *Petrosavia sakuraii* (Makino) J. J. Smith ex van Steenis (*Trop. Natur.* **23** : 52, 1934) となる。*Petrosavia sinii* はサクライソウにきわめてよく似ており、Jessop がいうように同種の可能性が高い。しかし最終的な判断にはベルリンにあるはずの基準標本の検討が望まれる。

サクライソウ属の類縁関係についてはいろいろな説が発表されている。本属を単型のサクライソウ科（Petrosaviaceae Hutchinson 1934, nom. conserv.）として扱う説がある（Hutchinson 1934 ; Nakai 1941 ; Cronquist 1981 など）。これまで類縁を考察する基礎となる解析的な研究が渡辺（一九四四）、Erdtman (1952)、Huber (1969)、Stant (1970)、Sterling (1978) によって行われた。しかし扱った形質で系統上の位置が大きく変わってしまう。その意味では Ambrose (1980) による数量解析を用いたユリ科シュロソウ亜科の再検討でサクライソウ属が除かれてしまったことが惜しまれる。腐生生活による特殊化現象として構造の単純化がある。構造上の単純さをただちに系統発生上の原始性と判断してはならないことはいうまでもない。サクライソウ属の類縁をめぐる議論のなかで、そのことが忘却されているきらいがある。Stant (1970) はサクライソウ属の栄養器官の解剖学的構造がホンゴウソウ科と一致するとした。しかし、女史はその一致が生理上の特殊性と環境によってもたらされたことも充分考えられるとして、サクライソウ属をホンゴンソウ科におくことに幾分の躊躇を示していることに注目したい。類縁についてのこれまでの考察から、比較対象となる分類群の解析の必要性が痛感される。それらは単子葉植物の広範囲の科に及ぶが、なかでもユリ科シュロソウ亜科やソクシンラン亜科の解析的研究が早急に望まれる。

サクライソウは長野（橋渡・高橋一九七七）、岐阜、愛知、石川（九富一九七五）、福井（九富による）、京都、奄美大島（Masamune 1938）から、台湾を経て、中国（広西省、四川省金仏山）、ミャンマー、北スマトラに分布することが知られている。渡辺（一九四四）は、アセビ、ソヨゴ、ネジキなどの落葉・常緑混交林に生じるとし、水野ら（一九七四）は岐阜県可児郡久々利の自生地がソヨゴ・コナラ群落にほぼ限られると記している。しかし、筆者は一九八一年に水野らの調査した地域内のヒノキ植林地でも多数のサクライソウ個体を見出している。サクライソウが針葉樹林（アスナロ）内でも生育することはすでに赤澤・田村（一九五四）が報じている。ついでであるが、*Petrosavia stellaris* について Ridley（1924）が *Dacrydium*（イヌマキ科）林下に生えると記している点は注目される。しかし、サクライソウでは特定の植物や植物群落との結びつきはないとみてよいであろう。多くの自生地が排水がよく落葉層の発達した、植被の貧弱な林床である点は、無葉緑菌根の腐生植物としての生理的特性（渡辺一九四四）に関係していることが容易に想起される。

【引用文献】

赤澤時之・田村道夫（一九五四）「サクライソウ京都に産す」『植物分類地理』一五巻一三八頁

Ambrose, J. D. 1980 A re-evaluation of the Melanthioideae (Liliaceae) using numerical analyses. In : Brickell, C. D., Cutler, D. F. and M. Gregory (eds.), *Petaloid monocotyledons. Horticultural and botanical research*, Academic Press, London. 65–81pp.

Beccari, O. 1871 *Petrosavia*, nuovo genere di piante parassite della famiglia delle Melanthaceae. Nouvo Giornale Botanico Italiano, **3** : 7–11.

Chen, S. C.（陳心啓）1980 2. *Petrosavia*.『中国植物誌』一四巻一一一一三頁

Chun, W.Y. 1940 Petrosaviaceae in Flora of Kwangtug and S. E. China. *Sunyatsenia*, **4** : 269.

Cronquist, A. 1981 *An integrated system of classification of flowering plants*, Columbia University Press, New York

Erdtman, G. 1952 *Pollen morphology and plant taxonomy*, Almquist & Wiksell, Stockholm

Gagnepain, F. 1934 15. *Petrosavia*. In: H. Lecomte, *Flore générale de l'Indo-Chine*, **6**: 802–803

Groom, P. 1895 On a new saprophytic monocotyledon. *Annals of Botany*, **9** : 45–58

橋渡勝也・高橋秀男（一九七七）「木曽郡南木曽町柿其で発見した長野県新産植物二種」『長野県植物研究会誌』一〇号一二八―一二九頁

Huber, H. 1969. Die Samemmerkmale und Verwandtschaftsverhältnisse der Liliifloren. *Mitteilungen der Botanischen Staatssammlung München,* **8** : 219–538

Hutchinson, J. 1933. XVIII–*Petrosavia* and *Protolirion. Kew Bulletin,* 1933: 156–157

Hutchinson, J. 1934 *The families of flowering plants. II. Monocotyledons*, 2nd edition, Clarendon Press, Oxford

Jessop, J. P. 1979 4. *Petrosavia.* In: C. G. G. J. van Steenis (ed.), *Flora Malesiana*, ser. 1, **9** : 198–200

Krause, K. 1929 Zwei für China neue Liliaceengattungen. *Notizblatt des Königlichen Botanischen Gartens und Museums zu Berlin,* **10** : 806–807.

Krause, K. 1930 Liliaceae. In : Engler, A. and K. Prantl (eds.), *Die natürlichen Pflanzenfamilien*, ed. 2, 15a: 227–386 (256)pp.

丸富修（一九七五）「サクライソウの新産地について（石川県）」『北陸の植物』一三巻一四頁

前川文夫（一九三九）「落穂集（其一）」『植物研究雑誌』一五巻一四六―一五二頁

Makino, T. 1903a *Miyoshia* Makino gen. nov. in Observatons on the flora of Japan. *Botanical Magazin*, *Tokyo,* **17** : 144–146

Makino, T. 1903b *Protolirion Miyoshia-Sakuraii* Makino in Observatons on the flora of Japan. *Botanical Magazin, Tokyo,* **17** : 208 なお、牧野富太郎（一九〇三）「新属ノ奇品さくらゐさう」『植物学雑誌』一七巻（二一七）頁、「再ビ新属ノ奇品さくらゐさうニ就テ述ブ」同（二六二）頁を合わせて参照されたい。

Masamune, G. 1938 Miscellaneous notes on the flora of the eastern Asia I. *Transactions of Natural Historical Society of Formosa,* **28** : 45–46

水野瑞夫・田中俊弘・福原裕子・鈴木智子（一九七四）「サクライソウの自生地について」『北陸の植物』二一巻七〇―八〇頁

Melchior, H. 1964 *A. Engler's Syllabus der Pflanzenfamilien*, *ed. 12, Bd. 2*, Gebrüder Borntraeger, Berlin

Nakai, T. 1941 246) Miyoshiales Nakai, ordo nova, in Notulae ad plantas Asiae orientalis (XVI). *Journal of Japanese Botany,* **17** : 189–191, 204–206

Ridley, H. N. 1924 1. *Protolirion* in *the Flora of Malay Peninsula,* **4**: 322–323

Stant, M. Y. 1970 Anatomy of *Petrosavia stellaris* Becc., a saprophytic monocotyledon. In: Robson, N. K. B., Cutler, D. F. and M. Gregory (eds.), *New research in plant anatomy*, Academic Press, London. 147–161pp

Sterling, C. 1978 Comaparative morphology of the carpel in the Liliaceae: Hewardieae, Petrosavieae, and Tricyrteae. *Botanical Journal of the Linnean Society,* **77** : 95–106

Steenis, C. G. G. J. van 1934 *Petrosavia sakuraii* (Makino) J. J. Smith ex v. Steenis. *Tropische Natuur,* **23** : 52

渡辺清彦（一九四四）「さくらゐさうノ形態学的並ニ生態学的研究」『植物研究雑誌』二〇巻八五―九三頁

ドクウツギの分類と生物地理

ドクウツギ属は図1に示すように、世界の熱帯から温帯に隔離分布することが知られている。ドクウツギと直接比べることができる分布パターンをもつ植物はないようである。このパターンの成因には多くの研究者が関心を寄せてきた。この稿では、ドクウツギ属の種と属内分類、その地理的分布についてのこれまでの研究を総括し、私見を加えた。

種と属内分類群の分類

表1には筆者らが提唱する、ドクウツギ属の分類体系を示した。[1] 属内分類群設定の基準となった形質は表2に示す。雌蕊の形状に着目するのはこれが初めてである。

ドクウツギ属は、その地理的広がりにたいして種の多様性が低い。ネパールから中国西南部及びニュージーランド以外の各地では、たった一種が存在するだけである。

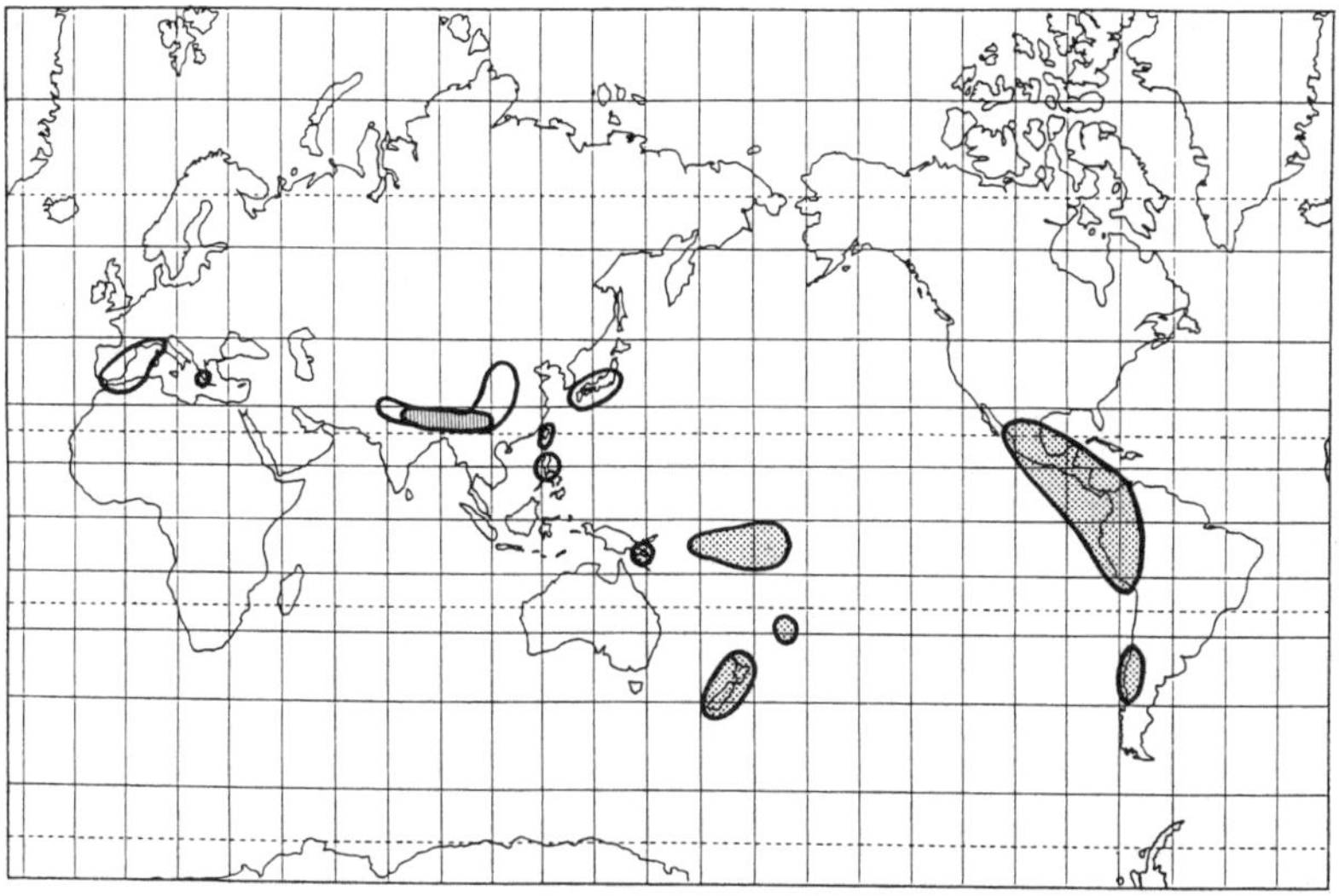

図1　ドクウツギ属の分布　ヒマラヤ・中国西南部には*Coriaria terminalis*（細線入り）と*C. napalensis*がある。*C. myrtifolia*（地中海）、*C. intermedia*（台湾・フィリピン）、*C. japonica*（日本）、*C. microphylla*（中央アメリカ）、*C. ruscifolia*（南アメリカ南西部）、*C. papuana*（ニューギニア）、*C. sarmentosa* var. *kermadecensis*（ケラマデス島）は異所的に分布する。ニュージーランドには*C. arborea*など8種がある。フィジー諸島など南太平洋に分布するドクウツギは未決定であるが、*C. arborea*、*C. papuana*、*C. ruscifolia*に近縁である。

ニュージーランドのドクウツギ属
―同所的に存在する種

ニュージーランドからは多数の種が記載されているが、一方でスコッグ[2]のようにニュージーランド産を含め西半球のドクウツギはただ一種とする見解もある。

雑種の存在を認めながらも七種に分類するオリバー[3]やそれを受けたアラン[4]から、ニュージーランドでは多くの種が同所的に分布していると考えられる。複数種が同所的に分布する集団があれば、変異を解析し、また雑種個体を見出すことによって、遺伝的な隔離を推測することができ、スコッグとオリバーの見解にコメントできるはずである。

一九九二年に短期間ではあったが、鈴木三男、戸部博と共同で現地を調査した。その結果、多くの種が同所的に生えていること、さらに同所的に生育している場合でも、以下に述べる例外を徐き、各種の境界は明瞭で、遺伝的な隔離機構の存在が示唆された。

例外は*Coriaria arborea*である。この種は同国の南島・北島の両方に出現し、しかも他種との間に雑種をつくる。北島のワイプンガ滝周辺には、分布の狭い*C. kingiana*が産するが、*C. arborea*が産するところでは雑種が見出された。

南島のアーサー峠（バラッククリーク）では多数の中間的な形態をした個体があり、ここを訪れた直後はニュージーランドでの種の区別に疑問を覚えたほどである。その後、これは*C. arborea*が同所的に生えた*C. angustissima*、*C. lurida*、*C. sarmentosa*という三種と交雑した結果に由来すると推定された。

Coriaria angustissima、*C. lurida*、*C. sarmentosa*の三種は、*C. arborea*のみられなかった南島のタスマン氷河

表1　ドクウツギ属の分類体系

Coriaria L. ドクウツギ属
- Subgen. Coriaria　ドクウツギ亜属
  - Sect. Terminalis H. Ohba *et al.* テルミナリス節
    - *C. terminalis* Hemsl.（テルミナリス）
  - Sect. Coriaria ドクウツギ節
    - *C. myrtifolia* L.（ミルティフォリア）
    - *C. napalensis* Wall.（ネパレンシス）[1]
    - *C. intermedia* Matsum. タイワンドクウツギ（インターメディア）[2]
    - *C. japonica* A. Gray ドクウツギ（ヤポニカ）
- Subgen. Heterocladus (Turcz.) H. Ohba *et al.* ミナミドクウツギ亜属
  - *C. microphylla* Poir.（ミクロフィラ）[3]
  - *C. ruscifolia* L.（ルスキフォリア）
  - *C. sarmentosa* G. Forst.（サルメントーサ）
    - var. *kermadecensis* (W. R. B. Oliv.) H. Ohba *et al.*[4]
  - *C. arborea* Linds.（アルボレア）
  - *C. papuana* Warb.（パプアナ）
  - *C. kingiana* Col.（キンギアナ）[5]
  - *C. pottsiana* W. R. B. Oliv.（ポッチアナ）
  - *C. lurida* Kirk（ルリダ）
  - *C. pteridoides* W. R. B. Oliv.（プテリドイデス）[6]
  - *C. plumosa* W. R. B. Oliv.（プルモーサ）[7]
  - *C. angustissima* Hook. f.（アングスティッシマ）

註1）*C. sinia* Maxim.はこの異名
2）*C. summicola* Hayataはこの異名
3）*C. thymifolia* Willd.及び*C. ruscifolia* subsp. *microphylla* (Poir.) L. E. Skogはこの異名
4）*C. arborea* var. *kermadecensis* W. R. B. Oliv.はこの異名
5）*C. thymifolia* var. *undulata* Petrie, *C. lurida* var. *undulata* (Petrie) Allanはこの異名
6）*C. lurida* var. *acuminata* Cockayne et Allanはこの異名
7）*C. lurida* var. *parvifolia* Cockayane et Allanはこの異名

表2　属内分類群の基準となる形質

節	花序	冬芽鱗片葉	花	花柱
Terminalis	頂生	無	両性	直立・棒状
Coriaria	腋生	有	雄／両性	斜開・中膨れ
Heterocladus	腋生	無	両性	直立・棒状

では混生しても、各種との間に中間的な形態をした個体はみられず、その差異は判然としていた。

先にあげたオリバー[3]は、こうしたニュージーランドのドクウツギ属の実態を正確に把握している。彼の論文は、その後同国のドクウツギ属を扱ったどの論文よりも優れている。ただそのなかでオリバーが、*C. sarmentosa* が *C. angustissima*、*C. plumosa*、*C. kingiana* と交雑するとしているのは疑問である。

Coriaria sarmentosa と *C. angustissima* との雑種例で、アーサー峠を発見場所にあげているが、これは *C. arborea* が関係したものと推測される。彼が *C. plumosa* との雑種とするものは、独立した種である *C. lurida* である。ただし、*C. kingiana* についてはわれわれの観察は充分ではない。オリバーは *C. kingiana* と *C. pottsiana* が交雑することも指摘している。

スコッグ[2]は、アメリカ大陸のドクウツギ属もニュージーランド産と同種であるとし、これを二亜種に分類した。*Coriaria ruscifolia* と別の亜種とされた *C. microphylla* は、ニュージーランドやニューギニア、南太平洋産の種から形態上、最も隔たっている。

これらすべてが、共通の祖先種に由来する子孫種として単系統群を構成する（ミナミドクウツギ亜種）と推定されるので、スコッグの見解は種の範囲についての評価の差だけのようにもみえる。しかし、スコッグの見解は支持できない。それは、ニュージーランドにおける、同所的に存在するドクウツギ属植物間にみられる形態分化と、その遺伝的隔離から、上述の種が自然の存在であると考えられるからである。

パプアナ―隔離分布型の種

ニューギニアから記載された *C. papuana* は、距離的には近いフィリピンにある *C. intermedia* とは明らかに異なり、ミナミドクウツギ亜属タイプの花柱をもつ（図2）。ニューギニアでは普通種らしく、多数の標本が採集されている。これはニュージーランドの *C. arborea* や *C. sarmentosa* と南米の *C. ruscifolia* に類似する。しかし、*C. sarmentosa* は一〇個の雌蕊をもち、通常は五個しかない他種とは異なる。この特徴は南太平洋の個体ならびに *C. arborea* に共通する。しかし、萼片は *C. arborea* より大きい。

Coriaria papuana は花柄に先が円頭に終わる短毛が生える。*Coriaria papuana* の葉形は、ニュージーランドや南太平洋の個体のそれとは多少異なる。また、栽培すると、*C. papuana* の葉は、中南米の *C. microphylla* のように小さくなる。南太平洋産の個体にはこの傾向はみられない。

総合すると、*C. papuana* はニュージーランドの *C. arborea* に最も近い。これを別種とするか、同一種とするかは、微妙なところだが、萼片の大きさなどの差異から別種とした。南太平洋諸島のドクウツギは、花柄の有毛性では *C. arborea* や *C. papuana* と共通するが、*C. ruscifolia* との関連も考えられる。その帰属は未だ謎である。

対象とした分類群が不連続に分布するにもかかわらず、その差異が軽微であることは、この属の分類群間での遺伝的な隔離の不完全さ、または、遺伝的な分離が起こって間も

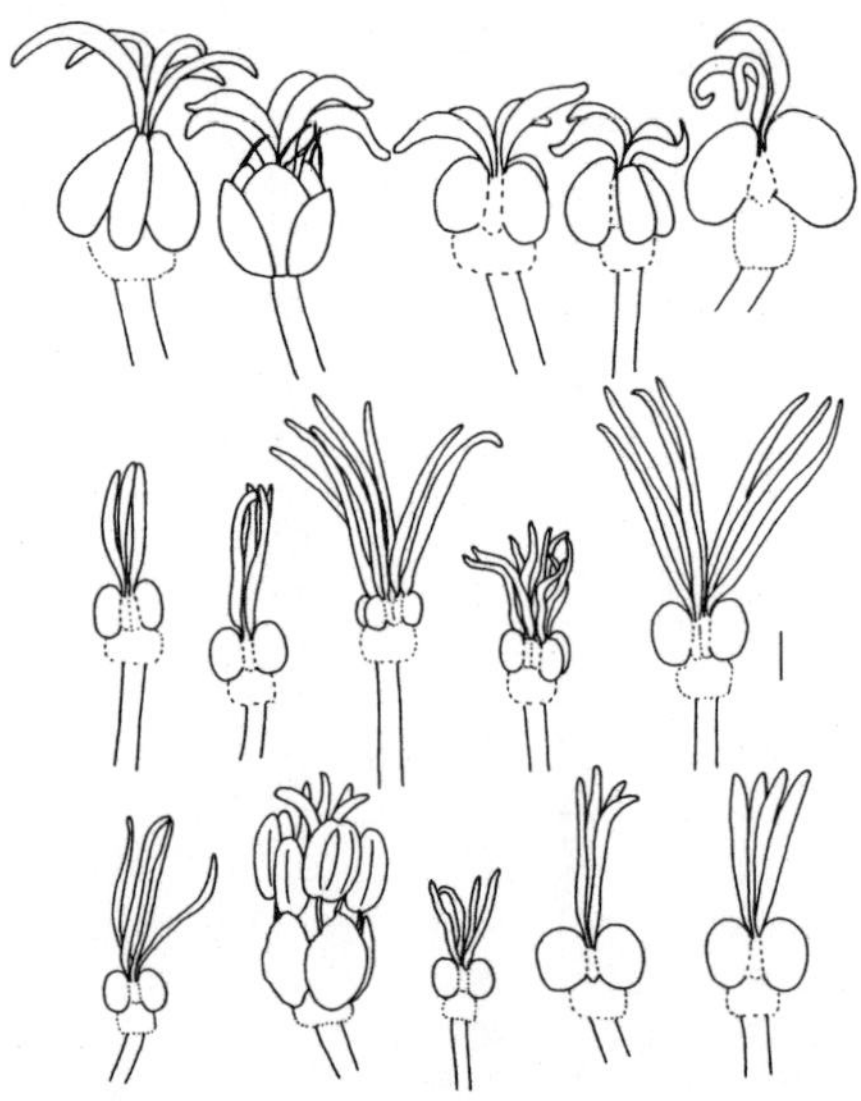

図2　ドクウツギ属の雌蕊　上方は花柱、下部は子房、上段は左から *C. myrtifolia*、*C. napalensis*、*C. japonica*、台湾とフィリピンの *C. intermedia*、中段は *C. terminalis*、*C. arborea*、*C. sarmentosa*、*C. plumosa*、*C. lurida*、下段は *C. ruscifolia* と右から二つ目の *C. papuana* の他は *C. microphylla*。*C. napalensis* の線状のものは葯の落下した花糸、下段左から二つ目の *C. microphylla* には雄蕊が描かれている。バーは1mm。ドクウツギ節では花柱が斜開し、しかも中央部分で膨れるが、ミナミドクウツギ亜属ならびにテルミナリス節では直立し、棒状である。花柱の構造ではドクウツギ節だけが特殊化している。

ない可能性を示唆している。

古赤道分布説は成り立つか

ドクウツギ属の不連続分布は独特であり、そのパターンの成因は、多くの研究者の関心を引いた。成因は、ドクウツギという植物自体あるいは分布地域の特性のいずれかに求めることになる。すなわち、前者は生態学的生物地理学の立場であるし、後者は歴史生物地理学の立場といえる。

前者の立場からの考察は皆無である。ただ、カールキスト[5]は、果実の形態とこの属の植物が新しい火山に分布することから、ドクウツギ属を長距離分散をする例と考えている。この指摘は生態学的アプローチを考えるうえで示唆に富むものである。

歴史生物地理学は種属の系統進化を時空間に再構築することを目的としている。これには分散と分断という側面がある。どちらに焦点を当てるかで、分散生物地理学と分断生物地理学と呼ばれる。この属についてのこれまでの研究を簡単に紹介しよう。

グッド[6]は、ドクウツギ属が、西地中海地域、東アジアの大陸と島嶼、ポリネシアの一部を含むオセアニア、中央及び西南アメリカの四地域に分布する被子植物中唯一の属であり、そのパターンは遺存的な隔離分布であると考えた。さらに南北半球の不連続は陸橋説より大陸移動説による方が都合よく説明されると書いている。一九三〇年代に大陸移動説に言及している点でこの指摘は注目される。大陸移動説はその後再評価されるが、特に南半球での不連続分布について、メルヴィルは大陸移動による分布パターンの形成過程を推定している。[7]

後に汎生物地理学という独自の生物地理学説を提唱するクロイツァは、太平洋横断分散Transpacific dispersalという分散経路（後に彼がいうtrack）が存在したとし、ドクウツギ属をその典型例とみなした。[8] アケビ科やネコノメソウ属の分布パターンも同じ経路により成立したものと考えた。

前川文夫は、一九六〇年代に数多くの論文を書き、ドクウツギ属の分布パターンは、ドクウツギ属が起源し分布を拡大した当時の赤道に沿う分布パターンを保存しているものと推察した。これを古赤道分布説と名づけ、アケビ科やヤッコウソウ属の不連続分布も説明できるとした。[9]

前川文夫の古赤道分布説は、今日的な言い方をすれば、ドクウツギ属の分布パターンが古赤道に沿っての分散とその後の分断によって成立したとする仮説である。この仮説を検証しようとすれば、まず第一にドクウツギ属の系統を推定することが不可欠である。さらに、分断生物地理学的考察を進めるには、さらに(1)ドクウツギ属と類似の分布パターンをもついくつかの分類群の系統を推定し、(2)しかる後に地域分岐図を描き、(3)種分化と結びついた地史的変遷を探り出すという、手順を踏まなければならない。

前川は、ドクウツギの分散の仕方や生態の特徴に頼らず、分布パターンから今日の分断生物地理学に多少通ずるような思考を萌芽させた。しかし、前川自身がこれを科学にまで発展させることはなかった。奇異なことは、前川はドクウツギの分布について数多くの論文を発表したが、その系統分化にはまったく言及していないことである。

ここで、今後の解析にあたっての作業仮説を立てるなら、地中海～ヒマラヤ～東アジア～メキシコという周北半球温帯的な分布パターンを基本とすべきである。このパターンは、北半球温帯系の植物に多く知られている。系統解析から、最も祖先的な*C. terminalis*が湿潤ヒマラヤの冷温帯に分布することは興味深い。イワベンケイ属（ベンケイソウ科）のようにヒマラヤに遺存的な種をもつ種群がかなりあるからである。

ドクウツギ属では形成された周北半球温帯的な分布パターンの分断がその後あり、地中海地域、ヒマラヤを含む東アジア地域、北アメリカ太平洋側南部に分布が限定された。周北半球温帯の植物相が、北アメリカではメキシコから山地に沿って南アメリカへ侵入した可能性の可否が検討に値しよう。ウツギ属（ユキノシタ科）のような北アメリカの東アジア関連植物のなかに、メキシコ山地への分布を拡散した種群が知られている。この過程で、ユーラシアの種群とは形態的にかなり異なる変化が起こり、亜属レベルの分化を遂げたということになる。

ドクウツギ属の、アメリカからオセアニア、南太平洋への進出は最も新しいできごとといえる。すでに述べた地域別にみた種の分化は軽微である。鳥などによる長距離分散、ニュージーランドのような火山性裸地への適応放散も考慮されよう。

だが、この仮説の検証がなされるまで、ドクウツギ属の分布パターンの成因は依然として謎というべきである。

【引用文献】

1 Ohba, H., S. Akiyama and M. Suzuki （未発表） A systematic monograph of the genus *Coriaria*.

2 Skog, L. E. 1972 The genus *Coriaria* （Coriariaceae） in the western hemisphere. *Rhodora*, **74** : 242–253

3 Oliver, W. R. B. 1942 The genus *Coriaria* in New Zealand. *Records of the Dominion Museum*, **1** : 21–43

4 Allan, H. H. 1961 Coriariaceae, in *Flora of New Zealand*, **1** : 300–305

5 Carlquist, S. 1985 Wood anatomy of Coriariaceae : phylogenetic and ecological implication. *Systematic Botany*, **10** : 174–183

6 Good, R. 1930 The geography of the genus *Coriaria*. *New Phytologist*, **29** : 170–198

7 Melville, R. 1966 Continental drift, Mesozoic continents, and migration of the angiosperms. *Nature*, **211** : 116–120

8 Croizat, L. 1952 *Manual of Phytogeography*. Junk, The Hague （特に七二頁、図一三）

9 前川文夫（一九六〇）「ドクウツギの分布と古赤道」『第四紀研究』一巻一二一—一二八頁

イワベンケイ属の生物地理

種族の系統分化は、過去に生じた出来事であり、その再構成には多大の困難がともなうが、さまざまな資料にもとづいて推定することができる。これまでに行われてきたさまざまな分類群についての系統分化についての研究をみると、系統分化の推定が種のレベルにいたるまで多くの研究者により支持されている分類群はごく少数であり、多くの分類群では、科、属、節などの上位分類群に単に種が束ねられているに過ぎないのが現状である。

北半球の高山や（亜）寒帯で繁栄したベンケイソウ科イワベンケイ属*Rhodiola*は、形態ならびに生理生態的な適応で多くの特色を有しており、特殊環境における種分化のモデルケースとして興味深い分類群であるが、これまでに研究されてきた解析のレベルは低かったといわねばならない。ヒマラヤ高山帯で多様化した、ユキノシタ、サクラソウ、シオガマギク属などのほとんどの属は、同時に北半球の温帯から周北極地域においても多様化しており、イワベンケイ属もそのひとつに数えられる（大場一九八六、Ohba 1988）。したがって、本属における種分化過程を明らかにすることは、単にベンケイソウ科の種族系統を解明することだけでなく、広くヒマラヤ高山帯植物相の起源と形成過程を明らかにするひとつのモデルとなるであろう。筆者は一九七二年以来ヒマラヤ植物研究の一環として本属の分類に携わってきた（Ohba 1975,

表１　イワベンケイ属*Rhodiola*の属内分類

プリムロイデス亜属	subgenus Primuloides (Praeger) H.Ohba
ホブソニア節	sectio Hobsonia (H. Ohba) H.Ohba
プリムロイデス節	sectio Primuloides
スミシア節	sectio Smithia (H. Ohba) H.Ohba
クラシペデス亜属	subgenus Crassipedes (Praeger) H.Ohba
クレメンシア亜属	subgenus Clementsia (Rose) H.Ohba
イワベンケイ亜属	subgenus Rhodiola
プセウドロディオラ節	sectio Pseudorhodiola (Diels) H.Ohba
イワベンケイ節	sectio Rhodiola
プライニア節	sectio Prainia (H.Ohba) H.Ohba
カマエロディオラ節	sectio Chamaerhodiola (Fisch. et C. A. Mey.) A. Boriss.

80-82)。ここでは現在までに本属についてえられた地理的分布情報をまとめ、亜属または節ごとに各種の地理的分布を解説し、各種の示す分布パターンの成因について考察し、さらに系統関係自体についても地理的分布パターンからえられた知見にもとづいて議論を行おうとするものである。

イワベンケイ属は現在までに四九種が知られており、北半球の高山と亜寒帯・寒帯に分布しているが、そのほとんどの種がヒマラヤから中国西南部にいたる地域にあり、同地域が本属の現在の分布の中心になっている。実際ヒマラヤ高山帯ではイワベンケイ属植物は植生上も目立った存在になっており、中部・東部ネパールでは*Rhodiola himalensis*を初めとする何種かは植生上の優占種となっている。

イワベンケイ属の系統

筆者はイワベンケイ属に四亜属七節を設けることを提案した（Ohba 1978、表1）。しかし、その論文では近縁属や属内分類群間の系統関係についての議論は棚上げしてしまったので、ここでは主に属内分類群間の系統関係について議論することにしよう。

イワベンケイ属における形質の進化

イワベンケイ属植物では、原始的状態と派生的状態を峻別でき、さらに進化方向が判定できる形質はたいへん少ない。形質進化の一般性から推測される場合をも含め、原始状態と派生状態を仮定した形質を表2に示す。

図1は表2にあげた形質の原始性・派生性にもとづいて作成した系統推定図であるが、上記の形質だけではスミシア節、クラシペデス亜属、イワベンケイ節が定義できない。上記の各分類群を系統群と認めるためには図1中のa、b、cに具体的に固有派生形質が必要である。さらに、クレメンシア亜属とクラシペデス亜属の系統分化の順序を決めるためにはその根拠となる派生形質が必要である。また、イワベンケイ亜属の節の系統関係推定にも同様に派生状態を示す形質が見出される必要がある。現在の分類体系におけるこれらの分類群は、より上位の分類群に内包される分類群から固有派生形質をもって定義される下位分類群を差し引いた「残り」として定義されているのに過ぎないのである。このような分類群の設定は、植物相の分類学的研究のレベルとしてはやむをえないが、系統分類学のレベルでは認めがたい。しかるにイ

表2　イワベンケイ属の系統再構築に用いた諸形質

	原始性	派生性	
性の分化	雌雄同株	雌雄異株	(11)
子房	上位	半下位	(11)
葯	底着	腹着	(8)
花序	伸長性	平開型	(12)
	非総状	総状	(10)
	多数花	少数花	(7)
成熟個体の根生葉	無柄	有柄	(4)
	葉状	鱗片葉状	(3)
	二型的鱗片葉	同型鱗片葉	(5)
	有柄葉状	二型的鱗片葉状	(6)
	残存性	落葉性	(9)
花茎の葉数	多数	少数	(13)
前年の花茎	脱落性	残存性	(14)

註）カッコ内の数字は図1に示す系統図のなかの派生形質につけた数字に一致する

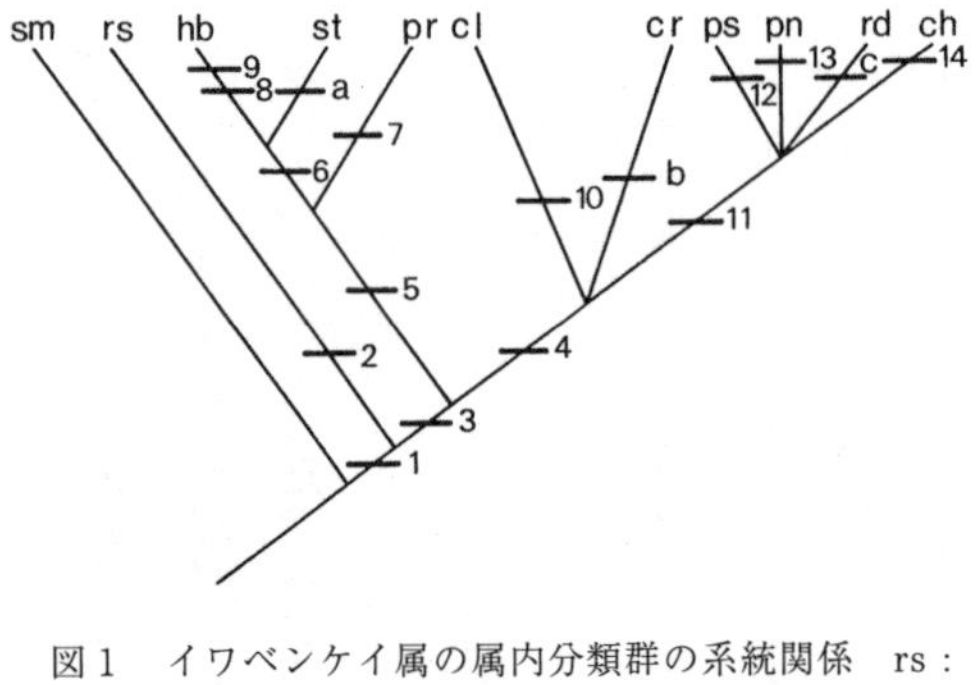

図1　イワベンケイ属の属内分類群の系統関係　rs：genus *Rosularia*（ロズラリア属、外群），hb:ホブソニア節、st:スミシア節、pr：プリムロイデス節、cl：クレメンシア亜属、cr：クラシペデス亜属、ps：プセウドロディオラ節、pn：プライニア節、rd：イワベンケイ節、ch:カマエロディオラ節。
数字は表2のカッコ内の数字に一致している。a–c: st, cr, rdのそれぞれに欠けている派生的形質。

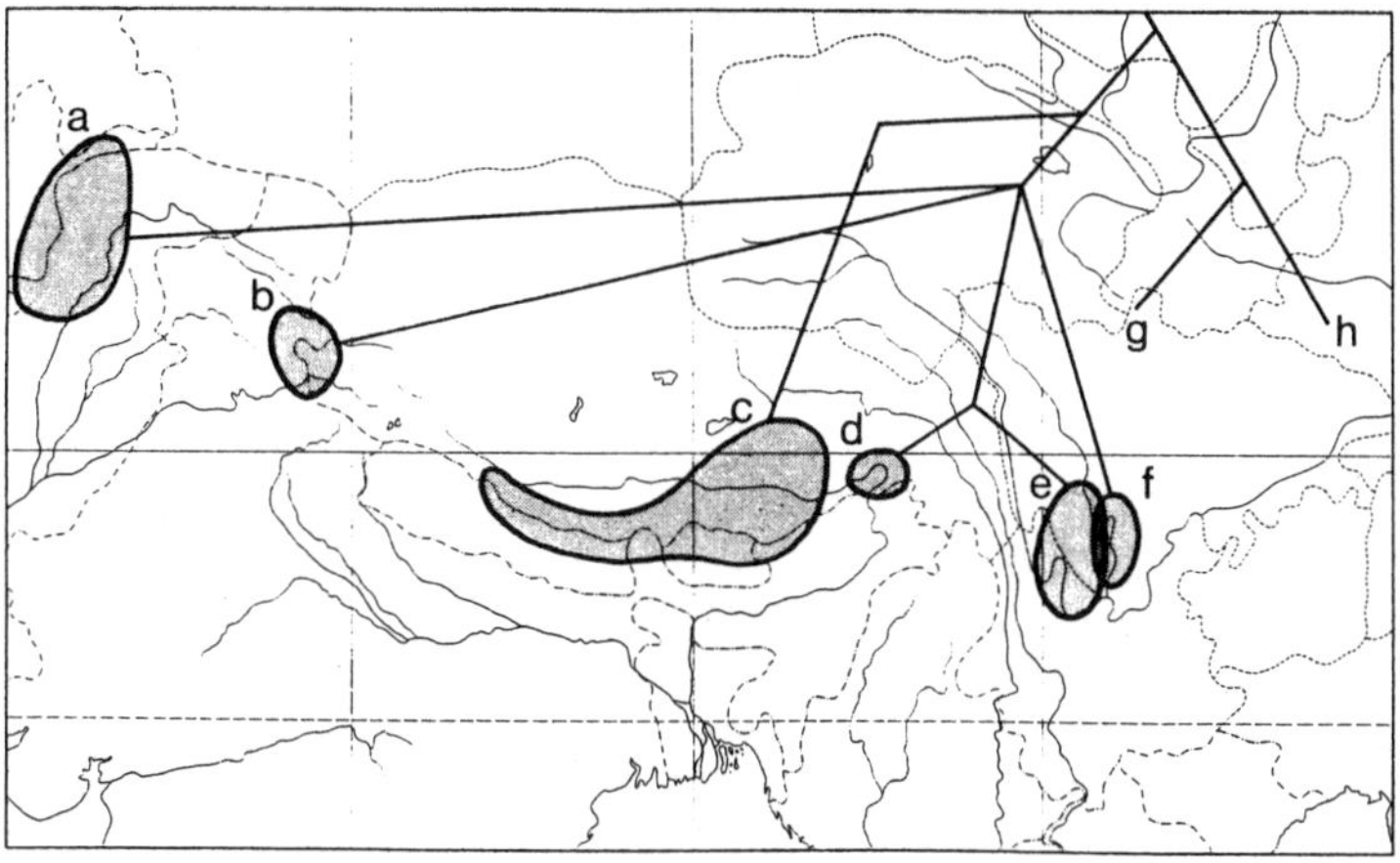

図2　プリムロイデス亜属の分布　a : *Rhodiola pachyclados*, b : *R. saxifra-goides*, c : *R. humilis*, d & e : *R. primuloides* subsp. *kongboensis* (d) and subsp. *primuloides* (e), f : *R. handelii*, g : *R. smithii*, h.: *R. hobsonii*　a-fはプリムロイデス節、gはスミシア節、fはホブソニア節

ワベンケイ属の系統分類体系においてこのような分類群をあえて保留しているのは、将来の研究課題の提示といってよい。未だそれを具体的に示す固有派生形質が発見されていないものの経験的にはそれらのグループが単系統起源の自然なまとまりをもつ分類群と考えられるためである。

そこで本項では表1、図1に示した分類体系に沿って分布の概要を説明しよう。

プリムロイデス亜属　この亜属はスミシア、ホブソニア、及びプリムロイデス（図2）の三つの節からなる。前二節は単型的でヒマラヤ・チベットに産し、その一部がプリムロイデス節の *R. humilis* (Hook. f. et Thomson) Fuの分布域と重なる。スミシア節とホブソニア節は二型的鱗片葉を有し、プリムロイデス節よりも進化していると推定される。しかし、前二節については、どちらがいっそう進化したものか、スミシア節に固有派生形質が見出されていない現状からは推定がむずかしい。プリムロイデス節は五種からなる。そのうち、*R. primuloides* (Franch.) Fuは、中国西南部と亜種として区別される集団（subsp. *kongboensis* H. Ohba）がチベット東南部に隔離分布するが、この二亜種間の祖先－

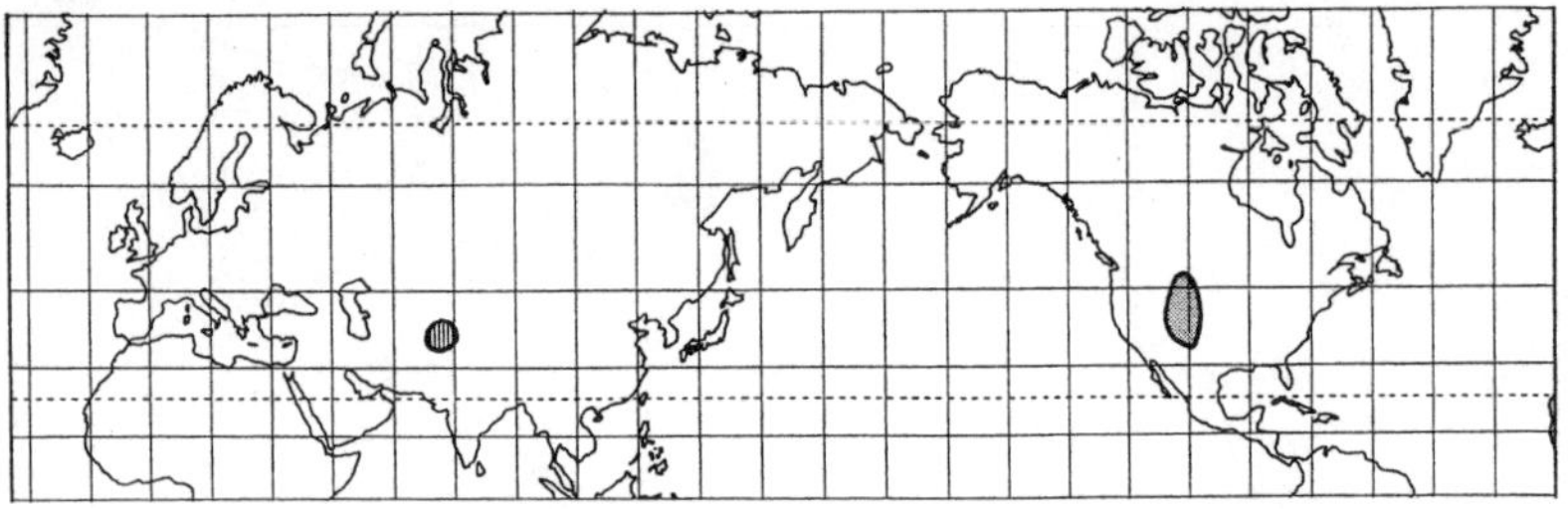

図３　クレメンシア亜属の分布　*Rhodiola semenovii*（アジア）と*Rhodiola rhodantha*（北アメリカ）

子孫関係はまだ判っていない。*R. humilis*は、*R. primuloides*を含む他四種（プリムロイデス群）とかなり異なっており、両者間での分化はプリムロイデス群間における分化より一段と古い時期に生じたものと考えられる。この節において根生葉が葉状から二型的鱗片葉を経て同型鱗片葉へと進化したと推定すると、葉身の退化傾向が顕著な*R. humilis*の方が派生的であるといえる。プリムロイデス群四種のうち、西部ヒマラヤの二種、*R. pachyclados*（Aitch. et Hemsl.）H. Ohbaと*R. saxifragoides*（Fröd.）H. Ohbaは、*R. primuloides*に比べて派生的である。中国雲南省の*R. handelii* H. Ohbaは、これらよりもさらに特殊化が進んでいるように考えられるがまだ確定的なことはいえない。

クレメンシア亜属（図３）　この亜属は、アジア中央部に産する*R. semenovii*（Regel et Herd.）A. Boriss.と北アメリカ・ロッキー山脈にある*R. rhodantha*（A. Gray）Jacobs.の本属としては大形の二種からなる。この分布パターンは遺存固有的であると考えられる。クレメンシア亜属とクラシペデス亜属はたいへん近縁であり、後者は前者から派生したと推定される。

クラシペデス亜属（図４・５）　この亜属は、クレメンシア亜属の種のようにイワベンケイ属としては大形となるクラシペデス群と小形のシヌアータ（Sinuata）群に大別される。クラシペデス群は、中央アジア高地の周縁を取り囲むように分布しており、ヒマラヤの*R. wallichiana*（Hook.）Fuのさらに西方にクレメンシア亜属の*R. semenovii*

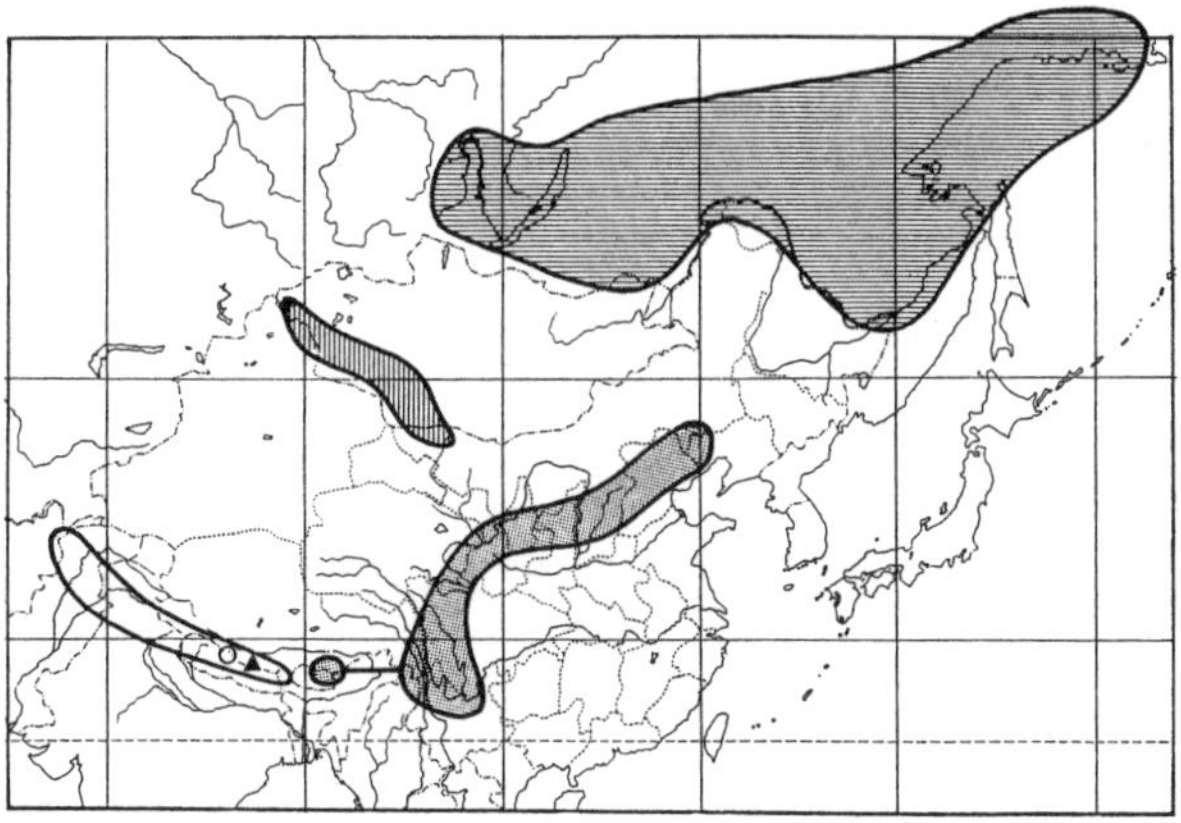

図4　クラシペデス亜属の分布域（1）　*Rhodiola wallichiana*（実線白抜き）、*R. dumulosa*（網点）、*R. algida*（縦線）、*R. stephanii*（横線）、*R. nepalica*（○）、*R. amabilis*（▲）

が分布している（図3）。*R. stephanii*（Cha-misso）Trautv. et C. A. Mey.では雌雄同種ではあるが、雄花と雌花の分化が進んでいる。この*R. stephanii*にみられるような過程を経てイワベンケイ亜属を特徴づける雌雄異株が導かれたと考えられる。

*Rhodiola wallichiana*は、本亜属のヒマラヤ産種である（図4）。*Rhodiola dumulosa*（Franch.）Fuは、イワベンケイ属としては広い分布域を有する種で、*R. stephanii*の南方にあたる中国東北部から中国西南部、さらに飛んでブータンに分布する（図4）。イワベンケイ節の*R. kirilowii*（Regel）Regel ex Maxim.は本種と類似した分布パターンをもつ（図6）。*Rhodiola dumulosa*と*R. wallichiana*は全形や葉形は似ているが、花弁のかたちや前者が鱗片葉に包まれた長球形の冬芽をもつなど、大きく異なっている。

Rhodiola amabilis（H. Ohba）H. Ohbaは、*R. wallichiana*を小形にしたような外形をもち、後者の分布域の一部であるネパールのみに特産し、両種が混生し交雑することがある（Ohba *et al.* 1986）。そのため、これまで本種についてはR. *wallichiana*との関係だけが議論されてきたが、最近になって花弁のかたちなどで*R. dumulosa*にも近いことが判ってきた。*R. nepalica*（H. Ohba）H. Ohbaは、楕円形で浅く不規則に切れ込む葉を疎生し、シヌアータ群との関連が考えられる。本種もネパールに特産するが、分布は中部ネパー

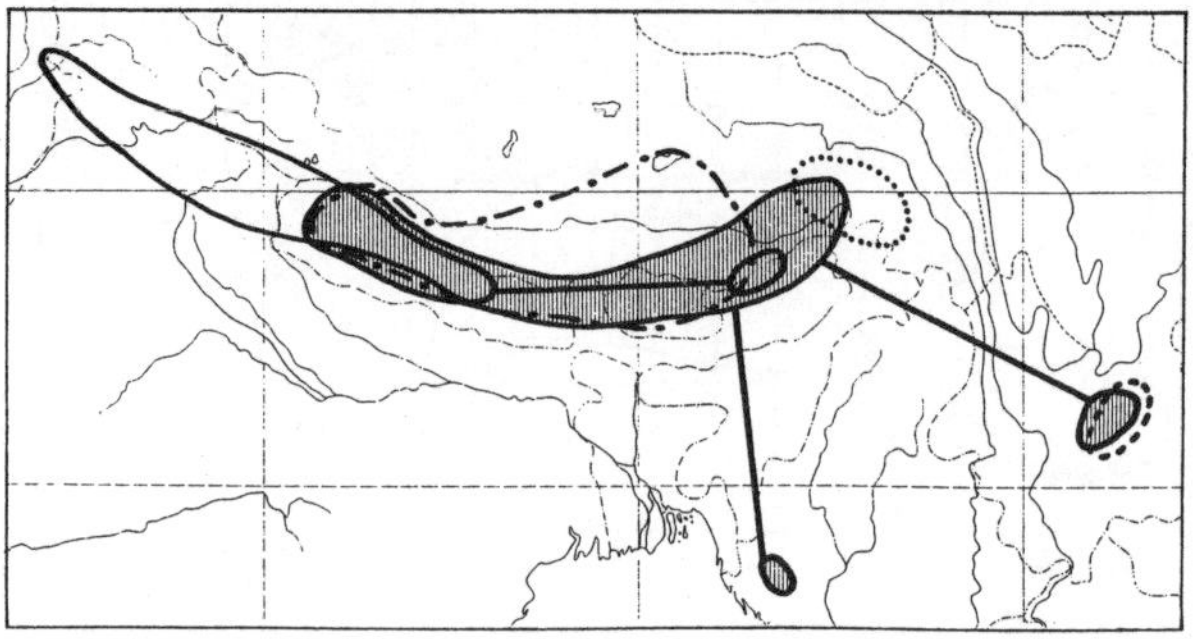

図5　クラシペデス亜属の分布域（2）　*Rhodiola chrysanthemifolia* subsp. *chrysanthemifolia*（実線縦線入り）、subsp. *sacra*（一点破線）、subsp. *sexifolia*（点線）、及び subsp. *liciae*（破線）、*Rhodiola sinuata*（実線白抜き）

ルに限定され*R. amabilis*とは異所的である。

中央アジア高地の周縁とシベリア東部に分布するクラシペデス群に比べ、シヌアータ群はその分布が中央アジア高地の南縁に限定されている（図5）。*Rhodiola sinuata*（Royle ex Edgew.）Fuと*R. chrysanthemifolia*（H. Lév.）Fuには隔離分布がみられる。後者はミャンマーのビクトリア山にも産する（Ohba 1981）。この山には他にもかなりのヒマラヤに関連する植物がある（Kingdon-Word 1958）。*Rhodiola chrysanthemifolia*にみられる南北隔離は、最終もしくはそれ以前の氷期におけるヒマラヤ植物の南下とその後の残存を示すパターンであり（Ohba 1981, 82, 84, 86）、イワベンケイ属が示す分布パターンのなかでは最も新しく生じたものと考えるのが妥当である。

*Rhodiola chrysanthemifolia*は変異の幅の広い種で、三亜種が認められる他、現在までは別種とされる*R. liciae*（R.-Hamet）Fuについても、その後にえられた資料も加えて再検討してみると前者の亜種とするのがよいと考えられる。

クラシペデス群とシヌアータ群の祖先-子孫関係は形態学的形質だけからの推定はむずかしい。分布のパターンの解析から系統推定の手がかりがえられることが期待されるところである。この点に関して、現在北アメリカと中央アジアに隔離分布するクレメンシア亜属の分布パターンは、かつては北半球に広大な分布域をもっていたものが後に分断・縮小化された遺存的なものと考えるのが現在最も妥当である。その分布域

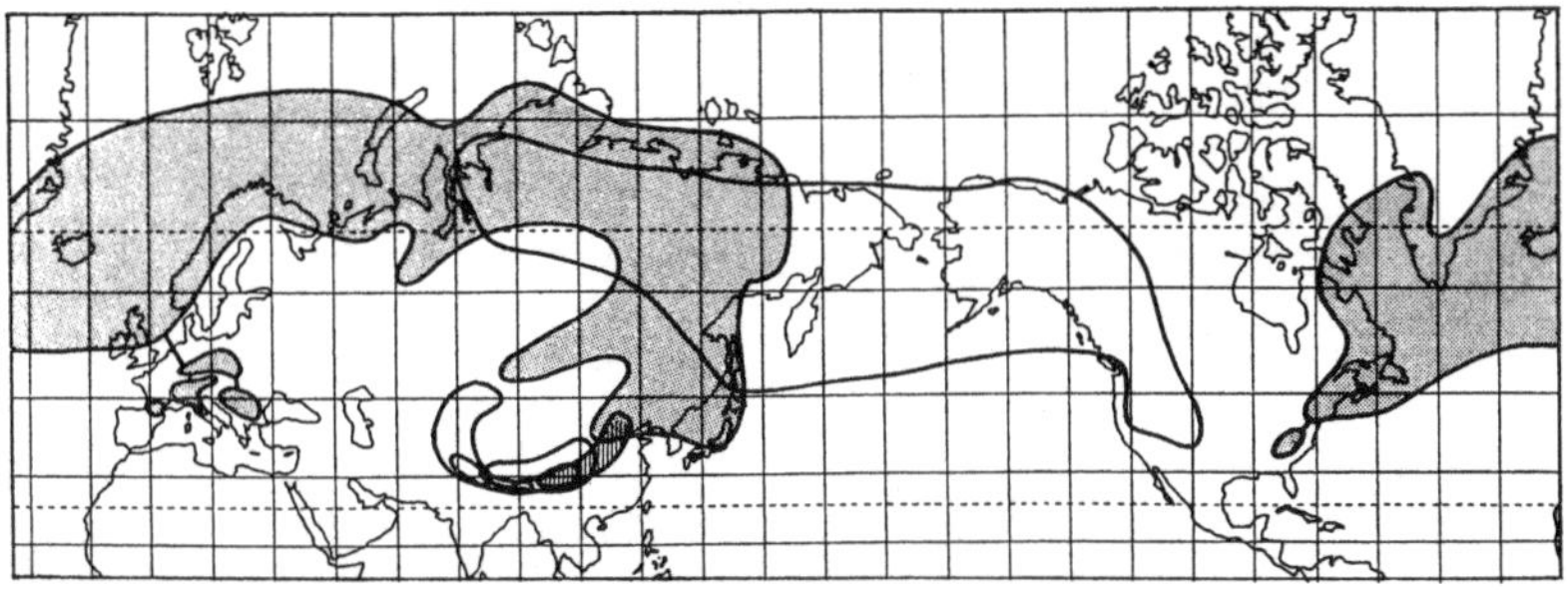

図６　イワベンケイ節の代表的な種の分布域　*Rhodiola rosea*（網点）、*R. kirilowii*（縦線）、ベーリング海峡をはさんで広い地域に分布するのは*R. integrifolia*（白線）

の分断・縮小化の過程で中央アジア高地の周辺の集団が分化し、さらにその後ヒマラヤでの分化が起こったと仮定すれば、クレメンシア亜属→クラシペデス群→シヌアータ群という系統分化が考えられる。

イワベンケイ亜属（図６〜10）　本亜属は四節からなるが、節相互の祖先‐子孫関係の推定は、現在の知見だけからは困難である。ただし、葉が輪生するプライニア節とプセウドロディオラ節は他の節よりいっそう近縁と考えられる。イワベンケイ節では図６に示すように周極に広がった二種、すなわちイワベンケイとムラサキイワベンケイ*R. integrifolia* Rafin.及び東アジア東部の朝鮮半島と日本にそれぞれ固有なヒメイワベンケイ*R. angusta* NakaiとホソバノイワベンケイR. *ishidae*（Miyabe et Kudo）H. Haraを除く他の一六種が中央アジア高地の周縁に分布し、特に中国西南部からヒマラヤに集中している。イワベンケイとムラサキイワベンケイは近縁であるが、これらと中国西南部からヒマラヤにある種の祖先‐子孫関係は判っていない。ホソバノイワベンケイは*R. angusta*に最も近縁であり、この両種は、甘粛省から四川・雲南を経てミャンマー北部とチベット東南部に分布する*R. macrocarpa*（Praeger）Fu（図10）につながっていく。*Rhodiola kirilowii*（Regel）Regel ex Maxim.（図６）は、*R. macrocarpa*とも分布域が共通する部分が多いが、さらに、東アジア東北部に広がり河北・山西省にまで達し、その分布パターンはクラシペデス亜属の*R. dumulosa*にも類似しており、イワベンケイ属と

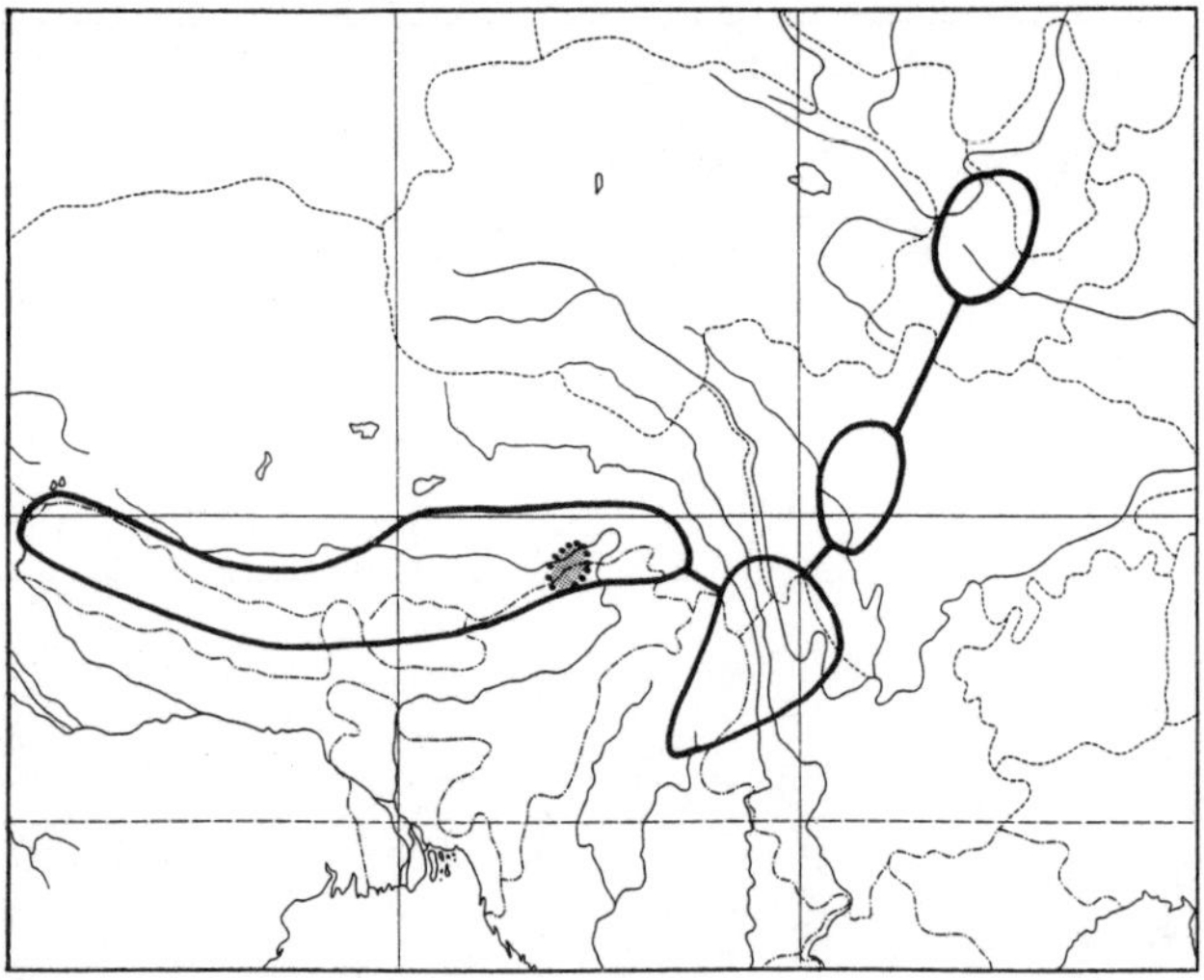

図7　イワベンケイ亜属の種の分布域 *Rhodiola buple-uroides*（太線）と *R. serrata*（点線網かけ）

しては広分布の種のひとつに数えられる。

さて、中国西南部からヒマラヤにいたる地域におけるこの節の種には明らかな不連続分布がみられる（図7～10）。しかし、これは、未だにこの地域の標本が不足していることに起因する可能性もあることをまず最初に指摘しておく。*Rhodiola bupleuroides* (Wall. ex Hook. f. et Thomson) Fu（図7）ではネパール産の集団で倍数体複合があることが確かめられたが（大場・若林一九八六、大場一九八六、分布の北東端の黄河源流域の個体と同形の個体がネパールでも見出せる。*Rhodiola serrata* H. Ohba（図7）は、*R. bupleuroides* の分布域に入るアッサムと東チベット地方の境界部にのみ産する。後者に近縁な種であるが、両種間の祖先-子孫関係はまだ決められない。

ところで、中国西南部からヒマラヤにいたる地域に不連続に分布する種のなかには、上述の *Rhodiola bupleuroides* とは異なり、その分布域の一部で異なる変異を示している種がある。*Rhodiola cretinii* (R.-Hamet) H. Ohbaでは、分布域の東端の集団がsubsp. *sinoalpina* (Fröd.) H. Ohbaとして亜種段階で区別される（図8）。*Rhodiola purpureoviridis* (Praeger) Fu（図9）はヒマラヤと中

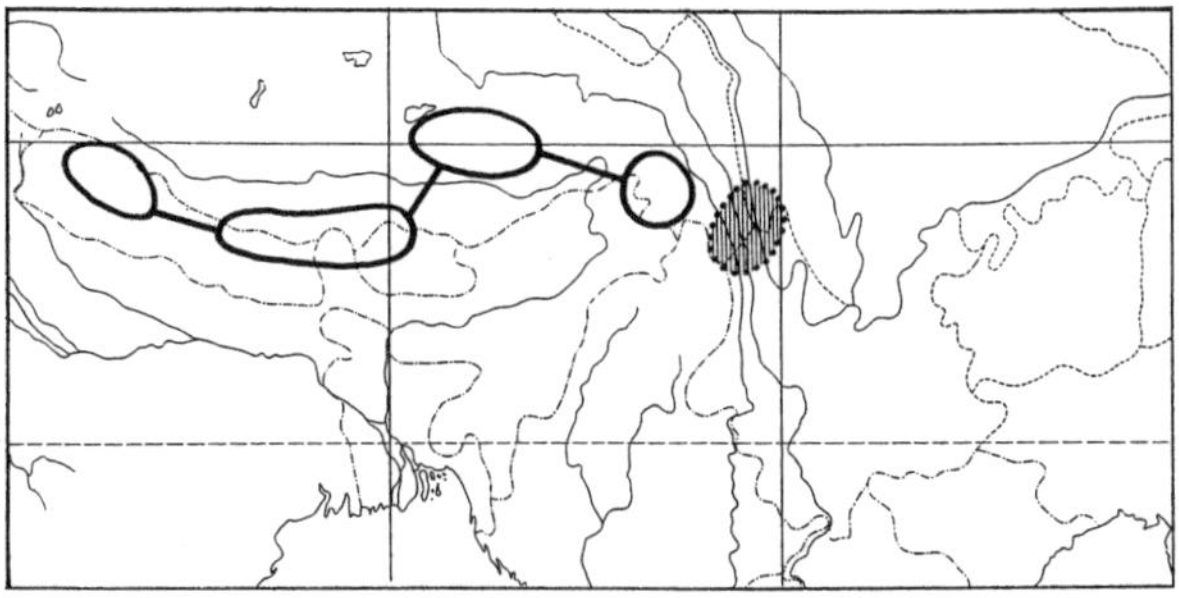

図8　イワベンケイ節 *Rhodiola cretinii* subsp. *cretinii*（白枠）と subsp. *sinoalpina*（点線網かけ）の分布

国西南部に隔離分布し、両地域の集団が別亜種（ヒマラヤ産が subsp. *phariensis*（H. Ohba）H. Ohba）として区別される（Ohba and Rajbhandari 1986）。*Rhodiola alsia*（Fröd.）Fu（図10）は雲南・四川省とチベットのラサに隔離分布し、やはり両地域の集団は亜種の段階で異なり、後者は subsp. *kawaguchii* H. Ohbaとして区別される。

Rhodiola discolor（Franch.）Fu（図9）も*R. purpureoviridis*に類似した分布パターンを示すが、中国西南部とヒマラヤの集団には亜種を異にするほどの差が認められない。不連続分布や隔離分布をする上記の種では、その祖先-子孫関係の判明が期待されるところであるが、残念ながら現在までの知見でこれを推定することは困難である。イワベンケイ節では東部ヒマラヤからチベット東南部にいたる地域にいくつか固有種があり、図10にその例として*R. sherriffii* H. Ohbaの分布を示した。

カマエロディオラ節では、*R. quadrifida*（Pall.）Fisch. et C. A. Mey.がこの節としては最も広い分布域を有し、中央アジア高地の西縁からウラル山地に分布する（Ohba 1982）。*Rhodiola coccinea*（Royle）A. Boriss'*R. fastigiata*（Hook. f. et Thomson）Fuならびに*R. nobilis*（Franch.）Fu（図11）はこれに近縁なヒマラヤ・中国西南部産の種である。この節全体の分布域をみると中央アジアからさらに西北のウラル山地にまで分布域が広がっていること、また、その一方で、この節には中央アジア高地の東縁に沿って東アジア東北部に分布を広げている種が欠けている点が興味深い。*Rhodiola fastigiata*と*R. nobilis*は相互に近縁であるが、イワベンケイ節の種とは若干異なる分

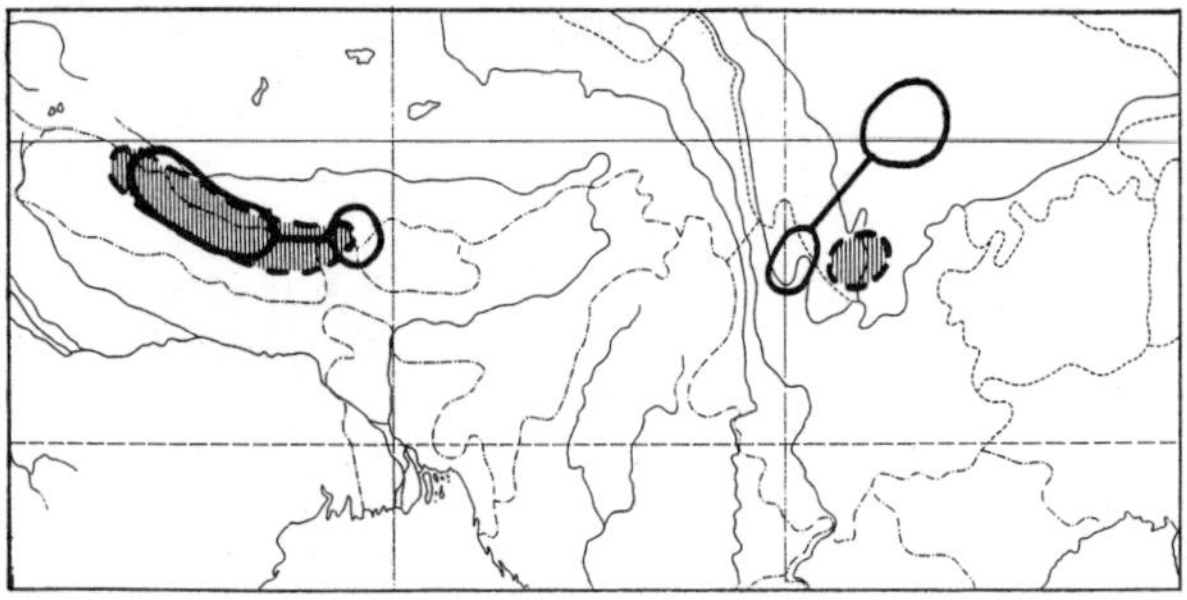

図9　イワベンケイ節 *Rhodiola discolor*（破線網かけ）と*R. purpureoviridis*（白枠）、subsp. *purpureoviridis*（中国西南部）及びsubsp. *phariensis*（ヒマラヤ）の分布

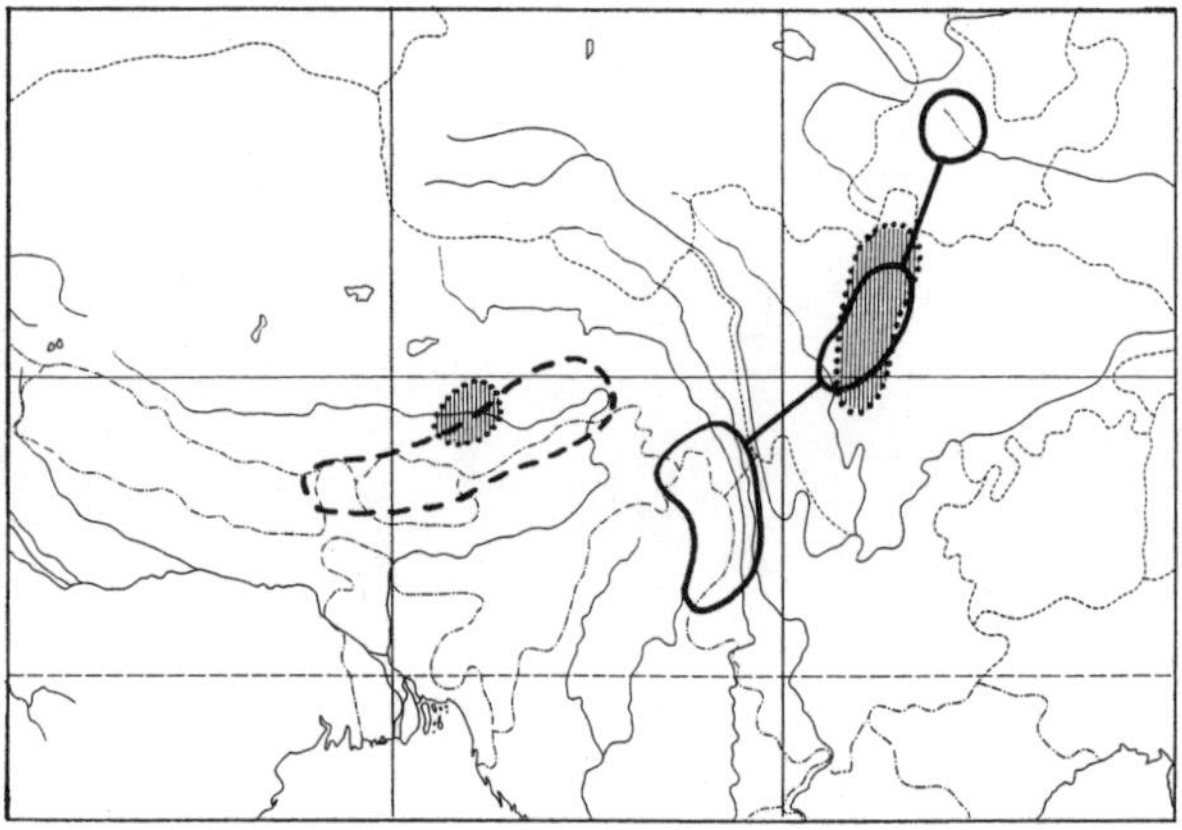

図10　イワベンケイ節 *Rhodiola macrocarpa*（太線）と*R. sherriffii*（破線）、及び*R. alsia*（点線網かけ）、subsp. *alsia*（四川省）及びsubsp. *kawaguchii*（チベット）の分布

布パターンを示している。*Rhodiola nobilis*の分布域は、中国とヒマラヤに隔離分布するイワベンケイ節の種の中国西南部における分布地域に重なる。*Rhodiola himalensis*（D. Don）Fuはヒマラヤ高山帯の優占種のひとつであるが、中国西南部にも分布し、カマエロディオラ節としては最も東にまで達している（図12）。この種では分布域の西ならびに東北の端の集団は形態的に異なる変異を示し亜種のレベルに分化している。植物体に長い乳頭突起を生じる分布域西側の亜種subsp. *bouvieri*（R.-Hamet）H. Ohba、及び、短い乳頭突起をもつ東北側のsubsp. *taohoensis*（Fu）H. Ohbaは、ヒマラヤのsubsp. *himalensis*より派生的であると考えられる。これは、分布域の周縁での分化が進行した例と考えてよいであろう。

プセウドロディオラ節は、*Rhodiola yunnanensis*（Franch.）Fuだけからなる単型節であ

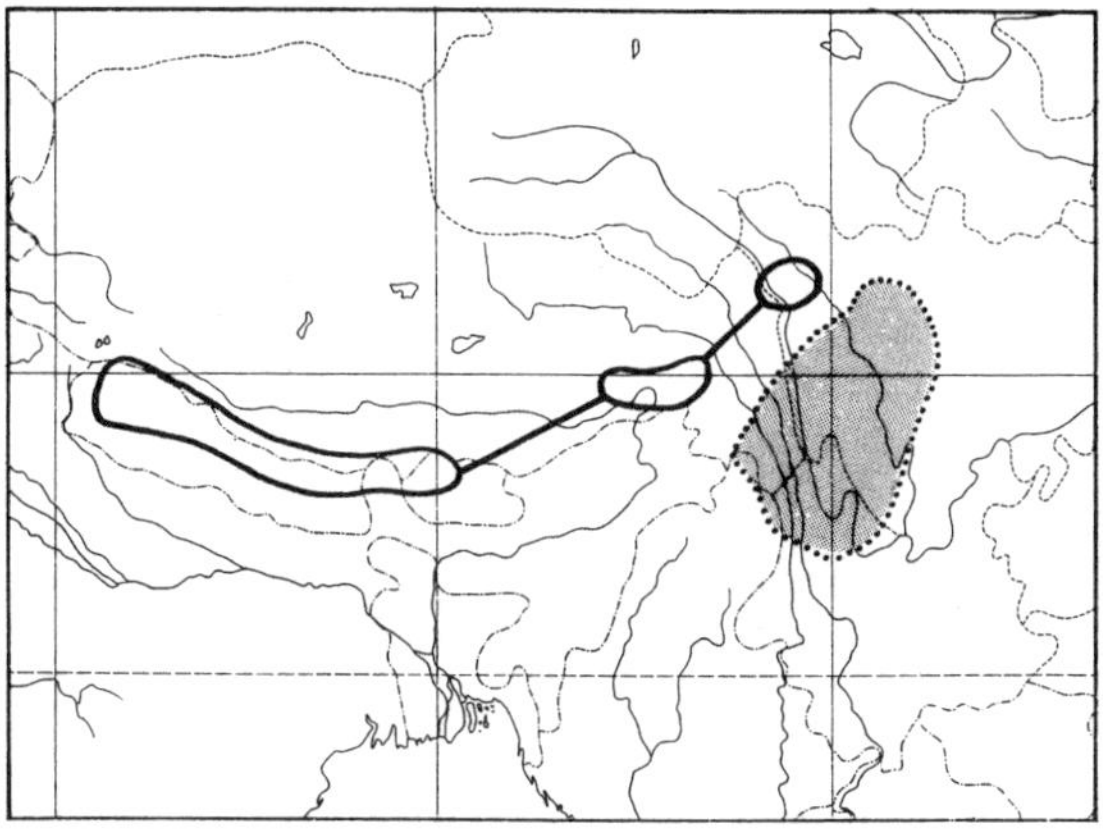

図11　カマエロディオラ節 *Rhodiola fastigiata*（太線）と *R. nobilis*（点線網かけ）の分布

る。この種の分布域はこれまで述べてきた本属の種とは異なっている（図13）。その分布域の主要部は、*R. dumulosa*（図4）、*R. macrocarpa*（図10）あるいは *R. kirilowii*（図6）の分布域のうち東北部を除いた地域に一致するが、貴州省にも分布を広げている。これは *R. chrysanthemifolia* のミャンマーのヴィクトリア山における出現に比較できるであろう（図5）。この種では雲南・四川省に変異を異にする集団があり、亜種（subsp. *forrestii*（R.-Hamet）H. Ohba）として区別される。この亜種は、他のイワベンケイ属の種の多くに共通する幅狭い葉をもちsubsp. *yunnanensis* にたいして祖先的である。この場合では、種の主たる分布域の中心に祖先的な特徴をもつ亜種が存在するということになるが、この関係はたとえば類似の *R. bupleuroides* と *R. serrata* の祖先–子孫関係の推定に適応できるであろう。後者における形質の原始性・派生性の推定が困難なため、その是非についてはこれ以上の議論はできない。

プライニア節はプセウドロディオラ節とは異なり、その分布はヒマラヤ・チベットに限られている。この節は二種からなり、見かけ上はプセウドロディオラ節の *R. yunnanensis* とはまったく異なるようにみえるが、いずれも大形の葉を数対輪生する点で両節は近縁と考えられる。

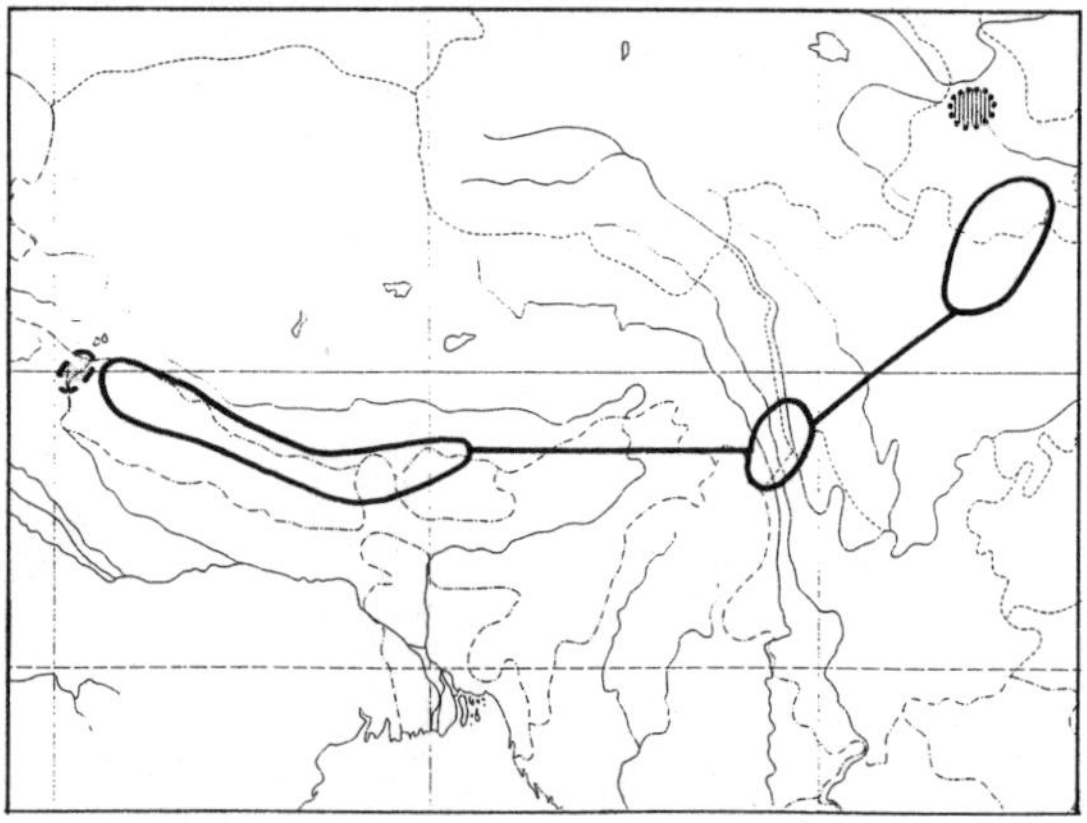

図12　カマエロディオラ節 *Rhodiola himalensis* subsp. *himalensis*（太線）、subsp. *bouvieri*（破線）、subsp. *taohoensis*（点線網かけ）の分布

考察

これまで述べてきたイワベンケイ属の分布パターンを概観してみると、*R. chrysanthemifolia* と *R. yunnanensis* で指摘した南北方向での隔離パターン（これをcパターンと仮称する）の他に、共通性の高い分布パターンとして周中央アジア高地パターン（同じくAaとする）ならびに同高地南部限定パターン（中国西南部―ヒマラヤパターンとでも仮称されるべきものでBbとする）の二つがあることが判った。

この後者の二つのパターンには形成過程に関して相反する方向が仮定される。すなわち、Aaでは、高緯度（周北極）地方から南下して中央アジア高地南部にいたったとするA（ヒマラヤ植物の周北極起源説に対応する）とその逆で、中央アジア高地南部から高緯度地方へ移住したとするa（周北極植物の中央アジア高地南部起源説に対応）である。Bbに関しては、西から東へ移住したとするBと東から西に移住したとするbが考えられるであろう。むろん、Aやaだけが起きたのではなく、どちらもあった（すなわちA＋a）可能性も高い。Bbについても単にBやbでなく、B＋bの場合も分類群によっては考えられるであろう。しかし、植物相の移住を誘引する大陸移動や気候変動には規則性と方向性があり、少なくともAとaに関しては、同時期に相反する二つの動きが生じた可能性はないといえる。しかし、BとbIに関しては、同時に（すなわちB＋b）という移住が

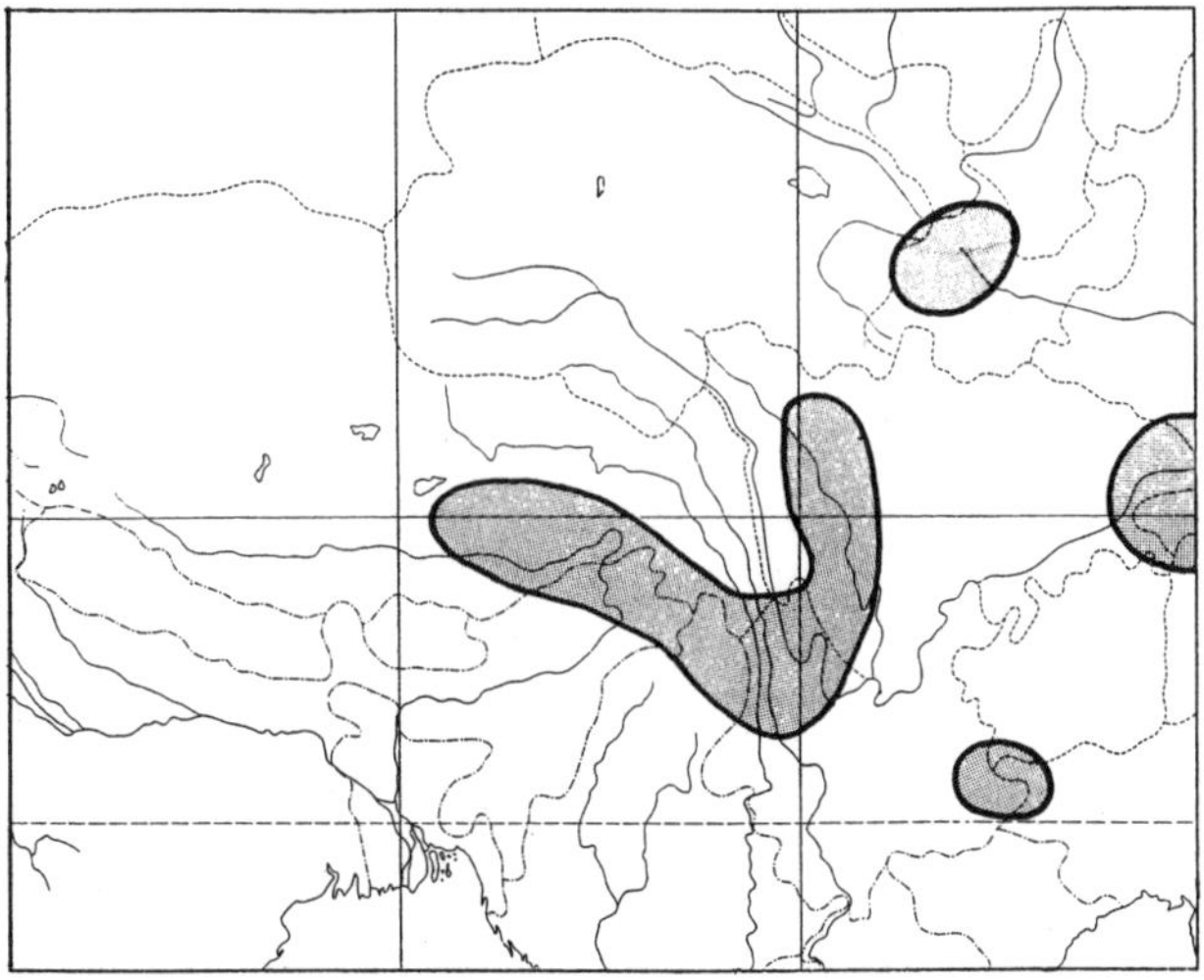

図13　プセウドロディア節*Rhodiola yunnanensis*の分布

生じたことは否定できない。

Ａかａかはヒマラヤ植物相の起源を議論するうえでの大問題である。ただ、そのどちらであっても中央アジア高地の東西の周縁がその通路になったことがイワベンケイ属の分布パターンから考えられるので、この通路を中央アジア高地回廊（Central Asiatic Highland Corridor, Ohba）と呼ぶことにした。イワベンケイ属のうち、Aa問題に関係する分類群はクレメンシア亜属、クラシペデス群、イワベンケイ節、カマエロディオラ節だけである。イワベンケイ属における他の分類群の分布パターンはBbやcの問題に関係している。

Bb問題は、日華植物区系や日本-ヒマラヤ要素の植物地理に関係する。この問題について注目されるのは北村四郎先生がユーラシアの東と西の温帯植物の移住通路となったとして提唱されたいわゆるヒマラヤ廻廊である（北村一九五四、五七、Kitamura 1955, 60, 64）。高山帯に生育するイワベンケイ属に関して提唱したBb問題はAaすなわち周北極関連植物と関連しているので、その意味では温帯植物を対象としたヒマラヤ回廊とは問題の対象を異にしている。しかし、東アジアでは植物の種分化は垂直分布帯ごとに別個に生じているとは考えにくい。むしろ気候変動にともない一地域の垂直分布帯を貫通して分化が進行している可能性が高い。温帯植物が高山帯に移入するケースあるいは周北極植物がヒマラヤ・中国西南部高山帯を経由して温帯に再び侵入するケースあるいはその逆などはいずれも可能性としては考えられる範疇に属している。この点ではBb問題はヒマラヤ廻廊に関係するであろう。Aa問題については単にヒマラヤだけに限らずグローバルな視野での検討が望まれるところである。特に日本の研究者はこれまでヒマラヤ高山帯植物と周北極植物の比較をあまり行っていないが、これを早急に進める必要があるであろう。

c問題は、最終あるいはそれよりも以前の氷期における分布域の変動と考えられる。これについては、別の機会に見解を発表してきた（Ohba 1981, 84, 86、大場一九八二b）。

本稿では、イワベンケイ属にみられる地理的分布パターンを紹介して、そこからAa、Bb、cという三つのパターンを異にする分布の問題を提起した。最後に、イワベンケイ属にみられた地理的分布パターンは各種の繁殖能力によって形成されたにしては全体として高い共通性が認められることを指摘しておきたい。このことは、パターンの形成が地理的eventによる分断であると解される（Rosen 1978）。系統的には疎遠な分類群間においてもイワベンケイ属と共通の地理的分布パターンが見出されることが期待される。

【引用文献】

Kingdon-Ward, F. G. 1958 A sketch of the flora and vegetation of Mount Victoria in Burma. *Acta Horti Gotoburgensis*, **22** : 53–74
北村四郎（一九五四）「ヒマラヤの植物」『植物分類地理』一五巻四号裏表紙
Kitamura, S. 1955 Flowering plants and ferns. In : H. Kihara (ed.), *Fauna and flora of Nepal Himalaya*, Fauna and Flora Research Society, Kyoto University, Kyoto. 73–278pp.
北村四郎（一九五七）「植物の分布」北村四郎・村田源・堀勝編『原色日本植物図鑑草本編Ⅰ』保育社、大阪、二四六—二六三頁
Kitamura, S. 1960 *Flora of Afghanistan. Results of Kyoto Univ. Sci. Exp. Karakoram & Hindukush*, 1955, Vol.2, Kyoto University

Kitamura, S. 1964 Plants of West Pakistan and Afghanistan. *Results of Kyoto Univ. Sci. Exp. Karakoram & Hindukush, 1955, Vol.3,* Kyoto University

Ohba, H 1975 A revision of the eastern Himalayan species of the subgenus Rhodiola of the genus *Sedum* (Crassulaceae). In : H. Ohashi (compiled), *The flora of eastern Himalaya, 3rd Report*, Universty of Tokyo Press, Tokyo. 283–362pp.

Ohba, H. 1978 Generic and infrageneric classification of the Old World Sedoideae (Crassulaceae). *Journal of Faculty of Science, University of Tokyo, Sect. III*, **12** : 139–198

Ohba, H. 1980-82 A revision of the Asiatic species of Sedoideae (Crassulaceae). Part1-3. *Journal of Faculty of Science, University of Tokyo, Sect. III*, **12** : 337–405 (1980); **13** : 65–119 (1981); 121–174 (1982)

Ohba, H. 1981 Additional notes on Burmese Sediodeae (Crassulaceae). *Journal of Japanese Botany,* **56** : 206–212

大場秀章（一九八二a）「*Rhodiola coccinea* (Royle) A. Boriss.」小山博滋・福岡誠行・大場秀章著「ヒマラヤ要素植物の分類・分布学資料（2）」『植物研究雑誌』五七巻四七－五五頁

大場秀章（一九八二b）「タイ北部で見い出された *Sedum susannae* R.-Hamet」『植物研究雑誌』五七巻三五三－三五五頁

Ohba, H. 1984 Notes on the allied species of *Sedum alfredii* Hance from Taiwan. *Journal of Japanese Botany,* **59** : 321–328

Ohba, H. 1986 *Sedum subtile* Miq. from Tonkin, the first record of *Sedum* from the area covered by Lecomete's Flora de l'Indo-Chine. *Journal of Japanese Botany,* **61** : 225–228

大場秀章（一九八六）「ヒマラヤ高山帯の植物」『科学』五六巻一四六－一五二頁

大場秀章・若林三千男（一九八六）「ヒマラヤの *Rhodiola bupleuroides*（ベンケイソウ科）とその倍数性」『日本植物分類学会第一六回大会講演要旨集』八頁

Ohba, H. and K. R. Rajbhandari 1986 Three species of *Rhodiola* (Crassulaceae), new to Nepal. *Journal of Japanese Botany,* **61** : 205–211

Ohba, H., Akiyama, S. and K. R. Rajbhandari 1986 The natural hybrid between *Rhodiola amabilis* (H. Ohba) H. Ohba and *R. Wallichiana* (Hook.) Fu. *Acta Phytotaxonomica et Geobotanica,* **37** : 123–127

Ohba, H. 1988 The alpine flora of the Nepal Himalayas : an introductory note. In : Ohba, H. and S. B. Malla (eds.), *The Himalayan plants, vol. 1*, University of Tokyo Press, Tokyo. 19–46pp.

Rosen, D. E. 1978 Vicariant patterns and historical explanation in bieogeography. *Systematic Zoology,* **27** : 159–188

南西諸島をめぐる生物地理学

青い海とサンゴの島、枝から気根をたらしたガジュマル、高い幹の先に大きな葉を叢生した自生のノヤシ、西表島や宮古島の遠浅な海岸や河口の潮間帯に発達したマングローブ、あるいはイリオモテヤマネコ、アマミノクロウサギ、ヤンバルクイナ、ノグチゲラ、ハブ、ヤンバルテナガコガネといった遺存固有種など、南西諸島は日本のなかでも特異な生物を数多く有している地域として広く知られている。

南西諸島は、九州本島から台湾の間の南北約一二〇〇キロメートルにわたり弧状に連なる列島で、一〇〇以上の島からなり、鹿児島県に属する薩南諸島と沖縄県の琉球諸島からなる。前者は北から、大隅諸島、トカラ列島、奄美諸島からなり、後者は沖縄諸島、宮古諸島、八重山諸島に分けられ、宮古諸島と八重山諸島をあわせて先島諸島と呼ばれている。ここでは、主にトカラ列島以南の南西諸島の生物地理について述べることにする。

この日本の南西部を占める南西諸島は、生物地理学の研究上、多くの研究者の注目を浴びてきた。⑴九州北部ではみられない熱帯性の生物が多数あること、及び、⑵多数の島からなり、固有種が多く、隔離や移入などの研究の場に適していること、にあると思う。

ところで、ある地域を対象とした生物地理学の研究というのは、その地域の生物相の特色と生物相の形成過程を解明することを目的とするものである。それでは、地域生物地理学のねらいは具体的には何だろうか。筆者は、(1)どういう生物（種）がいるか、(2)そこにいる生物に共通する特徴は何か、(3)そこにいる生物はどこからきたのか、の三つが主なものだと考えている。

(1)に応えるために、その地域にいる全部の生物種のリストがつくられる。植物とか昆虫だけを対象としたリストづくりもこのねらいに関連している。生物相、植物相、動物相という言葉がある。生物相とは、ある地域にすむ生物の種全体をいう。植物に限れば植物相、動物の場合には動物相という。読者のなかにはリストをつくることぐらいわけのないことだと思われている方もいるであろうが、これはなかなかたいへんなことで、これから述べる南西諸島の生物相はいまだ不完全にしか解明されていないのである。

(2)の問題は生物相それ自体や生物相を構成する種の特性の研究で、これにはさまざまな特性とその解析手法がある。

(3)は、生物相の起源・形成過程を解明する研究であり、具体的には生物相を構成する各種がどこでどの系統から進化し、どのような経路を経てここに分布する、あるいは現在の分布パターンを形成するにいたったかを追究しようとするものである。

南西諸島には何種の生物がいるか

日本では最大の甲虫として有名なヤンバルテナガコガネが発見されたのは、いまから二十数年前の一九八四年のことであった。このことに象徴されているが、南西諸島の生物相の調査は、高い関心が払われた割には遅れていて、分類群によってはいったいどれだけの種がそこに生育・生息しているのかさえも判っていない状況にある。

表1は、南西諸島に生育・生息する種数を分類群ごとにまとめたものである。いったん島が出来上がってしまうと、外からの移入がむずかしい哺乳類、爬虫類、両生類がかなり多数生息していることが注目されよう。それらの多くは、かつて南西諸島が大陸と陸続きであった時代に移住したと推測されている。

南西諸島の島々は同じ島でも太平洋のただ中にある大洋島とは異なる性格を有している。それは、その生物相が近接の大陸の影響下に成立したとみられる点にある。このような島を大陸島というが、南西諸島の生物地理を検討するときにはこの大陸島としての性格を理解しておく必要がある。

さて、南西諸島の生物相ははたして豊かなのか、それとも貧弱なのかは、表1からは判らない。いまいろいろな分類群で、日本列島での種数・面積関係が求められている。これらの実際値から求められた面積当たりに期待される種の数を、南西諸島において生育あるいは生育することが期待される種数とみることができる。実際の種数が期待値よりも多ければ、面積のわりに種数が多いということになる。しかし、この点については残念ながらこれまで検討されたのは昆虫の一部や高等植物などに限られていて、全貌はまだよく判っていない。調べられた範囲では、期待値に近いかそれよりも大きい値であることが指摘されている。

表1　南西諸島に生育・生息する種類

分類群	種数
高等植物	1600種*
脊椎動物	
哺乳類	22**
陸鳥類	45***
爬虫類	39**
両生類	20**
昆虫	4750
蝶　類	99****
ガ　類	930
蜻蛉目	74

註　*他に帰化種が360種ある。**移入・野化を含む。***繁殖するものだけである。****他に迷産・偶産蝶が49種ある。

南西諸島の生物相の特徴

南西諸島の特性として、一般に指摘されることは、①南方の種が多いこと、②残存種（遺存種）がみられること、③固有種、固有亜種が多いこと、などがあげられている（たとえば、林一九八六）。

日本の南西部分に位置する南西諸島に南方系の種が多いのは、その地理的位置からいってうなずけることである。植物でみると、南西諸島には、熱帯性の種が確かに多い。北上するに従いその数は少しずつ減り、年平均最低気温マイナス三・五℃の等温線のところでまったく姿を消す。この線は、本州南岸線あるいはハマオモト線と呼ばれる。ハマオモト（ハマユウともいう）は、この線を北限とする代表的な植物である。

図1は、日本での植生の垂直分布を表したものである。図中のaは高山帯（高山低木林帯）と亜高山帯（亜高山針葉樹林帯または北方針葉樹林帯）、bは亜高山または北方針葉樹林帯と落葉広葉樹林帯、cは落葉広葉樹林帯と常緑広葉樹林帯の境界である。この図から温帯の植生である落葉広葉樹林帯は屋久島を南限とすることが判る。垂直分布のうえからも南西諸島には温帯性の植生を欠くことは明らかである。動物相においても同様のことが指摘できる。

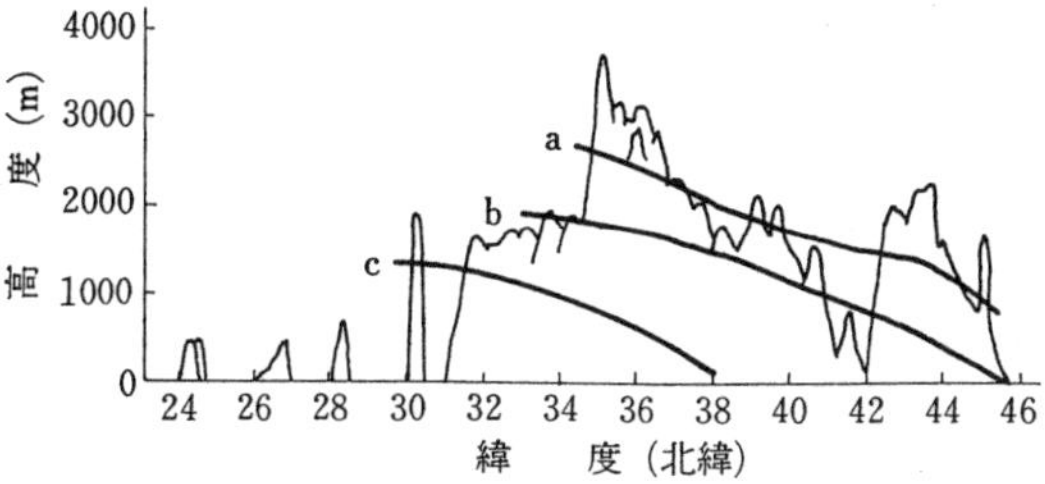

図1　日本の植生の垂直分布　aは高山帯（高山低木林帯）と亜高山帯（亜高山または北方針葉樹林帯）、bは亜高山（北方）針葉樹林帯と落葉広葉樹林帯、cは落葉広葉樹林帯と常緑広葉樹林帯の境界である（菊池多賀夫1985による）。

島自体の性格の差も手伝って、南西諸島での種の分布は決して一様ではなく、ある種が分布する島と分布しない島がある方がむしろ多い。このような不規則な分布の例としてハブ属 *Trimeresurus* の分布が有名である。

南西諸島には固有の三種一亜種のハブ属の毒蛇が生息している。そのうち、最も毒性の強い種はハブ *T. flavoviridis flavoviridis* で、奄美大島、徳之島、沖縄本島と久米島にのみ分布するが、北のトカラ列島の宝島と小宝島には別の亜種トカラハブ *T. flavoviridis tokarensis* が分布する。八重山諸島の石垣島と西表島にはサキシマハブ *T. elegans* が分布する。ヒメハブ *T. okinavensis* は、ハブに類似した分布パターンをもち、奄美大島、徳之島、沖縄本島、久米島に分布する。系統的には、ハブとサキシマハブは近縁で、ともに台湾のタイワンハブに類縁があり、それらは共通の祖先から分化したと考えられている。これにたいして、ヒメハブは系統的にハブやサキシマハブとかなり離れた関係にあると考えられている。

ハブの不規則な分布がいろいろ検討されており、地史と結びつけて考える試みが古くからなされてきている。南西諸島が大陸と陸続きであった時代に南方からやってきて、広くこの地域に棲みついたが、洪積世前期の一七〇メートルに達したと考えられる海面上昇で、海抜一七〇メートル以下の島からは一掃されてしまったという説がある。半沢正四郎による有名な「海水氾濫一掃説」である。ハブの分布を古地理との関係で説明しようという試みは興味深い。しかし、その基本となる南西諸島の第四紀の地史がこのような議論を充分説得力のあるものにするだけ判っているのだろうか。木元（一九七九）も指摘しているように、ハブの分布パターンの解読のためには、ハブの習性、生態系における位置、餌となる食物の供給量、増殖力など生態学的な側面からの研究も重要である（大嶺一九八七）。

クサアジサイ属*Cardiandra*はアジサイ属*Hydrangea*に近縁なユキノシタ科の多年草で、東アジアに特産し、二種二亜種一変種が知られている。そのうちの一種がクサアジサイ*C. alternifolia*で、日本本土に分布する狭義のクサアジサイ*C. alternifolia* subsp. *alternifolia*と中国大陸、台湾、西表島に分布するオオクサアジサイ*C. alternifolia* subsp. *moellendorffii*の二つの亜種からなる。後者ではさらに台湾のものが変種として区別される。このクサアジサイ属の別の一種が奄美大島に特産するアマミクサアジサイ*C. amamiohsimensis*である（図2）。いろいろな形質における原始性・派生性の推定からアマミクサアジサイはクサアジサイよりも祖先型に近いと考えられた（Ohba 1985）。これは同じ奄美諸島に特産するアマミノクロウサギ、さらにイリオモテヤマネコ、ヤンバルクイナとならび南西諸島に遺存固有種がある分類群の例といえる。

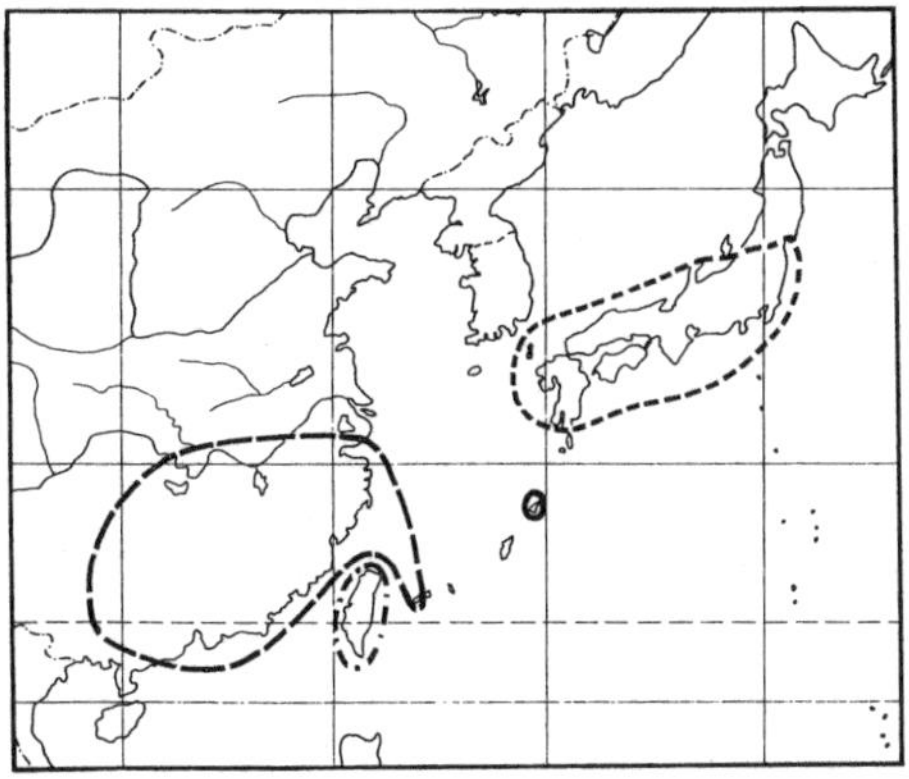

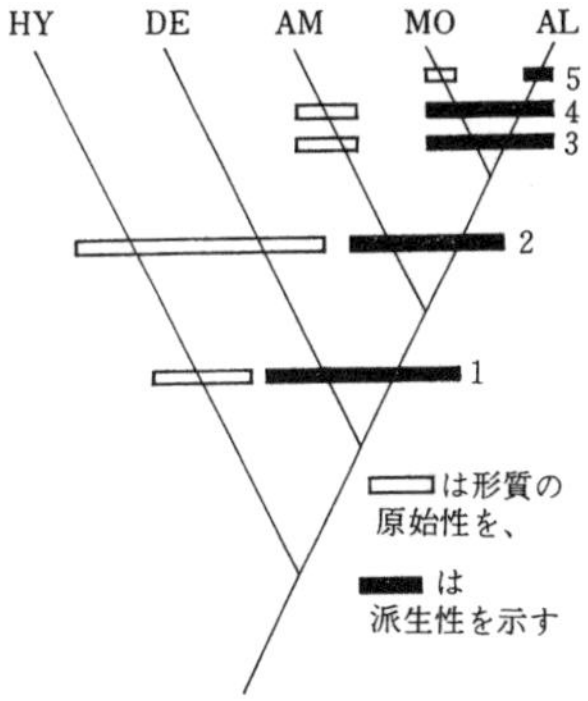

図2クサアジサイ属の分布（左）と系統推定図（右）　図中の——はアマミクサアジサイ、……はクサアジサイ、---はオオクサアジサイ、-·-はタイワンクサアジサイ。右図の1は木性（原始的）と草性（派生的）、2は葉の対生（原始的）と互生（派生的）、3は花柱が長い（原始的）か短い（派生的）、4は花序の周縁の装飾花がない（原始的）かある（派生的）、5は装飾花の萼片数が2（原始的）か3（派生的）を示す。HY：アジサイ属*Hydrangea*、DE：ギンバイソウ属*Deinanthe*、AM：アマミクサアジサイ、MO：オオクサアジサイ、AL：クサアジサイ。AM、MO、ALがクサアジサイ属の種（Ohba 1985）

それでは、なぜ南西諸島に固有種それも遺存的な固有種が多いのだろうか。残念ながら現在の知識からはこれに応えることはむずかしい。

南西諸島での亜種分化と種分化

南西諸島の生物相の顕著な特徴のひとつに、著しい地理的な亜種分化や種分化が多くの分類群にみられることをあげることができると思う。

アカガネサルハムシ*Acrothinium gaschkevitchii*はブドウの害虫であるが、東アジアに広く分布する。木元（一九八六）によれば、日本本土から種子島、屋久島、さらに宮古島、台湾、大陸東部には基準亜種が分布するが、奄美大島と沖縄本島には、subsp. *shirakii*という亜種が分布する。ところが、この両島の間にある沖永良部島の個体はすべて別の亜種subsp. *matsuii*であり、さらにトカラ列島内の小島である中之島と口之島には別の亜種subsp. *tokaraense*が分布する。広い分布域をもつアカガネサルハムシが南西諸島で顕著な亜種分化を遂げたのは、地理的隔離による効果と考え

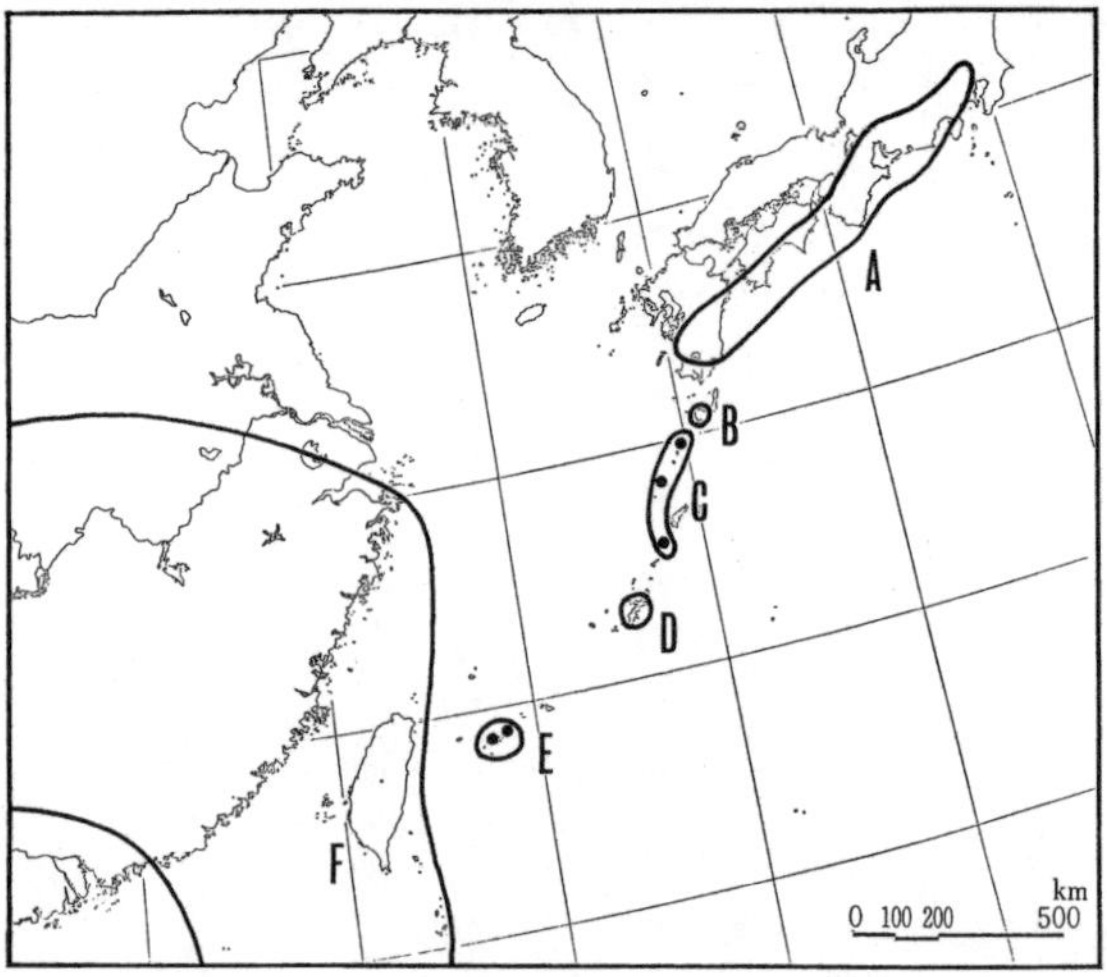

図3　南西諸島でのヤエヤマコンテリギとその近縁種の分布　A：ガクウツギ*H. scandens*、B：ヤクシマアジサイ*H. grosseserrata*、C：トカラアジサイ*H. kawagoeana*、D：リュウキュウコンテリギ*H. liukiuensis*、E：ヤエヤマコンテリギ*H. yayeyamensis*、F：*H. chinensis*（原図）

られている。

クワガタムシ科では日本産三五種のうち、一六種が南西諸島に分布し、そのうち八種は固有種、四種は固有亜種で、固有率は八〇％に達する。さらに、タテヅノマルバネクワガタ、ノコギリクワガタ、ヒラタクワガタ、ネブトクワガタなど九種は、島ごとあるいは諸島ごとに亜種分化しているという（金城一九八六）。

図3にはヤエヤマコンテリギとその近縁種の分布を示した。ヤエヤマコンテリギ*Hydrangea yayeyamensis*は八重山諸島の石垣島と西表島にのみ分布する。これに近似する種は台湾と中国大陸にある*H. chinensis*とその近縁種群である。沖縄本島にのみ自生するリュウキュウコンテリギ*H. liukiuensis*もこれに近いものである。奄美諸島の徳之島、宝島、それにトカラ列島の中之島に分布するトカラアジサイ*H. kawagoeana*は、上述した三種に類縁があるが、それら三種間にみられる差異よりも大きな差異がある。ヤクシマアジサイ*H. grosseserrata*はトカラアジサイに近縁で、その差異は小さい。関東以西の本州、四国、九州に分布するガクウツギ*H. scandens*は、ヤクシマアジサイとトカラアジサイに近い。この種群での地理的変異は、アカガネサルハムシのそれとは異なっている。

渡瀬線

大隅半島と奄美諸島の間の七島灘（トカラ海峡）に東西に引かれた生物地理学上の境界線が、有名な渡瀬線である。青木線または七島灘線ということもあるが、カエルの研究をした岡田弥一郎が、動物地理学に造詣が深く後に日本生物地理学会の初代会頭になった渡瀬庄三郎を記念して一九二四年に命名したものである。渡瀬線は動物のグローバルな区系上の旧北区と東洋区の境とされ、境界としての重要性は一八八四年にイギリスの動物学者ブラウンス（Brauns）によって初めて指摘された。渡瀬線の生物地理学上の意義はその後も多くの研究者により考察されたが、一般に陸伝いに移動が行われる哺乳類、爬虫類、両生類の分布から境界としての重要性が支持されているものである。

ところが高等植物の分布上の不連続は、渡瀬線よりもさらに北の大隅海峡あるいはそれ以北にある（正宗一九三四）。これは、植生がよく気候を測る物差しといわれるように現在の気候条件を反映しているものと考えられる。

統計手法による不連続性の割り出しには限界がある。それは本来ひとつひとつの種が有する固有の歴史性がまったく無視されてしまうことにもある。また区系の定義自体にも曖昧なところがある。ただこれは南西諸島に限った問題ではないので、ここではこれ以上言及は差し控える。

南西諸島の生物相の起源・形成過程

さて、南西諸島の生物相は低平な隆起サンゴ礁の島と標高の高い島々の間で著しいちがいがある。標高の高い山のある、奄美大島、徳之島、沖縄本島、石垣島、西表島には生きている化石と呼ばれる種を含めた固有種が棲み、世界的にも貴重な動物の宝庫となっている。ヤンバルクイナやヤンバルテナガコガネなど、一部は台湾や東南アジアに近縁種または近似種が分布しているが、なかには近接地域に近縁種がみられないほど特殊化している種もある。このような固有種の分布や系統関係から、南西諸島の隔離の歴史はかなり古いと考えられている（石川一九八五）。

高等植物では南西諸島中、奄美大島（一七種）と沖縄本島（一六種）に最も固有種が多い（初島一九七一）。初島によれば、奄美大島の固有種について系統からみるとだいたい中国（大陸）の南部、中部からヒマラヤ方面のものと近縁であるという。ただ、ここでいわれている系統の意味は各種の近縁種との系統関係ではなく、固有植物相全体の系統であると考えられるが、固有種の多くがマレーシアや太平洋地域に分布する種よりも上記地域のものに近縁であることは注目される。島の生物相は近接地域の影響下に成立するが、植物相についていえば、南西諸島のそれは中国大陸からの影響を最も強く受けて成立したと考えられるのである。

波部・知念（一九七四）によると琉球諸島の陸生貝類相も、海流の影響を受ける海岸に棲む種を除き、中国大陸中・南部の貝類相に類似し、その一部が分布を拡大し、分化したものであるとした。これにたいして大隅諸島産の種はヤマタニシに代表されるように、九州、四国、本州とほとんど共通で、トカラ列島や奄美諸島との間に同一種が少ないという。陸産の貝類は移動力が小さく、種によっては海を渡ることができない。そのため、生物地理の研究に利用されることが多い。高等植物相と陸生貝相という系統を異にする分類群でのほぼ共通した指摘は注目される。

ところで、種の進化とは、同種とされる集団から遺伝的に固定された顕著な分化に他ならない。南西諸島の生物相の起源や形成過程の解明にあたっては、固有種または固有亜種の形成にたいして共通した作用因（event）があるかどうか、もしあったとしたらそれは何であったのか。具体的にこの問題に答える研究はまだなされていない。

南西諸島では、多様な分類群での近縁種間の地理的分布がよく調べられている。今後の課題としては、系統解析を進めることであろう。多様な分類群で、系統図と分布図の双方が作成されることによって、南西諸島で種の分化を促進した作用因が次第に明らかにされるにちがいない。地質学や地理学からえられる地史や過去の気候データのなかにそれらの作用因を見出すことができれば、南西諸島における種の分化の編年の道が開けるのではないだろうか。

【引用文献】

石川良輔（一九八五）「日本の動物地理」堀越増興・青木淳一編『日本の生物』岩波書店、東京、一一六—一二三頁、

大嶺哲雄（一九八七）「琉球列島の動物分布特性と遺存種」『遺伝』四一巻七号七八—八三頁、四一巻八号五五—五九頁

環境庁（一九八三）『動物分布調査のためのチェックリスト』環境庁自然保護局

菊池多賀夫（一九八五）「日本の植生の垂直分布と水平分布（図）」堀越増興・青木淳一編『日本の生物』岩波書店、東京、三三五頁

木元新作（一九七九）『南の島の生きものたち—島の生物地理学』共立出版、東京

木元新作（一九八六）「種内変異をめぐって」木元新作編『日本の昆虫地理学』東海大学出版会、東京、一—一〇頁

金城政勝（一九八六）「南西諸島の昆虫相」木元新作編『日本の昆虫地理学』東海大学出版会、東京、八五—九一頁

島袋敬一（一九八四）「植物」日本生物教育会編『沖縄の生物』一三一—一三〇頁

波部忠重・知念盛俊（一九七四）「八重山群島石垣・西表両島の陸産貝類相とその生物地理学的意義」『国立科学博物館専報』七号一二一—一二八頁

初島住彦（一九七一）「琉球諸島の植物地理」『琉球植物誌』沖縄生物教育研究会、一九—三七頁

林正美（一九八六）「南西諸島におけるセミの種分化」木元新作編『日本の昆虫地理学』東海大学出版会、東京、九二—九八頁

正宗巖敬（一九三四）「琉球列島の植物地理学的研究」『日本生物地理学会会誌』五巻二九—八六頁

森岡弘之（一九七四）「琉球列島の鳥相とその起源」『国立科学博物館専報』七号二〇三—二一一頁

Ohba, H. 1985 A systematic revision of the genus *Cardiandra* (Saxifragaceae-Hydrangeoideae). *Journal of Japanese Botany*, **60**: 139–147, 161–171

分岐論と現代系統分類学

はじめに

分類学会会報のバック・ナンバーをみると、少なくとも一九六〇年代には紙面を通じて分類学の当面する諸問題にたいして、会員の間で論争が行われていたことが判る。たとえば、一九六五年一〇月一二日の植物学会大会で植物分類学会が企画したシンポジウム「分類学と形質」に関連して書かれたコメントを読んでみよう。書かれたことだけからみると、進化（伝統）分類学と、この頃に台頭してきた数量分類学の立場からの発言はあったが、分岐分類学（分岐論）の立場からの発表やコメントはまったくなかったようである。このシンポジウムはかなりエキサイティングなものであったと伝え聞くが、分類学が必要とする方法論についてほとんど無知としか思えない乱暴な発言によって論点がぼやけてしまい、論争としては少しもエキサイトしていないように思える。

二〇年も前のシンポジウムのことをわざわざ書いたのには理由がある。そのとき、俎上にあげられた分類学の理論・方法論が、今日では格段の進歩を遂げたことである。このシンポジウムが行われた前後の時期に当たる、一九六〇年代から一九七〇年代にかけて、欧米では理論・方法論をめぐるはげしい論争が展開されていたのである。この分類学の方法論をめぐって繰り広げられた大論争は、(1)Simpson-Mayr schoolと呼ばれる進化分類学（evolutional taxonomy）、(2)数量分類学（numerical taxonomy）、そして、(3)分岐分類学（cladistics）の人たちによってなされてきた。しかし、一九六五年の日本植物分類学会が企画したシンポジウムでは分岐分類学の立場による発表やコメントはまったくなかったようである。それ以来今日にいたるまで、日本における植物分類学の状況は、当時とほとんど変わっていないのではあるまいか。

これまで多くの日本の植物分類学者は特定の分類群についての具体的なデータとそれによって作成されたシステムには関心を払うが、方法論（哲学）にかかわる議論については消極的な反応しかしてこなかったように思う。ここで注意したいのは、分類学にあっては、論文中にそれが明記されていようといまいとにかかわらず、実際の解析によってえたデータにもとづいてシステムがつくられる過程というのは、方法論上のスクリーニングを経てきていることである。実際、動・植物を問わず分類学ほど方法論のレベルでの議論が活発な分野は生物学の他の分野にはない。これは学問の構造上の問題でもあるのである。

分類学者が方法論上の議論を必要とするのは、空論を楽しんでいるからではない。集団進化の研究には集団遺伝学の方法論が必要なのと同じように、分類学にも相応の方法論が不可欠なのである。生物学の進展にともなって、システムの変革や深化が行われなければならず、実際に分類学の方法論をめぐってこれまで数多くの議論がなされた。また、これまで一人一人の分類学者の個人芸で進められてきた分類群についての解析は、遺伝学、生化学、さらには数学、情報理論などのさまざまな分野の人たちによる共同研究へと変わりつつある。さらに、解析そのものの精度もここにきて長足の進歩を遂げたのである。一九六〇年代から活発になった論争は、このような新しく生み出された状況下におかれ、自らその解析の実践にたずさわる研究者にとって、不可欠な理論・方法論の追求に他ならなかったと思う。

系統分類学が、アプリオリに選んだ形質が示す状態について、都合のよい（非論理的な）解釈に終始していた時代はいまや完全に過去のものである。系統分類学の歴史は古いが、系統再構成の方法論に関する議論が分類学者の間で広範囲に行われるようになったのは、ドイツの昆虫学者ヘニング（Willi Hennig）の *Phylogenetic systematics*（1966）以来のことである。

ヘニングによって唱えられた系統解析法は、今日では分岐分析（cladistic analysis）と呼ばれている。それは、形質状態の原始性・派生性を決定することにより分岐図（cladogramという）を作成する。作成された分岐図は生物群の系統発生の過程を図示する系統樹（phylogenetic tree）であると解釈する。ヘニングの分岐分析は、初め動物、特に昆虫を中心に分類学のなかに浸透していったが、植物分類学にも影響を及ぼしている（Bremer 1976; Humphries 1981; Stuessy 1980; Funk & Wagner 1982）。

新しい方法論（あるいは見方）の導入が科学の新しい発展につながることはよく知られている。ところで分類体系そのものには発見促進的なgeneral reference systemとしての機能が含まれているといえる。general reference systemを全分野の生物学者にたいして提示することができるのは分類学だけであろうし、それはまた分類学者の使命でもあるだろう。論理の確かな客観的システムを提案するうえで、今日の系統分類学の方法論について熟知することは、私たちにとって、必要不可欠なことだと思う。

本稿では、ヘニングの分岐分析法及びヘニング以後に発展を遂げ、一括して変形分岐学（transformed cladistics）と呼ばれている系統分析論の主な理論を紹介するとともに、それらにたいする若干の私見を述べた。

分岐図とその重要性

分岐図は、ヘニングが創始したものではないという指摘もあるが（Croizat 1978）、系統解析に有効的にこれを用いたのはヘニングである。多くの知的活動がパターン認識にもとづく直観によってなされている（川合・浜田一九八五）ことを考えれば、系統を解析するうえで図（分岐図ばかりでなく）のはたす役割は大きい。感覚、記憶、悟性、想像力を総動員して解かれる問題である系統解析に図は不可分である。

これまでもさまざまな系統を示す図が描かれてきたが、図示法についての規定がほとんどなく、研究者の個性に委ねられている部分が大きく、解析図面としては提示する情報に限りがあった。この点で、一定の規則によって描かれる分岐図は客観的に系統解析の結果を示すことができ、系統学の進歩にきわめて重要な貢献をしたと思う。

ヘニングの分岐図は、時間を縦軸にして種（または単系統群）の分岐の過程を直線で表す（図１）。これは、今日分岐図といっているものであるが、ヘニング自身（Hennig 1966）は、「系統推論図」（scheme of argumentation of phylogenetic systematics）といっており、分岐図（cladogram, Mayr 1969）とはいっていない。図では種の進化が、その種の獲得したと推定される、派生形質で具体的に表現される。しかし、図中の枝の長さと傾きは、進化の量や質と無関係で何も示してはいない。それぞれの枝はひとつの種（単系統群）しか表さない。だから、枝の太さによって分類群の構成種数（種群）を図に示すことはまったく意図されていない（枝の線の太さによる表現はしない）。

さて、系統進化では、①二つの娘種のある形質が、一方の種で祖先種と同じ形質状態を保っているとしたら、他方の種では派生的または新しい形質に進化している、あるいは、②二つの娘種のある形質が両種とも祖先種の形質状態からそれぞれ独立の方向へ形質状態の変化または転換を起こしている場合、とが考えられる。

仮にある種が二つの隔離した種に分かれたとすると（図１の１）、その二つの娘種B、Cの少なくとも一方は、共通祖先種Aの少なくともひとつの形質で、その形質状態に変化（転換）がみられる。図１の１では、形質aが娘種Cでa'に変化していると定義される。このとき、この形質（あるいは状態）aは原始形質（状態）、a'は派生形質（状態）である。

次にこの娘種Cが、種Dと種Eに分化したとすると、そのときには二つのことが考えられる。すなわち、①a'は、二つの娘種D、Eの一方の種で転換してa''になる（図1の2E）、あるいは、②a'は、その二つの娘種D、Eでは祖先種Cと同じ状態にとどまるが、D、Eのうち一方の種において別の形質bがb'の状態に転換する（図1の3E）。このとき、形質bは、基幹種（stem species）であるAにすでにそなわっており、かつそれがBとCに分かれた最初の分化においては不変のままであったとの推定を行う。その結果、bの状態は（現生の）種BとC、Dに現れているが、Eでは派生状態のb'となっている。

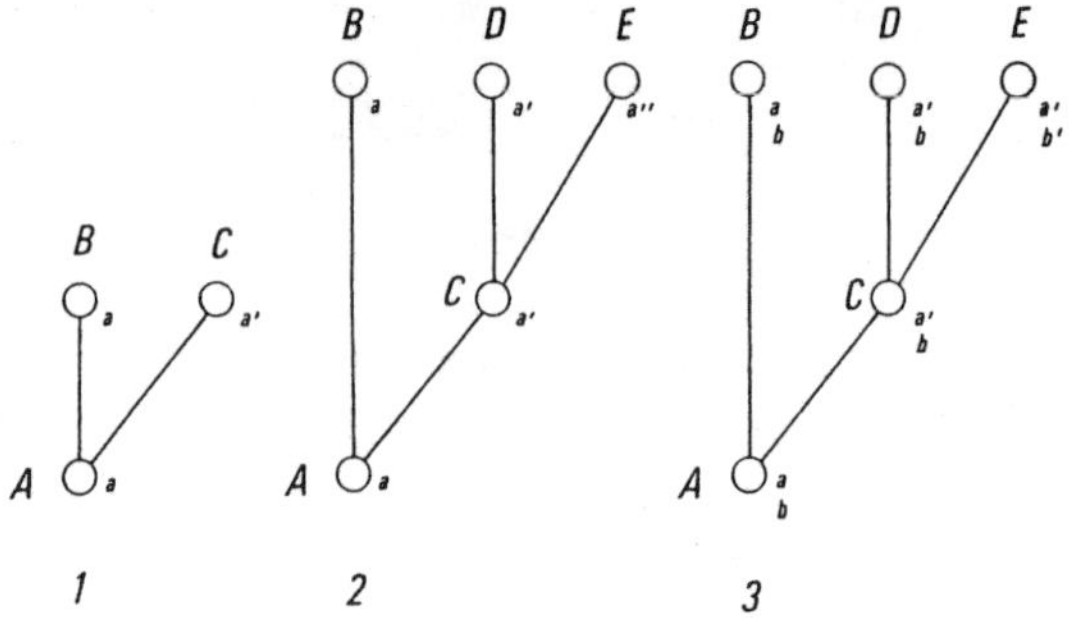

図1　ヘニングが用いた種分化と形質状態の変化を示す図（Hennig 1966による）

ここで述べた形質のうち、a、bは原始状態（原始形質）、a'、a''、b'は派生状態（派生形質）と呼ぶ（Hennig 1966）。

祖先種の形質状態が娘種で新しい形質状態（あるいは形質）に進化した場合には、この進化した形質状態（または形質）を形質の派生状態（apomorphous）という。派生状態の形質は、単に派生形質、あるいは新形質、子孫形質ともいう。英語でもapomorphous（apomorphic）character、apomorphyともいう。ワィリー（Wiley 1981）はシノニムとしてapotypic character、apotypy、derived character、advanced character、specialized characterをあげている。以後本稿では派生状態あるいは派生形質ということにする。

これにたいして祖先種にみられる形質状態（または形質）を形質の原始状態（plesiomorphous）という。原始状態の形質は、原始形質、旧形質あるいは祖先形質、plesiomorphous（plesiomorphic）character、plesiomorphyともいう。

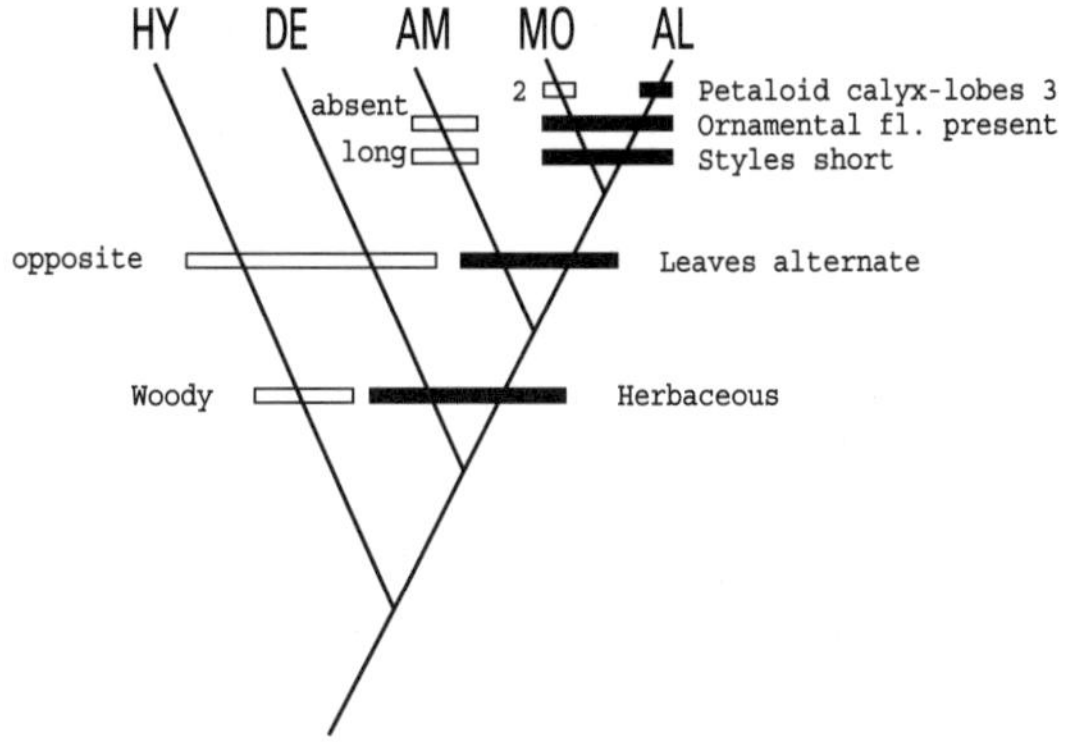

図2　クサアジサイ属の系統推論図　黒の四角形は形質の派生状態、白の四角形は形質の原始状態を示す。HY : *Hydrangea*、DE : *Deinanthe*、AM : *Cardiandra amamiohsimensis*、MO : *Cardiandra alternifolia* subsp. *moellendorffli*、AL : *Cardiandra alternifolia* subsp. *alternifolia*（Ohba 1985による）

plesiotypic character、plesiotypy、primitive character、ancestral character、generalized characterがワィリーのあげるシノニムである。

図2は、分岐図によってクサアジサイ属の系統推論の結果を示したものである。分岐図ではいつでも黒塗りの四角形は派生状態、白塗りのそれは原始状態を表している。クサアジサイ属は、ユキノシタ科アジサイ亜科の一員で、ギンバイソウ属（DE）、アジサイ属（HY）とは単系統群（後述）であるとみなされた（Ohba 1985）。この群においては、木性から草性が由来したと考えられるので、木性は原始状態、草性は派生状態と推定される。ギンバイソウ属とクサアジサイ属は、この形質に関して、「派生状態を共有する」あるいは「派生形質共有」（synapomorphous, synapomorphy）という。この推定にもとづけば、アジサイ属はギンバイソウ属とクサアジサイ属の両属と姉妹群の関係にあるとみなされる。ギンバイソウ属とクサアジサイ属では、葉の配列が異なっており、ギンバイソウ属ではアジサイ属にみられる形質状態が保たれている。これをギンバイソウ属とアジサイ属は、この形質に関して、「原始状態を共有する」、あるいは「原始形質共有」（synplesiomorphous）という。

分岐図を描くことは、分岐分類学の重要な作業のひとつである。考え方としては、分岐論以外の立場の研究者からも受け入れられている。進化分類学の立場を代表するマイヤー（Mayr 1974）自身も、系統の再構築の際の基本原理のひとつは、種々の系統（phyletic line）の分枝パターン（branching pattern）の確立とその結果の要約としての分岐図（cladogram）を立案することだと主張している。分岐図が、形質を派生と原始（祖先）に分けることにより、相対的にではあるが、系統を図化しうることを示した点も評価する。マイヤーは、分岐論を分類の実践上の問題から批判し、分類システム（当然ではあるがgeneral reference systemをいっている）としては進化分類学によるシステムほど役に立たないという。マイヤーの批判は、次の三点にまとめられる（鈴木一九七六による）。

①充分な派生形質はめったにえられない、

②形質状態のどちらが派生的であり、どちらが原始的であるか決めるのに、客観的根拠が薄い、

③モザイク進化（収斂のことか）や並行進化によって、派生形質によってもたらされる情報に矛盾が生じる。

確かに、実際の研究ではマイヤーが指摘するように、直面している形質状態（character state）が派生的なのか原始的なのか、判断に困ることが普通であろう。さらに、進化の過程で形質の状態の変化だけでなく、形質そのものが変わることも充分ありうる。形質どうしの相同性（homology）を明らかにする必要性がここに生じる。だが「相同性」と「形質状態の変化」（Merkmalsphylogenie（Zimmermann 1930）; morphocline（Maslin 1952））を決定することの必要性は、何も分岐論者だけのものではない。ただ、分岐分類学では、進化分類学よりもその決定にいっそう重要性がおかれる。しかるに、問題は、この重要な決定が現状ではほとんど推論によらざるをえないことにある。系統はさまざまに解釈されうるという、誤った考えが広まったのは、この重要な決定が推論による点と深く関係している。

系統とは、種から種へと引き継がれていくもので、決して解釈されるものではなく、その分化の過程はたったひとつである。解釈が必要なのは、われわれがその系統を再構成するときである。しかし、その解釈は、①「形質の相同性」、②「形質の原始・派生状態」ならびに③「形質状態の分布にみられる不整合性」についてだけに許されるのである。その

各々について、どのように解釈するのかが系統を再構成する際の「要」である。この部分について厳密さが要求されるのは、科学として当然であり、分岐論が系統分類学にもたらした功績のひとつは、このことにたいする具体的な提案を行ったことであるといえる。

相同性は、多くの場合、実際には観察不可能な事象にもとづいているために、推定にあたっては実践的な補助基準を設けて間接的に推論していく（三枝一九八〇に詳しい）。形質状態についても同様である。これについては、形質系統（Zimmermann 1930; Hennig 1966）あるいは形質傾斜（Maslin 1952）における原始端の推定の基準が適用される。形質状態の分布にみられる不整合性については、さまざまな試みが行われている。なかでも、後述する最節約原理（parsimony）が重要であろう。この問題に関しては統計学的手法の導入もなされている。ワグナー（Wagner）の algorithm（Kluge and Farris 1969）が有名である。分岐論を数量表形学の一分野だと誤解する人が少なからずいるが、たとえ数量計算や統計処理が取り入れられても、分岐論の理論的基盤は、数量表形学とはまったく異なっている。

派生形質共有

派生形質共有の概念は、系統解析上最も重要なものである。ヘニングは、単なる形態の類似にもとづくグルーピングを、形質の解析によって次の三つに分ける（図3）。

単系統群（monophyletic group）　類似性が派生形質共有による。
側系統群（paraphyletic group）　類似性が原始形質共有にもとづいている。
多系統群（polyphyletic group）　類似性が収斂の結果による。

進化分類学と分岐分類学の論争点のひとつは、側系統群と単系統群の区別ならびにそれらの分類体系上の処理にある。

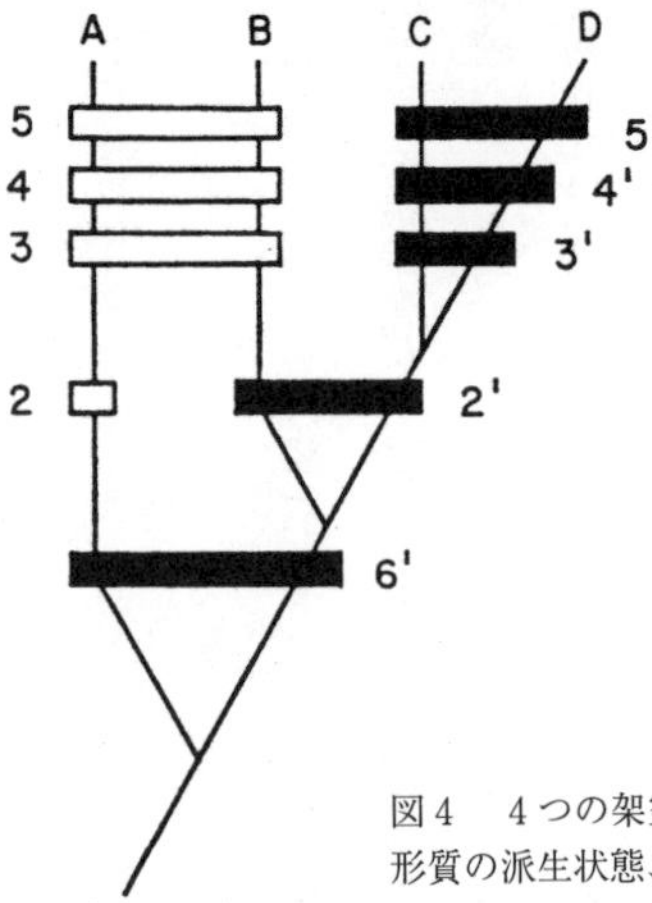

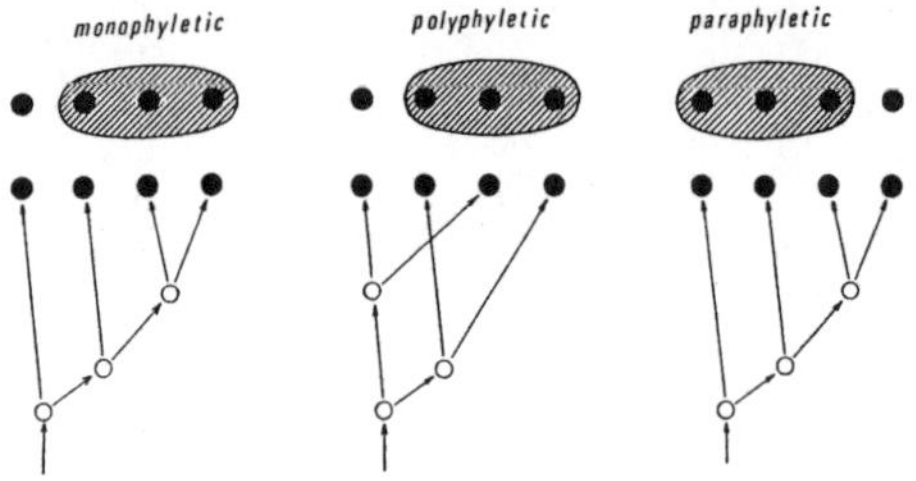

図3　単系統、側系統及び多系統の概念（Hennig 1966による）

図4　4つの架空の分類群（A、B、C、D）間の系統関係　黒の四角形は形質の派生状態、白の四角形は形質の原始状態を示す（Wiley 1980による）

ヘニングの側系統という概念について少し説明を加えてみよう。

図4において、原始形質共有にもとづいてAとBをひとつのグループとしたとき、このAB群は側系統群である。またこの群は、共通の祖先から由来するすべての子孫種を含んでいない。図で単系統群はABCDすべて含む群であり、その根拠となるのは形質6'（これは派生形質として指定されている）の共有である。その原始状態である6はこの図には描かれていないが、さらに古い祖先段階で派生状態6'に変わったとの推定がなされている。同様に形質2で派生状態を共有するBCD、さらに3、4、5の形質で派生状態を共有するCDの二つの群はそれぞれ単系統群とみなされる。原始形質共有にもとづくBC群が側系統群なのは明らかであろう。

分岐分類学では単系統群だけを系統群と認めるのにたいして進化分類学では側系統群も系統群として認める。それは、後者が表形的類似度（phenetic similarity）をも考慮に入れてシステムをつくろうとするためである。マイヤー（Mayr 1942）はmonophyleticという語を、「ひとつの外交配を行う集団の子孫、いいかえれば、あるひとつの種の子孫である」としている。ヘニングは、この定義を不完全とみなす。すべての子孫を含むと言明していないからである。ヘニングの形質にもとづく単系統の定義はすでに述べたが、それ以外に彼は、「基幹種の系統を引く子孫種の群であるが、その群には基幹種の系統を引くすべての子孫が含まれている」と定義している。

単系統群と多系統群は、進化分類学でも区別されてきたし、この区別とその意義については問題はほとんどない。

【補足】ここまでの部分を書いた直後から分岐分類学の教科書（Duncan & Stuessy 1984）やワークブック（Brooks *et al.* 1984）、分岐論を用いた植物の系統分類に関する論文（Burns-Balogh & Funk 1986など）、三枝（一九八〇）に続く分岐分類学に関連した日本語文献（速水・安藤一九八四、三中一九八五a、b、c、一九八六a、b、安藤一九八五）が出版され、分岐論について知りたい方はそれらの文献を読めばよいような状況になった。さらに、一九八五年にはWilli Hennig Societyの国際誌*Cladistics*が創刊された（安藤一九八六）。本稿で紹介・検討を予定していた最節約原理、変形分岐論についてはすでに三中（一九八五a、b、c）が詳細に紹介・検討を行っており、ここでは私見以外にはこの問題について書く必要がなくなった。したがって、ここでは主題を、⑴植物に特に多い雑種を含む二次的種分化と分岐論、及び、⑵分岐論を実際の研究に用いるうえでの問題点、に限定することにした。変形分岐論を含む分岐分類理論の諸学派ならびにこれらの学派の理論に包含される種々の問題点については上記の優れた日本語文献を併せてお読みいただくことをお勧めしたい。

二次的種分化と分岐論、特に雑種の扱い方

高等植物の種分化に関するこれまでの研究から雑種形成は種レベルの進化（すなわち、種分化speciation）にもかなり大きな役割をはたしているということができる。したがって、高等植物を対象とした場合、雑種（hybrid）を分岐論ではどのように考え、実際に分岐図を描くときにどう処理するかについて検討しておくことが必要である。

当初、雑種の扱い方について分岐論の立場からの考え方は以下の三つに集約されていた。

(1)　雑種の存在による分岐図上における多分岐は形質分布における事実を反映したものであり、分岐図に入れたままにしておくべきであるという考え方（Bremer and Wanntrop 1979, Nelson and Platnick 1981）。これは「組み入れ法」とでもいうべきものである。

(2)　分岐分析の最初の段階では雑種と判明しているものは取り除いてしまい、最終段階で両親と推定される種の分岐図の上に置く（分岐の末端点の上に付置させる）とする考え方（Wagner 1969）。ここでは「棚上げ法」としておこう。

(3)　分岐分析の最初の段階には雑種を残すべきで、多分岐的状態の分岐図ができたら雑種を取り除いて分岐図を修正して分岐図の上部におくという考え方（Funk 1981, Humphries 1981）。「修正法」と呼ぶことにしよう。

最近、ハンフリースとフンク（Humphries and Funk 1984）はこの問題にたいして別の考え方を発表した。彼らは、雑種問題をまず姉妹分類群（sister taxa）と非姉妹分類群（non-sister taxa）に分けて考察を行った。図5は姉妹分類群の状態を示す。ここでは、HはAとBの雑種とする。もし、AとBが同じ数だけの派生形質をもち、その雑種にその両方が現れるとすると、その場合は(ii)に示すように三分

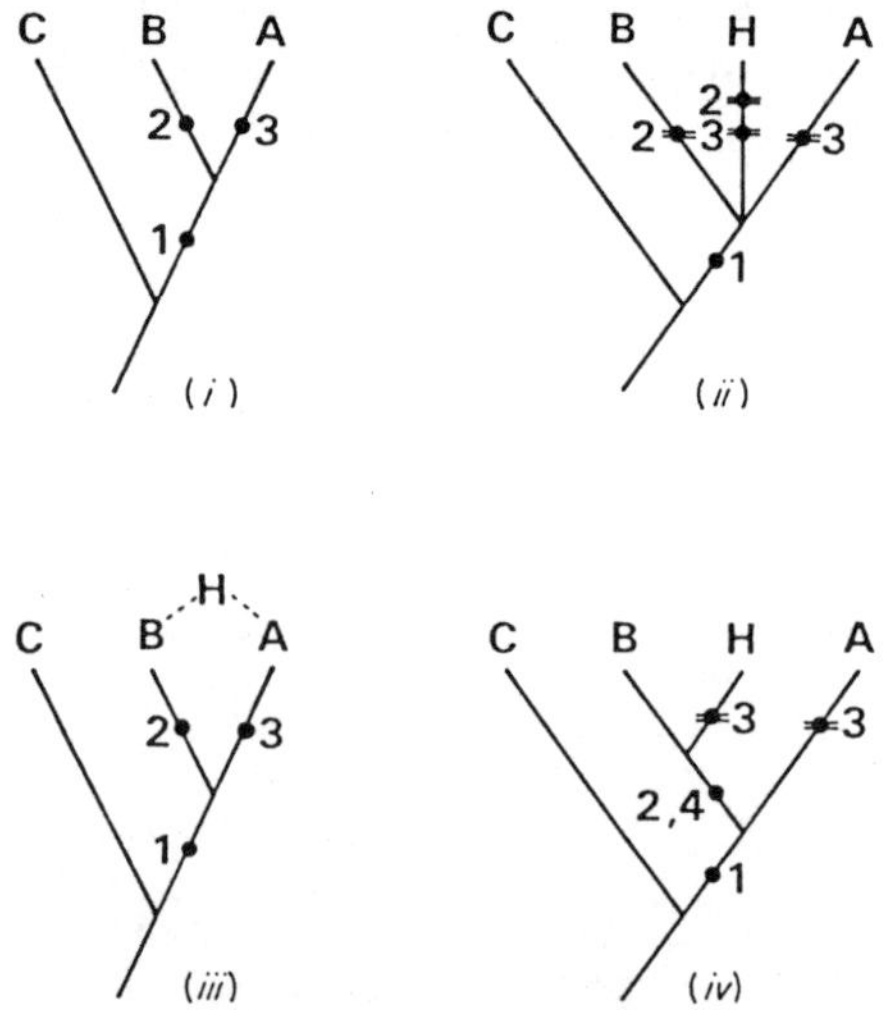

図5　姉妹種間に生じた雑種と分岐図　(*i*) は3種からなる分類群、ABCで、AとBは共有派生形質1により姉妹関係にあり、それぞれは固有派生形質2と3を有することを示す。(*ii*) はAとBの間の雑種HがAとBがそれぞれもつ固有派生形質2、3を遺伝した結果が3分岐として示されている。(*iii*) は (*ii*) を分岐図上におけるホモプラシーを避けるために分岐図から雑種を外しその上部において描いたもの。(*iv*) は雑種HがAよりも余計に4という固有派生形質をBから遺伝したと仮定されている。この場合は雑種はBの姉妹種（姉妹分類群）となり分岐図上の問題が解決されることが判る（Humphries and Funk 1984による）

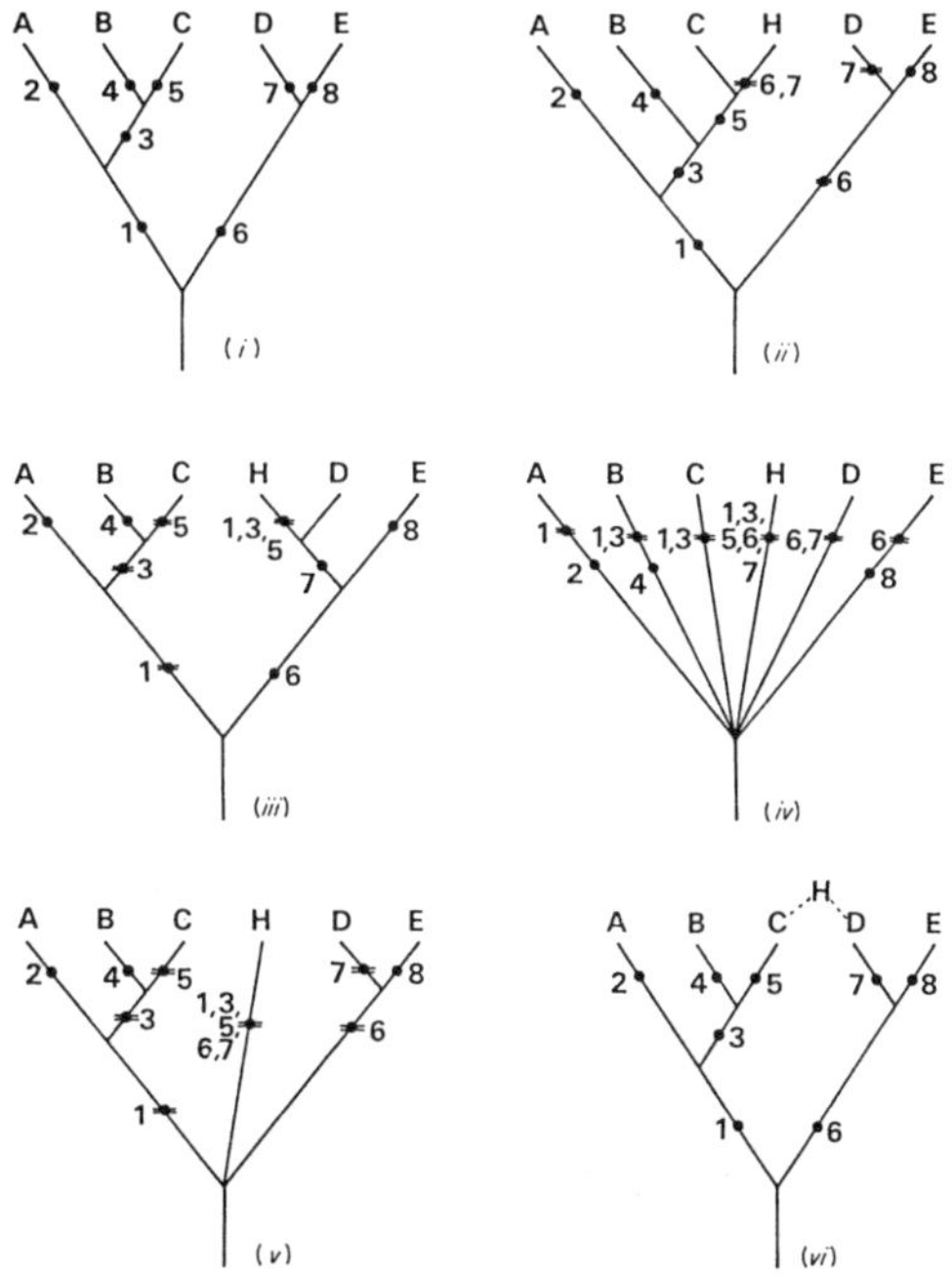

図6　2つの非姉妹種CとDの間に生じた雑種Hと分岐図　(*i*) は雑種を除いた分岐図で8つの形質変化が示されている。(*ii*) は雑種を分岐図中に描き入れる「組み入れ法」で、最も多くの共有派生形質を共有する両親種（C）と姉妹関係をつくるとして処理されている。(*iii*) は雑種が両親種の他方（D）と姉妹関係をなすように処理した分岐図であるが、(*ii*) に比べ形質変化の総数が増えている（ここでは1つに過ぎないが)。(*iv*) 箒状の分岐図で、これだと17の形質変化が必要である（ただし図のCの1、3は1、3、5の誤りである)。(*v*) は雑種Hを雑種として分岐図中に組み込み3分岐としたもの。(*vi*) は「棚上げ法」で、最もパーシモニーになる分岐図である（Humphries and Funk 1984による）

岐として表すか、あるいは、これを雑種によるものとして(*iii*)のように示すとした。他方、A・Bの一方の分類群が他よりも余計に派生形質（すなわち、固有派生形質autapomorphy）をもち、雑種にもそれが引き継がれた場合は、(*iv*)のような分岐図がえられ、雑種の存在自体が分岐図作成には特別問題を与えないとした。

雑種の問題がいっそう複雑なのは、非姉妹分類群間の場合で、図6(*i*)の数字（1〜8）はAからEまでの五つの分類群のグルーピングに必要最小限の共有派生形質と固有派生形質を示している。この場合、CとDの間の雑種Hが両親からすべての派生形質（この場合は、1、3、5、6、7）を遺伝したとする。(*ii*)はこのHを直接分岐図中に描く方法（すなわち「組み入れ法」である）として最も最節約的なもので、分岐図中の形質変化の数は一〇である。(*iii*)はHをDの方に位置させた場合で形質変化の数は一一で(*ii*)よりも数がひとつ増していて最節約的な描き方ではない。

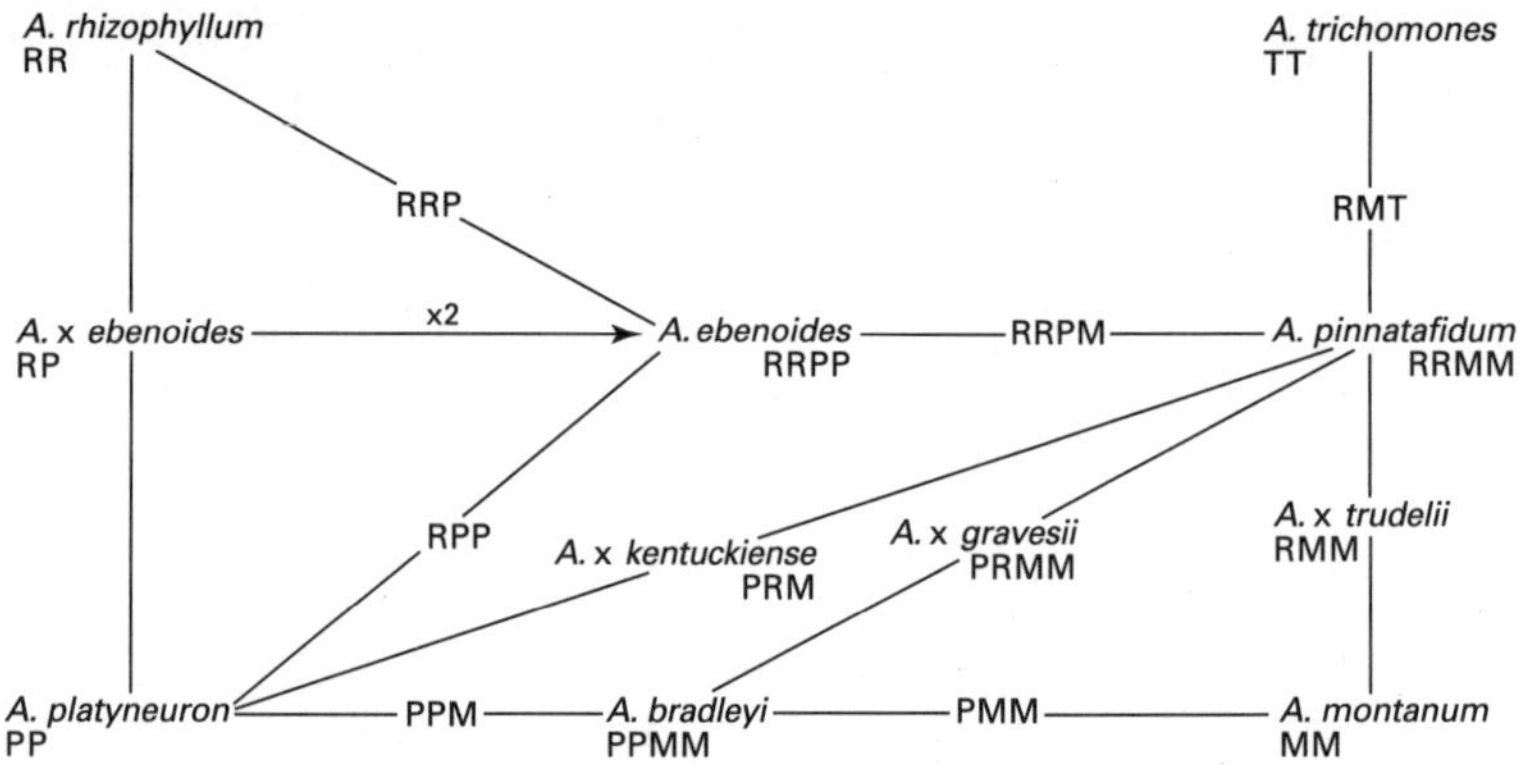

図7　アパラチア地方の*Asplenium*の種間関係（Walker 1979による）

ネルソンとプラトニク（Nelson and Platnick 1981）が主張する考え方（*iv*あるいは*v*）は、雑種を分岐図のなかに組み込むものである。ハンフリースとフンクは、(*v*)では形質変化の数が一三、また、系統再構成を放棄したような(*iv*)ではその数が一六にもなってしまうことを指摘した。ネルソンとプラトニクの考え方は最節約的原理からみてよいやり方とはいえないというのが彼らの結論である。雑種を分岐図から外して分岐図の上に付置させる「棚上げ法」だと形質変化の数は八で済み、非姉妹分類群間の場合、ハンフリースとフンクが高く評価しているのはこの方法である。

ここでハンフリースとフンクが議論した雑種の問題はあまりにも単純なケースに過ぎないが、より一層複雑な二次的分化でも、ここで述べた方法を敷《ふ》衍《えん》していけば分岐図をつくることができる。ところで、二次的種分化といえども種分化であり、雑種形成や倍数化も種分化のひとつのプロセスに過ぎないのであり、対象とする系統群における全構成種の系統解析が理想である。すなわち、分岐分類学（系統分類学）の立場からいえば、まず全種について形質の原始性・派生性の原則を適用して分岐図を作成し、多分岐状態や不調和が生じた段階で雑種の可能性を考えるということになる。

図7は*Asplenium*の種間関係を示したものである。この図とここに示されていない各種の形質状態の分布が提出されていると仮定して描くことがで

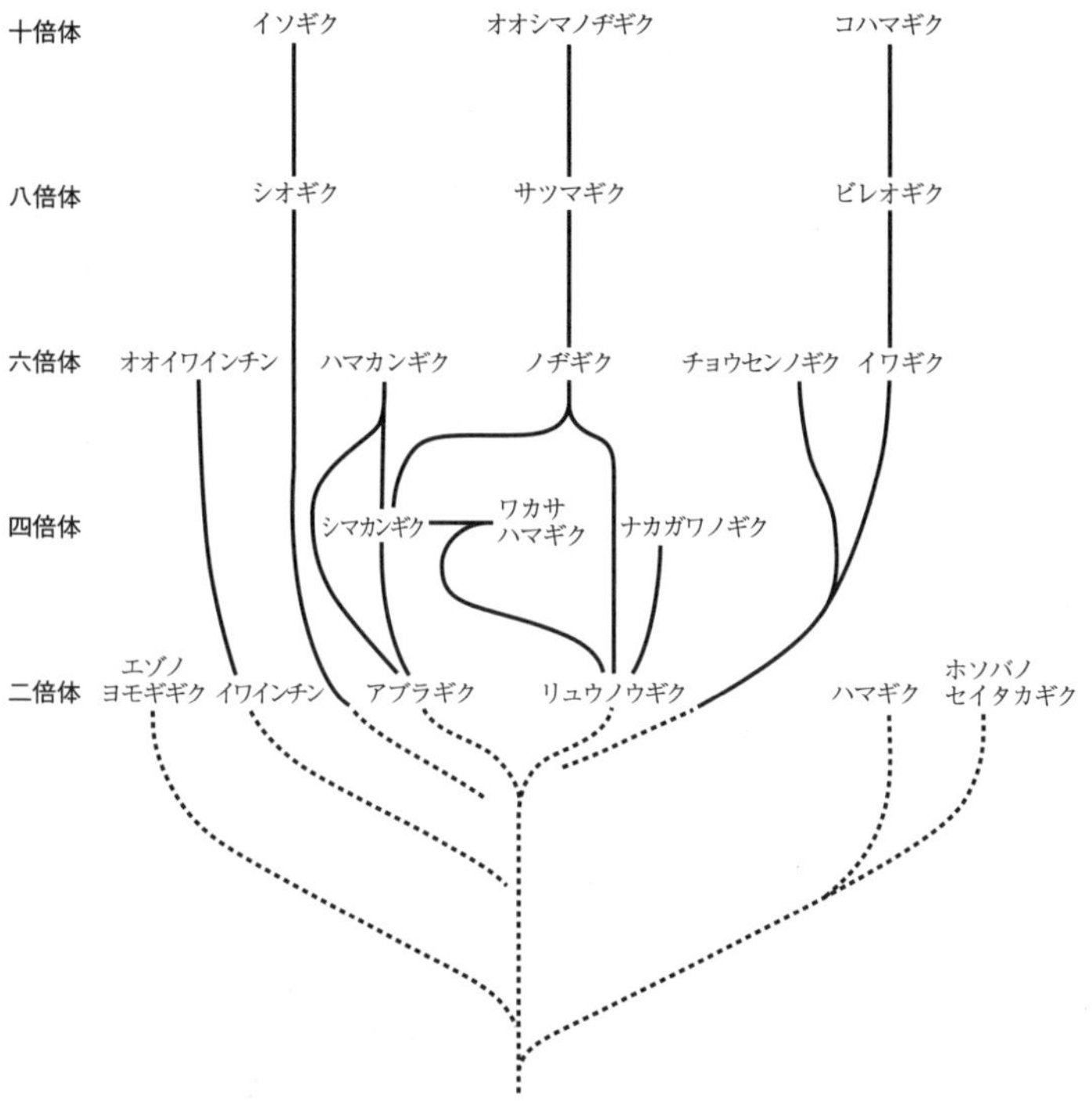

図8　外部形態、生態、地理的分布、交雑、核型、ゲノムの各特性を総合して描いた日本産野生キクの系統樹　点線は2倍体種の系統関係を示す（田中・下斗米1978による）

きるであろう分岐図（実際にはデータが提示されていないためこれを描くことはできない）を比べた場合、どちらがよりいっそう発見促進的でgeneral reference systemとして優れているかを考えていただきたい。至近な例をあげてみよう。図8は田中と下斗米（一九七八）による日本の野生キク属*Chrysanthemum*の系統図である。この系統図では、二倍体種間の推定が放棄され倍数体レベルと交雑関係のみが示されている。その点で図7と図8の間に共通した思考が働いているように思われる。分岐論で考えると、二倍体種の系統関係には複数の可能性が残された系統図であるといえる。

一般的にいって分岐論はこれまでのところ雑種のような二次的種分化の研究にあまり取り入れられてはいない。確かに二次的種分化の解析だけを目的とする場合には、図面としても図7あるいは図8に示される「系統図」の方が優れていると見做されるかもしれない。

倍数体や交雑関係を中心に解析を進める分野の研究者にとって、現在のところ二倍体種間の系統関係というのはup to dateな解析問題とは見做されない傾向があるように思われる。では、はたして二次的種分化の研究を進めるうえで分岐論が提供できる情報は限られたものであり、分岐図（系統樹）によって明確に示すことのできる情報はこの分野の研究に何らの貢献もしえないというのだろうか。また、たとえば、図8をわざわざ分岐図にする必要性などいまのところないのだろうか。私はそうは考えない。くどいけれど二次的種分化といえども種分化なのである。理想とすべきは（二倍体種を含めた）全構成種の系統関係の推定のため、細胞遺伝学的な解析にとどまらず他の形質についても原始性・派生性を議論することであろう。すなわち、全種についての分岐分析を行うのが正攻法だということになる。図8で扱われた*Chrysanthemum*の分岐図の出現が俟たれるところである。

結論としていいたいことは、雑種形成といえども種分化のひとつのプロセスなのであって、対象分類群を構成する全種について形質の原始性・派生性の原則を適用して分岐図を作成すべきであるということである。その場合には、「組み入れ法」を採用すべきであろう。しかし、雑種の存在を明確に示す意図には「棚上げ法」が優れている。このように用途によって多様な作図法が考えられるが、この点についてはうえに述べたハンフリースとフンクの議論が参考となるだろう。

分岐論を実際の研究に用いるうえでの問題点

分類学者の高尚な悩み　種レベルの分類学的研究では、系統関係を推定することは研究自体がめざす結論のひとつでもある。また、系統関係の推定（系統再構成）を欠く分類システムは生物の分類としては人為分類であり、システムを作り上げるうえでも系統再構成は不可欠である。しかしながら、現実には系統再構成は多大の困難をともなうのである。

まず、各形質の原始端の決定ができない。形質間に整合性がなく、矛盾や対立が生じてしまう。このような複数の可能性が否定できないために悩むことが分類学ではむしろ普通である。分岐論といえども基本的にはこのような悩みを解消するものではないのである。むしろ悩みをさらけ出すところに特徴があるといえる。

もとよりわれわれは複数あるもののなかから何かを選ぶときには、「じゃんけんぽん」とか多数決とかいろいろなやり方をもち、目的に応じてそれらを使い分けている。分岐論において外群規則や parsimony（最節約原理）や computer algorithm などを取り入れるのは、何かを選ぶためであって、「分類学者の高尚な悩み」に取って代わる代物ではないのである。それにもかかわらず、分岐論がもてはやされ多くの支持者をえたのはなぜだろうか。すでに述べたが、系統関係の理解があらゆる生物学の研究計画とその実行上重要となり、さらに、分類学者の「個人芸」で進められてきた分類群の解析が他分野の研究者による共同研究へと変わりつつあり、系統関係について共通の認識と理解をもつ必要が生じたためである。このような状況での分類学者の役割のひとつは、ある分類群の研究の現状とその結果から系統がどのように推定されているかを示すことにある。分岐図を用いれば誰もが、①用いた形質、②形質の原始端の推定（その決定の根拠や確かさ）、③推定された系統（可能な分岐図・系統樹の数、なぜこの分岐図あるいは系統樹が選ばれたのか）、④その系統樹が有する研究上の問題点について、などが容易にかつ共通に認識できるのである。

箒状多分岐から二叉分岐へ　現在の分類システムは属、節、列などにその下位の分類群が一括されているので、多分岐状態になっている。また、同ランクのカテゴリーでの階層性はまったく示されていないので、分岐点での系統枝の配列は任意であるより仕方がない。いわばこの箒状の多分岐からたとえひとつでも二叉分岐状態にまで推論を押し進めることが分類学者に課せられた課題であろう。そのために必要なことは共有派生形質（synapomorphy）と固有派生形質（autapomorphy）の発見である。

マイヤー（Mayr 1974）は分岐論にたいして、形質状態の原始性・派生性の決定にたいする客観性が薄いこと、さらに、充分な派生形質のえられにくいことを問題点として批判した。分岐論に限らず形質の原始性・派生性の推定は系統解析の基礎であるが、マイヤーのいうように原始性・派生性の推定に困難さがつきまとうのは確かである。分岐論の立場は、この困難さをさらけ出したのであって、これを解決したものではない。大半の場合は原始性・派生性はあくまで推定に過ぎないのであり、分岐論で重要なことは研究者がどのような論理でどちらを派生的と決めたかにある。すなわち、「Aを原始的と仮定したら、このような系統樹（分岐図）がえられる」という過程を示すことに重点が置かれているのである。したがって、マイヤーの批判は的外れである。

箒状の多分岐から二叉分岐をめざす方向で系統解析の研究は進むのであるが、形質の原始性・派生性について沈黙せざるをえない現実の状況がそうやすやすと好転することは期待できない。現段階では、特に作業仮説的な意味合いの強い系統樹あるいは分岐図を提出する場合は、意識的な「箒状の多分岐」を含む方が発見促進的でさえある。雑種のところで述べたことであるが、基本的枠組み内での目的に応じた多様な分岐図づくりがさらに望まれよう。

系統的類似と非系統的類似　マイヤー（Mayr 1974）が行った分岐論批判の他のひとつは収斂や並行進化に関係している。派生形質によってもたらされる情報自体が収斂や並行進化によって歪められているというものである。実際、系統関係の推定にあたって用心しなければならないのは収斂や並行進化によるみかけの類似である。この問題は、形質の相同性の推定と関連していることはいうまでもない。しかし、類似現象は、祖先―子孫関係（系統的類似）によるものか単なる相似（収斂や並行進化によるみかけの類似、すなわち非系統的類似）なのか、系統関係が判らなければ峻別はできないのである。

この点に関して三枝（一九八〇）は、以下の八項について非系統的類似の検討をする必要性を指摘した。

(1) 新形質状態（形質状態の派生性のこと）を必然的にもたらすような前適応が祖先群に広く存在している場合には、さまざまな系統枝できわめてよく似た、または区別の不可能な新形質状態への変化が独立に起こる。

(2) 擬態、警戒色、保護色など同一の生態的効果を生じる適応は、異なる系統枝で並行的に生じる可能性が大きい。

(3) 祖先群に広く存在していた形質は常に異なった系統枝で並行的に退化し、消失する可能性がある。単純な構造であればあるほど、その退化、消失した状態の間に差が認めにくい。

(4) 形質の部分構成が単純な構造は、複雑なものに比較して、並行的によく似た新形質状態へ変化しやすい。

(5) 周囲の構造との関連性が単純な形質は、複雑な関連をもつ形質に比較して、並行的によく似た新形質状態へ変化しやすい。

(6) 共有新形質の種間での形質状態の差が大きいものは、差が小さいものに比較して異なる系統で独立に獲得された可能性が大きい。

(7) ある共有新形質と同様な形質変化が、対象生物群とは異なる群で独立に生じていたり、その群の亜群の間で並行的に生じていることが明確であれば、対象生物群の内部でも異なる系統の間で独立にその形質状態に達する可能性が高い。

(8) 新形質への変化が、近縁な生物群の種内で、個体変異、一個体の対在形質の変異、突然変異、型などの差として発現している場合には、この変化は対象生物群のなかでも異なる系統間で並行的に生じる可能性が大きい。

三枝が指摘した諸事項は、これまで分類学者が形質の重み付けを行う際に経験的に軽視する理由として列挙してきた内容を発展させたものである。形質の原始性・派生性の考察に際しても非系統的類似の可能性は追究されねばならず、この場合も三枝の留意事項は有効な検討事項となる。

伝統的分類学と分岐分類学

ここで伝統的分類学と分岐分類学（系統分類学）との根本的なちがいは何かという質問に関連して一言したい。両者のちがいは系統を推定する意味にたいする観点のちがいから問題にされねばならない。一般論として、たとえば、一〇〇個の考えられる可能性を五〇にまで絞り込むことができたら、今後の研究対象を半分に減らしたわけである。これを科学的な成果と見做すか否かにこの問題は集約できる。すなわち、ある分類群について仮定される一〇〇の分岐図（系統樹）が分岐分析によって五〇にまで絞れることを明らかにすることが系統分類学の意義であると考えるのか、それとも、たとえ大まちがいかも知れないがひとつの系統樹を提案することを意義と考えるかの差である。むろん、伝統的分類学は後者の立場である。これにたいして分岐分類学の立場は前者であり、ヘーニキアン（Hennigian）であろうと変形学派であろうと系統を推定する意味の考え方にはちがいはない。また、分岐分類学ではこれまで分類学者の主観や個性で描いてきた系統樹を誰もが共通認識できる解析図面とすることに大きな意義をおいている。最後に狭義の分岐論（Hennigian phylogenetics）と変形分岐論（transformed cladistics）のちがいについて述べておきたい。ヘニングの分岐論が直接系統樹の構築をめざすのにたいして、変形分岐論は分岐図の構築を目的とするのである。変形分岐論では、分岐図には複数の系統樹が対応し、分岐図は系統樹の集合であるとする点に注意する必要がある。しかしヘーニキアンであろうと変形学派であろうと、系統を推定する意味の考え方にはちがいはないといえる。両学派を対置させ議論すること自体不毛である。

本稿をまとめるに当たり素稿をお読みいただきかつ有益な助言をいただいた、三中信広（東京大学農学部）、安藤寿男（早稲田大学教育学部）、村上哲明（東京大学教養学部）、秋山忍（東京大学理学部）の諸氏に心からお礼申しあげる。

【引用文献】

安藤寿男（一九八五）「分岐分類学について（序説）」『早稲田大学教育学部学術研究（生物学・地学編）』三四号一九—三一頁

安藤寿男（一九八六）「雑誌Cladisticsの創刊」『東京大学総合研究資料館生物地理研究会ニュース』六号三五—三九頁

Bremer, K. 1976 The Genus *Relhania* (Compositae). *Opera Botanica,* **40** : 1–86

Bremer, K. and H.-E. Wanntorp 1979 Geographic populations or biological species in phylogeny reconstruction. *Systematic Zoology,* **28** : 220–224

Brooks, D. R., Caira, J. N., Platt, T. R. and M. R. Pritchard 1984 *Principles and methods of phylogenetic systematics : a cladistic workbook*. University of Kansas Museum of Natural History Special Publication No. 12.

Burns-Balogh, P. and V. A. Funk 1986 A phylogenetic analysis of the Orchidaceae. *Smithsonian Controntributions to Botany,* **61** : 79

Croizat, L. 1978 Hennig [1966] entre Rosa [1918] y Lovtrup [1977] : Medio siglo de sistematica filogenetica. *Boletín de la Academia de Ciencias Fiscicas, Matemáticas y Naturales* (Caracas, Venezuela), **37** : 59–147

Duncan, T. and T. F. Stuessy (eds.), 1984 *Cladistics : Perspectives on the Reconstruction of Evolutionary History,* Columbia University Press, New York

Funk, V. A. 1981 Special concerns in estimating plant phylogenies. In: Funk, V. A. and D. R. Brooks (eds.), *Advances in cladistics : Proceedings of the First Meeting of the Willi Hennig Society*, New Yor Botanical Garden, Bronx. 73–86pp.

Funk, V. A. and W. H. Wagner, Jr. 1982 A bibliography of botanical cladistics : 1. 1981. *Brittonia,* **34** : 18–124

速水　格・安藤寿男（一九八四）「系統と生物地理研究の科学性」『化石』三六号五三—五七頁

Hennig, W. 1966 (reprint 1979) *Phylogenetic systematics,* University of Illinois Press

Hennig, W. 1966 The Diptera fauna of New Zealand as a problem in systematics and zoogeography. *Pac. Ins. Monogr* **9** : 1–81

Humphries, C. J. 1981 Biogeographical methods and the southern beeches (Fagaceae: *Nothofagus*). In : Funk, V. A. and D. R. Brooks (eds.), *Advances in Cladistics : Proceedings of the First Meeting of the Willi Hennig Society*, New Yor Botanical Garden, Bronx. 177–207pp

Humphries, C. J. 1981 Biogeographycal methods and the southern beeches. In : Forey, P. L. (ed.), *The Evolving Biosphere : Chance, Change and Challenge,* Cambridge University Press,Cambridge. 283–297pp.

Humphries, C. J. and V. A. Funk 1984 Cladistic methodology. In : Heywood, V. H. and D. M. Moore (eds.), *Current concepts in plant taxonomy*, 323–362

川合敏雄・浜田雅樹（一九八五）「PADとは何か―プログラム作成の効率化をめざす―」『科学』五五巻一四七―一五四頁
Kluge, A. G. and J. S. Farris 1969 Quantitative phyletics and the evolution of Anurans. *Systematic Zoology,* **18** : 1–32
Maslin, T. P. 1952 Morphological criteria of phyletic relationships. *Systematic Zoology,* **1** : 49–70
Mayr, E. 1974 Cladistic analysis or cladistic classification ? *Z. Zool. Syst. Evol.-forsch.*, **12** : 94–128
三中信宏（一九八五a）「生物地理学：最近の諸学派の動向―汎生物地理学、系統生物地理学および分断生物地理学」『東京大学総研究資料館生物地理研究会ニュース』四号八―三〇頁
三中信宏（一九八五b）「変形分岐分類学をめぐる諸問題（I）―分岐図と最節約原理―」『生物科学』三七巻一四―三九頁
三中信宏（一九八五c）「変形分岐分類学をめぐる諸問題（II）―系統的体系―」『生物科学』三七巻七九―八五、七八、九四、九九頁
三中信宏（一九八六a）「生物地理学におけるvicarianceの概念」『東京大学総合研究資料館生物地理研究会ニュース』六号一―一八頁
三中信宏（一九八六b）「生物分類学の現在―われわれはどんな状況にあるのか？―」『昆虫分類学若手懇談会ニュース』五三号八―三八頁
Nelson, G. J. and N. Platnick, 1981 *Phylogeney and Biogeography : Cladistics and Vicariance*, Columbia University Press, New York
Ohba, H. 1985 A systematic revision of the genus *Cardiandra* (Saxifragaceae-Hydrangeoideae). *Journal of Japanese Botany,* **60** : 139–147, 161–171
三枝豊平（一九八〇）「比較形態学に基づく系統解析法」西村光雄編『生物学の研究法、基礎生物学シリーズ一五』共立出版、東京、一六五―二〇九頁
Stuessy, T. F. 1980 Cladistics and plant systematics : Problems and prospects introduction. *Systematic Botany* **5** : 109–111
鈴木邦雄（一九七六）「現代分類学におけるcladismの位置」『Panmixia（昆虫分類学若手懇談会）』一号一―一一頁
田中隆荘・下斗米直昌（一九七八）「日本産野生菊の種類」『植物と自然』一二巻九号六―一一頁
Wagner, W. H. Jr. 1969 The construction of a classification. In : Sibley, *Systematic Biology*, 67–90pp.
Walker, T. G. 1979 The cytogenetics of ferns. In : A. F. Dyer (ed.), *The experimental biology of ferns*, 87–132pp.
Wiley, E. O. 1980 Phylogenitic systematics and vicariance biogeography. *Systematic Botany*, **5** : 194–220
Wiley, E. O. 1981 *Phylogenetics : The Theory and Practice of Phylogenetic Systematics*, Wiley-Interscience
Zimmermann, W. 1930 *Phylogenie der Pflanzen,* Gustav Fischer, Jena

あとがき

日本の植物研究の黎明期、ヨーロッパ中世の植物研究、日本の植物画史、江戸時代の本草学、小石川植物園などについての論考を中心に纏めたⅠに続き、Ⅱには極限環境に暮らす植物や植物の多様性とその保全、地球温暖化、ハギやアジサイ、イワベンケイ属の分類や地理分布についての論考などを収載した。

この選集Ⅱには著者がまだ駆け出しの一九七一年に書いたムラサキモメンヅルに関するものからごく最近に至るまでの論考を収載した。もとより選集は寄せ集めの観を免れないが、収載した拙論の間には三〇年以上の開きがあり、内容の点でも問題意識の点でもかなりの相違がある。今ならもう少し内容の充実を図ることもできたと思われる点も少なくなかったが、大方は執筆当時のままに留めた。ただし、「アジサイとその仲間」と「日光地方の植生」は大幅な加筆を加えた。

私は一九七〇年頃から植物分類学の研究を始めた。最初に研究したのはベンケイソウ科植物に関するもので、この課題は東京大学名誉教授故原寛先生からいただいた。多肉化したこの科の植物は標本をつくるのさえ容易ではない。論文の執筆だけでなく、研究の一部始終を原先生、さらにはその後東北大学教授となられた大橋広好先生にご教示いただいた。本選集に収載した「イワベンケイ属の生物地理」はこの研究に関連して書いたものである。

一九八〇年代になると、立場上から専門外の植物についても尋ねられることが増え、その都度文字通りにわか勉強した。請われるままにつたない解説文などを書いたことも多い。そうしたなかでベンケイソウ科と類縁が近いと当時は考えられていたユキノシタ科、バラ科、マメ科の植物にも興味を抱くようになり、いくつかの論文や論説も書いた。本選集にはその一部も収めた。

また、ドクウツギがそうであるように、特定の植物やヒマラヤなどの地域をめぐる共同研究に参加もし、執筆した論述もある。地球温暖化や絶滅危惧種などの保全に関係した小論は、当面する地球規模の緊急課題に一個の研究者が果たすべき責任を果たしたいとの思いから活動に参加し、これに関連して執筆したものである。

さらに一九九〇年代以降になると私の興味は植物学の歴史、植物からみた文化史、植物画などに広がった。もともと植物画に関心を抱いていた私はこうした文化史に関係した論考や作品に目を通すのが好きだったし、折に触れて書籍等を集めていたのが役立った。勤務先が大学の博物館だったために展示図録の編纂を通じて、文化史に関係した執筆の機会も増えたこともあり、気がついてみるとその領域の著作もかなりの量になっていて驚いた次第である。選集Ⅰに収録した多くはそうした機会に書いたものである。

選集Ⅰ、Ⅱには共同執筆した論考も収めた。本選集に収録することを快諾された、秋山忍、石田志朗、岩槻邦男、藤田和夫先生には記してお礼申し上げる。

四〇年の研究生活を通じ、諸先輩、同僚、そして指導した大学院生、調査で歩いた全国各地におられる植物愛好家の方々から実に様々な示唆に富む有益な助言や助力をいただいた。また、特に東京大学総合研究資料館（現、博物館）に着任以来研究室を支えてくださった、滝沢糸子、清水晶子、岡田美知子、飯田美奈子さんのご支援は筆舌に尽し難い。飯田さんにはⅠに続きⅡについても校正の手を煩わせた。この場を借りて感謝の意を表したい。

非力の私に植物学の魅力を力説され曲がりなりにも研究者としての人生を歩む契機を与えてくださった千葉大学教授故西田誠先生に本書を捧げたい。

二〇〇六年三月二〇日

大場秀章

初出一覧

第1部　極限に生きる植物

極限環境での植物の適応………「極限環境での植物の適応」柴谷篤弘他編『講座 進化7』東京大学出版会、一九九二年

ヒマラヤの高山植物相とその特徴………「ヒマラヤの高山フロラとその特徴」『遺伝』四六巻九号、裳華房、一九九二年

ヒマラヤの植物相………「ヒマラヤの植物相」『プランタ』二七号、研成社、一九九三年

ヒマラヤのフロラ考―その東西比較に向けて………「ヒマラヤのフロラ考：その東西比較に向けて」『プランタ』二六号、研成社、一九九三年

ヒマラヤとアルプスの高山植物………「ヒマラヤとアルプスの高山植物」『遺伝』四六巻三号、裳華房、一九九二年

崑崙山脈の植物………「崑崙山脈の植物」『プランタ』二号、研成社　一九八九年

ケニア山の植物・植生………「ケニア山の植物・植生」『アサヒグラフ』四〇四四号、朝日新聞社、一九九九年

中央アフリカの巨大高山植物の知恵………「中央アフリカの巨大高山植物の知恵」『遺伝』五七巻四号、裳華房、二〇〇三年

第2部　生態系の保全と植物学

温暖化の影響と対策―生物多様性への影響………「生物多様性への影響」『遺伝』別冊一七号、裳華房、二〇〇三年

地球温暖化と植生、種多様性―気候変動に関する政府間パネル報告の検討………「地球温暖化と植生、種多様性：IPCC（気候変動に関する政府間パネル）報告の検討」『植生史研究』八号、日本植生史学会、一九九一年

森のアジアから………「森のアジア1 ―森との共存を模索する」、「森のアジア2 ―照葉樹林に生きる」、「森のアジア3 ローカルな思考と価値の転換」日中新報SAPA

砂漠のなかの森林………「砂漠のなかの森林」『科学』六九巻一〇号、岩波書店、一九九九年

野生植物保護と目にみえない自然の攪乱………「野生植物の保護と目に見えない自然の攪乱」『かんきょう』一一巻四号、ぎょうせい、一九八六年

緑の優先と遺伝子保存………「緑の優先と遺伝子保存」『自然保護』三〇三号、日本自然保護協会、一九八七年

絶滅危惧種にどんなものがあるか………「絶滅危惧種にどんなものがあるか」『プランタ』一号、研成社、一九八九年

第3部　日本の自然と植物の多様性

日本の森林基礎知識………「日本の森林基礎知識」『野鳥』五七〇号、日本野鳥の会、一九九四年
日本の森林………「日本の森林」東京大学教養講座一五『森と文化』東京大学出版会、一九八七年
日本のブナ………「日本のブナ」石橋睦美著『ブナをめぐる』白水社、一九九五年
日本の植生区………「日本の植生区」中村和郎・岩田修二・新井正・米倉伸之編『日本の地誌Ⅰ 日本総論Ⅰ（自然編）』朝倉書店、二〇〇五年
関東地方の植物相―その概要………「関東地方のフロラ概要」宮脇昭編著『日本植生誌』至文堂、一九八六年
日光地方の植生………「日光地方の植生」中村和郎・小池一之・武内和彦編『日本の自然3　関東』岩波書店、一九九四年
南硫黄島のフロラとその特徴………「南硫黄島のフロラとその特徴」『野生』自然環境研究センター、一九八三年
植生が噴火から受けた影響………「植生が噴火から受けた影響」『採集と飼育』四六巻一〇号、日本科学協会、一九八四年
屋久島の植物………「屋久島の植物」『日本野生植物館』小学館、一九九七年
日本人の自然観の源流―近畿の自然、山地を刻む深い森と谷―紀伊半島の自然、伊勢神宮の森………「日本人の自然観の源流―近畿の自然」、「山地を刻む深い森と谷―紀伊半島」、「伊勢神宮の森」大場秀章・藤田和夫・鎮西清高編『日本の自然5 近畿』岩波書店、一九九五年
里山の自然………「里山の自然」『學鐙』九五巻一号、丸善、一九九八年

第4部　植物の分類と生物地理

富士山のムラサキモメンヅルについて………「富士山」『富士山総合学術調査報告』富士急株式会社、一九七一年
アジサイとその仲間………「アジサイとその仲間」中日園芸文化協会『くらしの中の花』第八七号、一九八三年
ハギ属の分類………「ハギ属の分類」日本花卉園芸協会編『新花卉』一一九号、タキイ種苗出版部、一九八三年
サクラの分類のむずかしさ………「サクラの分類のむずかしさ」『プランタ』二〇号、研成社、一九九二年
シャクナゲの分類体系覚書き………「シャクナゲの分類体系覚書」『プランタ』三四号、研成社、一九九四年
サクライソウの所属をめぐって………「サクライソウの所属をめぐって」『植物研究雑誌』第五九巻第四号、津村研究所、一九八四年
ドクウツギの分類と生物地理………「ドクウツギの分類と生物地理」『遺伝』四七巻九号、裳華房、一九九三年
イワベンケイの生物地理………「イワベンケイの生物地理」『植物分類・地理』三八巻、植物分類地理学会、一九八七年
南西諸島をめぐる生物地理学………「南西諸島をめぐる生物地理学」『遺伝』四一巻一二号、裳華房、一九八七年
分岐論と現代系統分類学………「分岐論と現代系統分類学」『日本植物分類学会会報』六巻一号、日本植物分類学会、一九八五年

Fujikawa, K., Ikeda, H., Murata, K., Kobayashi, T., Nakano, T., Ohba, H. and Wu, S. K. (2004) Chromosome numbers of fifteen species of the genus *Saussurea* DC. (Asteraceae) in the Hiamalayas and the adjacent regions. Journal of Japanese Botany, 79: 271–280.

Mayuzumi, S. and Ohba, H. (2004) The phylogenetic position of Eastern Asian Sedoideae (Crassulaceae) inferred from chloroplast and nuclear DNA sequences. Systematic Botany, 29: 587–598.

Gale, S., Fujikawa, K. and Ohba, H. (2004) Chromosome numbers for four taxa of *Saussurea* DC. (Asterceae) from the Nepal Himalaya. Acta Phytotaxonomica et Geobotanica, 55: 213–216.

Miyamoto, F. and Ohba, H. (2005) Floral and ecological features of *Eriocaulon atrum* Nakai and its close-allies in Yakushima Island, southern Japan. Journal of Japanese Botany, 80: 96–105.

Tsukaya, H., Iokawa, Y., Kondo, M. and Ohba, H. (2005) Large-scale general collection of wild-plant DNA in Mustang, Nepal. Journal of Plant Research, 118: 57–60.

Iwamoto, A., Matumura, Y. Ohba, H., Murata, J. and Imaichi, R. (2005) Development and structure of trichotomous branching in *Edgeworthia chrysantha* (Thymelaeaceae). American Journal of Botany, 92: 1350–1358.

事項索引

【ア 行】

事項索引

事項索引

【タ　行】

【ナ　行】

【ハ　行】

事項索引

植物名索引

【サ　行】

【ナ　行】

【マ 行】

【ヤ　行】

大場秀章
主要著作一覧

[和文]

著書・編著・翻訳書

大場秀章（解説）(1982) 五百城文哉画日本山草図譜．八坂書房
大場秀章（構成・解説）(1988) ルドゥーテ画ユリ科植物図譜 I, II．学習研究社
E. J. H. コーナー (E. J. H. Corner) 著, 大場秀章・能城修一訳 (1989) 植物の起源と進化 [原題: The Life of Plants]．八坂書房
大場秀章 (1989) 秘境・崑崙を行く－極限の植物を求めて－．岩波書店（岩波新書新赤版76）
牧野富太郎著, 小野幹雄・大場秀章・西田誠（改訂増補・編集）(1989) 改訂増補牧野新日本植物図鑑．北隆館
大場秀章 (1991) 誰がために花は咲く－植物進化の謎にせまる．光文社（カッパサイエンス）
大場秀章（監修), 尚学図書・言語研究所編集 (1991) 木の手帳．小学館
大場秀章 (1991) 森を読む．岩波書店
ハロルド・クーポウィッツ(Harold Koopowitz), ヒラリー・ケイ(Hilary Kaye)著，大場秀章訳 (1993) 植物が消える日: 地球の危機 [原題: Plant Extinction: A Global Crisis]．八坂書房
大場秀章（監修・解説）(1995) シーボルト旧蔵日本植物図譜展．アートライフ
大場秀章・藤田和夫・鎮西清高編著 (1995) 日本の自然 地域編5 近畿．岩波書店
E. J. H. コーナー (E.J.H. Corner) 著, 大場秀章訳 (1996) ボタニカル・モンキー－植物の先生猿に助けられる－ [原題: Botanical Monkeys]．八坂書房
P. F. B. von シーボルト著，瀬倉正克訳，大場秀章（監修・解説）(1996) シーボルト日本の植物．八坂書房
大場秀章（編）(1996) 日本植物研究の歴史－小石川植物園三百年の歩み．東京大学総合研究博物館／東京大学出版会
大場秀章 (1996) 植物学と植物画．八坂書房
大場秀章 (1997) 日本森林紀行－森のすがたと特性．八坂書房
大場秀章 (1997) 植物は考える．河出書房新社（河出夢新書）
大場秀章 (1997) 江戸の植物学．東京大学出版会
大場秀章 (1997) バラの誕生－技術と文化の高貴なる結合．中央公論社（中公新書1391）
勅使河原宏・大場秀章（監修）(1999) 現代いけばな花材事典．草月出版
大場秀章 (1999) ヒマラヤを越えた花々 [自然史の窓8]．岩波書店
大場秀章（監修）(2001) 植物の雑学事典．日本実業出版社
大場秀章 (2001) 花の男シーボルト．文藝春秋（文春新書215）
大場秀章 (2002) 道端植物園－都会で出逢える草花たちの不思議．平凡社（平凡社新書139）
大場秀章・秋山忍(2003) ツバキとサクラ [現代日本生物誌8]．岩波書店
大場秀章（編著）(2003) シーボルトの21世紀 [東京大学コレクションXVI]．東京大学総合研究博物館／東京大学出版会
大場秀章・望月賢二・坂本一男・武田正倫・佐々木猛智 (2003) 東大講座すしネタの自然史．日本放送出版協会

主要著作一覧

大場秀章（監修）(2003) マルチメディア図鑑Navi 植物．アストロアーツ

大場秀章 (2004) サラダ野菜の植物史．新潮社（新潮選書）

大場秀章（監修・解説）(2004) 日本の絶滅危惧植物図譜．アボック社

大場秀章（監修），清水晶子著(2004) 絵でわかる植物の世界．講談社

大場秀章（編）(2004) Systema Naturae－標本は語る [東京大学コレクションXIX]．東京大学総合研究博物館／東京大学出版会

大場秀章・小佐野重利（監修）(2004) カザナテンセ図書館蔵本ファクシミリ版植物誌Ms. 459．岩波書店

大場秀章・五百川裕 (2005) ヒマラヤに花を追う－秘境ムスタンの植物．八坂書房

木下直之・岸田省吾・大場秀章 (2005) 東京大学本郷キャンパス案内．東京大学出版会

大場秀章 (2005) 私のアルメニア覚え書き．原人社

大場秀章 (2005) 花に魅せられた人々 [自然の中の人間シリーズ（花と人間編）7]．農山村文化協会

大場秀章 (2005) 植物学のたのしみ．八坂書房

大場秀章[富山稔写真] (2006) ヒマラヤの青いケシ．山と渓谷社

論文・その他

大場秀章 (1961) シケシダ類の分類試案．日本シダの会会報，No.54: 1–4.

大場秀章 (1971) ムラサキモメンズルについて．富士山総合学術調査報告書．[603–616pp.]

大場秀章 (1982) ベンケイソウ科・ユキノシタ科. 佐竹義輔・大井次三郎・北村四郎・亘理俊次・冨成忠夫監修『日本の野生植物』第2巻，平凡社．[140–153; 154–173pp.]

大場秀章 (1984) サクライソウ（ユリ科）の所属．植物研究雑誌59: 106–110.

常谷幸雄・大場秀章 (1984) 西南日本に自生するサキシマフヨウ（新称）について．植物研究雑誌59: 214–222.

大場秀章 (1985) [分担執筆], 堀越増興・青木淳一編『日本の生物』，岩波書店.

大場秀章 (1985) 分岐論と現代系統分類学 (1), (2)．日本植物分類学会会報6: 11–20; 54–61.

大場秀章 (1986) ヒマラヤ高山帯の植物．科学56: 146–152.

大場秀章 (1986) 野生植物保護と目に見えない自然の攪乱．かんきょう11 (4): 36–38.

大場秀章・岩槻邦男 (1986) 関東地方のフロラの概要．宮脇昭編著『日本植生誌関東』，至文堂．[72–77pp.]

大場秀章・中村和郎 (1986) 日本の自然を捉えなおす．科学56: 312–315.

大場秀章 (1987) 植物相．『日本大百科全書』17巻．小学館．[824–826pp.]

大場秀章 (1987) ボタニカルアートの真髄. 朝日新聞社編『ボタニカルアートの世界』．朝日新聞社．[36-39pp.]

大場秀章 (1987) イワベンケイ属の生物地理．植物分類地理38: 211–223.

大場秀章 (1987) 本郷キャンパスの木．UP (東京大学出版会) 16号: 1–5.

大場秀章 (1987) 南西諸島をめぐる生物地理学．遺伝41 (12): 46–50.

大場秀章 (1987) 日本の森林．斉藤正彦編『森と文化』[東京大学教養講座15]．東京大学出版会．[29–56pp.]

大場秀章 (1988) 日光地方の植物研究の歴史．栃木県立博物館研究報告書特別号「日光の動植物 (V)」，栃木県立博物館.

大場秀章 (1988) アジサイ属ほか．塚本洋太郎総監修『園芸植物大事典』第1巻．小学館.

大場秀章 (1988) 花の画家ルドゥーテと植物図譜．大場秀章構成・解説『ルドゥーテ画ユリ科植物図譜』I．学習研究社．[151–157pp.]

大場秀章 (1988) ルドゥーテとバラの植物学．鈴木省三監修『ルドゥーテ画バラ図譜』I．学習研究社．[181–191pp.]

大場秀章 (1988) ケシ科ほか．塚本洋太郎総監修『園芸植物大事典』第2巻．小学館

大場秀章 (1988) ディディエレア科ほか．塚本洋太郎総監修『園芸植物大事典』第3巻．小学館

大場秀章 (1989) ユキノシタ科ほか．佐竹義輔・原寛・亘理俊次・冨成忠夫編『日本の野生植物』木本I．平凡社

大場秀章 (1989) アワブキ科ほか. 佐竹義輔・原寛・亘理俊次・冨成忠夫編『日本の野生植物』木本II．平凡社

大場秀章 (1989) バラ科ほか．塚本洋太郎総監修『園芸植物大事典』第4巻．小学館

大場秀章 (1989) ヤシ科ほか．塚本洋太郎総監修『園芸植物大事典』第5巻．小学館

大場秀章 (1990) 秘境の花 (1)–(12)．コスモス 平成2年1月号–12月号.

大場秀章 (1990) タイプほか．塚本洋太郎総監修『園芸植物大事典』第6巻．小学館

大場秀章 (1991) 日本の植物画の草分け岩崎灌園と『本草図譜』．大場秀章監修，尚学図書・言語研究所編集『木の手帖』．小学館．[vi–x]

大場秀章 (1991) バンクス植物図譜: その植物学と植物画史上の意義．特別展『「バンクス植物図譜」－キャプテン・クック世界一周探検航海の成果－』．千葉県立中央博物館. [41–44pp.]

リチャード・G・ルドルフ著，大場秀章訳 (1991)「本草図譜」に引用されたウエインマンの図．木村陽二郎解説『美花図譜－ウエインマン「植物図集」選』[植物図譜ライブラリー4]．八坂書房．[111–130pp.]

野上道男・大場秀章 (1991) 暖かさの指数からみた日本の植生．科学61: 36–49.

大場秀章 (1992) 極限環境での植物の適応．柴谷篤弘・長野敬・養老孟司編『講座 進化』7巻．東京大学出版会．[227–245pp.]

大場秀章 (1992) サクラの分類のむずかしさ．プランタNo.20: 4–8.

大場秀章 (1992) 野生植物の保護: 分類学の観点から．季刊環境研究, No.85: 62–68.

大場秀章 (1992) ヒマラヤの高山フロラとその特徴．遺伝46 (9): 43–50.

大場秀章 (1992) シーボルトの『日本植物誌』．木村陽二郎・大場秀章解説『日本植物誌－シーボルト「フローラ・ヤポニカ」－』[植物図譜ライブラリー6]．八坂書房．[137–150pp.]

大場秀章 (1993) ウメの分類と栽培品種．プランタNo.25: 4–9.

主要著作一覧

大場秀章 (1993) ヒマラヤの高山植物－極限環境に生きる植物の謎を探る－．東京大学総合研究資料館ニュースNo.28：3–6.

大場秀章 (1993) ドクウツギの分類と生物地理．遺伝47 (9): 39–43.

大場秀章 (1994-96) 植物界ほか．週刊朝日百科「植物の世界」．朝日新聞社

大場秀章 (1994) 植物園の役割, 絶滅危惧種 (植物)．不破敬一郎編著『地球環境ハンドブック』．朝倉書店

大場秀章 (1994) 植物分類学の始祖としてのリンネと種名のタイプ．特別展『リンネと博物学－自然誌科学の源流－』．千葉県立中央博物館．[131–135pp.]

大場秀章 (1994) 日光地方の植生．中村和郎・小池一之・武内和彦編『日本の自然　地域編3　関東』．岩波書店．[45–46pp.]

大場秀章 (1996) コーナー先生—訳者あとがきに代えて．E. J. H.コーナー (E. J. H. Corner) 著, 大場秀章訳『ボタニカル・モンキー－植物の先生猿に助けられる』．八坂書房．[195–213pp.]

大場秀章 (1996) 植物地理学からみた多様性－ヒマラヤ高山帯のフロラ形成過程を中心に．岩槻邦男・馬渡俊輔編『生物の種多様性』．裳華房[284–303pp.]

大場秀章 (1996) ツュンベリーと江戸時代の植物学. 日経サイエンス27 (2): 104–111.

大場秀章 (1995) 日本のブナ．石橋睦美著『ブナをめぐる』．白水社．[98–104pp.]

大場秀章 (1996) 小石川御薬園と小石川植物園．学燈93: 20–27.

網野善彦・大場秀章 (1997) [特別対談] 自然が育む日本の文化．草月No.230: 80–89.

大場秀章 (1997) ヒマラヤ植物の研究－その歩みと成果．東京大学創立百二十周年記念東京大学展第二部『精神のエクスペディシオン』．東京大学出版会．[228–252pp.]

大場秀章 (1997) 伊藤圭介. 東京大学創立百二十周年記念東京大学展第一部『学問のアルケオロジー』．東京大学出版会．[62–83pp.]

大場秀章 (1997) 源流を訪ねて[1]- [11]．草月No.231- No.241.

大場秀章 (1997) アズマシャクナゲ雑感．日本ツツジ・シャクナゲ協会会報「ロードデンドロン」26 (2): 4–5.

大場秀章 (1997) 世界遺産と屋久島の現状．奥田重俊編著『日本野生植物館』．小学館．[35p.]

大場秀章 (1998) 里山の自然．学燈95: 22–27.

大場秀章 (1998) 忘却を許されぬ松村任三先生の業績．高萩市民文化誌「ゆずりは」4号: 116–121.

大場秀章 (1998) あいまいな植物の生と死．「ピポクラテス」1998年8月号: 40–43.

大場秀章 (1998) [分担執筆]．日本動物学会／日本植物学会編『生物教育用語集』．東京大学出版会.

大場秀章 (1998) ケンペルをとらえた日本の植物．第13回ケンペル・バーニー祭．[15–20pp.]

大場秀章 (1999) キャンパス樹木園．東京大学広報誌「淡青」創刊号: 22–23.

大場秀章 (1999) 砂漠のなかの森林．科学69: 811–818.

大場秀章 (1999) ケニア山の植物．アサヒグラフ4044号: 84–87.

大場秀章 (2000) シーボルトと彼の日本植物研究．大場秀章編『シーボルト日本植物コレクション』．東京大学総合研究博物館．[21–39pp.]
大場秀章 (2000) アルメニア探訪記．嗜好No.554: 38–50.
大場秀章 (2000) 国語辞典の中の植物名．本の窓23 (7): 32.
大場秀章 (2001) バラの皇后ジョゼフィーヌ．ジル・シャザール・千足伸行 [総監修]「フランス王家3人の貴婦人の物語展」図録．TBS．[116–119pp.]
大場秀章 (2001) 現代植物学からみた圭介の業績．名古屋大学附属図書館編集『江戸から明治の自然科学を拓いた人－伊藤圭介没後100年記念シンポジウム－』．名古屋大学附属図書館発行．[29–31pp.]
大場秀章 (2001) 松村任三先生の事跡を讃える．高萩市民文化誌「ゆずりは」7号: 56–63.
大場秀章 (2001) Henk 't Hartとベンケイソウ科分類学への貢献．植物研究雑誌76: 239–242.
大場秀章・松井孝典・山極寿一 (2002) フィールドの楽しさ－総合化する力を育む－．科学72:1116–1126.
大場秀章 (2002) ケンペルの日本植物への挑戦．第17回ケンペル・バーニー祭. [4–13pp.]
大場秀章 (2003) 山形県で見出されたヤブマオモドキ．植物研究雑誌 78: 55–58.
大場秀章 (2003) [補注] フォルスターとその植物についての二・三の覚書き．ゲオルク・フォルスター著，三島憲一・山本尤訳『世界周航記』．岩波書店．[453–461pp.]
大場秀章 (2003) シーボルトと彼の日本植物研究＜付＞『フロラ・ヤポニカ』と協力者たち．石山禎一・沓沢宣賢・宮坂正英・向井晃編『新シーボルト研究』I．自然科学・医学篇．八坂書房．[67–95pp.]
大場秀章・秋山忍 (2003) 世界の高山植物：その多様性．遺伝57(4): 29–33.
大場秀章 (2003) 日本のボタニカル・アートと五百城文哉の植物画．寺門寿明編『晃嶺の百花譜－五百城文哉の植物画』．小杉放菴記念日光美術館．[6–11pp.]
大場秀章 (2003) [分担執筆]．中野雄ほか『クラシック名盤この１枚』．光文社（知恵の森文庫）
大場秀章 (2003) 生物多様性への影響．原沢英夫・西岡秀二編著『地球温暖化と日本　第3次報告－自然・人への影響予測－』．古今書院．[101–108pp.]
大場秀章 (2003) シーボルトに学ぶこと．UP 32(11): 34–37.
大場秀章 (2004) 生物学御研究所の軌跡．浜名湖花博「昭和天皇自然館」図録．静岡県国際園芸博覧会協会．[123–141pp.]
大場秀章 (2004) おし葉標本と新聞紙．西野嘉章編『プロパガンダ1904–45－新聞紙・新聞誌・新聞史』．東京大学総合研究博物館／東京大学出版会．[12–15pp.]
大場秀章 (2004) 気候変化と生物多様性の消滅．遺伝 58(3): 19–20.
大場秀章 (2004) ヒマラヤで未知なる植物に出会う．岩波書店編集部編『フィールドワークは楽しい』[岩波ジュニア新書474]．岩波書店．[79–97pp.]
大場秀章 (2004) 高山植物の世界－植物は高山という極限の環境にどのように適応していったか．梅棹忠夫・山本紀夫編『山の世界』．岩波書店．[135–144pp.]
大場秀章 (2004) 謎の植物画家　加藤竹斎．季刊銀花 No. 139: 121–123.
大場秀章 (2005) ライデン大学日本学講座とシーボルト博物館．UP 34(7): 35–40.

大場秀章 (2005) 彼の人に学ぶ－日本学の父シーボルト，朝日生命経営情報マガジン ABC 7月号: 12–15.

大場秀章 (2005) 五百城文哉の植物画．寺門寿明・田中晴子編『五百城文哉展』．東京駅ステーションギャラリー．[19–23pp.]

[欧文]

著書・編著

Ohba, H. and S. B. Malla [eds.] (1988, 91) The Himalayan Plants, Vol. 1 & 2, University of Tokyo Press, Tokyo.

Ohba, H. and Akiyama, S. (1992) The Alpine Flora of the Jaljale Himal, East Nepal, The University Museum, the University of Tokyo, Nature and Culture, No.4.

Iwatsuki, K., Yamazaki, T., Boufford, D. E. and Ohba, H. [eds.] (1993, 95) Flora of Japan, Vol. IIIa, b, Kodansha, Tokyo.

Iwatsuki, K., Yamazaki, T., Boufford, D. E. and Ohba, H. [eds.] (1995) Flora of Japan, Vol. I, Pteridophyta and Gymnospermae, Kodansha, Tokyo.

Boufford, D.E. and Ohba, H. [eds.] (1998) Sino-Japanese Flora – Its Characteristics and Diversification, University Museum, University of Tokyo Bulletin, No.37.

Ohba, H. [ed.] (1999) The Himalayan Plants, Vol. 3, University of Tokyo Press, Tokyo.

Iwatsuki, K., Boufford, D. E. and Ohba, H. [eds.] (1999) Flora of Japan, Vol. IIc, Kodansha, Tokyo.

Iwatsuki, K., Boufford, D. E. and Ohba, H. [eds.] (2001) Flora of Japan, Vol. IIb, Kodansha, Tokyo.

論文・その他

Ohba, H. (1965) Considerations on the genus *Lunathyrium* of Japan (1). Science Report of Yokosuka City Museum, No. 11, pp.48–55.

Ohba, H. (1971) A taxonomical note on *Diplazium bonincola* Nakai (Aspidiaceae) from the Bonin and Volcano Islands. Journal of Japanese Botany, 46: 152–158.

Ohba, H. (1971) A taxonomic study on Pteridophytes of the Bonin and Volcano Islannds. Science Report of the Tohoku University, Ser. IV (Biol.), 36: 75–127.

Ohba, H. (1975) A revision of the eastern Himalayan species of the subgenus Rhodiola of the genus *Sedum* (Crassulaceae). In: Ohashi, H. [compiled], Flora of Eastern Himalaya, 3rd Report, University of Tokyo Press, Tokyo. [283–362pp.]

Ohba, H. (1975) On the genus *Sedum* in Burma. Journal of Japanese Botany, 50: 353–361.

Ohba, H. (1977) On the Himalayan species of the genus *Rosularia* (Crassulaceae). Journal of Japanese Botany, 52: 1–13.

Ohba, H. (1977) The taxonomic status of *Sedum Telephium* and its allied species

(Crassulaceae). Botanical Magazine, Tokyo, 90: 41–56.

Ohba, H. (1978) Generic and infrageneric classification of the Old World Sedoideae (Crassulaceae). Journal of Faculty of Science, University of Tokyo, Sect. III (Bot.), 12: 139–198.

Ohba, H. (1979) Crassulaceae. In: Hara, H. and L. H. J. Williams [eds.], An Enumeration of the Flowering Plants of Nepal, Vol. 2. Trustees of British Museum (Natural History), London. [159–165pp.]

Ohba, H. (1980) A revision of the Asiatic species of Sedoideae (Crassulaceae) Part 1. *Rosularia* and *Rhodiola* (subgen. Primuloides and Crassipedes). Journal of Faculty of Science, University of Tokyo, Sect. III (Bot.), 12: 337–405.

Ohba, H. (1980) A new species of *Croton* from Thailand. Journal of Japanese Botany, 55: 97–100.

Ohba, H. (1982) A revision of the Asiatic species of Sedoideae (Crassulaceae) Part 2. *Rhodiola* (subgen. Rhodiola sect. Pseudorhodiola, Prainia & Chmaerhodiola). Journal of Faculty of Science, University of Tokyo, Sect. III (Bot.), 13: 121–174.

Akiyama, S. and Ohba, H. (1982) Studies on hybrids in the genus *Lespedeza* sect. Macrolespedeza (Leguminosae), 1. A putative hybrid between *Lespedeza Buergeri* Miq. and *L. cyrtobotrya* Miq. Journal of Japanese Botany, 57: 232–340.

Ohba, H. (1982) A branched tree fern. Studies on the plants of Isl. Minami Iwojima (Japan). (1). Journal of Japanese Botany, 57: 321–327.

Ohba, H. (1983) Crassulaceae. In: C. G. G. J. van Steenis [gen. ed.], Flora Malesiana, Ser. 1, 9: 558–560.

Ohba, H. (1985) A systematic revision of the genus *Cardiandra* (Saxifragaceae-Hydrangeoideae) (1). Journal of Japanese Botany, 60: 139–147; (2) 161–171

Akiyama, S. & Ohba, H. (1985) The branching of the inflorescence and vegetative shoot and taxonomy of the genus *Kummerowia* (Leguminosae). Botanical Magazine, Tokyo, 98: 137–150.

Jotani, Y. and Ohba, H. (1986) *Hibiscus pacificus* Nakai from the Volcano Group of Islands, Japan. Journal of Japanese Botany, 61: 97–103.

Rajbhandari, K. R. and Ohba, H. (1987) Two new Himalayan species of *Kobresia* sect. Hemicarex (Cyperaceae). Journal of Japanese Botany, 62: 268–273.

Ohba, H. (1988) The alpine flora of the Nepal Himalayas: an introductory note. In: Ohba, H. and S. B. Malla [eds.], The Himalayan Plants, Vol.1, University of Tokyo Press, Tokyo. [19–46pp].

Wakabayashi, M. and Ohba, H. (1988) Cytotaxonomic study of the Himalayan *Saxifraga*. In: Ohba, H. and S. B. Malla [eds.], The Himalayan Plants, Vol.1, Universty of Tokyo Press, Tokyo. [71–90pp.]

Rajbhandari, K. R. and Ohba, H. (1988) Epidermal microstructures of the leaf, prophyll and

nut in the Himalayan species of *Kobresia* (Cyperaceae). Botanical Magazine, Tokyo, 101: 185–202.

Suzuki, M. and Ohba, H. (1988) Wood structural diversity among Himalayan *Rhododendron*. IAWA Bulletin n.s., 9: 317–326.

Kurosaki, N. and Ohba, H. (1989) *Cardamine nepalensis*, a new species from Nepal Himalaya (Cruciferae). Journal of Japanese Botany, 64: 135–138.

Akiyama, S., Ohba, H. and Wakabayashi, M. (1990) Notes on the interspecific relationship in the genus *Rodgersia* (Saxifragaceae). Journal of Japanese Botany, 65: 328–338.

Rajbhandari, K. R. and Ohba, H. (1991) A revision of the genus *Kobresia* Willdenow (Cyperacaeae). In: H. Ohba and S. B. Malla [eds.], The Himalayan Plants, Vol.2, University of Tokyo Press, Tokyo. [117–167pp.]

Suzuki, M. and Ohba, H. (1991) A revision of fossile woods of *Quercus* and its allies in Japan. Journal of Japanese Botany, 66: 255–274.

Ohba, H. (1992) Ferns and fern-allies of Gunung Tahan. Journal of Wildlife Park (Malaysia), 10: 46–51.

Ohba, H. and Akiyama, S. (1992) A taxonomic revision of *Deutzia* (Saxifragaceae, s. l.) in the Ryukyu Islands, S. Japan. Journal of Japanese Botany, 67: 154–165.

Akiyama, S., Wakabayashi, M. and Ohba, H. (1992) Chromosome evolution in Himalayan *Impatiens* (Balsaminacae). Botanical Journal of the Linnean Society (London), 109: 247–257.

Amano, M. and Ohba, H. (1992) Biosystematic study of *Sedum* L. subgenus Aizoon (Crassulaceae). II. Chromosome numbers of Japanese *Sedum aizoon* var. *aizoon*. Botanical Magazine, Tokyo, 105: 431–441.

Oginuma, K., Setoguchi, H., Ohba, H. and Tobe, H. (1992) Karyomorphology of *Crossostylis* (Rhizophoraceae). Botanical Magazine, Tokyo, 105: 549–553.

Setoguchi, H., Tobe, H. and Ohba, H. (1992) Seed coat anatomy of *Crossostylis* (Rhizophoraceae).; its evolutionary and systematic implications. Botanical Magazine, Tokyo, 105: 625–638.

Rashid, A. and Ohba, H. (1993) A revision of *Cardamine loxostemonoides* O. E. Schulz (Cruciferae). Journal of Japanese Botany, 68: 199–208.

Noshiro, S. and Ohba, H. (1993) Altitudinal distribution and tree form of *Rhododendron* in the Jaljale Himal, East Nepal. Journal of Japanese Botany, 68: 193–198.

Ikeda, H. and Ohba, H. (1993) A systematic revision of *Potentilla lineata* and allied species (Rosaceae) in the Himalaya and adjacent regions. Botanical Journal of the Linnean Society (London), 112: 159–186.

Terashima, I., Masuzawa, T. and Ohba, H. (1993) Photosynthetic characteristics of a giant alpine plant, *Rheum nobile* Hook. f. et Thoms. and some other alpine species measured at 4300 m, in the Eastern Himalaya, Nepal. Oecologia, 95: 194–201.

Setoguchi, H., Tobe, H., Ohba, H. and Okazaki, M. (1993) Silicon-accumulating idioblasts in leaves of Cecropiaceae (Urticales). Journal of Plant Research, 106: 327–335.

Ohba, H. (1993) *Coriaria, Rhodiola*. In: C. E. Jarvis, F. R. Barrie, M. D. Allan and J. L. Reveal [compiled], A List of Linnean Generic Names and their Types. Koeltz Scientific Books, Königstein.

Ohba, H. (1993) Thunberg och japansk botanik. In: B. Nordenstam [ed.], Carl Peter Thunberg. Linnean, resenër, naturforskare, 1743–1828. Atlantis, Stockholm. [165–175pp.]

Ohba, H. (1994) The flora of Japan and the implication of global climatic change. Journal of Plant Research, 107: 85–89.

Ohba, H., Tchernaja, T. A. and Pankratova, G. N. (1994) Catalogue of the Siebold Collection of Botanical Illustrations in St. Pteresburg. In: Y. Kimura and V. E. Grubov [eds.], Siebold's Florilegium of Japanese Plants, Vol. 2, Maruzen Co. Ltd., Tokyo. [65–306pp.]

Iwatsuki, K. and Ohba, H. (1994) The floristic relationship between east Asia and eastern North America. In: Miyawaki, A., Iwatsuki K., and M. M. Grantner [eds.], Vegetation in Eastern North America. University of Tokyo Press, Tokyo. [61–74pp.]

Noshiro, S., Suzuki, M. and Ohba, H. (1995) Ecological wood anatomy of Nepalese *Rhododendron* (Ericaceae). I. Interspecific variation. Journal of Plant Research, 108: 1–9.

Ohba, H. Akiyama, S. and Wu, S.-K. (1995) *Astragalus* (Fabaceae): Taxonomic studies of the plants from the Kunlun Mountains in central Asia, 1. Journal of Japanese Botany, 70: 11–31.

Setoguchi, H. and Ohba, H. (1995) Phylogenetic relationships in *Crossostylis* (Rhizophoraceae) inferred from restriction sited variation of chloroplast DNA. Journal of Plant Research, 108: 87–92.

Yukawa, T. and Ohba, H. (1995) Typification of Schlechter's east Asian Orchidaceae held at the herbarium, University of Tokyo. Lindleyana, 10: 29–32.

Ohba, H. (1995) Systematic problems of Asian Sedoideae. In: H. ‘t Hart and U. Eggli [eds.], Evolutions and Systematics of the Crassulaceae, Backbuys Publishers, Leiden. [151–158pp.]

Wakabayashi, M. and Ohba, H. (1995) A taxonomic study of *Chrysosplenium fauriae* group (Saxi-fragaceae), with description of a new species. Acta Phytotaxonomica et Geobotanica, 46: 1–27.

Ikeda, H. and Ohba, H. (1995) A new species of *Potentilla* sect. Leptostylae from central Burma. Edinburgh Journal of Botany, 52: 225–228.

Ohba, H., Wu, S.-K. and Akiyama, S. (1995) *Saxifraga*: Studies of the flora of the Kunlun and the Karakorum Mountains, central Asia, 2. Journal of Japanese Botany, 70: 225–232.

Terashima, I., Masuzawa, T., Ohba, H. and Yokoi, Y. (1995) Is photosynthesis suppressed at higher elevations due to low CO_2 pressure? Ecology, 76: 2663–2668.

Amano, M., Wakabayashi, M. and Ohba, H. (1995) Cytotaxonomical studies of Siberian Sedoideae (Crassulaceae) I. Chromosomes of *Rhodiola* in the Altai Mountains. Journal of

Japanese Botany, 70: 334-338.

Setoguchi, H., Ohba, H. and Tobe, H. (1996) Floral morphology and phylogenetic analysis in *Crossostylis* (Rhizophoraceae). Journal of Plant Research, 109: 7–19.

Ohba, H. (1996) The temperate elements of the flora of the Nansei-shoto (the Ryukyu Islands) and the global climatic change. In: Omasa, K. et al. [eds.], Climate Change and Plants in East Asia, Springer-Verlag, Tokyo. [185–204pp.]

Ikeda, H. and Ohba, H. (1996) A new species of *Sibbaldia, S. emodi* (Rosaceae) from east Nepal. Journal of Japanese Botany, 71: 188–190.

Yukawa, T., Ohba, H., Cameron, K. M. and Chase, M. W. (1996) Chloroplast DNA phylogeny of subtribe Dendrobiinae (Orchidaceae): insights from a combined analysis based on rbcL sequences and restriction site variation. Journal of Plant Research, 109: 169–176.

Omori, Y. and Ohba, H. (1996) Pollen development of *Rheum nobile* Hook. f. & Thomson, with reference to its sterility induced by bract removal. Botanical Journal of the Linnean Society (London), 122: 269–278.

Ohba, H. (1996) A brief overview of the woody vegetation of Japan and its conservation status. In: D. Hunt [ed.], Temperate Trees under Threat. Proceeding of an IDS Symposium on the Conservation Status of Temperate Trees, University of Bonn, 30 September-1 October 1994, International Dendrology Society. [81–88pp.]

Ohba, H. (1998) A new hybrid *Cerasus* × *katonis* and new combinations under *Cerasus*. Journal of Japanese Botany, 73: 116–118.

Ohba, H. (1998) The taxonomic and conservation status of *Magnolia* species in Japan. In: Hunt, D. [ed.], Magnolias and their Allies, International Dendrology Society and the Magnolia Society, London. [152–160pp.]

Setoguchi, H., Ohba, H. and Tobe, H. (1998) Evolution in *Crossostylis* (Rhizophoraceae) on the south Pacific Islands. In: Stuessy, T.F. and Ono, M. [eds.], Evolution and speciation of Island Plants, Cambridge University Press, Cambridge. [203–229pp.]

Ohba, H., Al-Shehbaz, I. A. and Wu, S-K. (1998) Brassicaceae: studies of the flora of the Kunlun and the Karakorum Mountains, central Asia, 3. Journal of Japanese Botany, 73: 325–331.

Ohba, H. and Akiyama, S. (1998) The threatened alpine flora of the Himalaya. In: Peng, C-I. and Lowry II, P.P. [eds.], Rare, Threatened and Endangered Floras of Asia and the Pacific Rim, Academia Sinica Monograph Series, No.16, Taipei. [37–45pp.]

Ohba, H. (1998) About the Siberian and Far East section of the Komarov Botanical Institute Herbarium. The Siberian and Far Wast Section of the Komarov Botanical Institute Herbarium on microfische, IDC Publisher, Leiden.

Lack, H. W. and Ohba, H. (1998) Die Xylothek des Chikusai Kato. Willdenowia, 28: 263–275.

Al-Shehbaz, I. A., Arai, K. and Ohba, H. (1999) A new species of *Hemilophia* (Brassicaceae) from China. Novon, 9: 8–10.

Niu, L-M. and Ohba, H. (1999) Chromosome numbers in *Itea* (Saxifragaceae, sensu lato).

Journal of Japanese Botany, 74: 8–13.

Ikeda, H. and Ohba, H. (1999) A systematic revision of *Potentilla* L. section Leptostylae (Rosaceae) in the Himalaya and adjacent regions. In: Ohba, H. [ed.], The Himalayan Plants, Vol. 3, University of Tokyo Press, Tokyo. [31–117pp.]

Omori, Y., Takayama, H. and Ohba, H. (2000) Selective light transmittance of translucent bracts in the Himalayan giant glasshouse plant *Rheum nobile* Hook. f., & Thomson (Polygonaceae). Botanical Journal of the Linnean Society (London), 132: 19–27.

Ohba, H., Akiyama, S. and Wu, S.-K. (2000) Five new species of *Oxytropis* from the Kunlun and the Hoh Xil Mountains, NW China (Fabaceae). Bulletin of the National Science Museum, Tokyo, Ser. B, 26: 43–59.

Ohba, H. (2000) The type and identity of *Rosa luciae* Rochebr. & Franchet ex Crep. and varieties described by Franchet and Savatier. Journal of Japanese Botany, 75: 148–163.

Al-Shehbaz, I. A. and Ohba, H. (2000) The status of *Dimorphostemon* and two new combinations in *Dentostemon* (Brassicaceae). Novon, 10: 95–98.

Akiyama, S. and Ohba, H. (2000) Inflorescences of the Himalayan species of *Impatiens* (Balsaminaceae). Journal of Japanese Botany, 75: 226–240.

Al-Shehbaz, I. A., Arai, K. and Ohba, H. (2000) A revision of the genus *Lignariella* (Brassicaceae). Harvard Papers in Botany, 5: 113–121.

Gornal, R. J., Ohba, H. and Pan, J.-T. (2000) New taxa, names, and combinations in the Saxifragaceae for the Flora of China. Novon, 10: 375–377.

Niu, L.-M. and Ohba, H. (2001) Taxonomic studies of *Deutizia* (Saxifragaceae, s. l.) in Japan 2. Pollen grains. Journal of Japanese Botany, 76: 84–95.

Fu, K. and Ohba, H. (2001) Crassulaceae. In: Wu, Z.-Y. and Raven, P. H. [co-chairs], Flora of China, Vol. 8, Science Press (Beijing) and Missouri Botanical Garden Press (St. Louis). [202–268pp.]

Pan, J., Gornall, R. and Ohba, H. (2001) *Saxifraga*. In: Wu, Z.-Y. and Raven, P. H. [co-chairs], Flora of China, Vol. 8, Science Press (Beijing) and Missouri Botanical Garden Press (St. Louis). [280–344pp.]

Huang, S., Ohba, H. and Akiyama, S. (2001) *Deutzia*. In: Wu, Z.-Y. and Raven, P. H. [co-chairs], Flora of China, Vol. 8, Science Press (Beijing) and Missouri Botanical Garden Press (St. Louis). [379–395pp.]

Jin, S. and Ohba, H. (2001) *Itea*. In: Wu, Z.-Y. and Raven, P. H. [co-chairs], Flora of China, Vol. 8, Science Press (Beijing) and Missouri Botanical Garden Press (St. Louis). [423–428pp.]

Ikeda, H., Ohba, H. and Wu, S.-K. (2002) A new species in *Potentilla* section Leptostylae (Rosaceae) from Yunnan, China. Novon, 12: 53–57.

Fujikawa, K. and Ohba, H. (2002) Two new species of *Saussurea* subgenus Eriocoryne (Asteraceae) from the Nepal Himalaya. Edinburgh Journal of Botany, 59: 283–289.

Fujihashi, H., Akiyama, S. and Ohba, H. (2002) Origin and relationships of the Sino-Himalayan

Impatiens (Balsaminaceae) based on molecular phylogenetic analysis, chromosome numbers and gross morphology. Journal of Japanese Botany, 77: 284–295.

Ohba, H. and Akiyama, S. (2002) A synopsis of the endemic species and infraspecific taxa of vascular plants of the Izu Islands. Memoir of National Science Museum, Tokyo, No.38, pp.119–160.

Ohba, H. (2002) Three epochs of Himalayan botany and prospects for this century. In: Noshiro, S. and Rajbhandari, K. R. [eds.], Himalayan Botany in the Twentieth and Twenty-first Centuries, The Society of Himalayan Botany, Tokyo. [30–71pp.]

Ohba, H. (2003) *Hylotelephium*, *Meterostaachys*, *Orostachys*, *Perrierosedum*, *Rhodiola*. In: U. Eggli [ed.], Illustrated Handbook of Succulent Plants, Crassulaceae, Springer-Verlag, Berlin. [135–142, 182–183, 186–190, 196, 210–27pp.]

Ohba, H. and Amirouche, R. (2003) Observation of the flora of Tademait and Tidikelt, Central Sahara, Algeria. Journal of Japanese Botany, 78: 104–112.

Ohba, H. (2003) *Hylotelephium, Meterostaachys, Orostachys, Perrierosedum, Rhodiola*. In: U. Eggli (ed.), Sukkulentenlexikon, Band 4: Crassulaceae, Eugen Ulmer GmbH & Co., Stuttgart. [138–146, 189, 193–197, 203–204, 218–236pp.]

Fujikawa, K. and Ohba, H. (2003) A cytological study of *Saussurea* subgenus Eriocoryne (Asteraceae) from the Nepal Himalaya. Journal of Japanese Botany, 78: 135–144.

Iwamoto, A., Shimizu, A. and Ohba, H. (2003) Floral development and phyllotactic variation in *Ceratophyllum demersum* (Ceratophyllaceae). American Journal of Botany, 90: 1124–1130.

Ohba, H. (2003) Notes on Tibetan medication and its regional interactions. Journal of Japanese Botany, 78: 214–221.

Ohba, H. (2003) Taxonomic studies on the Asian species of the genus *Kalanchoe* (Crassulaceae) 1. *Kalanchoe spathulata* and its allied species. Journal of Japanese Botany, 78: 247–256.

Li, A.J., Grabovskaya-Borodina, A. E., Hong, S. P., Mc Neill, J., Ohba, H. and Park, C. W. (2003) *Polygonum*. In: Z. Y. Wu and P. H. Raven (co-chairs), Flora of China, Vol. 5, Scientific Press, Beijing and Missouri Botanical Garden Press, St. Louis. [278–315pp.]

Akiyama, S. and Ohba, H. (2004) Systematics of Hiamalayan seed plants. In: Esser, K., Lüttge, U., Beyschlag, W. and Murata, J. [eds.] Progress in Botany, Vol. 65, Springer-Verlag, Berlin. [397–410pp.]

Iwashina, T., Omori, Y., Kitajima, J. Akiyama, S., Suzuki, T. and Ohba,H. (2004) Flavonoids in translucent bracts of the Himalayan *Rheum nobile* (Polygonaceae) as ultraviolet shields. Journal of Plant Research 117: 101–107.

Kita, Y., Fujikawa, K., Ito, M., Ohba, H. and Kato, M. (2004) Molecular phylogenetic analyses and systematics of the genus *Saussurea* and related genera (Asteraceae, Cardueae). Taxon, 53: 679–690.

著者紹介

大場 秀章（おおば・ひであき）
1943年東京生まれ。理学博士（東京大学）。
現在、東京大学総合研究博物館教授。
専門：植物分類学、植物文化史

【著書・訳書】

『植物の起源と進化』（コーナー著・共訳）八坂書房、1989
『秘境・崑崙を行く』岩波新書、1989
『森を読む』岩波書店、1991
『植物が消える日』（クーポウィッツ他著）八坂書房、1993
『日本森林紀行』八坂書房、1997
『バラの誕生』中公新書、1997
『江戸の植物学』東京大学出版会、1997
『ヒマラヤを越えた花々』岩波書店、1999
『花の男シーボルト』文春新書、2001
『道端植物園』平凡社新書、2002
『植物学と植物画』八坂書房、2003
『サラダ野菜の植物史』新潮選書、2004
『東京大学キャンパス案内』（共著）東京大学出版会、2004
『植物学のたのしみ』八坂書房、2005
他

大場秀章著作選 II　植物分類学・植物地理生態学

2006年3月30日　初版第1刷発行

著　者　大場秀章
発行者　八坂立人
印刷・製本　モリモト印刷（株）

発行所　（株）八坂書房
〒101-0064 東京都千代田区猿楽町1-4-11
TEL.03-3293-7975　FAX.03-3293-7977
郵便振替口座　00150-8-33915

ISBN 4-89694-789-4